高职高专"十二五"规划教材

铝冶金生产操作与控制

主　编　王红伟　马科友

副主编　邢相栋　杜新玲　封同会　张学英

参　编　秦凤婷　卢　鑫　薛祎姝　徐素鹏

U0342618

北京

冶金工业出版社

2024

内 容 提 要

本书根据目前我国氧化铝生产为拜耳法、烧结法、联合法并存的现状，以拜耳法生产氧化铝为主，兼顾烧结法和联合法生产氧化铝的基本理论和工艺，电解铝则以大型预焙槽生产电解铝为重点；主要叙述了铝土矿资源状况，氧化铝和铝的性质及用途，拜耳法和烧结法生产氧化铝、大型预焙槽生产电解铝、电解铝烟气净化及原料输送和铝锭铸造的基本原理、工艺流程、生产设备、主要操作、常见故障处理与技术条件控制。

本书理论与实践结合紧密，内容丰富，编写简明，注重应用，可作为高职高专院校冶金技术专业的教学用书，也可作为铝冶金企业相关技术人员职业资格和岗位技能培训的教材，还可供铝冶金行业的工程技术人员参考。

图书在版编目(CIP)数据

铝冶金生产操作与控制/王红伟，马科友主编．—北京：冶金工业出版社，2013.5（2024.7 重印）

高职高专"十二五"规划教材

ISBN 978-7-5024-6155-3

Ⅰ．①铝… Ⅱ．①王… ②马… Ⅲ．①炼铝—高等职业教育—教材 Ⅳ．①TF821

中国版本图书馆 CIP 数据核字（2013）第 084554 号

铝冶金生产操作与控制

出版发行	冶金工业出版社	电　话	(010)64027926
地　址	北京市东城区嵩祝院北巷 39 号	邮　编	100009
网　址	www.mip1953.com	电子信箱	service@ mip1953.com

责任编辑　杨　敏　美术编辑　彭子赫　版式设计　葛新霞
责任校对　石　静　责任印制　禹　蕊
北京虎彩文化传播有限公司印刷
2013 年 5 月第 1 版，2024 年 7 月第 4 次印刷
787mm×1092mm　1/16；20.75 印张；502 千字；320 页

定价 42.00 元

投稿电话　(010)64027932　投稿信箱　tougao@cnmip.com.cn
营销中心电话　(010)64044283
冶金工业出版社天猫旗舰店　yjgycbs.tmall.com
（本书如有印装质量问题，本社营销中心负责退换）

前 言

铝是国民经济建设中重要的原材料，铝的产量仅次于钢，居各种有色金属的首位。近年来，国内铝行业高速发展，2011 年氧化铝产量约 3881 万吨，电解铝产量约 1806 万吨，均居世界第一。为了进一步提高生产效率和产品质量，国内铝冶金生产企业正着力进行技术改造和设备更新，急需大量高技能人才和提高企业员工的整体素质。为了适应铝冶金技术发展的形势，满足高职高专院校培养冶金专业高技能、应用型人才和企业培训技术工人的需要，我们编写了这本教材。

本书根据市场需求和企业职业岗位的知识技能要求，将"氧化铝生产工艺"和"电解铝生产技术"两门传统单独开设课程的内容进行选取与整合，根据铝冶金生产工艺设置了铝冶金生产认知、拜耳法生产氧化铝、烧结法生产氧化铝、联合法生产氧化铝、大型预焙槽炼铝、铝电解烟气净化及原料输送、铝锭铸造 7 个知识模块，每个模块以工艺流程为导向设置若干学习任务，内容设计体现了教学过程与工作过程的一致性。通过本书的学习，学生可以掌握拜耳法、烧结法生产氧化铝和熔盐电解法生产电解铝的基本原理和工艺流程；能正确进行工艺、设备操作及技术条件控制；会分析处理铝冶金生产中常见的故障，为后续完成毕业设计、顺利进行工学结合实习、顶岗实习及快速适应工作岗位奠定坚实的基础。

本书由济源职业技术学院王红伟、马科友担任主编，北京科技大学邢相栋、济源职业技术学院杜新玲、中铝公司抚顺分公司封同会和中铝公司河南分公司张学英担任副主编。编写分工为：王红伟编写模块一，模块二中的任务 1~3、任务 5 和任务 7；马科友编写模块五中的任务 8~11、模块七；邢相栋编写模块四，模块五中的任务 1~4；杜新玲编写模块三；封同会编写模块五中的任务 7；张学英编写模块二中的任务 9；济源职业技术学院卢鑫编写模块二中的任务 4、任务 6 和任务 10，模块六；济源职业技术学院秦凤婷编写模块五中的任务 6；中铝公司河南分公司薛祎姝编写模块二中的任务 8；济源职业技术学院徐素鹏编写模块五中的任务5。全书由王红伟、马科友定稿，封同会和张学英审核。

在编写过程中，参考了一些文献，在此向文献作者表示感谢。另外，济源职业技术学院朱博、李丰、常兴光等同学为本书的编写提供了大力帮助，在此一并表示衷心感谢。

限于作者的水平，书中不足之处，敬请各位专家、同行及读者批评指正。

作 者

2013 年 2 月

目　录

模块一 铝冶金生产认知

任务一 认识铝土矿

学习目标

1. 了解铝土矿的主要化学成分及我国铝土矿的资源分布及特点；
2. 掌握铝土矿的分类及质量衡量标准。

工作任务

1. 识别铝土矿；
2. 根据铝土矿化学成分和物相组成分析结果对铝土矿质量进行分析与评价。

单元一 铝的主要矿物

铝在自然界中分布极广，地壳中铝的含量约为 8%，仅次于氧（49.1%）和硅（26%），居第三位。但在金属元素中，铝元素在地壳中的含量为第一，几乎是地壳中全部金属含量的 1/3。

铝的化学性质十分活泼，在自然界中极少发现元素状态的铝。铝矿物绝少以纯的状态形成工业矿床，基本都是与各种脉石矿物共生在一起的。在世界许多地方蕴藏着大量的铝硅酸盐岩石。

自然界中含铝矿物达 250 种，其中约 40% 是各种铝硅酸盐。其中主要矿物有铝土矿、霞石、明矾石、高岭土和黏土等，如表 1-1 所示。

表 1-1 主要含铝矿物

名称与化学式	含量 w/%			密度 /g·cm⁻³	莫氏硬度
	Al_2O_3	SiO_2	$Na_2O + K_2O$		
刚玉 Al_2O_3	100	—	—	4.0~4.1	9
一水软铝石 $Al_2O_3 \cdot H_2O$	85	—	—	3.01~3.06	3.5~4
一水硬铝石 $Al_2O_3 \cdot H_2O$	85	—	—	3.3~3.5	6.5~7
三水铝石 $Al_2O_3 \cdot 3H_2O$	65.4	—	—	2.35~2.42	2.5~3.5
蓝晶石 $Al_2O_3 \cdot SiO_2$	63.0	37.0		3.56~3.68	4.5~7
红柱石 $Al_2O_3 \cdot SiO_2$	63.0	37.0		3.15	7.5
硅线石 $Al_2O_3 \cdot SiO_2$	63.0	37.0		3.23~3.25	7

名 称 与 化 学 式	含量 $w/\%$			密度 $/g \cdot cm^{-3}$	莫氏硬度
	Al_2O_3	SiO_2	$Na_2O + K_2O$		
霞石 $(Na, K)_2O \cdot Al_2O_3 \cdot 2SiO_2$	32.3 ~ 36.0	38.0 ~ 42.3	19.6 ~ 21.0	2.63	5.5 ~ 6
长石 $(Na, K)_2O \cdot Al_2O_3 \cdot 6SiO_2 \cdot 2H_2O$	18.4 ~ 19.3	65.5 ~ 69.3	1.0 ~ 11.2	—	—
白云母 $K_2O \cdot 3Al_2O_3 \cdot 6SiO_2 \cdot 2H_2O$	38.5	45.2	11.8	—	2
绢云母 $K_2O \cdot 3Al_2O_3 \cdot 6SiO_2 \cdot 2H_2O$	38.5	45.2	11.8	—	—
白榴石 $K_2O \cdot Al_2O_3 \cdot 4SiO_2$	23.5	55.0	21.5	2.45 ~ 2.5	5 ~ 6
高岭石 $Al_2O_3 \cdot 2SiO_2 \cdot 2H_2O$	39.5	46.4	—	2.58 ~ 2.6	1
明矾石 $(Na, K)_2SO_4 \cdot Al_2(SO_4)_3 \cdot 4Al(OH)_3$	37.0	—	11.3	2.60 ~ 2.80	3.5 ~ 4.0
丝钠铝石 $Na_2O \cdot Al_2O_3 \cdot 2CO_2 \cdot 2H_2O$	35.4	—	21.5	—	—

铝土矿是目前氧化铝生产中最主要的矿石资源，世界上 99% 以上的氧化铝是用铝土矿为原料生产的。铝土矿中氧化铝的含量变化很大，低的在 40% 以下，高的可达 70% 以上。与其他有色金属矿石相比，铝土矿是富矿。

铝土矿的外观（颜色、结构）和物理化学性质（相对密度、硬度及可溶性等）变化很大，视其矿物组成和化学成分不同而异，有的铝土矿很坚硬，有的则松软如土。结构有土状、致密状与豆鲕状。铝土矿可以具有从白色到赭色之间的很多颜色，一般含铁高者呈红色，含铁低者呈灰白色、黄褐色及褐色。

单元二　铝土矿的主要化学成分

铝土矿是法国学者贝尔蒂埃于 19 世纪 20 年代发现的，是一种以氧化铝水合物为主要成分的复杂铝硅酸盐矿石。铝土矿的主要化学成分有：Al_2O_3、SiO_2、Fe_2O_3、TiO_2，少量的 CaO、MgO、硫化物，微量的 Ga、V、P、Cr 等。

SiO_2 是利用铝土矿制取氧化铝时最有害的杂质。在碱法生产氧化铝工艺中，SiO_2 与铝酸钠溶液反应生成不溶性的水合铝硅酸钠（生产中称为钠硅渣），导致 Al_2O_3、Na_2O 损失。对于管道溶出工艺，钠硅渣的生成还会导致管道结疤，严重影响生产的正常进行。

Fe_2O_3 也是有害的杂质。用碱法加工铝土矿时，由于氧化铁不与碱作用而进入残渣（残渣因之呈红色，故称为赤泥），因而允许铝土矿中有一定量的氧化铁存在。但 Fe_2O_3 含量过高，特别是以针铁矿形式存在时，使赤泥分离洗涤困难。铁的含量越高，赤泥量越大，由赤泥夹带造成的 Al_2O_3、Na_2O 损失越大。另外，它还会使物料流量增加。

高压溶出时，TiO_2 能在一水硬铝石表面形成一层结构致密的钛酸钠膜，而阻止铝土矿的进一步溶出。因此，TiO_2 是碱法生产氧化铝的主要有害杂质之一。

硫在生产过程中循环积累，特别是在烧结法中，硫能形成低熔点的化合物硫酸钠，会阻碍烧结过程的继续进行。

存在于铝土矿中的碳酸盐，其中的 CO_2 会使苛性钠碳酸化，使这一部分碱失去作用，而使循环碱量增加，碳酸碱超过一定量时，还会使生产过程复杂化。

镓在铝土矿中含量虽少，但在氧化铝生产过程中会逐渐在分解母液中积累，从而可以有效地回收，成为生产镓的主要来源。

单元三　铝土矿的分类及质量评价

A　铝土矿的分类

铝土矿中的铝元素是以氧化铝水合物状态存在的。根据其氧化铝水合物所含结晶水数目以及晶型结构的不同，把铝土矿分成三水铝石型 $[Al(OH)_3$ 或 $Al_2O_3 \cdot 3H_2O]$、一水软铝石型 $[\gamma - AlO(OH)$ 或 $\gamma - Al_2O_3 \cdot H_2O]$、一水硬铝石型 $[\alpha - AlO(OH)$ 或 $\alpha - Al_2O_3 \cdot H_2O]$ 和混合型四类矿种。采用不同类型的铝土矿作原料，氧化铝生产工艺的选择和技术条件的控制是不同的，所以对铝土矿类型的鉴定有着重大意义。

B　铝土矿的质量评价

铝土矿的质量会影响生产技术条件的控制、设备的产能、能耗及产品质量等各个方面。铝土矿质量的评价指标主要有氧化铝含量、铝土矿的铝硅比和铝土矿的类型三项。

（1）氧化铝含量。铝土矿中氧化铝含量通常在 45% ~ 75% 之间。铝土矿中氧化铝的含量越高，杂质的含量就越少，设备产能、能耗、产品质量等指标就越好。

（2）铝土矿的铝硅比。铝硅比是指铝土矿中所含的氧化铝与氧化硅的质量之比，通常以 A/S 表示。

在碱法生产氧化铝工艺中，二氧化硅为酸性氧化物，会溶解进入碱液中，但随后会以不溶性物质含水铝硅酸钠的形式析出，造成氧化钠和氧化铝的损失。二氧化硅的含量直接关系到氧化铝的生产成本、原料消耗量、能量消耗量和回收率。因此，A/S 越高，铝土矿质量越好。目前，工业生产氧化铝要求用铝土矿的铝硅比不低于 3.0 ~ 3.5。

（3）铝土矿的类型。不同类型的铝土矿，因为在拜耳法生产氧化铝时氧化铝溶出的难易程度不同，则所采取的工艺技术条件也不相同。三水铝石型矿最易溶出，一水软铝石型矿次之，一水硬铝石型矿最难溶出。因此，铝土矿的类型对采用拜耳法工艺生产氧化铝意义重大，而对采用烧结法工艺生产氧化铝来说则意义不大。

在实际应用中，评价铝土矿质量的指标，对三水铝石型铝土矿而言，主要是其中的有效氧化铝和活性氧化硅的含量。

有效氧化铝是指在一定的溶出条件下能够从矿石中溶出到溶液中的氧化铝量。

活性氧化硅是指在生产过程中能与碱反应而造成 Al_2O_3 和 Na_2O 损失的氧化硅。

例如，一水硬铝石在溶出三水铝石矿的条件下不与碱溶液反应，是无法溶出的，即使它的含量高，也不能计入有效氧化铝的含量。

同样，矿石中以石英形态存在的氧化硅，在此溶出条件下则是不与碱溶液反应的惰性氧化硅，也不计入活性氧化硅之内。

对一水铝石型矿而言，通常是以其中 Al_2O_3 含量和铝硅比来判别其质量。因为在一水铝石型矿溶出条件下，铝土矿中 Al_2O_3 可全部看成是有效的，而 SiO_2 可全部看成是活性的。

单元四　铝土矿资源

A　世界铝土矿资源

世界铝土矿资源丰富，资源保证程度很高。按世界铝土矿产量（1.3~1.5 亿吨/年）计算，静态保证年限在 200 年以上。根据美国地质调查局统计的结果，2005 年世界铝土矿储量约为 250 亿吨，基础储量约为 320 亿吨。主要分布在南美洲（33%）、非洲（27%）、亚洲（17%）、大洋洲（13%）和其他地区（10%）。几内亚、澳大利亚两国的储量约占世界储量的一半，南美的巴西、牙买加、圭亚那、苏里南约占世界储量的 1/4。此外，据近年的报道，越南和印度也有丰富的铝土矿资源，越南储量在 40~50 亿吨，印度储量为 24 亿吨。

随着金属铝用量的不断扩大，铝土矿的开采量也不断增加。2007 年，世界铝土矿的产量约为 19000 万吨。主要的铝土矿生产国有澳大利亚、中国、几内亚、巴西和牙买加等。2007 年，以上五国的铝土矿产量约占全球产量的 78%。

B　我国铝土矿概况

我国铝土矿资源在 18 个省、自治区、直辖市已查明铝矿产地 205 处，其中大型产地 72 处（不包括中国台湾），根据中国铝土矿地质特征和成矿条件分析预测，中国铝土矿资源总量可达 50 亿吨以上，现我国已探明的铝土矿储量约 23 亿吨，居世界第四位。我国铝土矿资源并不十分丰富，只占世界储量的 1.5%。世界铝土矿的人均储量为 4000kg，而我国只有 283kg。按目前氧化铝产量的增长速度和铝土矿开采、利用中的浪费来看，即使考虑到远景储量，中国的铝土矿的保证年限也很难达到 50 年。

中国铝土矿资源具有以下几个特点：

（1）矿石分布比较集中，有利于开发利用。山西、贵州、河南和广西壮族自治区储量最高，合计占全国总储量的 85.5%，这四个地区又有着丰富的煤炭和水电资源，具有发展铝工业的有利条件。

（2）铝土矿中矿物种类多、组成复杂，矿物嵌布粒度较细。其除主要含一水硬铝石外，还含有高岭石、叶蜡石、伊利石、石英等含硅矿物，赤铁矿、针铁矿等含铁矿物，以及金红石、锐钛矿等含钛矿物。一水硬铝石与含硅矿物之间的嵌布关系复杂，解离困难。一水硬铝石的嵌布粒度一般为 5~10μm。

（3）一水硬铝石型矿石占绝对优势。已探明的铝土矿储量中，一水硬铝石型铝土矿储量占全国总储量的 98.46%，三水铝石型矿石储量只占 1.54%。

一水硬铝石型铝土矿绝大部分具有高铝、高硅、低铁的突出特点，铝硅比值偏低。据统计，铝硅比值大于 7 的矿石量占一水硬铝石量的 27.48%；铝硅比值为 5~7 的矿石量占 33.99%；铝硅比值小于 5 的矿石量占 38.53%。

我国铝土矿各省区的铝土矿品位如表 1-2 所示。

表 1-2　我国各省区的铝土矿平均品位

地　区	$w(Al_2O_3)/\%$	$w(SiO_2)/\%$	$w(Fe_2O_3)/\%$	A/S
山　西	62.35	11.58	5.78	5.38
贵　州	65.75	9.04	5.48	7.27
河　南	65.32	11.78	3.44	5.54
广　西	54.83	6.43	18.92	8.53
山　东	55.53	15.8	8.78	3.61

任务二　铝及氧化铝的性质与用途

学习目标

1. 掌握铝和氧化铝的物理化学性质；
2. 了解氧化铝和电解铝的工业应用。

工作任务

根据铝及氧化铝的物理化学性质分析铝及氧化铝的主要用途。

单元一　铝的性质与用途

A　铝的物理性质

铝是一种轻金属，具有银白色的金属光泽，纯铝质地柔软，有良好的可塑性和延展性，是电和热的优良导体，在工业上被誉为"万能金属"。其化学符号为 Al，原子序数为13，相对原子质量为 26.98154。其主要物理性质如表 1-3 所示。

表 1-3　铝的主要物理性质

密度/$g \cdot cm^{-3}$	2.7（20℃），2.3（660℃）
熔点/℃	660
沸点/℃	2467
电导率（20℃）/$(\Omega \cdot cm)^{-1}$	$(36 \sim 37) \times 10^{-4}$
电化当量/$g \cdot (A \cdot h)^{-1}$	0.3356

铝的主要特性是轻，密度相当于钢铁的 1/3，某些合金的机械强度甚至超过结构钢。因此铝具有很大的强度质量比。

铝具有良好的防腐蚀性能。在空气中，铝表面可产生一层光滑致密的、如金刚石一样硬的氧化铝薄膜。这是铝的天然保护膜，像玻璃一样透明，紧紧地黏附在铝上。此外，还可采用阳极氧化或电镀的方法，在铝材或铝制品表面涂上色彩鲜艳的氧化膜，使之成为经久耐用而又美观的建筑材料或日用品。

铝易与多种金属组成合金。这些合金既可保持铝的某些特性，又可显著提高其力学性能。

铝工业现在是世界上最大的电化学工业，铝的产量仅次于钢，居各种有色金属的首位。

B　铝的主要化学性质

（1）铝同氧反应生成 Al_2O_3，即：

$$2Al + 1.5O_2 \rlap{=}{=} Al_2O_3$$

$\Delta H_{298}^{\ominus} = (-1677 \pm 6.2) kJ/mol$，相当于 $31kJ/g$。生产热很大，这就是铝在自然界中很少以游离状态存在的原因。

铝粉可在空气中燃烧，所以制备铝粉时，宜在缺氧的气氛（O_2 含量为 4% ~ 6%）中进行，并用硬脂酸（2%）涂在铝的颗粒上。

（2）铝在高温下能够还原金属氧化物，即：

$$2Al + 3MeO \rlap{=}{=} Al_2O_3 + 3Me$$

利用这些反应可制取制备 Mg、Li、Mn、Cr 等纯金属以及各种铝基母合金。

（3）铝具有两性性能，既能与碱反应，又能与酸反应。高纯铝可抵御大多数酸的腐蚀，所以高纯铝制容器可用来储存硝酸、浓硫酸、有机酸和其他化学试剂。但铝易被碱溶液侵蚀，生成铝酸盐。

C　铝的用途

由于铝的卓越性质，使它的应用极为广泛。从 19 世纪末开始，铝成为工程应用中最具竞争力的金属，且风行一时。其主要应用于以下几个方面：

（1）制造轻型结构材料，如用于汽车制造、国防工业、宇宙、航天工业等。

（2）制造建筑工业材料，如铝合金型材。

（3）制造电气工业材料，如电线、电缆、电容器、整流器、母线等。

（4）制造耐腐蚀材料，如在化学工业上常用铝及其合金制造各种反应器、储槽和管路等。

（5）做包装材料，如超薄铝箔用于保存食品、药品等。铝的包装可以保温、防冻、容易开启、容易消毒、防水、防蒸气、防光，既能传导热又能辐射热，还可循环再用。

单元二　氧化铝的性质与用途

A　氧化铝的性质

氧化铝是一种白色粉末，熔点为 2050℃，沸点为 3000℃，不溶于水而能溶于熔融的冰晶石中。氧化铝属于两性氧化物，既可以与碱作用生成铝酸盐，又可以与酸作用生成该酸的铝盐。铝的氧化物分为无水氧化铝和含水氧化铝两种形态。

无水氧化铝的同质异构体已发现有几种，在氧化铝生产中有重要意义的是 $\alpha - Al_2O_3$ 和 $\gamma - Al_2O_3$ 两种。$\alpha - Al_2O_3$ 属六角晶系，具有完整坚固的晶格，所以它是所有氧化铝同质异构体中化学性质最稳定的一种，在酸或碱液中不溶解。$\gamma - Al_2O_3$ 属立方晶系，具有很大的分散性，化学性质较为活泼，易与酸或碱溶液发生反应。

含水氧化铝有 γ 及 α 两种类型。属于 γ 型的有三水铝石 $Al(OH)_3$、一水软铝石 $\gamma - AlO(OH)$ 等；属于 α 型的有一水硬铝石 $\alpha - AlO(OH)$ 等。

存在于自然界中的氧化铝称为刚玉（$\alpha - Al_2O_3$），是在火山爆发过程中形成的。它在岩石中呈无色的结晶，也可与其他氧化物杂质（氧化铬和氧化铁等）形成带色的结晶，红色的称为红宝石，蓝色的称为蓝宝石。

工业氧化铝是各种氧化铝水合物经加热分解的脱水产物，氧化铝生产中一般将氧化铝分为砂状、面粉状和中间状。安息角是这种分类的主要指标。其物理性质如表 1 - 4 所示。

表 1 - 4　不同类型氧化铝的物理性能

物性 类型	安息角 /(°)	灼减 /%	$w(\alpha - Al_2O_3)$ /%	堆积密度 /g·cm^{-3}	比表面积 /m^2·g^{-1}	小于 45μm 粒级 所占比例/%	平均粒级 /μm
砂　状	30 ~ 35	≤1.0	25 ~ 35	>0.85	>35	≤12	80 ~ 100
面粉状	40 ~ 45	≤0.5	80 ~ 95	<0.75	2 ~ 10	>40	20 ~ 50
中间状	35 ~ 40	≤0.8	40 ~ 50	>0.85	>35	10 ~ 30	50 ~ 80

从表中可以看出，砂状氧化铝颗粒粗，安息角小，$\alpha - Al_2O_3$ 含量较小，化学活性大，流动性好，能很好地满足电解铝生产对氧化铝物理性质的要求，所以，目前砂状氧化铝已成为氧化铝生产的主要产品。

表征氧化铝物理性能的概念释义如下：

（1）安息角。其是指物料在光滑平面上自然堆积的倾角（图 1 - 1 中的 θ 角），是表示氧化铝流动性能好坏的指标。安息角越小，氧化铝的流动性越好，在电解过程中易溶于电解质中，并能够很好地覆盖于电解质结壳上，飞扬损失也小。

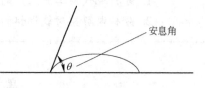

图 1 - 1　安息角

（2）灼减。其是指残存在氧化铝中的结晶水含量。

（3）比表面积。其是指单位质量物料的外表面积与内孔表面积之和的总表面积，是表示氧化铝化学活性的指标。比表面积越大，氧化铝的化学活性越好，越易溶解。

（4）堆积密度（也称容重）。其是指在自然状态下单位体积物料的质量。通常堆积密度小的氧化铝有利于在电解质中的溶解。

（5）$\alpha - Al_2O_3$ 含量。成品氧化铝中 $\alpha - Al_2O_3$ 的含量反映了氧化铝的焙烧程度，$\alpha - Al_2O_3$ 含量越高，说明焙烧越充分。$\alpha - Al_2O_3$ 含量高会使氧化铝的吸湿性降低，但 $\alpha - Al_2O_3$ 在电解质中的溶解性能较 $\gamma - Al_2O_3$ 差。

（6）粒度。其是指氧化铝颗粒的粗细程度。过粗的氧化铝在电解质中的溶解速度慢，甚至沉淀；而过细的氧化铝则飞扬损失加大。

（7）磨损指数。其是氧化铝的强度指标，是指氧化铝在特定测定条件下磨撞后，试样中小于 44μm 粒级含量改变的百分数。磨损指数越小，表明氧化铝强度越大，在运输、装卸以及在电解槽烟气净化系统中，由于撞击、磨损而增加的细粒级含量较少。

B 氧化铝的用途

目前，百分之九十以上的氧化铝是用作电解炼铝的原料，但是电子、石油、化工、耐火材料、陶瓷、塑料、纺织、造纸以及制药等许多部门也需要各种特殊性能的氧化铝和氢氧化铝。国内外不少氧化铝厂都致力于发展多品种氧化铝生产，例如活性氧化铝、低钠氧化铝、喷涂氧化铝、$\gamma - Al_2O_3$、超细 $\alpha - Al_2O_3$、高纯氧化铝和氢氧化铝、拟薄水铝石以及氢氧化铝凝胶等，这些非冶金级的多品种氧化铝约占整个氧化铝产量的 8% ~ 10%。目前非冶金用氧化铝达 300 多种，各具优良的物理化学性能，用途广泛，价格远高于冶金用氧化铝。如高纯超细氧化铝，由于其具有高熔点、高硬度、电阻高、力学性能好、耐磨、耐蚀、绝缘耐热等优良特性，被广泛用于透光性氧化铝烧结体、荧光体用载体、单晶材料、高级瓷器、人工骨、半导体、集成电路基板、录音磁带填充剂、催化剂及其载体、研磨材料、激光材料、切削工具等。

任务三 铝和氧化铝的生产方法

学习目标

1. 了解金属铝和氧化铝的生产方法及铝冶金的发展；
2. 掌握电解炼铝对氧化铝的质量要求。

工作任务

1. 分析现代铝工业生产的主要生产环节；
2. 分析电解铝对氧化铝的质量要求及金属铝和氧化铝的生产方法。

单元一 铝的生产方法

我国采用铝矿有悠久的历史，很早就开始从明矾石中提取出明矾以供医药及工业上应用。汉代的《本草经》（公元前 1 世纪）一书中记载了 16 种矿物药物，其中就包括矾石、铅丹、石灰、朴硝、磁石。明代宋应星所著的《天工开物》（公元 1637 年）一书中记载了矾石的制造和用途。

"Aluminium" 一词从明矾衍生而来，古罗马人称明矾为 "Alumen"。1746 年 Pott 从明矾中制取一种氧化物。1876 年 Morveau 称此种氧化物为氧化铝 Alumine（英文 Alumina）。1807 年英国的 Davy 试图用电解法从氧化铝中分离出金属，但未成功。1808 年他称呼此种拟想中的金属为 "Aluminium"，以后沿用此名。

A 化学法炼铝

金属铝最初用化学法制取。1825 年，丹麦的 Oersted 用钾汞还原无水氯化铝，得到一种灰色的金属粉末，在研磨时呈现金属光泽，但当时未能加以鉴定。1827 年，德国的 Wohler 用钾还原无水氯化铝，得到少量细微的金属颗粒。1845 年，他把氯化铝气体通过熔融的金属钾表面，得到金属铝珠，每颗铝珠的质量为 10~15mg，于是铝的一些物理和化学性质得到初步的测定。

1854 年，法国的 Deville 用钠代替钾还原 NaCl - AlCl$_3$ 络合盐制取金属铝。钠的相对原子质量比钾小，制取 1kg 铝所需钠大约 3.0~3.4kg，而用钾大约需 5.5kg，故用钠比较经济。当时称铝为"泥土中的银子"。1854 年，在巴黎附近建成了世界上第一座炼铝厂。

自从 1887~1888 年间电解法炼铝工厂开始投入生产之后，化学法便渐渐弃用了，在此之前 30 年间采用化学法共生产了约 200t 铝。

B　电解法炼铝

在采用化学法炼铝期间，德国的 Bunsen 和法国的 Deville 继 Davy 之后研究电解法。1854 年，Bunsen 发表了实验总结报告，声称通过电解 NaCl - AlCl$_3$ 络合盐可得到金属铝。他在电解时采用炭阳极和炭阴极。Deville 除了电解 NaCl - AlCl$_3$ 络合盐之外，还电解此络合盐和冰晶石的混合物，都得到了金属铝。那时候，用蓄电池作为电源不能获得较大的电流而且价格很贵，因此电解法不能用于工业生产。只有在 1867 年发明了电机并在 1880 年加以改进之后，电解法才可以用于工业生产。

1883 年，美国的 Bradley 提出利用氧化铝可溶于熔融冰晶石的特性来电解冰晶石 - 氧化铝熔盐的方案。1886 年，美国的 Hall 和 Héroult 同时申请了冰晶石 - 氧化铝熔盐电解法炼铝的专利。这就是历来所称的霍尔 - 埃鲁法。

霍尔认为氧化铝是炼铝的适当原料，唯一的问题是要寻找一种适宜的熔剂，因为氧化铝的熔点很高。他系统地研究了各种熔剂并进行试验，一直到冰晶石为止。埃鲁则相反，自从电解纯冰晶石熔液得到铝之后，为了降低熔点而添加了 NaCl - AlCl$_3$ 络合盐，但由于 NaCl - AlCl$_3$ 易于水解，故改用氧化铝。

与化学法相比，电解法成本低而且产品质量好，故沿用至今。

自从冰晶石 - 氧化铝熔盐电解法发明以来，全世界的原铝产量迅速增长，如图 1 - 2 所示。我国近年来的原铝产量如图 1 - 3 所示。

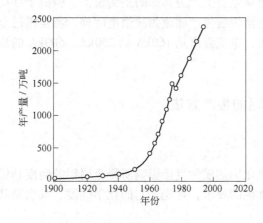
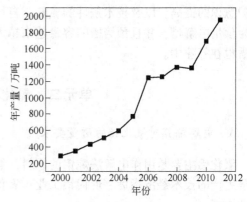

图 1 - 2　全世界原铝年产量　　　图 1 - 3　中国原铝年产量
　　　　增长曲线图　　　　　　　　　　　增长曲线图

C 现代铝工业的生产流程

现代铝工业有三个主要生产环节：（1）从铝土矿中提取纯氧化铝；（2）用冰晶石 - 氧化铝熔盐电解法生产金属铝；（3）铝加工。此外，还有两个重要的辅助环节，即炭素电极制造和氟盐生产。现代铝工业生产流程简图如图 1 - 4 所示。

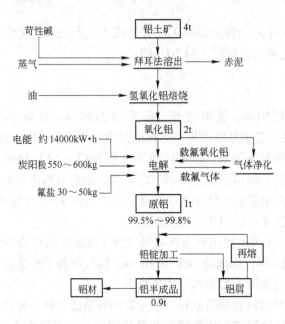

图 1 - 4 现代铝工业生产流程简图

D 铝电解槽的发展

电解槽是冰晶石 - 氧化铝熔盐电解制铝工艺的主要设备。由于技术的进步，从起初的几千安培的小电解槽到现在的几十万安培的大电解槽，从人工操作到计算机控制操作，电解槽的结构和容量在发生着巨大的变化。

国内在 20 世纪 90 年代之前，自焙电解槽是电解生产金属铝的主要设备。但由于环境保护意识的提高，以及技术条件的成熟，自焙槽纷纷停产而改为预焙电解槽，新建槽已全部为预焙电解槽，并且预焙槽的容量越来越大，电流强度从 160kA 到 350kA，500kA 的预焙槽也在筹建中。

单元二 氧化铝的生产方法

A 电解炼铝对氧化铝的质量要求

氧化铝主要是用作电解法炼铝的原料，氧化铝的质量直接影响所得金属铝的纯度和铝电解生产的技术经济指标。现代铝工业对氧化铝的要求，首先是它的化学纯度，其次是其物理性能。

a 化学纯度

在化学纯度方面，要求氧化铝中杂质含量和水分要低。

如果氧化铝中含有比铝更正电性元素的氧化物（Fe_2O_3、SiO_2、TiO_2、V_2O_5 等），这些元素在电解过程中，将首先在阴极上析出而使铝的质量降低并降低电流效率。SiO_2 还会与氟化盐反应生成有毒的 SiF_4 气体，既消耗氟盐又污染环境。如果其中含有比铝更负电性元素的氧化物（Na_2O、CaO 等），则在电解时会与氟化铝反应，造成氟化铝耗量增加。

氧化铝中的水分会与电解质中的 AlF_3 作用生成 HF，造成氟盐消耗并污染环境。此外，当灼减高或吸湿后的氧化铝与高温熔融的电解质接触时，则会引起电解质暴溅，危及操作人员安全。

因此，电解炼铝用的氧化铝必须具有较高的纯度，其杂质含量应尽可能低。氧化铝质量与生产方法有关，拜耳法生产氧化铝的纯度要高于烧结法。

我国生产的氧化铝，按化学纯度分级如表 1-5 所示。目前，中国铝业股份有限公司各分公司都按氧化铝国家有色行业标准 YS/T 274—1998 组织生产。

表 1-5　氧化铝国家有色行业标准（YS/T 274—1998）

牌　号	化学成分 w/%				
	Al_2O_3 不小于	杂质含量不大于			
		SiO_2	Fe_2O_3	Na_2O	灼减
AO-1	98.6	0.02	0.02	0.50	1.0
AO-2	98.4	0.04	0.03	0.60	1.0
AO-3	98.3	0.06	0.04	0.65	1.0
AO-4	98.2	0.08	0.05	0.70	1.0

b　物理性能

氧化铝的物理性能对保证电解过程的正常进行和提高气体净化效率至关重要。通常要求氧化铝具有较小的吸水性、较好的活性和适宜的粒度，能够较快地溶解在冰晶石熔体中，加料时飞扬损失少，并且能够严密地覆盖在阳极炭块上，防止它在空气中氧化。当氧化铝覆盖在电解质结壳上时，可起到良好的保温作用。在气体净化中，要求它具有足够的比表面积，从而能够有效地吸收 HF 气体。这些物理性质主要取决于氧化铝的晶型、粒度和形状。

工业用氧化铝通常是 α-Al_2O_3 和 γ-Al_2O_3 的混合物，它们之间的比例对氧化铝的物理性能有直接影响。α-Al_2O_3 的晶型稳定，γ-Al_2O_3 的晶型不稳定，与 α-Al_2O_3 相比，γ-Al_2O_3 具有较强的活性、吸水性和较快的溶解速度。

砂状氧化铝具有流动性好、溶解快、对 HF 吸附能力强等特点，特别适合大型中间下料预焙槽炼铝和干法烟气净化技术，故工厂多采用砂状氧化铝。

我国生产的氧化铝，粒度介于面粉状和砂状之间，称为中间状氧化铝。我国自 20 世纪 80 年代以来，对砂状氧化铝的生产工艺进行了大量研究，为发展我国的砂状氧化铝生产工艺打下了基础。我国新建的山西铝厂和平果铝厂，都生产砂状氧化铝，这对推动我国大型预焙槽生产水平起到了积极作用。

B　氧化铝的生产方法

生产氧化铝的方法大致可以分为碱法、酸法、酸碱联合法和热法。但在工业上得到应用的只有碱法。

a　碱法

碱法生产氧化铝就是用碱（NaOH 或 Na_2CO_3）处理铝土矿，使矿石中的氧化铝和碱反应制成铝酸钠溶液。矿石中的铁、钛等杂质及大部分硅则成为不溶性的化合物进入赤泥中。与赤泥分离后的铝酸钠溶液经净化处理后可以分解析出氢氧化铝，将氢氧化铝与碱液分离，并经过洗涤和煅烧，得到产品氧化铝。分离氢氧化铝后的溶液称为母液，可以用来处理下一批铝土矿，因而也称为循环母液。

碱法生产氧化铝工艺又分为拜耳法、烧结法和拜耳烧结联合法等多种流程。

（1）拜耳法。拜耳法由奥地利化学家 K·J·拜耳在 1889～1892 年提出。一百多年来它已经有了许多改进，但仍习惯沿用拜耳法这个名称。

拜耳法生产氧化铝是用苛性碱溶液在高温高压下溶出铝土矿中的氧化铝制得铝酸钠溶液，铝酸钠溶液净化后经过降温、添加氢氧化铝晶种、搅拌分解析出氢氧化铝晶体，分解后的母液经蒸发再循环溶出下一批铝土矿，析出的氢氧化铝经焙烧得到氧化铝产品。

拜耳法的特点是：仅适合处理铝硅比大于 7 的铝土矿，尤其是铝硅比大于 10 的铝土矿；流程简单，能耗低，成本低；产品质量好，纯度高。

（2）烧结法。烧结法是 1858 年法国人勒·萨特里提出的。碱石灰烧结法的基本原理是：使炉料中的氧化物经过高温烧结转变为铝酸钠、铁酸钠、原硅酸钙和钛酸钙，用水或稀碱液溶出时，铝酸钠溶解进入溶液，铁酸钠水解为氢氧化钠和氢氧化铁沉淀，而原硅酸钙和钛酸钙不溶成为泥渣，分离去除泥渣后，得到铝酸钠溶液，再通入 CO_2 进行碳酸化分解，析出氢氧化铝，碳分母液经蒸发浓缩后可返回配料烧结，循环使用。氢氧化铝经焙烧得到氧化铝。

碱石灰烧结法的特点：适合于低铝硅比矿石，A/S 为 3～6；流程复杂，能耗高，成本高。

（3）联合法。拜耳法和碱石灰烧结法是目前工业上生产氧化铝的主要方法，各有优缺点，当生产规模较大时，采用拜耳法和烧结法的联合生产流程，可以兼有两种方法的优点而消除其缺点，取得比单一方法更好的经济效果，同时可以更充分地利用铝矿资源。联合法可分为并联、串联和混联三种基本流程，主要适用于处理中低品位的铝土矿。

上述三种工艺对矿石质量的要求如表 1-6 所示。

表 1-6　不同氧化铝工艺对矿石质量的要求

生产工艺	矿石质量要求	备　注
拜耳法	国外:$w(Al_2O_3)=40\%\sim60\%$,$w(SiO_2)<5\%\sim7\%$,$A/S>7\sim10$, Fe_2O_3 无限制； 国内:$w(Al_2O_3)>50\%$,$A/S>8$	工艺简单,成本低,但对矿石质量要求高
烧结法	$w(Al_2O_3)>55\%$,$A/S>3.5$,$w(Fe_2O_3)>10\%$,$F/A\geqslant0.2$	能处理低品位矿石,但能耗高
联合法	$w(Al_2O_3)>50\%$,$A/S>4.5$,$w(Fe_2O_3)>10\%$	能充分利用矿石资源,但工艺流程复杂,能耗高

b　酸法

该法是用硝酸、硫酸、盐酸等无机酸处理含铝原料而得到相应铝盐的酸性水溶液，然后使这些铝盐或水合物晶体（通过蒸发结晶）或碱式铝盐（水解结晶）从溶液中析出，也可用碱中和这些铝盐水溶液，使其以氢氧化铝形式析出。煅烧氢氧化铝、各种铝盐的水合物或碱式铝盐，便得到氧化铝。

酸法溶出与碱法不同，原料中的二氧化硅大多数情况下几乎不进入溶液。氧化铁多少要进入溶液一些，需用特殊方法分离溶液中的铁，因而要损失氧化铝和碱。碱金属和碱土金属的氧化物与酸作用，生成工业价值不大的盐类。因此，酸法主要适用于处理低铁无碱的硅酸盐矿物。

c 酸碱联合法

酸碱联合法是先用酸法从高硅铝矿中制取含铁、钛等杂质的不纯氢氧化铝，然后再用碱法（拜耳法）处理。其实质是用酸法除硅，碱法除铁。

d 热法

热法适于处理高硅高铁铝矿，其实质是在电炉或高炉内进行矿石的还原熔炼，同时获得硅铁合金(或生铁)与含氧化铝的炉渣，两者借密度差分开后，再用碱法从炉渣中提取氧化铝。

C 氧化铝工业的发展

冰晶石－氧化铝熔盐电解是目前工业生产金属铝的唯一方法，所以铝生产包括从铝矿石生产氧化铝以及电解炼铝两个主要过程。每生产 1t 金属铝消耗近 2t 氧化铝。因此，随着电解炼铝的迅速增长，氧化铝生产也迅速发展起来。

世界第一个用拜耳法生产氧化铝的工厂投产于 1894 年，日产仅 1t 多。一百多年来，随着世界铝需求量的增加，氧化铝工业发展很快。2006 年氧化铝产能居前五位的国家的氧化铝产量见表 1－7。2011 年世界氧化铝总产能已达到 11372.5 万吨，我国氧化铝产能达到 4879.1 万吨，占世界总产能的 43.81%。我国氧化铝工业发展迅速，氧化铝产量大幅提高，如表 1－8 所示。

表 1－7 2006 年世界氧化铝产能前五位的国家

国 家	澳大利亚	中 国	巴 西	美 国	牙买加
产量/万吨·年$^{-1}$	1831.20	1369.60	672.02	501.20	409.95
占全球比例/%	25.36	18.97	9.31	6.94	5.68

表 1－8 我国氧化铝产量的变化

年 份	1954	1966	1970	1980	1990	1999	2003	2007	2009	2011
产量/万吨	3.5	45.8	52.7	85.5	146.4	384.2	609.4	1945.7	2430.6	3881

a 世界氧化铝生产技术现状

氧化铝的生产技术与铝土矿类型密切相关，特别是铝土矿的溶出条件（温度、压力）存在很大的差异。

国外铝土矿主要是三水铝石型，其次为一水软铝石型，而一水硬铝石型铝土矿极少。世界各氧化铝厂采用的生产技术是不同的，以几内亚、澳大利亚等地为代表的三水铝石型矿物大多采用纯拜耳法溶出工艺，而以中国为代表的一水硬铝石型铝土矿大多采用烧结法或拜耳法与烧结法相结合的溶出技术。

b　中国的氧化铝生产技术现状

中国铝土矿 98% 为高硅—水硬铝石型，矿石的特点决定了中国氧化铝生产技术的特点，主要采用烧结法或烧结与拜耳法相结合的生产工艺。目前中国铝业股份有限公司下属氧化铝分公司的工艺现状如表 1-9 所示。

表 1-9　中国铝业股份有限公司下属氧化铝分公司的生产工艺

氧化铝厂	山东分公司	河南分公司	中州分公司	山西分公司	贵州分公司	广西平果分公司
现有生产方法	烧结法	联合法	烧结法	联合法	联合法	拜耳法
扩建后的生产方法	烧结法	联合法	联合法	联合法	联合法	拜耳法

从表 1-9 可以看出，只有广西平果分公司采用纯拜耳法生产工艺。

c　我国氧化铝工业存在的主要问题

（1）铝土矿原料质量差，矿石铝硅比低。由于我国铝土矿为一水硬铝石型，与国外三水铝石和一水软铝石相比，难以处理，原料铝硅比较低，不能直接用简单的拜耳法来处理。但我国铝土矿氧化铝含量较高，这是它的优势。

（2）能耗高、生产成本高。由于主要采用混联法和烧结法生产，单位产品的综合能耗高。2002 年国内综合能耗为 13.68 ~ 37.34GJ/t(Al_2O_3)，是国外拜耳法生产厂（8.6 ~ 13.48GJ/t(Al_2O_3)）的 3 ~ 4 倍左右。2007 年我国烧结法厂生产工艺综合能耗为 33.0GJ/t(Al_2O_3)、混联法厂为 26.87GJ/t(Al_2O_3)、拜耳法厂为 10.78GJ/t(Al_2O_3)，虽然比 2002 年有所降低，但烧结法能耗仍然太高。2009 年每吨产品的制造成本高达 1800 ~ 1900 元，而国外平均约为 840 元。

由于混联法既有完整的拜耳法系统，又有完整的烧结法系统，流程异常复杂，能耗很高，就是处理铝硅比约为 10 的优质矿石，能耗仍高达 38GJ/t(Al_2O_3)，是国外一般拜耳法的 3 倍多。

（3）产品氧化铝质量不高，多为中间状氧化铝。目前国内冶金级氧化铝产品多为中间状氧化铝，产品粒度较细，产品的磨损指数较高。

（4）工艺流程长，建设投资大。对于大、中型氧化铝厂建设工程，混联法单位产品的建设投资比常规拜耳法高 20% 以上。由于生产流程长、装备水平低、生产的自动控制及管理水平较低，所以劳动生产率低。

習題及思考題

1-1　根据铝土矿中氧化铝水合物所含结晶水的数目将铝土矿分为哪三种？

1-2　铝土矿中含有哪些主要化学成分，铝土矿的铝硅比是什么？

1-3　如何评价铝土矿的质量？

1-4　我国铝土矿多数属于哪种类型，其质量方面有何特点？

1-5　碱法生产氧化铝的方法有哪些，各有什么特点？

1-6　铝的性质和用途有哪些？

1-7　目前工业上生产金属铝的方法是什么？

模块二　拜耳法生产氧化铝

任务一　铝酸钠溶液

学习目标

1. 理解碱法生产氧化铝的理论依据；
2. 掌握铝酸钠溶液的特性参数及影响铝酸钠溶液稳定性的因素。

工作任务

1. 根据 $Na_2O – Al_2O_3 – H_2O$ 三元系平衡状态图分析碱法生产氧化铝的理论依据；
2. 通过分析影响工业铝酸钠溶液稳定性的因素，确定生产氧化铝控制的技术条件。

碱法生产氧化铝都是通过不同的途径把铝土矿中的氧化铝溶出制成铝酸钠溶液，铝酸钠溶液经净化后分解析出氢氧化铝，氢氧化铝经焙烧制得氧化铝。因此，碱法生产氧化铝的实质就是铝酸钠溶液的制备、净化和分解过程。了解铝酸钠溶液的物理、化学性质对氧化铝生产技术条件控制有着重要的意义。

单元一　铝酸钠溶液的重要参数

A　铝酸钠溶液的浓度

（1）碱的类型及符号。Na_2O 在工业铝酸钠溶液中主要有以下几种存在形式：

苛性碱：指以 $NaAl(OH)_4$ 分子和 $NaOH$ 分子等形式存在的 Na_2O，符号表示为 $Na_2O_苛$ 或 Na_2O_k。

碳酸碱：指以 Na_2CO_3 分子形式存在的 Na_2O，符号表示为 $Na_2O_碳$ 或 Na_2O_C。

硫酸碱：指以 Na_2SO_4 分子形式存在的 Na_2O，符号表示为 $Na_2O_硫$ 或 Na_2O_S。

全碱：指以苛性碱和碳酸碱状态存在的 Na_2O 的总和，符号表示为：$Na_2O_全$ 或 Na_2O_T。

（2）铝酸钠溶液的浓度。铝酸钠溶液的基本成分是 Al_2O_3 和 Na_2O，工业铝酸钠溶液的浓度一般以氧化铝和氧化钠的质量浓度表示，例如 $\rho(Al_2O_3) = 100g/L$ 或 $\rho(Na_2O_k) = 150g/L$。

B　铝酸钠溶液的苛性比值

铝酸钠溶液的苛性比值是指铝酸钠溶液中所含苛性碱与氧化铝的物质的量的比值，以

符号 α_K 表示。其计算公式为：

$$\alpha_K = \frac{\text{溶液中 } Na_2O_k \text{ 物质的量}}{\text{溶液中 } Al_2O_3 \text{ 物质的量}} = \frac{N_k}{A} \times 1.645$$

式中　N_k，A——分别为铝酸钠溶液中苛性碱和氧化铝的质量浓度，g/L。

苛性比值是铝酸钠溶液的特性参数，可用来表示铝酸钠溶液中氧化铝的饱和程度及溶液的稳定性。它是碱法生产氧化铝的一项重要技术指标。

C　铝酸钠溶液的硅量指数

铝酸钠溶液的硅量指数是指溶液中所含氧化铝与二氧化硅的质量比。通常以两者质量浓度的比值计算得出：

$$\text{硅量指数} = \frac{A}{S}$$

式中　A，S——分别为铝酸钠溶液中氧化铝和氧化硅的质量浓度，g/L。

铝酸钠溶液的硅量指数的意义是表示铝酸钠溶液的纯度。硅量指数越高，则铝酸钠溶液中二氧化硅含量越低，纯度越高，析出的氢氧化铝杂质含量就会越少。

单元二　$Na_2O - Al_2O_3 - H_2O$ 系平衡状态图

纯的铝酸钠溶液可看成是 $Na_2O - Al_2O_3 - H_2O$ 三元系。通过对 $Na_2O - Al_2O_3 - H_2O$ 三元系平衡状态图的研究，可以了解氧化铝在氢氧化钠溶液中的溶解度与溶液浓度和温度的关系，以及在不同条件下的平衡固相。它是碱法生产氧化铝理论基础的重要部分。

对于 $Na_2O - Al_2O_3 - H_2O$ 系平衡状态图，国内外已有很多研究，体系平衡状态图比较简单的是用直角三角形（直角坐标系）表示，也可以用等边三角形表示。

A　30℃下的 $Na_2O - Al_2O_3 - H_2O$ 三元系平衡状态图

用直角坐标表示的30℃下 $Na_2O - Al_2O_3 - H_2O$ 三元系平衡状态图如图2-1所示。

a　30℃下 $Na_2O - Al_2O_3 - H_2O$ 三元系平衡状态图中各点线的含义

B 点：溶液在此点会同时与三水铝石固相和含水铝酸钠固相保持平衡共存，是溶液对三水铝石和含水铝酸钠的饱和点。

C 点：为含水铝酸钠（$Na_2O \cdot Al_2O_3 \cdot 2.5H_2O$）和一水氢氧化钠（$NaOH \cdot H_2O$）同时与溶液保持平衡，是共饱点。

D 点：为一水氢氧化钠（$NaOH \cdot H_2O$）的组成点，它的成分为 53.5% NaOH 和 46.5% H_2O。

E 点：为含水铝酸钠（$Na_2O \cdot Al_2O_3 \cdot 2.5H_2O$）的组成点，它的成分是 48.8% Al_2O_3、29.7% Na_2O 和 21.5% H_2O。

H 点：为 $Na_2O \cdot Al_2O_3$ 的组成点，它的成分是 62.2% Al_2O_3 和 37.8% Na_2O。

T 点：为三水铝石的组成点，它的成分是 65.4% Al_2O_3 和 34.6% H_2O。

M 点：为一水铝石的组成点，它的成分为 85% Al_2O_3、15% H_2O。

OB 线段：该线上溶液的平衡固相是三水铝石，是三水铝石在 NaOH 溶液中的溶解度

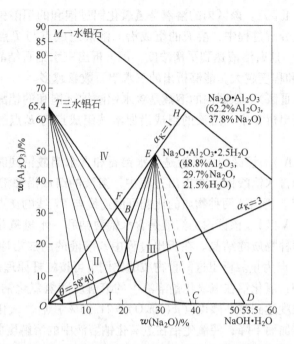

图 2 - 1　30℃下 $Na_2O - Al_2O_3 - H_2O$ 三元系平衡状态图

曲线，它表明随着 NaOH 溶液浓度的增加，三水铝石在其中的溶解度越来越大。

BC 线段：是含水铝酸钠在 NaOH 溶液中的等温溶解度曲线，该线上溶液的平衡固相是含水铝酸钠（$Na_2O \cdot Al_2O_3 \cdot 2.5H_2O$）。含水铝酸钠在 NaOH 溶液中的溶解度随 NaOH 溶液浓度的增加而降低。

CD 线段：为一水氢氧化钠（$NaOH \cdot H_2O$）在铝酸钠溶液中的溶解度曲线。

图中 *OBCD* 曲线是依次连接各个平衡溶液的组成点得出的，它也就是氧化铝在 30℃下的 NaOH 溶液中的平衡溶解度等温线。

D 点和 *E* 点在 30℃下都是以固相存在。因此，在 *DE* 线上及其右上方皆为固相区，不存在液相。

直线 *OE* 是 $\alpha_K = 1$ 的等 α_K 线，实践证明，苛性比值等于 1 或小于 1 的铝酸钠溶液是不存在的，所以，实际的铝酸钠溶液的组成点都应位于 *OE* 连线的右下方，即铝酸钠溶液只能存在于 *OED* 区域内。因此，对氧化铝生产来说，对 *OED* 区域的分析才有意义。

b　*OED* 区域分析

为了分析 30℃下 $Na_2O - Al_2O_3 - H_2O$ 三元系平衡状态图的特征，将 *OED* 区域分五个部分（Ⅰ、Ⅱ、Ⅲ、Ⅳ、Ⅴ）进行讨论。

（1）*OBCD* 下方区域（Ⅰ区）。该区是氢氧化铝和含水铝酸钠的未饱和区，它有溶解这两种物质的能力。当其溶解 $Al(OH)_3$ 时，溶液的组成将沿着原溶液点与 *T* 点的连线变化，直到连线与 *OB* 线的交点为止，即这时溶液已达到平衡浓度。原溶液组成点离 *OB* 线越远，其未饱和程度越大，能够溶解的 $Al(OH)_3$ 数量越多。当其溶解固体铝酸钠时，溶液的组成则沿着原溶液组成点与 *E* 点（如果是无水铝酸钠则是 *H* 点）的连线变化，直到连线与 *BC* 线的交点为止。

（2）*OBTO* 区（Ⅱ区）。该区内的溶液是氢氧化铝过饱和的铝酸钠溶液，可以分解析出三水铝石晶体。在分解过程中，溶液的组成沿原溶液组成点与 *T* 点的连线变化，直到与 *OB* 线的交点为止，这时溶液达到平衡浓度，不再析出三水铝石结晶。原溶液组成点离 *OB* 线越远，其过饱和程度越大，能够析出的三水铝石数量越多。

（3）*BCEB* 区（Ⅲ区）。该区内的溶液是含水铝酸钠过饱和的铝酸钠溶液，含水铝酸钠会结晶析出。在析出过程中，溶液的组成沿原溶液组成点与 *E* 点的连线变化，直到与 *BC* 线的交点为止。

（4）*BETB* 区（Ⅳ）。该区内的溶液是三水铝石和含水铝酸钠同时过饱和的溶液，会同时析出三水铝石和含水铝酸钠。在析出过程中，溶液的组成沿原溶液组成点与 *B* 点的连线变化，直到 *B* 点。析出这两种物质的比例可由连线与 *ET* 线的交点按杠杆原理确定。

（5）*CDEC* 区（Ⅴ区）。该区内的溶液是含水铝酸钠和一水氢氧化钠同时过饱和的溶液，会同时析出这两种物质的结晶。在析出过程中，溶液的组成沿原溶液组成点与 *C* 点的连线变化，直到 *C* 点为止。析出这两种物质的比例也可按杠杆原理确定。

从以上分析可知：氧化铝在氢氧化钠溶液中的溶解度随氢氧化钠的浓度增加而增加，但是当氢氧化钠的浓度达到某一限度（$w(Na_2O) = 21.95\%$）后，氧化铝的溶解度反而随着氢氧化钠的浓度增加而下降，使氧化铝在氢氧化钠溶液中的溶解度曲线出现最高值，出现这种情况的原因是不同浓度的溶液所对应的平衡固相不同。

在氧化铝生产中，铝酸钠溶液的组成总是位于状态图的 Ⅰ、Ⅱ区内。

B　不同温度下的 $Na_2O - Al_2O_3 - H_2O$ 三元系平衡状态图

许多研究者通过对不同温度下的 $Na_2O - Al_2O_3 - H_2O$ 系平衡状态的研究，得出在不同温度下的 $Na_2O - Al_2O_3 - H_2O$ 三元系平衡状态等温截面图，如图 2 - 2 所示。

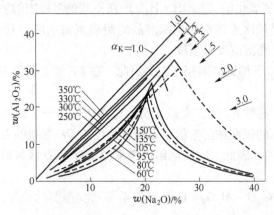

图 2 - 2　不同温度下的 $Na_2O - Al_2O_3 - H_2O$ 三元系平衡状态图

从图 2 - 2 可以看出，不同温度下溶解度等温线都包括两条线段，这两条线段的交点，即在该温度下 Al_2O_3 在 Na_2O 溶液中的溶解度达到的最大点。它说明在所有温度下，氧化铝的溶解度都是随溶液中苛性碱浓度的增加而急剧增大，但当苛性碱浓度超过某一限度后，氧化铝的溶解度反而随溶液中苛性碱浓度的增加而急剧下降，这是由于与溶液平衡的固相成分发生改变的结果。图中溶解度等温线的左侧线段所对应的平衡固相为三水铝石

（或一水铝石），而溶解度等温线的右侧线段所对应的平衡固相为含水铝酸钠（或无水铝酸钠、氢氧化钠等不同固相）。

此外，随着温度的升高，溶解度等温线的曲率逐渐减小，在250℃以上时曲线几乎成为直线，并且由其两条溶解度等温线所构成的交角逐渐增大，从而使溶液的未饱和区域扩大，溶液溶解固相的能力增大，同时溶解度的最大点也随温度的升高向较高的 Na_2O 浓度和较大的 Al_2O_3 浓度方向推移。因此，温度提高、溶液的未饱和区扩大有利于氧化铝溶解度的增加，使溶液能溶解更多的氧化铝；温度降低、溶液的过饱和区扩大有利于氧化铝溶解度的降低，使溶液能分解析出更多的氧化铝。

拜耳法生产氧化铝就是根据 $Na_2O-Al_2O_3-H_2O$ 三元系平衡状态等温截面图中氧化铝溶解度等温线的上述特点，使铝酸钠溶液的组成总是处于Ⅰ、Ⅱ区内，即氢氧化铝处于未饱和状态及过饱和状态。利用浓苛性碱溶液在高温下溶出铝土矿中的氧化铝，然后再经稀释和冷却，使溶液处于氧化铝过饱和而结晶析出。

单元三　工业铝酸钠溶液的稳定性

A　工业铝酸钠溶液的组成及稳定性概念

工业铝酸钠溶液主要由 $NaAl(OH)_4$、$NaOH$ 和 Na_2CO_3 等化合物组成。其中还含有 SiO_2、Na_2SO_4、Na_2S、有机物，以及含 Fe、Ga、V、F、Cl 等以化合物状态存在的杂质。

铝酸钠溶液的稳定性是指从过饱和铝酸钠溶液制成到开始分解析出氢氧化铝所需时间的长短。制成后立刻开始分解或经过短时间后即开始分解的溶液，称为不稳定的溶液；而制成后存放很久仍不发生明显分解的溶液，称为稳定的溶液。

B　影响工业铝酸钠溶液稳定性的主要因素

作为氧化铝生产过程中的中间产物铝酸钠溶液，从制成到分解析出氢氧化铝要经过赤泥沉降、脱硅、净化等多道工序，在此期间要保证铝酸钠溶液不能分解析出氢氧化铝，并且到分解工序时，要使铝酸钠溶液容易析出。因此，影响铝酸钠溶液稳定性的因素决定了氧化铝生产中的主要技术参数的选择。

a　铝酸钠溶液的苛性比值

在其他条件相同时，溶液的苛性比值越低，其过饱和程度越大，溶液的稳定性越低，如图2-3所示。

对于同一个 Al_2O_3 浓度，当苛性比值为 α_{K1} 时，溶液处于未饱和状态，尚能溶解 Al_2O_3；而当苛性比值降低变为 α_{K2} 时，溶液则处于平衡状态；而当苛性比值再降低为 α_{K3} 时，溶液处于过饱和状态，溶液呈不稳定状态，将析出 $Al(OH)_3$。随着苛性比值增大，溶液开始析出固相所需的时间也相应延长。这种分解开始所需的时间称为"诱导期"。

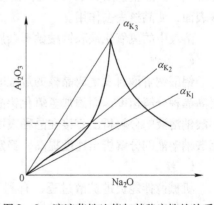

图2-3　溶液苛性比值与其稳定性的关系

　　根据对铝酸钠溶液的理论分析及测定分析，常温下，当铝酸钠溶液的 α_K 值在 1 左右时，铝酸钠溶液极不稳定，不能存在；当铝酸钠溶液的 α_K 值在 1.4 ~ 1.8 之间时，在工业生产条件下，铝酸钠溶液能稳定存在于生产过程中，不会大量分解析出氢氧化铝；当铝酸钠溶液的 α_K 值大于 3 时，铝酸钠溶液极为稳定，不会析出氢氧化铝，并且还能继续溶解氧化铝。铝酸钠溶液在不同 α_K 值条件下的稳定状态决定了氧化铝生产中不同工序应采取的 α_K 值，所以 α_K 值是氧化铝生产中主要的生产技术指标。

　　b　溶液的温度

　　当铝酸钠的氧化铝浓度与苛性比值相同时，溶液的稳定性随着温度的降低而降低。因此在拜耳法生产氧化铝时，溶出的铝酸钠溶液在沉降、净化等工序要保持较高的温度，以保证铝酸钠溶液具有较高的稳定性。在晶种分解工序，则要采取热交换措施来降低温度，使铝酸钠溶液分解析出氢氧化铝。

　　c　铝酸钠溶液的浓度

　　由 $Na_2O - Al_2O_3 - H_2O$ 三元系平衡状态等温截面图状态可知，在常压下，溶液温度越低，等温线的曲率越大，所以当溶液苛性比值一定时，中等质量浓度（Na_2O 50 ~ 160g/L）铝酸钠溶液的过饱和程度大于更稀或更浓的溶液。其表现为中等质量浓度的铝酸钠溶液稳定性最小。例如，铝酸钠溶液 α_K 值为 1.7 时，Na_2O 质量浓度为 50 ~ 160g/L，在室温下经 2 ~ 5 天，开始析出 $Al(OH)_3$；Na_2O 质量浓度为 160 ~ 250g/L，需经 14 ~ 30 天开始析出 $Al(OH)_3$；Na_2O 质量浓度为 25g/L 时，需更长时间才开始分解析出 $Al(OH)_3$。

　　为保证溶出后的铝酸钠溶液浓度适宜，工业上在溶出后设有一个稀释工序，用赤泥洗液对铝酸钠溶液的浓度进行调整。

　　d　溶液中杂质

　　SiO_2 的存在会明显提高溶液的稳定性，可能是因为 SiO_2 在溶液中能形成体积较大的铝硅酸根络合离子，使溶液黏度增大所致。烧结法生产氧化铝工艺中，熟料溶出后的铝酸钠溶液含二氧化硅达到 5 ~ 6g/L，即便使该溶液的 α_K 值降到 1.25，铝酸钠溶液也不会自发分解析出氢氧化铝，这正是烧结法生产氧化铝能够采取低苛性比值溶出的主要原因。

　　溶液中的碳酸钠、硫酸钠、硫化钠和有机物等，在一定程度上会使铝酸钠溶液的稳定性增强。碳酸钠能增大 Al_2O_3 的溶解度，有机物不但能增大溶液的黏度，而且易吸附在晶核表面，使晶核失去作用。

　　溶液中的氢氧化铁和钛酸钠等杂质能起到结晶核心的作用，可降低溶液的稳定性。

　　e　晶种

　　铝酸钠溶液自发生成晶核的过程非常困难。在生产过程中，为提高生产效率，就必须提高晶种分解速度，而添加氢氧化铝晶种是非常有效的办法之一。添加氢氧化铝晶种后，铝酸钠溶液的分解析出直接在晶种表面进行，而不需要长时间的晶核自发生成过程，所以铝酸钠溶液的分解析出速度提高，稳定性降低。

　　f　搅拌

　　机械搅拌能促进扩散过程，有利于晶种的生成和晶体的长大。另外，当有晶种存在时，搅拌会使晶种悬浮于铝酸钠溶液中，晶种与周围溶液接触充分，促进分解。

任务二　拜耳法的基本原理

教学目标
 1. 理解拜耳法生产原理;
 2. 会计算拜耳法循环效率和循环碱量。
工作任务
 1. 借助化学反应方程式和拜耳法循环图分析拜耳法的基本原理;
 2. 计算拜耳法循环效率和循环碱量。

单元一　拜耳法的原理

　　拜耳法用在处理低硅铝土矿,特别是用在处理三水铝石型铝土矿时,流程简单,作业方便,产品质量高,具有其他方法无可比拟的优点。目前,全世界生产的氧化铝和氢氧化铝,有90%以上是采用拜耳法生产的。

　　拜耳法包括两个主要过程,也就是拜耳提出的两项专利:一项是他发现 Na_2O 与 Al_2O_3 物质的量比为 1.8 的铝酸钠溶液在常温下,只要添加氢氧化铝作为晶种,不断搅拌,溶液中的 Al_2O_3 便可以呈氢氧化铝徐徐析出,直到其中 Na_2O 与 Al_2O_3 的物质的量比提高到 6 为止,这也就是铝酸钠溶液的晶种分解过程;另一项是他发现,已经析出了大部分氢氧化铝的溶液,在加热时,又可以溶出铝土矿中的氧化铝水合物,这也就是利用种分母液溶出铝土矿的过程。交替使用这两个过程就能够一批批地处理铝土矿,从中得到纯的氢氧化铝产品,构成所谓的拜耳循环。

　　拜耳法的实质就是下面反应在不同条件下的交替进行:

$$Al_2O_3 \cdot (1 \text{ 或 } 3) H_2O + 2NaOH + aq \underset{\text{加晶种分解}}{\overset{\text{溶出}}{\rightleftharpoons}} 2NaAl(OH)_4 + aq$$

单元二　拜耳法循环

　　图 2-4 为处理一水硬铝石型铝土矿的拜耳法循环图。通过对该图分析能够更清晰地理解拜耳法的生产原理。

　　用来溶出一水硬铝石型铝土矿的循环母液的成分相当于图中 A 点,位于 200℃ 等温线的下方,表明此时循环母液是未饱和的,具有溶解氧化铝水合物的能力。在生产条件下,溶出温度是在 240℃ 以上,所以循环母液是远未饱和的,氧化铝能够迅速溶出。随着氧化铝的不断溶出,氧化铝浓度随之升高,当不考虑矿石中杂质造成的 Na_2O 损失,溶液的成分应沿着 A 点与 $Al_2O_3 \cdot H_2O$ 的组成点的连线变化,直到饱和为止。理论上,随着氧化铝的溶出,铝酸钠溶液的苛性比值随之下降,溶出液的最终成分可以一直达到溶解度等温线上。但在实际生产中,达到 240℃ 等温线上需要很长的时间,这是不经济的。因此,由于溶出时间的限制，溶出过程在距离等温线上平衡点很远的 B 点结束。连接 A、B 两点的线就被称为溶出线。

为了从其中析出氢氧化铝，必须要降低它的稳定性，为此加入赤泥洗液将其稀释。由于苛性碱和氧化铝的浓度同时降低，故稀释过程中溶液的成分由 B 点沿着等苛性比值线变化到 C 点。稀释之后，温度下降到 100℃ 左右，溶液中的氧化铝浓度由高温时的未饱和转为低温下的过饱和，并且温度越低，过饱和程度越大，由此可知 C 点溶液处于过饱和区域。连接 B、C 两点的线就被称为稀释线。

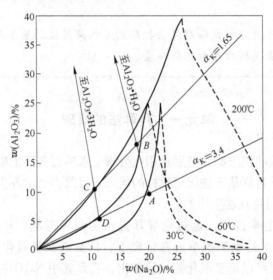

图 2 - 4　处理一水硬铝石型铝土矿的拜耳法循环图

往分离赤泥后的溶液中加入 $Al(OH)_3$ 晶种时，铝酸钠溶液分解析出 $Al(OH)_3$，氧化铝浓度降低，因而溶液的苛性比值上升，溶液成分沿着 C 点与 $Al_2O_3 \cdot 3H_2O$ 的组成点的连线变化，如果溶液在分解过程中最后冷却到 30℃，那么分解后的溶液成分在理论上可达到连线与 30℃ 等温线的交点。但是由于溶液成分达到 D 点以后，继续分解，则分解速度会很慢，析出的氢氧化铝很细且分离过滤困难，所以工业生产上一般分解到苛性比值达到 3.5~4.0 为止。连接 C、D 两点的线就称为晶种分解线。

分离氢氧化铝后的母液，经过蒸发，苛性碱和氧化铝浓度同时提高，故在理论上，蒸发过程中溶液的成分由 D 点沿着等苛性比值线变化到 A 点。但在实际中，由于生产过程中有苛性碱的化学损失和机械损失，这部分损失的碱需要补充。补充新碱后的循环母液成分便回到 A 点。连接 D、A 两点的线就称为蒸发线。

将上述 4 根线连接起来，就构成了 $ABCD$ 的封闭图形即拜耳法循环图。它表示着拜耳法生产中利用循环母液在高温下溶出铝土矿中的氧化铝，而后又在低温、低浓度、添加晶种的情况下析出氢氧化铝。母液经过蒸发又浓缩到循环母液原来的成分，这样一个循环过程称为拜耳法循环。可以看到，组成为 A 点的溶液经过一次这样的循环作业，便可以从矿石中提取出一批氧化铝，而其成分不发生变化。

在实际生产中，由于存在氧化铝和苛性碱的损失、溶出时冷凝水的稀释、添加晶种所带入的高苛性比值的母液等原因，生产过程与理想过程有差别，拜耳法循环图中的各条线段均会偏离图中所示的位置。

单元三 拜耳法循环效率和循环碱量

循环母液每经过一次作业循环，便可以从铝土矿中提取出一批氧化铝。通常将 1t 苛性碱（Na_2O_k）在一次拜耳法循环中所产出的 Al_2O_3 量（t），称为拜耳法循环效率，用 E 表示，单位为 $t(Al_2O_3)/t(Na_2O_k)$。它的计算公式推导过程如下：

假定在生产过程中不发生 Al_2O_3 和 Na_2O_k 的损失，$1m^3$ 循环母液中含苛性碱（Na_2O_k）的质量为 $N(t)$，含 Al_2O_3 的质量为 $A_1(t)$，苛性比值为 α_{K1}；溶出后溶液含 Al_2O_3 的质量为 $A_2(t)$，苛性比值为 α_{K2}。由于溶出过程中 N 的绝对值保持不变，根据苛性比值的定义可以算出 $1m^3$ 循环母液经过一次循环后产出 Al_2O_3 的质量 $A(t)$ 应为：

$$A = A_2 - A_1 = 1.645 \times \left(\frac{N}{\alpha_{K2}} - \frac{N}{\alpha_{K1}}\right) = 1.645 \times N\frac{\alpha_{K1} - \alpha_{K2}}{\alpha_{K1}\alpha_{K2}}$$

因为 $1m^3$ 循环母液含有 $N(t)$ 苛性碱（Na_2O_k），所以循环效率 E 为：

$$E = \frac{A}{N} = 1.645 \times \frac{\alpha_{K1} - \alpha_{K2}}{\alpha_{K1}\alpha_{K2}}$$

循环碱量是指生产 1t 氧化铝时，在循环母液中所必须含有的苛性碱的质量（t）（不包括碱损失）。它是 E 的倒数，常用 N 表示，单位为 $t(Na_2O_k)/t(Al_2O_3)$。

$$N = \frac{1}{E} = 0.608 \times \frac{\alpha_{K1}\alpha_{K2}}{\alpha_{K1} - \alpha_{K2}}$$

利用上述公式可以计算出生产 1t Al_2O_3 理论上应配的苛性碱的质量。

在实际生产时，由于存在苛性碱损失，生产 1t Al_2O_3 在循环母液中必须含有的苛性碱量应比理论值要大一些。

提出循环碱量和循环效率的目的，在于说明拜耳法作业的效果是与母液及溶出液的苛性比值 α_{K1} 和 α_{K2} 有很大的关系。由循环碱量和循环效率的计算公式可以看出，溶出时循环母液的 α_{K1} 越大，溶出液的 α_{K2} 越小，生产 1t Al_2O_3 所需要的循环碱量越小，而循环效率越高。因此，循环效率是分析拜耳法的作业效果和改革途径的重要指标。

任务三 拜耳法的基本工艺流程及分类

学习目标
1. 掌握拜耳法生产氧化铝的基本工艺流程；
2. 了解不同拜耳法方案的工艺条件和特点。

工作任务
1. 认知拜耳法生产氧化铝的基本流程；
2. 分析美国拜耳法和欧洲拜耳法的工艺条件及特点。

单元一　拜耳法的基本工艺流程

由于各地铝土矿的矿物成分和结构的不同及每个工厂的条件不同，可能采用的具体工艺流程会稍有不同，但原则上它们没有本质的区别。拜耳法生产氧化铝的基本流程主要由原矿浆制备、高压溶出、溶出矿浆的稀释、赤泥的分离和洗涤、晶种分解、氢氧化铝分级与洗涤、氢氧化铝焙烧、母液蒸发及苏打苛化等工序组成。拜耳法的基本流程如图2-5所示。

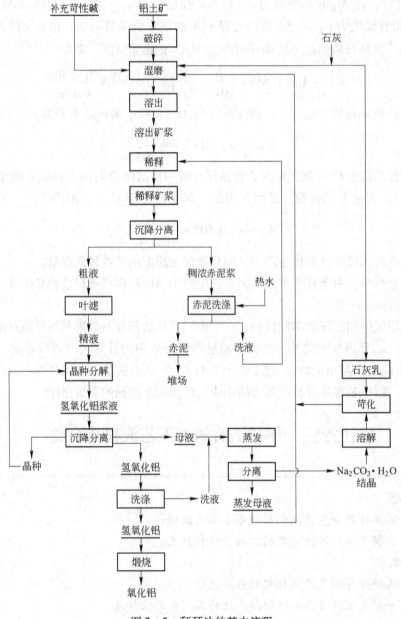

图2-5　拜耳法的基本流程

（1）原矿浆制备。将铝土矿破碎到符合要求的粒度，按比例配入石灰和含有游离 NaOH 的循环母液，送入球磨机进行湿磨，制备出化学成分、物理性能都符合溶出要求的原矿浆。

（2）高压溶出。原矿浆经预热后进入压煮器组或管道化溶出设备，在高温、高压条件下使铝土矿中的氧化铝水合物从矿石中溶浸出来，制成铝酸钠溶液，而铁、硅等杂质则进入赤泥中。溶出所得矿浆称为溶出矿浆。

（3）溶出矿浆的稀释及赤泥沉降分离与洗涤。溶出后的矿浆氧化铝浓度较高，黏度较大，加入一次赤泥洗液对溶出矿浆进行稀释有利于赤泥的沉降分离；降低溶出矿浆的稳定性，便于从铝酸钠溶液中分解析出氢氧化铝；而且还可以进一步脱出溶液中的硅。所用设备是带有搅拌装置的稀释槽。

稀释后的溶出浆液送入沉降槽处理，以使铝酸钠溶液和赤泥分离开来。分离后的赤泥附带有一部分铝酸钠溶液，必须对赤泥进行多次逆向洗涤以回收其中的 Al_2O_3 和 Na_2O；所用洗涤设备为沉降槽，洗涤次数一般为 5~8 次。洗涤后的赤泥排至赤泥堆场或送烧结法配料。

（4）晶种分解。分离赤泥后的铝酸钠溶液生产上称为粗液，粗液经叶滤净化后制得的铝酸钠溶液称为精液。将精液送入分解槽内，加入 $Al(OH)_3$ 晶种，不断搅拌并逐渐降低温度，使之发生分解反应析出 $Al(OH)_3$，并得到含有 NaOH 的母液。

（5）氢氧化铝的分级与洗涤。经晶种分解后得到的氢氧化铝浆液，要进行分级、过滤。细粒氢氧化铝不经洗涤返回流程作晶种，粗粒经洗涤回收氢氧化铝附带的氧化铝和氧化钠后成为氢氧化铝成品；种分母液则返回流程中重新使用。

（6）氢氧化铝煅烧。将氢氧化铝在高温下脱去附着水和结晶水，并使其发生晶型转变，制得适合电解铝生产要求的产品氧化铝。

（7）母液蒸发及苏打苛化。种分母液需要在蒸发器中浓缩，以提高其碱浓度，保持生产循环体系中水量的平衡，使循环母液达到符合拜耳法溶出的要求。

在蒸发时会有一定数量的 $Na_2CO_3 \cdot H_2O$ 从母液中结晶析出，为了回收这部分碱，将其分离出来用 $Ca(OH)_2$ 苛化成 NaOH 溶液，与蒸发母液一同送往湿磨配料。

单元二　拜耳法分类

由于铝土矿的类型不同，在世界上形成了两种不同的拜耳法方案。

A　美国拜耳法

美国拜耳法以三水铝石型铝土矿为原料。由于三水铝石型铝土矿中的 Al_2O_3 很容易溶出，因而采用低温、低碱浓度溶出，溶出的温度为 140~145℃，Na_2O_k 质量浓度为 100~150g/L，停留时间不足 1h，采用这种溶液进行分解，分解初温高（60~70℃），晶种添加量较小（50~120g/L），分解时间 30~40h，产品为粗粒氢氧化铝，但产出率低，仅为 40~45g/L。这种氢氧化铝焙烧后得到砂状氧化铝。

B　欧洲拜耳法

欧洲拜耳法以一水软铝石型铝土矿为原料。采用高温、高碱浓度溶出，苛性碱质量浓度一般在 200g/L 以上，溶出温度达 170℃，停留时间约 2 ~ 4h。经稀释后，将苛性碱质量浓度高达 150g/L 的溶液进行分解。分解时，分解初温低（55 ~ 60℃或更低），晶种添加量较大（200 ~ 250g/L），分解时间 50 ~ 70h，产出率高达 80g/L，但得到的氢氧化铝颗粒细，焙烧时飞扬损失大，得到面粉状氧化铝。为了适应电解对氧化铝的要求，现今的欧洲拜耳法已是在高温高碱浓度溶出，低温、高固含、高产出率的分解条件下生产砂状氧化铝了。

在中国，拜耳法以一水硬铝石型铝土矿为原料，一般采用高温、高碱浓度溶出，苛性碱质量浓度约为 230g/L，溶出温度 260 ~ 280℃，停留时间 30 ~ 60min。溶出矿浆经稀释后，对苛性碱质量浓度为 150 ~ 170g/L 的溶液进行分解，分解初温高（70 ~ 80℃），晶种添加量较大（600g/L），通常采用改进的一段法或者两段法分解工艺，分解产出率较高，氢氧化铝经焙烧后得到砂状氧化铝产品。

任务四　原矿浆的制备

教学目标

1. 掌握配矿和拜耳法配料的计算方法；
2. 掌握原矿浆制备工艺流程及工艺条件；
3. 能正确进行原浆制备作业并能对常见故障进行正确分析与处理。

工作任务

1. 进行配矿和拜耳法配料计算；
2. 观察原矿浆制备的主要设备结构及工艺设备配置；
3. 按生产流程进行原矿浆制备操作及技术条件控制；
4. 分析处理原矿浆制备过程中的常见故障。

单元一　原矿浆制备的要求

A　拜耳法生产氧化铝的原料要求

铝土矿：Al_2O_3 含量不小于 65%，$A/S > 7$。
苛性碱液：NaOH 含量不小于 30%，Na_2CO_3 含量不大于 1.0%。
石灰：CaO 含量不小于 85%。

B　原矿浆制备的要求

原矿浆制备是把拜耳法生产氧化铝所用的原料，如铝土矿、石灰、苛性碱液（循环母液 + 补充氢氧化钠）等按照一定的比例配制出化学成分、物理性能都符合溶出要求的料浆。

原矿浆制备是氧化铝生产的第一道工序，它包括铝土矿的破碎、配矿、入磨配料、湿磨等工序。能否制备出满足氧化铝生产要求的矿浆，将直接影响到氧化铝的溶出率，赤泥的沉降性能、种分分解率以及氧化铝的产量等技术经济指标。为使后续工序生产指标达到要求，对原矿浆制备的要求是：

（1）参与化学反应的物料要有一定的细度；

（2）参与化学反应物之间要有一定的配比且混合均匀。

单元二　破　　碎

拜耳法溶出属于多相反应，即是固相与固相、固相与液相之间发生化学反应。化学反应一般是在固体颗粒表面上进行的，接触面积大，反应速度快。为此，要求参与化学反应的各成分表面积要大，混合要均匀，需将大块的矿石破碎成符合磨矿粒度的要求。

从矿山开采出的铝矿石要经过粗碎、中碎、细碎等三段破碎才能达到矿石入磨的粒度要求。粗碎在矿山进行，中碎和细碎则在厂内进行。

粗碎：将直径为500～1500mm的矿石破碎到125～400mm。常用破碎设备为旋回式圆锥破碎机或颚式破碎机。

中碎：将直径为125～400mm的矿石破碎到25～100mm。常用破碎设备为标准型圆锥破碎机、颚式破碎机和反击式破碎机。

细碎：将直径为25～100mm的矿石破碎到5～25mm。常用破碎设备为短头型圆锥破碎机和反击式破碎机。

单元三　配　　矿

配矿就是把已知成分的但有差异的几部分铝矿石根据生产需要，按比例混合均匀，使进入流程中的铝矿石的铝硅比和氧化铝、氧化铁含量符合生产要求。

A　堆料机配矿

配矿工作是在破碎后的铝矿石被送到碎矿堆场分别堆放后开始进行的，根据各小区碎矿的成分，按照生产上对铝矿石铝硅比和成分的要求，将参与配矿的各小区的矿石按比例均匀地堆放在几个大区里，每个大区的存矿量应有10天左右的需用量，以保证有配好的矿区和正在使用的矿区以及正在配料的矿区，不至于造成配矿过程的混乱。

配矿的方法根据所用设备的不同分为吊车配矿、储罐配矿以及堆料机配矿等。目前主要是采用堆料机配矿。

堆料机配矿是用堆料机和桥式斗轮取料机分别自动堆取，多层平铺配矿，断面截取。这种配矿方法适用于进矿成分复杂的工厂，技术操作上要求对进厂物料的成分和数量有充分的了解，每堆一次料要核算一下现有混矿的成分，同时仍要计算需要进厂铝土矿的品位和数量。

采用这种方法必须严格按照配矿计算方法进行，配出的混矿铝硅比才能达到要求。

B　配矿计算

由于各供矿点供应的铝矿石成分波动较大，因此，根据铝矿石的地质资料，一般将碎矿堆场分成四个小区（1、2、3、4）和三个大区（A、B、C）。每一小区的堆矿量为一个班用的破碎量。每三个小区可配成一大区。

破碎工序应根据矿山供矿的成分分析，原则上在破碎后按成分的不同分堆堆放。经四个班以后，将四小区分别堆满。然后根据各小区矿的成分通过算术平均法算出哪几个小区所组成的混矿合格，从而将这几个小区的矿按配矿比例均匀地撒到一个大区里准备使用。这样三个大区周期性循环使用，从而保证了生产使用的是较为稳定的合格矿石。

配矿计算如下：

设两种铝土矿的成分如表 2-1 所示。

表 2-1　配矿铝土矿的成分

成　分	$w(Al_2O_3)/\%$	$w(SiO_2)/\%$	$w(Fe_2O_3)/\%$	A/S
第一种	A_1	S_1	F_1	K_1
第二种	A_2	S_2	F_2	K_2

若要求混矿的 A/S 为 K，则上述两种矿石的成分必须满足 $K_1 < K < K_2$ 或 $K_1 > K > K_2$，否则就达不到混矿要求。

设第一种矿石用 1t 时，需配入第二种矿石 $x(t)$，则可根据铝硅比定义求出 χ：

$$K = \frac{A_1 + A_2 x}{S_1 + S_2 x}$$

$$X = \frac{A_1 - KS_1}{KS_2 - A_2}$$

计算出 x 后，即可求出混矿的化学成分为：

$$w(Al_2O_3) = \frac{A_1 + A_2 x}{1 + x} \times 100\%$$

$$w(SiO_2) = \frac{S_1 + S_2 x}{1 + x} \times 100\%$$

$$w(Fe_2O_3) = \frac{F_1 + F_2 x}{1 + x} \times 100\%$$

单元四　拜耳法配料

A　拜耳法配料概念

拜耳法配料就是为满足在一定溶出条件下，达到技术规程所规定的氧化铝溶出率和溶出液苛性比值，而对原矿浆的成分进行调配的工作。

拜耳法配料指标主要是配苛性碱量、原矿浆液固比和石灰量。

B　拜耳法配料计算

苛性碱是通过配循环母液量来加入的。单位矿石所需用的循环母液量（m^3）叫做配碱量；满足生成（$2CaO \cdot TiO_2$）的单位矿石所需用的石灰量（t 或 %）叫做配石灰量。

a　配碱量的计算

配碱量就是配苛性碱量，要考虑3个方面的需求：

(1) 溶出液要有一定的苛性比值；

(2) 氧化硅生成含水铝硅酸钠；

(3) 溶出过程中由于反苛化反应和机械损失的苛性氧化钠。

假设矿石的组成为：Al_2O_3，$A\%$；SiO_2，$S_{矿}\%$；TiO_2，$T\%$；CO_2，$C_{矿}\%$。循环母液中 Na_2O 和 Al_2O_3 的质量浓度分别为 N_k 和 a g/L；溶出配料的苛性比值为 α_K；石灰添加量为干矿石质量的 $W\%$，石灰中 CO_2 含量为 $C_{灰}\%$，石灰中 SiO_2 含量为 $S_{灰}\%$；赤泥中 Na_2O/SiO_2 的质量比为 b；Al_2O_3 的实际溶出率为 η_A。

当用循环母液来溶出铝土矿时，因为循环母液中含有一定数量的氧化铝，这部分氧化铝已与部分苛性碱结合成铝酸钠，所以在溶出时循环母液中的这部分苛性碱不能参与溶出铝土矿中氧化铝的反应，这部分苛性碱被称为惰性碱（$N_{k惰}$）。把参与溶出反应的苛性碱称为有效苛性碱（$N_{k效}$），由于循环母液中的氧化铝在溶出后也要达到溶出液的苛性比值，所以，每立方米循环母液中惰性碱量为：

$$N_{k惰} = \frac{a\alpha_K}{1.645}$$

因此有效的苛性碱为：

$$N_{k效} = N_k - N_{k惰} = N_k - \frac{a\alpha_K}{1.645}$$

溶出后的赤泥中，SiO_2 带走的 Na_2O 为：$(S_{矿}\% + S_{灰}\% W\%)b$。

溶出过程中由于 CO_2 造成的苛性碱转化成碳碱量为：$1.41(C_{矿}\% + C_{灰}\% W\%)$。

溶出过程中，处理1t铝土矿中氧化铝需要的苛性碱为：$0.608A\% \eta_A \alpha_K$。

所以溶出过程中，1t铝土矿需要的苛性碱为：$0.608A\% \eta_A \alpha_K + (S_{矿}\% + S_{灰}\% W\%)b + 1.41(C_{矿}\% + C_{灰}\% W\%)$。

则每吨铝土矿需要的循环母液量为：

$$V = \frac{0.608A\% \eta_A \alpha_K + (S_{矿}\% + S_{灰}\% W\%)b + 1.41(C_{矿}\% + C_{灰}\% W\%)}{N_k - \dfrac{a\alpha_K}{1.645}}$$

$$= \frac{0.608A\eta_A \alpha_K + (S_{矿} + S_{灰} W\%)b + 1.41(C_{矿} + C_{灰} W\%)}{100\left(N_k - \dfrac{a\alpha_K}{1.645}\right)}$$

如果矿石、石灰和母液的计量很准确，配碱操作就可根据下料量来控制母液加入量。在实际生产过程中也可以利用原矿浆的液固比来进行配料计算。用同位素密度计自动测定原矿浆液固比，再根据原矿浆液固比的波动来调节加入母液量。

b　原矿浆液固比的计算

原矿浆的液固比（L/S）是指原矿浆中液相质量（L）与固相质量（S）的比值。

$$L/S = \frac{Vd_L}{1 + W\%}$$

式中　V——每吨铝土矿应配入的循环母液量，m^3/t；

    d_L——循环母液的密度，t/m^3；

    W——石灰添加量占铝土矿质量的百分含量，%。

原矿浆的液固比又是它的密度 d_p 的函数。

$$\frac{L}{S} = \frac{d_L(d_S - d_p)}{d_S(d_p - d_L)}$$

式中　d_S——固相的密度，它和母液的密度都应该是固定的。

由放射性同位素密度计测定出原矿浆的密度，便可求出 L/S，进而可控制配料操作。

    c　石灰配入量的计算

拜耳法配料配入的石灰数量是以铝土矿中所含氧化钛（TiO_2）的数量来确定的。按其反应式要求氧化钙和氧化钛的物质的量之比为2。因此，1t 铝土矿中石灰配入量 $W(t)$ 为：

$$W = 2 \times \frac{56}{80} \times \frac{T}{C} = 1.4 \times \frac{T}{C}$$

式中　T——铝矿石中 TiO_2 的质量分数，%；

    C——石灰中 CaO 的质量分数，%；

 56，80——分别为 CaO 和 TiO_2 的相对分子质量；

    2——CaO 和 TiO_2 的物质的量比。

例：铝矿石中含 TiO_2 为 3.5%，石灰中含 CaO 为 85%，问石灰的加入量是多少？

解：因为 $T = 3.5\%$，$C = 85\%$，

$$W = 1.4 \times \frac{T}{C} = 1.4 \times \frac{3.5\%}{85\%} = 0.0576(t)$$

即石灰配入量为铝矿石的 5.76%。

在生产中是以饲料机的转速来控制铝矿石和石灰的添加量的。

当配料正确时，溶出率和苛性比值应等于或接近于技术规程所规定的指标。当溶出率达到指标而苛性比值偏高时，则说明配碱量过多；当溶出操作条件正常时，溶出率低于技术指标而苛性比值并不高，则说明配碱量不足。因此，在生产中为便于控制指标，往往根据具体条件将上述计算公式加以简化，列成有效苛性氧化钠（n）、铝土矿中的氧化铝含量和原矿浆液固比的关系对照表，以便岗位操作者及时调整母液的加入量。

单元五　磨　矿

磨矿的目的是为了保证氧化铝生产中的化学反应能充分而快速地进行。磨矿作业大多是在装有磨矿介质的磨机内进行。目前氧化铝生产采用湿法磨矿作业，磨矿设备多采用管磨机和格子型球磨机（通称球磨机）。

A　磨矿回路

a　磨矿回路

磨矿作业分为开路和闭路两种，被磨物料只通过磨机一次称为开路磨矿，如烧结法生料浆磨制通常采用三仓管磨机一段开路磨矿，两段磨矿作业中的棒磨也是开路磨矿。磨矿回路指的是闭路磨矿，在闭路磨矿中增加了分级设备，此时磨机排矿经分级设备分为溢流

和返砂，返砂全部回到磨机再次磨细。拜耳法原矿浆的磨制可采用格子型球磨机（简称格子磨）或管磨机与分级设备组成一段闭路磨矿流程。

　　b 循环负荷

　　闭路磨矿时，分级机返回磨内的返砂量开始是逐渐增多的，经过一段时间之后，它逐渐趋于稳定不变，稳定的返砂量叫做循环负荷。它可以用绝对值 $S(t/h)$ 表示，也可用它和新给矿量的比值表示。设新给矿量为 $Q(t/h)$，用相对值表示的循环负荷（称为返砂比）为 C，可用下式表示：

$$C = \frac{S}{Q}$$

　　循环负荷的数量可能比新给矿量大几倍。它通常不低于200%，有时会大到1000%，但不应大到它与新给矿量之和超过磨机的通过能力，否则磨机会被堵塞。适宜的返砂比是决定磨机产能和矿浆技术指标的关键，通常控制在200%～400%为宜。

　　B 原矿浆的磨制流程

　　原矿浆的磨制（简称磨矿）是将碎铝矿按配比要求配入石灰和循环母液磨制成合格的原矿浆的过程。

　　原料磨制工作原理：铝矿、石灰、母液按一定的配料比例加入到棒磨机内，利用旋转的磨机带起的钢棒落下时所产生的冲击力和棒与棒相对滚动所形成的磨剥力，使铝矿、石灰得到粗磨，经棒磨机粗磨后制得的矿浆进入泵池，通过中间泵打到水旋器，利用不同粒度矿粒在水旋器内旋转所形成离心力的大小不同，实现粒度分级。含大量粒度不合格的矿浆（底流）从水旋器排砂嘴排出，通过管道送到球磨机内。利用球磨机旋转带动钢球运动时形成的磨剥和冲击力，对矿粒进行细磨，球磨机磨出的矿浆再进入到泵池内和棒磨机磨出矿浆混合后再通过中间泵打到水旋器进行粒度分级，含大量粒度合格的矿浆（溢流）通过管道流到回转筛，把一些水旋器无法筛选的碎布、木块、焦炭等密度较小的杂物筛除后的成品矿浆进入矿浆槽，通过矿浆泵送往预脱硅前槽，进行下一步脱硅作业。

　　常用原矿浆的磨制流程如图2-6所示。

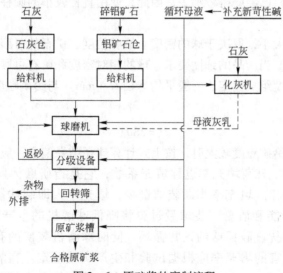

图2-6 原矿浆的磨制流程

C　原矿浆成分的调节

在磨矿中，球磨机的固体下料量要求稳定，因此，原矿浆成分的调节主要是调节原矿浆的液固比，即调整循环母液的加入量。在拜耳法磨矿中，循环母液分别是在磨机内、分级机内和混合槽内三个点加入，而磨机内和分级机溢流的液固比在磨矿的操作中要求稳定。因此，调节原矿浆的液固比，实际上是靠增减加入混合槽的循环母液量来实现。

稳定循环母液的浓度和严格铝土矿的配矿制度是确保拜耳法正确配碱的有效措施。同时应尽量减少非生产用水进入流程及提高石灰质量等，这些都是有利于拜耳法正确配料而达到良好溶出指标的重要保证。

D　影响磨机产能的因素

在氧化铝生产中，每磨碎 1t 矿石通常耗电 $15 \sim 23 \text{kW} \cdot \text{h}$，电耗很大，钢球和衬板消耗量为 $1.2 \sim 1.6 \text{kg}$，磨矿作业的设备维护和修理工作量也很大，因此，改善磨矿作业条件、降低消耗和提高磨机产能具有重要意义。影响磨机产能的主要因素如下：

（1）矿石的可磨度。矿石所具有的物理性质如结晶特性、硬度、韧度等对球磨机生产率的影响程度，用相对数量来表示，称为矿石的可磨度。一般来说，晶体微小、结构致密、硬度大的矿石可磨度差，比较难磨。

（2）给矿粒度和产品细度。当矿石物理性质相同，要求的产品细度一样时，给矿粒度越小，球磨机的生产率越高；当给矿粒度相同、产品细度要求不同时，细度要求越细，球磨机的生产率就越低。

（3）球级配比。在生产上给矿粒度的大小和组成往往是不同的，同时球对矿石的冲击力和冲击次数又不一样，又要考虑到矿石在球磨机中的粒度越磨越细，所以在球磨机的同一仓中装入多种规格的球。一般是最大和最小直径的球量少，中级直径的球量多。对多仓球磨机来说，在第一仓内进行第一阶段的磨碎，冲击作用应强些，因此，球径应大些；而在最后一仓内，物料已经磨得较细了，因此，使用直径较小的圆柱形的钢段，以加强磨剥作用。

选择磨矿介质的大小，取决于球的密度、给矿粒度、矿石的可磨度和所要求的产品细度等因素。在生产中，当产品的细度要求、球的相对密度和矿石可磨度一定时，球大小的选择就视入磨矿石粒度组成而定。一般平均球径 D （mm）与给矿粒度 d （mm）的关系式如下：

$$D = 28d^{\frac{1}{3}}$$

经实践证明，在给矿粒度较大时，按上式计算球径结果偏小，应予适当修正。

（4）球荷填充率。球荷填充率也称填充系数，它是指研磨体所占球磨机的横截面积与磨机横截面积之比。填充率小即装球量少，填充率大即装球量多，填充率的大小直接影响球磨机的产能和质量。装球量过少将降低球磨机的生产能力；装球量过多，内层球运动时产生干扰，破坏球的正常循环，同时球磨机装矿的有效容积减小，也使生产能力降低。较适宜的填充率应根据试验和生产实践确定。在氧化铝生产中，拜耳法格子磨的填充率在 $43\% \sim 46\%$ 为宜。烧结法多仓管磨机各仓填充率是不一样的，一般在 35% ~ 40% 。

（5）磨矿浓度的影响。磨矿浓度一般以磨出矿浆的液固比表示。矿浆浓度大，即液固比小时，单位体积矿浆内所含的固相多，排矿量大；同时，球上黏附着一层矿浆，磨矿效果较好。但矿浆相对密度大，球的有效相对密度及活动性能降低，减小了球的磨矿作用。矿浆液固比大时，球的有效相对密度及活动性增加，磨矿作用也增高，球磨机中还能显示出一定的分级作用，粗物料不易被排出；但矿浆过稀时，矿浆流动性大，会带出粗颗粒，而且球上附着的矿浆很少，这就相应降低了磨矿效果。因此，磨矿浓度应适宜，适宜浓度应根据生产实践来确定。拜耳法采用格子型球磨机磨矿时，排矿液固比一般控制在 0.3 ~ 0.6。烧结法磨矿生料浆水分一般应控制在 38% ~ 40% ，赤泥配料水分可更低些。

E　磨矿工艺操作

a　开车
开车步骤如下：
（1）检查油泵的抽压；
（2）检查磨机分压；
（3）通知碱液泵开车，并检查碱液流量及是否入磨；
（4）碱液入磨后，磨机开磨；
（5）磨机运转正常后，给料机开始下料。

b　停车
停车步骤如下：
（1）首先停止下料；
（2）待分级机料无返砂时，停分级机；
（3）最后停磨。

F　磨矿技术条件及指标的控制

a　磨矿技术条件
入磨铝矿粒度：≤20mm；入磨石灰粒度：≤30mm；入磨石灰中有效氧化钙含量：CaO≥85% ；磨机内液固比：0.4 ~ 0.8；分级机溢流液固比：3.0 ~ 4.0。

b　原矿浆的技术指标
原矿浆指标因铝土矿、溶出工艺的不同而有不同的要求，一般主要考核细度、固含、配钙。某厂原矿浆控制指标如下：
（1）细度：60 号筛上残留不大于 1% ，230 号筛上残留不大于 25% ；
（2）固含：300 ~ 400g/L；
（3）石灰添加量：一般为铝矿石重量的 7% ~ 9% 。

G　磨矿系统的常见故障及处理

a　跑磨
跑磨故障是指料浆未被磨到合格细度就从磨机出来，进入下一工序，又称矿浆细度跑粗。

造成跑磨的主要原因有：

(1) 给矿量过多，超出磨机磨矿的能力；

(2) 返砂比过大；

(3) 磨内液固比过高或过低。

处理方法如下：

(1) 稳定给矿量；

(2) 降低返砂比；

(3) 调整磨内矿浆液固比。

b　堵磨

发生堵磨的主要原因有：

(1) 碱液量少，磨机内浆液的液固比小，不能将料带出；

(2) 石灰下料量过多；

(3) 出料端筛板被堵塞。

处理方法如下：

(1) 停止下料，增大碱液量；

(2) 停止下料，用高压水冲掉石灰；

(3) 清理筛板。

c　球磨、棒磨机跳停

主要原因有：

(1) 油量不足油压低、超负荷；

(2) 传动系统故障；

(3) 电气、减速机故障。

处理方法如下：

(1) 减少给料和母液并停中间泵；

(2) 加油提油压，减小下料量或倒出部分钢球；

(3) 停车处理。

单元六　球　磨　机

球磨机是利用钢球、钢段等研磨体冲击和研磨物料，使物料达到一定粒度要求的粉磨设备。

A　球磨机的工作原理

球磨机内装有研磨体和物料，当球磨机转动时，使研磨体随之转动。研磨体一方面由于磨机带动使研磨体顺磨机筒体内壁向上移动，同时研磨体自己顺磨机旋转方向自转。当研磨体转往磨机筒体上半部时，若研磨体的惯性离心力小于研磨体的重力，研磨体以抛物线的轨迹下落，撞击磨机筒体内的物料使其粉碎，同时研磨体在向上转动时也研磨物料。

由于磨机转速的变化，一定量的研磨体会出现 3 种情况，如图 2 - 7 所示。

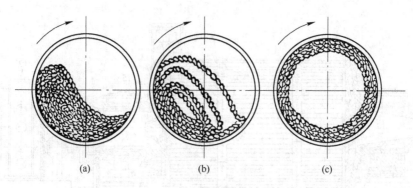

图 2-7 研磨体的运动状态
(a) 倾泻状态；(b) 抛落状态；(c) 周转状态

（1）倾泻状态。当磨机转速太慢时，研磨体和物料因摩擦力的作用被筒体带到等于动摩擦角的高度时，研磨体和物料就下滑，称为倾泻状态，对物料有研磨作用而没有冲击作用，粉磨效率不高。

（2）抛落状态。当磨机转速适中时，研磨体提升到一定高度后抛落下来，称为抛落状态。研磨体对物料有较大的冲击和研磨作用，粉碎效率较高。

（3）周转状态。磨机转速太快，研磨体和物料黏附在筒体上一起回转，称为周转状态。此时研磨体对物料起不到冲击和研磨作用。

根据以上 3 种研磨体运动状态的分析，要找到一个磨机适宜的转速，使研磨体掉下时，该点有足够的高度，并且这个转速要和周转状态时的磨机转速有一定的差值。

B 球磨机的分类

（1）按长径比（磨机筒体长度和筒体直径的比值）可分为短磨机、中长磨机与长磨机。长径比在 2 以下者为短磨机，也称球磨机，一般为单仓，用于粗磨；长径比在 3 左右时为中长磨机；长径比在 4 以上的称为长磨机。长磨机与中长磨机又统称为管磨机，其内部一般为 2~4 个仓。

（2）按生产方法分为干法磨与湿法磨。

（3）按卸料方式分为中心卸料磨和边缘卸料磨。

（4）按传动方式分为中心传动磨与边缘传动磨。中心传动是电动机通过减速器带动磨机卸料端空心轴而驱动筒体回转，减速器的出轴和磨机的中心线为同一轴线；边缘传动是电动机通过减速器带动固定在卸料端筒体上的大齿轮而驱动磨体回转。

C 球磨机的结构

球磨机由给料部、进料部、轴承部、筒体部、出料部、传动部、减速部、电动机等组成。较长的球磨机一般还都用隔仓板将其分隔成几个仓。格子型球磨机的结构如图 2-8 所示。

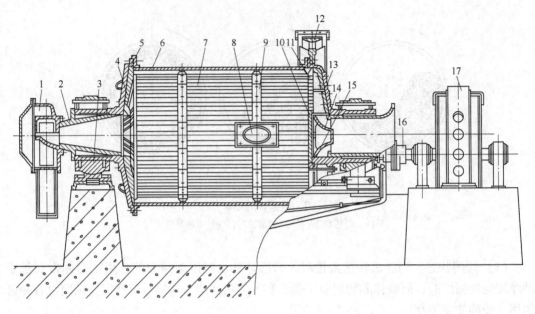

图 2 – 8　格子型球磨机

1—给料部（勺式喂料器）；2—进料部；3—主轴承；4—扇形衬板；5, 13—端盖；6—筒体；7—筒体衬板；
8—人孔；9—楔形压条；10—中心衬板；11—排料格子板；12—大齿轮；14—锥形体；
15—螺栓；16—弹性联轴器；17—电动机

任务五　铝土矿的拜耳法高压溶出

学习目标

1. 理解高压溶出的原理；
2. 了解影响铝土矿溶出的主要因素；
3. 掌握高压溶出的设备流程及溶出工艺条件；
4. 会计算高压溶出的指标；
5. 能正确进行高压溶出作业及分析处理常见故障。

工作任务

1. 根据高压溶出基本原理分析影响溶出过程的因素，确定溶出工艺条件；
2. 观察高压溶出的设备结构、工作原理及工艺设备配置；
3. 按高压溶出工艺流程进行溶出操作与控制；
4. 分析处理溶出过程常见故障，并定期清理溶出器和预热器内的结疤；
5. 计算并分析高压溶出的技术指标。

铝土矿溶出是在超过溶液沸点的温度下进行的。温度越高，溶液的饱和蒸气压力越大，因铝土矿是在超过大气压的压力下溶出的，故称为高压溶出。

溶出车间的主要任务是:

(1) 将原料车间送来的合格料浆,通过本车间的工艺条件和生产设施制成符合下道工序所要求的合格的铝酸钠浆液;

(2) 负责将溶出浆液稀释成合格的浆液和溶出浆液的输送,并定期清除结疤;

(3) 负责本车间设备的操作与维护。

单元一 拜耳法高压溶出的基本原理

铝土矿溶出过程是拜耳法生产氧化铝的关键环节,不仅应该把矿石中的 Al_2O_3 充分地溶出来,而且要得到苛性比值尽可能低的溶出液和具有良好的沉降性能的赤泥。这样才能提高拜耳法循环效率,为后续工序创造良好的作业条件。

由于铝土矿中氧化铝水合物存在状态不同,其溶出的条件差别很大,如表 2-2 所示。

表 2-2 各种类型铝土矿的溶出条件

铝土矿类型	温度/℃	$\rho(Na_2O)/g \cdot L^{-1}$	$\rho(Al_2O_3)/g \cdot L^{-1}$	α_K
三水铝石型	105	280	230	2.00
	145	110	130	1.40
一水软铝石型	200	120	112	1.70
	200	150	165	1.50
	230	110	120	1.50
一水硬铝石型	250	120	120	1.65

铝矿石中除氧化铝外,还有不少的杂质如氧化硅、氧化钛、氧化铁、碳酸盐、有机物和硫化物以及一些微量物质如镓、铬、钒等。

为了加速铝土矿的溶出过程,在溶出一水铝矿石时还要添加一定量的石灰,石灰的主要成分为氧化钙,杂质成分有氧化硅、氧化铁和氧化镁等。

这样复杂的成分在溶出过程中发生的化学反应也是非常复杂的。除了氧化铝水合物的溶出反应外,各种杂质在溶出过程中也会发生副反应,对溶出及其后的作业过程带来影响,因而必须研究它们与铝酸钠溶液之间的相互反应。

A 氧化铝水合物的溶出反应

铝土矿主要有三种类型:三水铝石型铝土矿、一水软铝石型铝土矿、一水硬铝石型铝土矿。这三种类型的铝土矿由于其氧化铝水合物的结构和组成不同,它们在苛性碱溶液中的溶解度和溶解速度并不相同。

常压下,上述三种类型的铝土矿在苛性碱溶液中的溶解难易程度如下:三水铝石型铝土矿易溶出;一水软铝石型铝土矿不易溶出;一水硬铝石型铝土矿很难溶出。

但是当对不同的铝土矿采取不同的溶出条件时,三种类型铝土矿中的氧化铝都能溶解进入苛性碱溶液中。

在常压低碱浓度溶液中溶出三水铝石型铝土矿时,其反应按下式进行:

$$Al(OH)_3 + NaOH + aq === NaAl(OH)_4 + aq$$

写成离子式：　　　　　　　　　　$Al(OH)_3 + OH^- \Longrightarrow Al(OH)_4^-$

如果用高浓度碱液（或用稀碱浓度高温下）溶出三水铝石时，在溶出过程中形成的 $Al(OH)_4^-$ 离子自动脱水变成 $AlO(OH)_2^-$ 离子。

在高温高压条件下，一水软铝石型铝土矿或一水硬铝石型铝土矿才会与苛性碱发生反应生成铝酸钠溶液：

$$AlOOH + NaOH + aq \Longrightarrow NaAlO(OH)_2 + aq$$

写成离子式：　　　　　　　　　$AlOOH + OH^- \Longrightarrow AlO(OH)_2^-$

无论按上述哪个反应式溶出，其反应物 $NaAl(OH)_4$ 和 $NaAlO(OH)_2$ 都叫做铝酸钠，它在一定的苛性碱浓度和温度下，都溶于水溶液形成铝酸钠溶液。以上的反应就是在溶出过程中的主要反应。很明显，溶出的目的是要溶出其中的 Al_2O_3。只有使 Al_2O_3 尽快地溶入溶液中，才能更好地与 SiO_2 等杂质分离。当溶出时间一定时，溶出速度越快，Al_2O_3 的溶出率就越高，产能就越大。这不仅能得到较低苛性比值的溶出液，而且还能相对地降低蒸汽消耗。因此，溶出过程的关键在于铝土矿中 Al_2O_3 的溶出速度。

像一般固体物质溶解过程一样，铝土矿溶出属于多相反应。其反应发生在液体和固体两相的界面上，两相接触界面上的 OH^-，由于不断地参与反应而逐渐消失，因而靠近矿粒表面溶液中的 OH^- 浓度逐渐降低，同时，紧靠矿粒表面这一层的反应产物 $Al(OH)_4^-$ 或 $AlO(OH)_2^-$ 的浓度则趋于饱和，形成扩散层。因此，新的 Na^+ 和 OH^- 不断地通过扩散层向固相表面移动与氧化铝反应，而反应产物 $Al(OH)_4^-$ 或 $AlO(OH)_2^-$ 则不断地通过扩散层向外移动，使反应能不断地进行下去。因此，铝土矿溶出过程包括如下几个步骤：

（1）碱液湿润矿粒表面；

（2）NaOH 与氧化铝水合物反应生成铝酸钠；

（3）$Al(OH)_4^-$ 或 $AlO(OH)_2^-$ 从扩散层扩散出来，而 OH^- 从溶液中扩散到固相接触面上。

溶出过程的速度是由上面这些步骤中最慢的那个步骤所限制的，至于哪一项最慢，需根据具体条件而定。溶出速度有时是由化学反应速度所限制的，有时又由扩散速度所决定。在不同条件下采用不同的方法来解决，如溶出速度受到化学反应所限制，那么就需要通过提高温度或提高反应物质活度的方法来提高反应速度；如果溶出过程受到扩散速度所限制，则需要通过加强搅拌，使矿粒周围的扩散层厚度减小的办法来提高反应速度。

B　各种杂质在溶出过程中的行为

在溶出过程中，不仅矿石中的氧化铝与碱作用生成铝酸钠，而且各种杂质也与碱起反应生成固体物质进入赤泥，从而达到有用物质与杂质分离的目的。

a　含硅矿物在溶出过程中的行为

含硅矿物是铝土矿中的主要杂质，也是碱法生产氧化铝中最有害的杂质。它在铝土矿中一般以石英（SiO_2）、蛋白石（$SiO_2 \cdot nH_2O$）、高岭石（$Al_2O_3 \cdot 2SiO_2 \cdot 2H_2O$）和叶蜡石（$Al_2O_3 \cdot 4SiO_2 \cdot H_2O$）等形态存在。

（1）含硅矿物在溶出时的反应。由于形态、粒度、苛性碱浓度及温度的不同，氧化硅与苛性碱的反应也不同。石英（SiO_2）化学活性小，在 125℃ 下不与苛性碱反应，但在

125℃以上会与碱反应，所以，三水铝石型铝土矿中的石英会进入渣中，而一水铝石型铝土矿中的石英则全部溶解。

$$SiO_2 + 2NaOH \rlap{=}{=} Na_2SiO_3 + H_2O$$

蛋白石（$SiO_2 \cdot nH_2O$）能很容易地与苛性碱反应：

$$SiO_2 \cdot nH_2O + 2NaOH \rlap{=}{=} Na_2SiO_3 + (n+1)H_2O$$

上面两个反应生成的可溶性硅酸钠又会与溶液中的铝酸钠反应生成不溶性的含水铝硅酸钠进入赤泥：

$$1.7Na_2SiO_3 + 2NaAlO_2 + aq \rlap{=}{=} Na_2O \cdot Al_2O_3 \cdot 1.7SiO_2 \cdot nH_2O \downarrow + 3.4NaOH + aq$$

高岭石（$Al_2O_3 \cdot 2SiO_2 \cdot 2H_2O$）也较容易与苛性碱反应：

$$Al_2O_3 \cdot 2SiO_2 \cdot 2H_2O + 6NaOH + aq \rlap{=}{=} 2NaAlO_2 + 2Na_2SiO_3 + aq$$

两个生成物又会相互反应生成不溶性的含水铝硅酸钠进入赤泥：

$$2NaAlO_2 + 1.7Na_2SiO_3 + aq \rlap{=}{=} Na_2O \cdot Al_2O_3 \cdot 1.7SiO_2 \cdot nH_2O \downarrow + 3.4NaOH + aq$$

从上述反应可见，铝土矿中的氧化硅在溶出时最终会以不溶性的含水铝硅酸钠形式入渣。

（2）含硅矿物的危害。生产中含硅矿物所造成的危害主要有以下几方面：

1）引起 Al_2O_3 和 Na_2O 的损失；

2）钠硅渣进入氢氧化铝后，降低成品质量；

3）钠硅渣在生产设备和管道上，特别是在换热表面上析出成为结疤，使传热系数大大降低，增加能耗和清理工作量；

4）大量钠硅渣的生成会增大赤泥量，并且可能成为极分散的细悬浮体，极不利于赤泥的分离和洗涤。

（3）减轻氧化硅危害的措施。

1）选用铝硅比高的铝土矿，矿石中氧化硅数量就会减少，含水铝硅酸钠的生成数量也就相应减少。

2）在溶出时添加石灰，使氧化硅生成水化石榴石。其化学反应式：

$$3Na_2O \cdot Al_2O_3 \cdot nSiO_2 \cdot nH_2O + 3Ca(OH)_2 \rlap{=}{=} 3CaO \cdot Al_2O_3 \cdot nSiO_2 \cdot (6-2n)H_2O + 6NaOH + aq$$

式中，n 为水化石榴石中 SiO 分子的饱和系数。该系数随反应条件的不同而变化，$n = 0.1 \sim 1.0$。从水化石榴石的分子式可看出：这样会使价格高的氧化钠损失减少，但是氧化铝的损失会增大。因此，是否添加石灰要从经济角度考虑。

b　含铁矿物在溶出过程中的行为

铁矿物是铝土矿中大量存在的杂质，主要包括赤铁矿 $\alpha - Fe_2O_3$、针铁矿 $\alpha - FeOOH$、纤铁矿 $\gamma - FeOOH$ 和它们的水合物。硫化铁较多地见于一水硬铝石矿，菱铁矿 $FeCO_3$ 主要含于三水铝石矿中，含量高达7%。

我国铝土矿中的铁主要以赤铁矿存在，广西平果铝土矿中的铁主要以针铁矿形式存在，某些高硫铝土矿中含有较多黄铁矿 FeS_2。这些含铁矿物常以 $0.1 \mu m$ 到几个微米的细小颗粒和主要矿物混合在一起。氧化铝溶出后，所有铁矿物全部残留在赤泥之中，成为赤泥的重要组成部分，使其沉降性能受到影响。未能从溶液中滤除的氧化铁，成为成品 $Al(OH)_3$ 被铁污染的来源。

赤铁矿在拜耳法溶出过程中实际上不与苛性碱反应，也不溶解，在300℃下仍是稳定相。

针铁矿可以脱水，不可逆地转变为赤铁矿，这两种铁矿的平衡温度为 70℃，这时的转变速度非常缓慢。当温度高于 200℃ 时，针铁矿晶格脱水分解，溶解速度急剧增大，促使其生成颗粒较大的赤铁矿结晶。因此，在温度高于 210℃ 的溶出条件下，针铁矿有可能较迅速地转变为赤铁矿。提高温度，使针铁矿转变为赤铁矿，并使赤铁矿的粒度增大，有助于降低溶液中的铁含量并能改善赤泥的沉降性能。

菱铁矿在苛性碱溶液中于常压下就能分解，生成 $Fe(OH)_2$ 和 Na_2CO_3。反苛化作用生成的 $Fe(OH)_2$ 将被氧化成 Fe_2O_3 或 Fe_3O_4，并放出氢气（$3FeCO_3 + 6NaOH \Longrightarrow Fe_3O_4 + 3Na_2CO_3 + 2H_2O + H_2 \uparrow$），成为高压溶出器内产生不凝性气体的原因。矿石中菱铁矿含量的增加还使赤泥沉降性能变坏，以致必须应用人工合成絮凝剂。但二价铁盐的存在有利于消除 TiO_2 的危害。

在拜耳法生产氧化铝时，铁矿物的危害主要是：生成难以滤除的微小氧化铁水合物颗粒，进入氢氧化铝后降低成品质量；生成大量沉降性能很差的赤泥，使生产难以进行并增大洗水用量；以类质同晶形态进入针铁矿中的 Al^{3+}，在通常处理一水软铝石矿的条件下很难提取，使矿石中 Al_2O_3 的提取率降低。

总之，赤铁矿被看成是一种有利的铁矿物，而水合针铁矿（针铁矿、磁赤铁矿、纤铁矿）则被看成是不利的化合物。生产中通常添加 CaO 将针铁矿转变为赤铁矿，以消除其不利影响。

c　含钛矿物在溶出过程中的行为

铝土矿中含有 2% ~4% 的 TiO_2，通常以金红石、锐钛矿和板钛矿形态存在。我国贵州铝土矿含 TiO_2 较高，约在 3% ~4%。在拜耳法生产中，TiO_2 也是有害的杂质，它能造成碱损失、氧化铝溶出率下降、赤泥沉降性能恶化和形成高温结疤，锐钛矿的危害比金红石更严重。

钛矿物与 NaOH 溶液的反应能力按无定形氧化钛—锐钛矿—板钛矿—金红石的次序降低，而且只与 Al_2O_3 含量未饱和的铝酸钠溶液反应，当溶液中 Al_2O_3 达到饱和时，TiO_2 便不再与 NaOH 反应。

当 NaOH 溶液含 SiO_2 时，TiO_2 与 NaOH 的反应产物相当于褐硅钠钛矿，其溶解度小，通常为致密沉淀。在铝酸钠溶液中，由于 SiO_2 转变为更稳定的含水铝硅酸钠，TiO_2 反应产物仍为钛酸钠。

钛矿物使一水硬铝石的溶出性能显著恶化。钛矿物在矿石中越分散，影响也越坏，钛矿物的这种坏作用，研究者认为是钛酸钠在铝矿物表面生成一层致密的保护膜，阻碍它与溶液的接触。在溶出难溶型铝土矿时，TiO_2 使氧化铝几乎无法溶出，并且在换热面生成所谓的结疤，极难清洗。

在铝土矿溶出条件下，TiO_2 将生成 $Na_2O \cdot 3TiO_2 \cdot H_2O$，它在用热水洗涤时水解，残渣成分接近于 $Na_2O \cdot 6TiO_2$，造成碱损失。

添加适量石灰是消除 TiO_2 危害的有效措施，TiO_2 会与石灰作用生成稳定的 $2CaO \cdot TiO_2 \cdot 2H_2O$，避免了钛酸钠的生成，而且钛酸钙结晶粗大松脆，搅拌时易脱落，不会影响氧化铝的溶出。

d　氧化钙在溶出过程中的行为

氧化钙在生产氧化铝的许多过程中起着十分重要的作用，在原矿浆中必须配入干矿石量 3% ~5% 的石灰，以消除 TiO_2 的有害作用。溶出时添加石灰还可以降低碱耗、减轻传热界面上的结垢现象，加速溶出过程。

（1）氧化钙与铝酸钠溶液的反应。氧化钙与铝酸钠溶液反应生成多种水合铝酸钙，其中以 $3CaO \cdot Al_2O_3 \cdot 6H_2O$ 最为稳定：

$$3Ca(OH)_2 + 2NaAl(OH)_4 + aq = 3CaO \cdot Al_2O_3 \cdot 6H_2O + 2NaOH + aq$$

在工业铝酸钠溶液中，由于含有 SiO_2，水合铝酸钙将转变为更为稳定的水化石榴石。

（2）溶出过程中添加氧化钙的作用。

1）消除铝土矿中钛矿物的危害，显著提高 Al_2O_3 的溶出速度和溶出率。

2）催化一水硬铝石的溶出反应。溶出条件越是不利，如温度低、Na_2O 浓度较小等，CaO 所起的催化作用越大。

3）促进针铁矿转变为赤铁矿，使其中以类质同晶形态存在的 Al_2O_3 充分地进入溶液，提高 Al_2O_3 的溶出率。

4）减少碱的消耗。加入石灰后，一部分 SiO_2 转变为水化石榴石，以含水铝硅酸钠状态存在的 SiO_2 减少，使赤泥中的钠硅比降低。

5）清除杂质。加入石灰后可以使铝酸钠溶液中的钒酸根、铬酸根、氟离子和磷转变为相应的钙盐进入赤泥，降低它们在溶液中的积累浓度。此外，由于水化石榴石在铝酸钠溶液中的溶解度比含水铝硅酸钠低得多，添加石灰溶出时，可以提高溶出液的硅量指数。加入石灰还可以吸附溶液中的一些有机物，主要是草酸盐，使溶液得以净化。

6）改善赤泥沉降性能。添加石灰促进针铁矿转变为赤铁矿和方钠石转变为钙霞石，并且减少了赤泥的比表面，可明显改善赤泥的沉降性能。

添加石灰溶出的负作用，首先是将增加赤泥数量和 Al_2O_3 的损失，其次便是由于煅烧不充分，残留的石灰石造成的反苛化作用。显然这不是 CaO 本身的问题，而是它的质量问题。

e　含硫矿物在溶出过程中的行为

铝土矿中的主要含硫矿物有黄铁矿 FeS_2 及其异构体白铁矿和胶黄铁矿以及少量硫酸盐。我国蕴藏有黄铁矿含量较高的铝土矿。黄铁矿在 180℃ 开始与碱溶液反应，并随温度及碱浓度的提高而加剧。白铁矿特别是胶黄铁矿更易被碱溶液分解。黄铁矿与铝酸钠溶液的反应伴随着很复杂的氧化还原过程，硫在溶液中主要以 S^{2-} 状态存在，约占全部硫含量（S_T）的 90% ~94%，其余为 $S_2O_8^{2-}$、SO_3^{2-}、SO_4^{2-} 及 S_2^{2-}，这些离子被空气氧化，最后转变为 SO_4^{2-}。

硫矿物不仅造成 Na_2O 的损失，而且 S^{2-} 进入溶液后起着分散剂的作用，使铁以胶体状态进入溶液；当溶液中硫代硫酸钠（$Na_2S_2O_3$）含量提高到一定程度后，会严重腐蚀钢质设备，影响设备的使用寿命，增加溶液中铁含量；还能使 Al_2O_3 的溶出率下降；硫酸钠在拜耳法溶液中最大的危害，是它在适宜的条件下以复盐碳钠矾 $Na_2CO_3 \cdot 2Na_2SO_4$ 析出，这种复盐在母液蒸发器和溶出器内结疤，使其传热系数降低。

溶液中硫含量的增加也使原矿浆的磨制和分级受到影响，使赤泥沉降槽的溢流浑浊，因而拜耳法要求矿石中的硫含量低于 0.7%。

目前工业上可以通过以下方法排除铝酸钠溶液中的硫：

（1）鼓入空气使硫离子氧化成硫酸钠，然后蒸发结晶析出；

（2）添加除硫剂，如氧化锌和氧化钡。添加氧化锌可使硫离子成为硫化锌析出，脱硫时，溶液中的铁也得到清除；添加氧化钡可以同时脱除溶液中的 SO_4^{2-}、CO_3^{2-} 和 SiO_3^{2-} 离子。

f　碳酸盐在溶出过程中的行为

铝土矿中的碳酸盐矿物有石灰石、白云石和菱铁矿等。作为添加剂的石灰，也常因未充分煅烧带入石灰石。这些碳酸盐与苛性碱反应生成碳酸钠，这就是所谓的反苛化作用，其反应式是：

$$MCO_3 + 2NaOH + aq == Na_2CO_3 + M(OH)_2 + aq(M 为 Ca、Mg、Fe)$$

苛性碱变为碳酸钠后，不仅不利于氧化铝水合物的溶出，而且增大溶液的黏度。碳酸钠在母液蒸发时析出，粘附在加热管表面上，影响传热，降低蒸发效率。

g　有机物和微量元素在溶出过程中的行为

铝土矿尤其是三水铝石矿常常含有万分之几至千分之几的有机物，这些有机物分为腐殖酸及沥青，腐殖酸类与碱作用生成各种腐殖酸钠，然后逐渐转变为易溶的草酸钠或蚁酸钠，在流程中循环积累，使溶液黏度显著升高，容易产生泡沫。溶液中的有机物对铝土矿的湿磨、赤泥的沉降分离、种分、母液蒸发等工序都是不利的。

铝土矿中常常含有微量的镓、磷、铬、氟等杂质，铝土矿溶出时，大部分以各种钠盐的形式进入铝酸钠溶液，种分时这些杂质导致产品的细化，且部分同氢氧化铝一同沉淀析出，严重危害产品质量。在铝土矿的高压溶出过程中加入石灰将使部分磷、钒、氟成为钙盐进入赤泥，在高温换热界面上形成含磷矿物结疤。

单元二　影响铝土矿溶出过程的因素

铝土矿的溶出反应是复杂的多相反应，影响溶出过程的因素很多。这些影响因素大致可以分为铝土矿本身的溶出性能和溶出过程作业条件两个方面。

A　铝土矿的矿物组成及结构的影响

铝土矿的溶出性能是指用循环母液溶出 Al_2O_3 的难易程度。各种氧化铝水合物由于晶型、结构的不同，晶格能也不一样，而使其溶出性能差别很大。一水硬铝石型铝土矿最难溶出的主要原因是晶体晶格能比一水软铝石、三水铝石大得多。

除矿物组成外，铝土矿的结构形态、杂质含量和分布状况也影响其溶出性能。所谓结构形态，是指矿石表面的外观形态和结晶度等。致密的铝土矿几乎没有孔隙和裂缝，它比起疏松多孔的铝土矿来说，溶出性能差得多。疏松多孔的铝土矿在溶出过程中，反应不仅发生在矿粒表面而且能渗透到矿粒内部的毛细管和裂缝中。但是铝土矿的外观致密程度与其结晶度并不一样，例如，有时土状矿石由于其中一水硬铝石的晶粒粗大反而比半土状和致密的铝土矿的溶出性能差。

铝土矿中的 TiO_2、Fe_2O_3 和 SiO_2 等杂质越多、越分散，氧化铝水合物被其包裹的程度越大，与溶液的接触条件越差，溶出就越困难。

B　溶出温度的影响

温度是影响氧化铝溶出率最主要的因素。在其他条件相同时，溶出的温度越高，溶出率就会越高，溶出时间就越短。

当其他条件相同时，溶出温度从260℃提高到280℃时，达到同样的溶出率，时间可缩短60%～70%，若溶出温度提高到300℃时，时间可缩短90%。如果将溶出温度提高到300℃以上，无论哪种类型的铝土矿，溶出过程都可以在几分钟内完成，并得到近于饱和的铝酸钠溶液。

从图2-2不同温度下 $Na_2O-Al_2O_3-H_2O$ 系溶解度曲线可以看出，提高温度后，铝土矿在碱溶液中的溶解度显著增加，溶液的平衡苛性比值明显降低，使用浓度较低的母液就可以得到苛性比值低的溶出液。由于溶出液与循环母液的 Na_2O_k 浓度差缩小，蒸发负担减轻，使碱的循环效率提高。此外，提高溶出温度还可以改善赤泥结构和沉降性能，溶出液苛性比值降低也有利于制取砂状氧化铝。

因此，溶出工艺技术的进步主要体现在溶出温度的提高上，因为温度提高与溶出器内的压力有关，温度越高，溶出器内的压力越高，溶出器器壁的厚度在直径不变时则应越厚才能承受，但这样受到了设备制造的限制。如果溶出器的直径越小，在溶出器器壁的厚度不变时，越能承受更高的压力。管道化溶出工艺的先进就在于能将溶出温度提高到300℃以上。

C　搅拌强度的影响

（1）提高搅拌强度，可减少扩散层的厚度，增大扩散速度。

在蒸汽直接加热的高压溶出器组中，矿浆流速只有0.0015～0.02m/s，湍流程度较差，传质效果不太好。

在间接加热机械搅拌的高压溶出器组中，矿浆除了沿流动方向运动外，还在机械搅拌下强烈运动，湍流程度也较强。

管道化溶出器中矿浆流速达1.5～5m/s，比高压溶出器内矿浆流速高200～300倍，雷诺系数达 10^5 数量级，有着高度湍流性质，这成为强化溶出过程的一个重要原因。

（2）提高搅拌强度，减少结疤。

矿浆的湍流程度也是防止加热表面结疤、改善传热过程的需要，在间接加热的设备中这是十分重要的。矿浆湍流程度高，结疤轻微时，设备的传热系数可保持为8360kJ/$(m^2 \cdot h \cdot ℃)$，比有结疤时大约高出10倍。

D　循环母液碱浓度的影响

当其他条件相同时，母液碱浓度越高，Al_2O_3 的未饱和程度就越大，铝土矿中 Al_2O_3 的溶出速度越快，而且能得到苛性比值低的溶出液。浓度高的溶液饱和蒸汽压低，设备所承受的压力也要低些。从整个流程来看，种分后的铝酸钠溶液，即蒸发原液的 Na_2O 质量浓度不宜超过240g/L，如果要求母液的碱浓度过高，蒸发过程的负担和困难必然增大，所以从整个流程来权衡，母液的碱浓度只宜保持为适当的数值。

在蒸汽直接加热的溶出器中，蒸汽冷凝水使原矿浆稀释。Na_2O 质量浓度为280～

300g/L 的母液，由于蒸汽稀释以及一部分 Na_2O 转化为碳酸钠及含水铝硅酸钠，溶出后的料浆中 Na_2O 质量浓度仅为 230～250g/L；在间接加热设备中，消除了稀释现象，母液的碱浓度可以降低到 220g/L。如果采用更高的溶出温度，Na_2O 浓度还可以进一步降低。

E　配料苛性比值的影响

在溶出铝土矿时，物料的配比是按溶出液的 α_K 达到预期的要求来计算确定的。预期的溶出液 α_K 称为配料 α_K。此数值越高，对单位重量矿石配的碱量也越高，由于在溶出过程中溶液始终保持着更大的未饱和度，所以溶出速度必然更快。但是，这样一来循环效率必然降低，物料流量则会增大，如图 2-9 所示。由图可见，当配料 α_K 由 1.8 降低到 1.2 时，溶液流量可以减少为原来的 50%。

从循环碱量公式 $N = \dfrac{1}{E} = 0.608 \times \dfrac{\alpha_{K1}\alpha_{K2}}{\alpha_{K1} - \alpha_{K2}}$ 可以看出，降低配料苛性比值可降低循环碱量，而且溶出液苛性比值低还有利于种分过程的进行。因此，在保证 Al_2O_3 的溶出率的前提下，制取苛性比值尽可能低的溶出液是对溶出过程的一项重要要求。

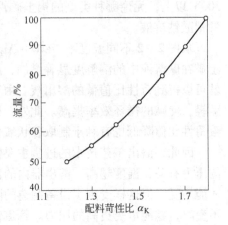

图 2-9　配料 α_K 与拜耳法物料流量的关系

为了保证矿石中的 Al_2O_3 具有较高的溶出速度和溶出率，配料苛性比值要比相同条件下平衡溶液的苛性比值高出 0.15～0.20。随着溶出温度的提高，这个差别可以适当缩小。

由于生产中铝酸钠溶液中含有多种杂质，所以它的平衡苛性比值不同于 Na_2O - Al_2O_3 - H_2O 系等温线所示的数值，需要通过试验来确定。

在工业生产中，通常是通过提高溶出温度增加氧化铝的溶解度来实现的。提高溶出温度可以得到苛性比值低至 1.4～1.45 的溶出液，为了防止这种低苛性比值的溶出液在进入种分之前发生大量的分解损失，可以往第一次赤泥洗涤槽中加入适量的种分母液，使稀释后的溶出浆液的苛性比值提高到 1.55～1.65，以保证溶液有足够的稳定性。采用这样的措施后，由于循环母液用量减少，可使高压溶出和母液蒸发工序的蒸汽消耗量减少 15%～20%。

F　矿石细磨程度的影响

对单位重量的矿石来说，颗粒愈小，表面积就愈大，所以矿石磨得愈细，溶出速度就愈快，而且矿石的磨细加工会使原来被杂质包裹的氧化铝水合物暴露出来，提高氧化铝的溶出率。矿石磨细程度对溶出速度的影响程度随矿石的结构、化学组成、矿物组成和溶出工艺及设备的不同而异。溶出三水铝石型铝土矿时，一般不要求磨得很细，有时破碎到 16mm 即可进行渗滤溶出。致密难溶的一水硬铝石型矿石则要求细磨。然而过度细磨会增加能耗，而且还可能使溶出赤泥变细，造成赤泥分离洗涤的困难。因此，不同矿石的最佳磨细程度应通过实验和生产实践来确定。

在采用蒸汽直接加热的连续作业高压溶出器组时，粗粒矿石在其中很快沉降，远低于规定的溶出时间，Al_2O_3 的溶出率显著下降。在采用这种设备处理一水硬铝石型铝土矿时，要求矿石在 100 号筛（0.147mm）上的残留量不超过 10%，160 号筛（0.095mm）上的残留量不超过 20%。

G　石灰添加量的影响

在溶出一水硬铝石的过程中添加适量的石灰，可以加速溶出反应的进行，有利于提高溶出率，并能明显降低碱耗。石灰添加量要根据铝土矿中氧化钛的含量进行添加，如果过量，则多余的石灰会在溶出过程中生成水化石榴石，使氧化铝溶出率降低。但对溶出 SiO_2 含量较高的铝土矿时，适当多加点石灰，氧化铝溶出率并不明显下降。

生产实践中，在处理一水硬铝石的高压溶出过程中，石灰添加量一般为铝土矿重量的 5% ~ 10%。有的工厂石灰添加量甚至达到 13% 以上，但必须保证石灰的质量。如果石灰质量差，石灰欠烧时会带入一部分 $CaCO_3$，在高压溶出条件下，$CaCO_3$ 与苛性碱发生反苛化反应，这不仅会降低循环母液的溶出能力，而且使碳酸钠含量增大，进而影响蒸发过程。

H　溶出时间的影响

铝土矿溶出过程中，只要 Al_2O_3 的溶出率没有达到最大值，那么增加溶出时间，Al_2O_3 的溶出率就会增加。对于一水硬铝石型矿来说，当溶出温度为 250℃ 时，溶出时间对溶出率影响很大。当溶出温度提高后，溶出时间对溶出率的影响相对减弱。

单元三　高压溶出工艺

A　溶出技术的发展

拜耳法生产氧化铝经过一百多年的发展，尽管拜耳法生产方法本身没有实质性的变化，但就溶出技术而言却发生了巨大变化。溶出方法由单罐间断溶出发展为多罐串联连续溶出，进而发展为管道化溶出。溶出温度也得以提高，最初溶出三水铝石的温度是 105℃，溶出一水软铝石温度为 200℃，溶出一水硬铝石温度为 240℃，而目前的管道化溶出器，溶出温度可达 280 ~ 300℃。加热方式，由蒸汽直接加热发展为蒸汽间接加热，乃至管道化溶出高温段的熔盐加热。随着溶出技术的进步，溶出过程的技术经济指标得到显著的提高和改善。

a　单罐压煮器加热溶出

第一次世界大战后，在欧洲，拜耳法氧化铝生产得到迅速发展。它主要是处理一水软铝石型铝土矿（主要是法国和匈牙利），因而要采用专用的密封压煮器以达到必需的较高的溶出温度（160℃ 以上）。当时采用的是单罐压煮器间断加热溶出作业。

（1）蒸汽套外加热机械搅拌卧式压煮器。铝土矿溶出用的第一批工业压煮器是带有蒸汽套和桨叶式搅拌机的卧式圆筒形压煮器，这种压煮器是内罐装矿浆，外套通蒸汽，通过蒸汽套加热矿浆，实现溶出。德国和英国 20 世纪 30 年代还在使用这种压煮器。

这种压煮器的缺点是：一方面由于热交换面积有限，蒸汽与矿浆间温差必须相当大，

压煮器的直径还要受其蒸汽套强度的限制，蒸气套压力必须考虑比压煮器内矿浆的压力高
400～500kPa，而且要有较大直径。另一方面，由于热膨胀不平衡，在蒸汽套和压煮器壳
体的固定点上产生应力，限制着设备长度，因此，这种结构的压煮器的容积不能很大，当
加热蒸汽表压为 1MPa 时，容积不能超过 6～7m³。

（2）内加热机械搅拌立式压煮器。德国铝工业在 20 世纪 30 年代首先采用这种设备。
后来在西欧的氧化铝厂被广泛利用的是另一种结构较简单、可靠的立式压煮器，即将加热
元件装置在压煮器壳体内，代替外部蒸汽套，它克服了蒸汽套加热压煮器的主要缺点。但
为了保持加热表面的传热能力，要定期清除加热元件如蛇形管表面的结疤。当时清除结疤
的方法是用锤敲击，或用专用喷灯加热。

（3）蒸汽直接加热并搅拌矿浆的立式压煮器。前苏联首先采用蒸汽直接加热的方法
处理一水硬铝石型铝土矿，即取消了压煮器内的蛇形管加热元件和机械搅拌器，将新蒸汽
直接通入铝土矿矿浆，加热并搅拌矿浆。这种压煮器结构简单，而且避免了因加热表面结
疤而影响传热和经常清理结疤的麻烦，但加热蒸汽冷凝水会将矿浆稀释，从而降低溶液中
的碱浓度，也增加了蒸发过程的蒸水量。

单罐压煮器间断作业的缺点是显而易见的，它满足不了发展着的氧化铝工业的需要。

b　多罐串联连续溶出压煮器组

早在 1930 年，奥地利的墨来（Muller）及密来（Miller）两人首先获得一水型铝土矿
连续溶出的专利，从此世界上开始了连续溶出过程的试验和工业应用。

（1）蒸汽间接加热机械搅拌连续溶出。原德国铝业公司（Vereinigte Aluminium-
Werke）及意大利蒙切卡齐尼（Montecatini）公司在第二次世界大战前均建立了连续溶出
法的工厂。

彼施涅（Peohiney）公司的圣奥邦（St. Auban）先后在 1931 年以试验室规模和
1938～1940 年以试验工厂规模进行了连续溶出的试验研究，第二次世界大战期间又在沙
林特（Salindres）厂进行了试验。

所有这些试验都遇到同样困难：

1）矿浆对泵的磨损很大（寿命不超过 500h）；

2）热交换器管壁上结疤严重。

1945 年彼施涅停止了溶出试验，试图找出一种适合连续溶出中输送矿浆的泵。经过
试验，制成了一个在压力下输送碱液矿浆的小型隔膜泵，并进一步以半工业规模用这种泵
与各种形式的多级离心泵同时进行平行试验。

在此基础上，彼施涅于 1950 年在加尔当厂建设了一座连续溶出试验工厂，并用它来
进行泵和各种热交换表面的工业研究。加尔当厂 1950～1956 年进行的半工业连续溶出试
验所获得的资料满足了工业生产设计的需要。

西欧一些氧化铝厂多半采用这种形式的连续溶出工艺设备流程，特点是机械搅拌和间
接加热，并有多级自蒸发、多级预热。

（2）蒸汽直接加热并搅拌矿浆的连续溶出。前苏联采用这种连续溶出技术，它的特
点是，将蒸汽直接通入压煮器加热矿浆，同时起到了搅拌矿浆的作用。这样，避免了间接
加热压煮器加热元件表面结疤生成和清除的麻烦，同时取消了机械搅拌机构及大量附件，
因而使压煮器结构变得简单。其工艺流程如图 2－10 所示。我国中铝河南分公司和贵州分

公司也曾采用该技术生产氧化铝，但由于蒸汽直接加热高压釜溶出技术的技术经济指标差，这类溶出工艺已经被改造或淘汰。

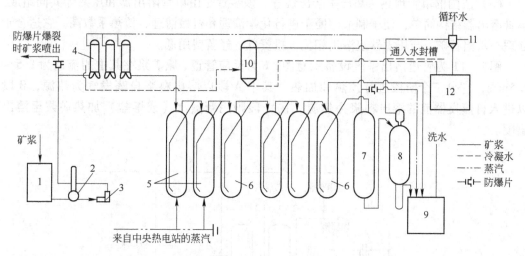

图 2-10 前苏联的蒸汽直接加热高压釜溶出工艺流程图

1—原矿浆搅拌槽；2—空气补偿器；3—活塞泵；4—管壳式预热器；5—加热压煮器；6—反应压煮器；
7—第一级料浆自蒸发器；8—第二级料浆自蒸发器；9—稀释搅拌槽；10—冷凝水自蒸发器；
11—冷凝预热器；12—热水槽

c 管道化溶出

管道化溶出技术，是指采用管道进行矿浆的预热及溶出，可以是单管也可以是多管。有单流法和多流法两种。德国采用单流法，匈牙利采用多流法。

管道化溶出的原理是采用较高的溶出温度，矿浆在溶出管道中具有较高的流速，使矿浆处于高度的湍流运动状态，增加了矿浆的雷诺准数，从而极大地改善了传质系数与传热系数，大大强化了溶出过程。由于溶出温度的提高，溶出过程的化学反应速度显著提高，溶出所需反应时间明显降低。提高溶出温度比增大碱浓度会更加强烈地促进铝土矿的溶出，达到较好的溶出效果。

早在 20 世纪 30 年代，有关学者便提出了管道溶出器的设想，即让高温料浆流经套管的外层来预热在内管中逆向流动的原矿浆，以充分利用高温料浆的热量，管道溶出器还易于保证提高温度所要求的机械强度。但当时没有预见到，在 280~300℃下，溶出过程可以很快完成，因而计算的管道长达 10km，原矿浆泵的出口压力需要 10~20MPa。

德国和匈牙利的科技工作者对管道化溶出技术的开发及工业化做出了重要贡献。1966 年在联邦德国的纳勃氧化铝厂建成第一套管道化溶出装置，矿浆流量为 80m³/h。

目前国外管道化加热溶出装置主要有以下 3 种：

(1) 德国联合铝业公司（VAW）的多管单流法溶出装置。主要技术特点为：属多管单流法；根据溶出和结疤情况，可以改变石灰添加地点；可以根据原矿浆不同温度下的传热情况，分别采用矿浆加热、二次蒸汽加热和熔盐加热；熔盐炉热效率高；溶出温度高。

(2) 匈牙利多管多流溶出装置。主要技术特点为：属多管多流法，从管道结构来说，是一根大管中套三根小管子，从工艺上来说，是多流作业，一根管子走碱液，两根管子走矿浆，然后合流；管道直径减小，有利于传热；三根管子交替输送矿浆和碱液，用碱液清除硅渣结疤，具有较高的传热系数和运转率。

（3）法国的单管预热－高压釜溶出装置。该装置是由单管溶出器和压煮器共同组成。单管溶出器结构简单，便于制造，便于进行化学清理和机械清理，传热系数高。它适合于处理一水铝石矿，与压煮器组溶出相比，投资低，经营费用低。

图 2－11 为管道溶出系统设备示意图，1 为反应管道，原矿浆在其中的流速为 1.5～2.5m/s，它分三个阶段进行预热和加热。其中 A 段以溶出料浆自蒸发气为热源，B 段以进入自蒸发器前的溶出料浆为热源，在 C 段则用新蒸汽（或熔盐）加热矿浆至溶出温度。

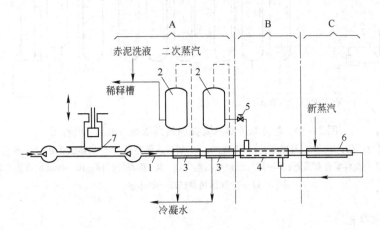

图 2－11 铝土矿管道溶出设备系统示意图
1—反应管道；2—自蒸发器；3，4，6—蒸汽夹管；5—喇叭状喷嘴；7—高压隔膜泵

我国拜耳法间接加热溶出技术的研究开始于 20 世纪 60 年代。一直到 1989 年我国自主研制的管道预热－停留罐强化溶出技术建成投入工业生产，此装置适合处理我国难溶的一水硬铝石型铝土矿。从 1990 年开始，我国氧化铝生产企业开始引进法国的"单管预热高压釜溶出"和德国的"RA_6 管道化溶出"两种间接加热高温溶出的技术及装备，大大提高了我国氧化铝生产的溶出工艺技术和装备水平。

目前，我国在工业上使用的高压溶出流程均为连续溶出工艺流程。下面介绍我国的几种典型高压溶出工艺。

B 蒸汽直接加热高压溶出技术

用蒸汽直接加热并搅拌的高压溶出器组内，料浆是由设备系统前后的压差推动着依次在各个压煮器中从上而下地流动着。压煮器底部的矿浆则通过出料管反流向上排入下一个压煮器。蒸汽直接加热压煮器组流程如图 2－12 所示。

磨制好的原矿浆，在进入溶出器之前，需将矿浆中的硅脱掉一部分，这样可减轻加热表面的结疤，延长加热器的清理周期，所以原矿浆在矿浆槽内搅拌并停留 3～4h 进行预脱硅，预脱硅效果能达 60%，然后由泥浆泵送入预热器并预热到 140～160℃后，再进入溶出器进行溶出。机组前面 1、2 号溶出器直接加入蒸汽将矿浆加热到溶出温度 245℃。然后顺次进入 3～10 号溶出器进行保温完成溶出反应。溶出后的矿浆按顺序排入自蒸发器进

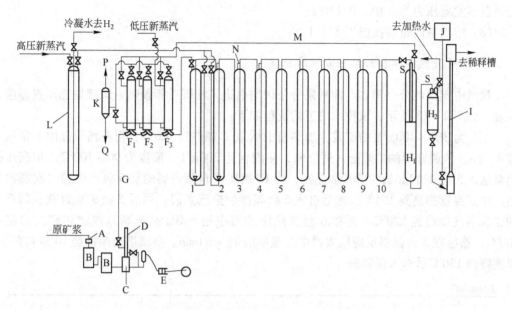

图 2-12　直接加热高压溶出设备流程图

A—原矿浆分料箱；B—原矿浆槽；C—泵进口空气室；D—泵出口空气室；E—油压泥浆泵；F—双程预热器；
G—原矿浆管道；H—自蒸发器；I—溶出矿浆缓冲器；J—赤泥洗涤高位槽；K—冷凝水自蒸发器；
P，Q—去加热赤泥滤液；L—高压蒸汽缓冲器；N—不凝性气体排出管；M—乏汽管道；S—减压阀；
1，2—加热溶出器；3~10—反应溶出器

行三级自蒸发使溶出矿浆冷却，自蒸发产生的二次蒸汽（乏汽）去预热矿浆，第一、第二级自蒸发器的乏汽去第二、第一级预热器预热原矿浆，第三级自蒸发器的乏汽去加热赤泥洗涤用水。级数越多，回收的热量就越多。为了回收矿浆降至常压所放出的热量，而将溶出矿浆在缓冲器内与赤泥洗液混合，将洗液的温度提高。

主要技术特点：

（1）压煮溶出器内没有机械搅拌运动部件，操作简便，结构简单，易于制作和维护。

（2）因为是蒸汽直接加热，新蒸汽加热矿浆后自身冷凝成水而进入料浆，使料浆在溶出一开始就受到很大的稀释，碱浓度被蒸汽冷凝水稀释18%~20%，碱浓度降低了40~60g/L。这不仅对溶出不利，而且加重了蒸发的负担，增加了汽耗。

（3）该流程自蒸发级数少，热回收差，矿浆的预热温度低。原矿浆的预热温度与溶出温度相差较大，其结果是增加了汽耗和稀释程度。

一水硬铝石直接加热高压溶出技术条件：

（1）矿浆预热温度两级预热不低于150℃；

（2）1号加热溶出器压力为2.8~2.9MPa；

（3）3号保温溶出器温度控制在240~245℃；

（4）溶出时间不低于2h；

（5）首号到末号溶出器之间压力差不大于0.2MPa；

（6）蒸汽缓冲器压力为3.1~3.3MPa；

（7）一级自蒸发器压力为1.5~1.8MPa、二级自蒸发器压力为（1.00±0.20）MPa、

三级自蒸发器压力为 0.08~0.1MPa；

（8）溶出液的苛性比值不大于 1.58。

C　单管预热 - 间接加热压煮器溶出技术

我国中铝山西分公司和广西平果分公司均引进了法国单管预热 - 间接加热压煮器溶出系统。如图 2-13 所示，该技术的工艺流程如下：

固含为 300~400g/L 的矿浆在加热槽中从 70℃加热到 100℃，再在预脱硅槽中常压脱硅 4~8h。预脱硅后的矿浆配入适量碱，使固含达 200g/L，温度为 90~100℃，用高压隔膜泵送入 5 级 2400m 长的单管加热器，用 10 级矿浆自蒸发器的前 5 级产生的二次蒸汽加热，矿浆温度提高到 155℃，然后进入 5 台间接加热压煮器，用后 5 级矿浆自蒸发器产生的二次蒸汽加热到 220℃，再在 6 台加热压煮器中用 6MPa 高压新蒸汽加热到溶出温度 260℃，然后在 3 台保温反应压煮器中保温反应 45~60min。高温溶出浆液经 10 级自蒸发，温度降到 130℃后送入稀释槽。

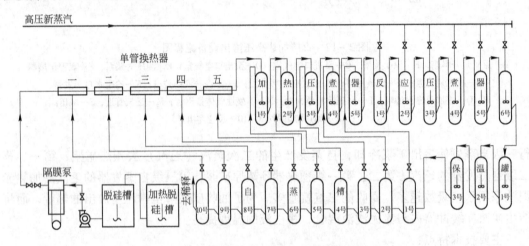

图 2-13　单管预热 - 间接加热压煮器溶出流程图

主要技术特点如下：

（1）矿浆在单管反应器中预热到 155℃，再在间接加热机械搅拌高压釜中加热、溶出；

（2）单套管反应器结构简单，制造容易，维修方便，结疤易清洗；

（3）矿浆单管反应器直径大，减少结疤对阻力和流速的影响；

（4）单套管反应器排列紧凑，放在两端可以开启的保温箱内，管子不保温，简化保温。

该技术的主要缺点是，每运行 15 天，要停 18h 清理结疤，而且清洗高压釜中的结疤要比清理管式反应器中的结疤困难许多。

主要技术条件如下：

（1）流量：450m³/h；

（2）溶出温度：260℃；

（3）碱液质量浓度（Na₂O）：225~235g/L；

（4）溶出温度下的停留时间：45～60min；

（5）溶出液 α_K：1.46；

（6）Al_2O_3 相对溶出率：93%。

D 双流法溶出技术

在高压溶出流程中，根据母液的预（加）热方法的不同，可分为单流法和双流法。单流法是指母液、石灰、铝土矿进行混合配料后共同进行预（加）热的溶出工艺。双流法是指少部分母液（占总液量体积的20%）与矿石、石灰混合配制原矿浆并进行预（加）热后再与经过单独预（加）热后的大部分母液在溶出前混合的溶出工艺。全世界约一半以上的氧化铝是由双流法技术生产的。我国于20世纪90年代成功开发了适宜于处理一水硬铝石型铝土矿的高温双流法溶出新技术，并在中国铝业中州分公司得到实际应用，取得了良好的技术经济效果。处理一水硬铝石型铝土矿选精矿的高温双流法溶出工艺流程如图2-14所示。

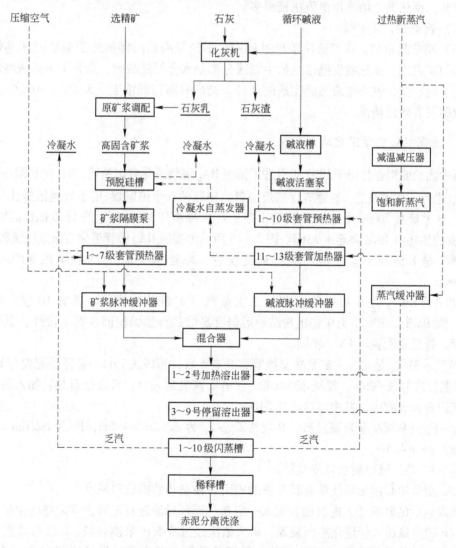

图2-14 一水硬铝石型铝土矿选精矿高温双流法溶出工艺流程简图

在一水硬铝石型铝土矿选精矿的高温双流法溶出工艺中，将循环碱液的 1/4 ~ 1/3 用于化制石灰乳，将制成的固含约 300g/L 的石灰乳与选精矿配制成固含为 900 ~ 1000g/L 的高固含原矿浆，高固含原矿浆经 100℃ 预脱硅 10h 后，用隔膜泵送入 7 级单套管预热器预热至 180℃；剩余的循环碱液，用活塞泵直接送入 10 级乏汽套管预热器预热后，再经 3 级饱和新蒸汽套管加热器加热至 260℃；两股料流混合后进入 9 台溶出器，在前 2 台溶出器中喷入适量的过热蒸汽，将料浆加热至溶出温度（260 ~ 265℃），保温溶出后，矿浆经 10 级自蒸发降温至 130℃，二次蒸汽用于矿浆和碱液的预热。料浆从自蒸发器进入稀释槽，加入一定量的一次洗液调苛性碱质量浓度至 170g/L，然后送至赤泥分离洗涤工序。

双流法的主要技术特点如下：

（1）绝大部分溶出碱液不参与制备矿浆而单独进入换热器间接加热，溶出碱液中 SiO_2 含量很低，加热过程中硅渣析出量很少；少量碱液与铝土矿磨制成高固含矿浆，料流数量少，可以在常压预脱硅后不再间接加热或只加热到不严重形成含硅、钛结疤的温度。因此，换热面上结疤比单流法轻得多。

（2）投资少，成本低。

（3）结疤易清理。在双流法溶出过程中，不论是高温间接加热的碱液流还是低温间接加热的矿浆流，换热器管壁结疤的主要成分都是水合铝硅酸钠，避开了单流法溶出时加热管壁上钙、钛、铁等杂质结疤生成的条件。结疤只需用低浓度（5.0% ~ 10.0%）的硫酸溶液即可有效地清洗。

E　德国 RA_6 型管道化溶出流程

原中国长城铝业公司于 1990 年引进了德国 RA_6 型管道化溶出装置，并针对我国一水硬铝的特点，进行了技术改造。在原有保温反应管后串联的 6 个停留罐，用于处理铝硅比 7.58 的铝土矿，矿浆流量 $300m^3/h$，使氧化铝溶出率从 69% 提高到 80%，每生产 1t 氧化铝的脱硅、溶出、蒸发的热耗由 19GJ 降至 10.3GJ。图 2 - 15 所示为德国 RA_6 型管道化溶出系统流程图。

LWT 是 1 级原矿浆 - 溶出矿浆热交换管。外管 $\phi500mm$，内装 4 根 $\phi100mm$ 管，长 160m。

BWT_1 ~ BWT_8 是 8 级矿浆自蒸发二次蒸汽 - 矿浆热交换管，共有 10 段，每段长 200m，除 BWT_4、BWT_5 为保证出现结疤后仍有足够的传热面积而各有 2 段外，其他只各有 1 段。管径及配置与 LWT 相同。

SWT_1 ~ SWT_4 是熔盐 - 矿浆热交换管，共有 4 段，每段长 75m，管径及配置与 LWT 相同。保温反应管长 600m，管径 $\phi350mm$，设有石灰乳加入口，可改变石灰乳加入的位置。

管道全长 3060m，其中加热段长 2460m。

F_1 ~ F_8 是 8 级矿浆自蒸发器，其规格 F_1 ~ F_6 为 $\phi2.2m \times 4.5m$，F_7 为 $\phi2.6m \times 4.5m$，F_8 为 $\phi2.8m \times 4.5m$。

K_1 ~ K_7 是 7 级冷凝水自蒸发器。

RA_6 型管道化溶出系统配有较先进的检测、控制和数据处理系统。

预脱硅后的浆液送入配料槽，加入一定量的循环母液进行配料，调配好的原矿浆约以 $300m^3/h$ 的流量送入管道化溶出装置。矿浆依次经过冷热矿浆换热段、8 级自蒸发蒸汽预热段，将矿浆加热到 285 ~ 288℃，进入保温停留段，溶出后矿浆依次经过 8 级自蒸发，

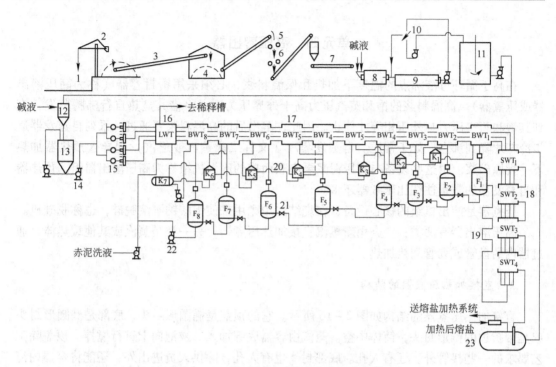

图2-15　德国 RA₆ 型管道化溶出流程图

1—轮船；2—起重塔架；3—皮带输送机；4—矿仓；5—一段对辊破碎机；6—二段对辊破碎机；7—电子秤；

8—棒磨机；9—球磨机；10—弧形筛；11—矿浆槽；12，13—混合槽；14—泵；15—隔膜泵

（300m²/h，10MPa）；16～18—管道加热器；19—保温反应器；20—冷凝水自蒸发器；

21—矿浆自蒸发器；22—溶出料浆出料泵；23—熔盐槽

其二次蒸汽进入相应的8级乏汽预热段预热原矿浆。每级预热器的蒸汽冷凝水，也逐级自蒸发，其蒸汽并入下一级预热器中预热矿浆，二次蒸汽冷凝水最后汇到一起，送入赤泥洗涤作赤泥洗水。加热段的熔盐循环使用。第8级自蒸发器出来的溶出矿浆进入冷凝换热段预热原矿浆后，经稀释槽送入赤泥分离系统。

主要技术特点：

（1）属多管单流法，在一个 φ500mm 的大管中套4根 φ100mm 的小管；

（2）根据溶出和结疤情况，可以改变石灰添加地点，石灰以石灰乳形式加入；

（3）根据原矿浆不同温度下的传热情况，分别采用了1级溶出矿浆加热、8级二次蒸汽加热和1级熔盐加热三种形式；

（4）熔盐炉采用最新式的劣质煤流态化燃烧装置，热效率达90%，烟气净化好；

（5）实际溶出温度280℃，是目前世界上最高的。

主要技术条件：

（1）流量：270～330m³/h；

（2）溶出温度：270～280℃；

（3）溶出时间：30～50min；

（4）流速：在LWT、BWT、SWT内流速为 2.4～2.9m/s，在保温反应管内流速为 0.8～1.0m/s。

单元四　高压溶出器

在高于循环母液沸点的温度下加热和保温料浆，必须采用密封容器（称为高压溶出器或压煮器）。高温料浆的饱和蒸汽压力高于外界压力时，将借其显热自行沸腾蒸发，直到其饱和蒸汽压力与外压相等才停止。因此，溶出后的高温料浆要通过一系列自蒸发器逐步冷却才降到沸点，处于常压。自蒸发蒸汽（又称二次蒸汽或乏汽）则导入预热器加热下一批原矿浆。由这些设备与高压泥浆泵串联而成的庞大机组称为高压溶出器组。预热器和自蒸发器的数量往往比压煮器还多。

压煮器是溶出机组的核心设备，在烧结法中则用来使铝酸钠溶液脱硅，也称脱硅机。

高压溶出器有两类：一类用新蒸汽直接加热压煮器；另一类是蒸汽或其他载热体，通过器内的盘管或列管间接加热。

A　直接加热压煮器的结构

直接加热压煮器的结构如图 2-16 所示。它的顶盖是椭圆形封头，底部是椭圆形封头或是带折边的锥形封头，筒体中空。蒸汽由容器底部加入，鼓泡向上进行搅拌。顶盖除工艺要求的一些接管外，还有人孔。底部封头也有人孔，除供人员进出外，还能将容器内清理的结垢排出容器体外。容器外靠近底部有 4 个支座，与基础用地脚螺栓连接。

B　间接加热压煮器的结构

间接加热压煮器的结构如图 2-17 所示，其外形与直接加热压煮器相同，不同之处在于间接加热压煮器内部周边有径向排列的加热管，若干排加热管组成间接加热系统用于料浆加热。为了保证压煮器内料浆受热均匀，防止料浆沉淀，压煮器内部中心设有机械搅拌装置。同时，为了保证传热速度，加热管束必须定期清理结疤，比较好的方法有火烧法等。

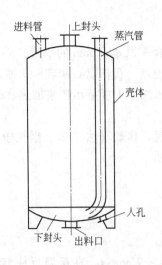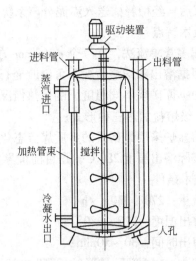

图 2-16　直接加热压煮器结构示意图　　　　图 2-17　间接加热压煮器结构示意图

单元五 高压溶出的主要操作及常见故障处理

A 溶出质量指标的检查与控制

溶出的质量指标主要是氧化铝溶出率和溶出液的苛性比值。这两项指标的好坏取决于原矿浆配料和高压溶出的技术操作。

溶出液苛性比值是拜耳法生产的一项重要技术经济指标，此指标是工厂根据具体生产条件确定的。它不能太低也不能太高，太低时，溶出液稳定性低，会造成溶出过程及赤泥分离洗涤过程氧化铝的分解损失；太高又使后续晶种分解速度减缓，降低循环效率。

操作者应定时查看原矿浆的成分，根据原矿浆的固体和液体分析结果，主要是用矿石铝硅比、循环母液苛性碱浓度、石灰的成分、原矿浆液固比来判断配碱和配钙的情况，以便及时调节溶出的技术操作条件。

B 溶出压力和温度的控制

温度是影响溶出速度的主要因素，特别是溶出一水硬铝石型铝矿时更是居于主导地位。各企业根据各自实际情况确定了溶出温度和循环母液浓度之后，溶出压力也就确定了。高压溶出器机组的机械强度就是根据这个溶出压力和温度设计的。因此在溶出机组运行过程中，对温度、压力的准确监测和正确调控非常重要。

影响溶出机组温度、压力的因素很多，如新蒸汽的温度、压力，压煮器的换热效果，乏汽的利用及预热温度，管道及阀门的泄漏情况等。

实际生产中，对溶出系统温度的调控主要是通过检测各级料浆温度、蒸汽、冷凝水温度等，调节反应压煮器的新蒸汽通入量，控制机组的运行压力。

对溶出系统压力的调控主要是通过检测两个脉冲器的压力、末级压煮器的压力、首级及末级自蒸发器的压力，调节机组进料量、新蒸汽的通入量。如果机组压力偏高，可减少机组进料量或减少新蒸汽的通入量；如果机组压力偏低，可加大机组进料量或加大新蒸汽通入量。

应当注意的是，溶出系统的温度和压力的变化是相互影响的，并且成正比例关系。温度出现变化的同时，机组压力也会发生变化。实际生产中要综合分析溶出系统压力、温度的变化，准确判断和及时处理系统出现的问题，使溶出机组安全、稳定地运行。

C 料浆自蒸发器的监测及调整

自蒸发器系统是溶出机组中变化最多、最复杂的系统，通过对自蒸发器液位、温度的监控，可以及时发现系统存在的问题并做出正确的处理，从而保证整个溶出系统稳定运行。

对自蒸发器系统的监控不能只局限于其本身，还要参照预热温度、反应温度、冷凝水温度等其他因素进行综合分析和判断。

通过自蒸发器各级压力的变化，特别是相邻两级之间压力差的变化，可以判断各级孔板大小是否合适，运行过程中有无磨损及自蒸发器内部有无故障。

通过调整乏汽或冷凝水阀门开度，调整各级自蒸发器液位，可以避免自蒸发器乏汽系统带料；根据自蒸发器乏汽温度的变化，可以了解乏汽的利用和料浆预热时的温升情况。同时，通过对末级自蒸发器料浆温度的监控，可以及时发现碳碱结晶情况，以便及时加入冷凝水或一次洗液，消除碳碱结晶。

D　料浆不凝性气体的排放

高压溶出器料浆不凝性气体排放是提高溶出机组满罐率、保证溶出停留时间的一项重要操作，一般有两种排放方式：一种是连续自动排放，即在压煮器顶部的不凝性气体排放管直接与下一台压煮器的进料管连接，依靠压力差连续排入下一台压煮器，依次向后，在最后一级压煮器手动排空；另一种是间断手动排放，即在压煮器顶部的不凝性气体排放管有两道阀门控制，通过手动操作将不凝性气体排放到大气中。

E　溶出时间的控制

在一定的生产条件下，矿粒在溶出器中停留时间的长短，对溶出率有一定影响。平均溶出时间可用下式表示：

$$\tau = \frac{\psi\gamma}{Q}$$

式中　τ——平均溶出时间，h；

　　　ψ——机组满罐率，%；

　　　γ——溶出器的总容积，m^3；

　　　Q——机组进料量，m^3/h。

可见，为了保证足够的溶出时间，应稳定进料量和尽可能地提高满罐率。影响满罐率的因素有两个：一是料浆进出量不平衡；二是机组内不凝性气体排除不及时，溶出罐内料浆装不满。溶出操作应掌握机组进出料平衡和稳定机组压力，定时检查并排除不凝性气体，尽可能地保持满罐操作，以延长溶出时间。

F　溶出过程常见故障分析与处理

a　自蒸发器乏汽带料

(1) 自蒸发器节流孔板大小不合适，前后不匹配造成差压不平衡引起乏汽带料。应适当调整乏汽阀门开度，控制液位或更换合适孔板。

(2) 节流孔板磨损严重或孔板脱落，上下级自蒸发器压差减小造成乏汽带料。应停车更换孔板。

(3) 溶出温度太低，闪蒸不出足够的乏汽，会使自蒸发器液位升高而造成带料。应提高溶出机组温度。

(4) 冷凝水管道堵塞，排水不畅，自蒸发器压力失去平衡而使乏汽带料。检查疏水阀或停车清理管道。

(5) Na_2CO_3 结晶严重，自蒸发器出料不畅。停车用热水溶解。

b　溶出器振动

故障发生原因是溶出温度太高，使矿浆蒸汽压等于机内压力，矿浆沸腾。应减少通气量，降低矿浆温度。

c　断料干蒸

（1）进料量过低，泵变频器故障。应提高进料流量。

（2）阀门或管路堵塞。应切换备用进料泵。

（3）温度过高。应降低系统温度。

（4）泵打不出料，停系统蒸汽。

严重时紧急停车检查阀门管道。

d　打垫子

"打垫子"指设备连接处漏料，其产生的原因有：

（1）系统中水或冷液未排净。

（2）法兰盘不平或不干净。

（3）螺栓松或拧紧时发生偏斜。

（4）急剧热胀冷缩。

处理方法：停车时应将系统中冷水排完，校正法兰或清理干净，拧紧螺栓不得偏斜，以及稳定操作条件。

e　料浆管道泄漏

高压溶出的料浆管道压力一般都比较高，发现泄漏应立即安排停车处理，以避免较大事故的发生。在停车处理前应采取以下措施：

（1）尽量保证流量、压力的稳定，避免操作中出现较大波动。

（2）对料浆有可能刺射到的范围应设置安全监护警戒线和安全警示标志。

单元六　高压溶出技术指标分析

A　氧化铝的溶出率

实际反应后，进入到铝酸钠溶液中的 Al_2O_3 与原料铝土矿中 Al_2O_3 总量之比，称为氧化铝的溶出率。

$$\eta_{实} = \frac{Q_{矿} A_{矿} - Q_{泥} A_{泥}}{Q_{矿} A_{矿}} \times 100\%$$

式中　$Q_{矿}$，$Q_{泥}$——分别为矿石量和赤泥量，kg；

$A_{矿}$，$A_{泥}$——分别为矿石及赤泥中氧化铝的含量，%。

SiO_2 在铝土矿的溶出过程中与氧化铝、氧化钠生成铝硅酸钠。它的分子式大致相当于 $Na_2O \cdot Al_2O_3 \cdot 1.7SiO_2 \cdot nH_2O(n \leqslant 2)$。其中 Al_2O_3 和 SiO_2 的重量正好相等，即 $A/S = 1$。如果矿中的全部 SiO_2 都转变为这种含水铝硅酸钠，每 1kg SiO_2 就会造成 1kg Al_2O_3 的损失。因此，铝土矿能达到的最大溶出率为：

$$\eta_{理} = \frac{A - S}{A} \times 100\% = \left(1 - \frac{1}{A/S}\right) \times 100\%$$

式中　A，S——分别为铝土矿中的 Al_2O_3、SiO_2 的质量分数，%。

这种最大溶出率又称为理论溶出率（$\eta_{理}$）。可见矿石的 A/S 越大，$\eta_{理}$ 越大，矿石的利用率就越高。矿石 A/S 降低，则 $\eta_{理}$ 就低，赤泥的数量增大，原料的利用率低。例如矿石 $A/S = 7$ 时，$\eta_{理} = 85.7\%$，而 $A/S = 5$ 时，$\eta_{理}$ 只有 80%。

实际溶出率大于 $\eta_{理}$ 的原因包括：

（1）在溶出三水铝石时，石英并不反应；

（2）溶出反应后的 SiO_2 也会有少部分停留在溶液里，不生成铝硅酸钠；

（3）溶出反应后的 SiO_2 以其他含硅矿物形式析出进入赤泥，但生成的 A/S 比并不能保证为1。

由此可见，用上式来计算铝土矿中氧化铝的最大溶出率即理论溶出率，会因溶出条件的不同产生一定的误差。

在处理难溶出矿石时，其中的氧化铝常常不能充分溶出。因此，只用溶出率并不能说明某一种作业条件的好坏，因为矿石本身就会造成溶出率的差别。通常采用相对溶出率作为比较各种溶出作业效果好坏的标准之一。它是实际溶出率与理论溶出率的比值，即

$$\eta_{相} = \frac{\eta_{实}}{\eta_{理}}$$

有时也以赤泥作为比较的依据。当相对溶出率达到100%时，赤泥中只有以 $Na_2O \cdot Al_2O_3 \cdot 1.7SiO_2 \cdot nH_2O$ 形态存在的 Al_2O_3，其 A/S 为1。在氧化铝溶出不完全时，由于赤泥中还含有未溶解的氧化铝水合物，赤泥的 A/S 就会大于1，溶出率与矿石及赤泥的铝硅比的关系如下：

$$\eta_{实} = \frac{(A/S)_{矿} - (A/S)_{泥}}{(A/S)_{矿}} \times 100\%$$

$$\eta_{相} = \frac{(A/S)_{矿} - (A/S)_{泥}}{(A/S)_{矿} - 1} \times 100\%$$

实际生产中，是控制溶出赤泥的铝硅比和钠硅比。赤泥铝硅比一般控制在 $1.7 \sim 2.0$ 之间，钠硅比不大于0.35。赤泥铝硅比升高，使氧化铝溶出率和总回收率降低。矿石单耗升高；赤泥钠铝比升高，则碱耗升高。

当矿石中硅的含量较低而铁的含量较高时，可以以铁为内标（即矿石中的铁全部转入赤泥中），通过矿石溶出前后铝、铁相对含量的变化率计算实际溶出率：

$$\eta_{实} = \frac{(A/F)_{矿} - (A/F)_{泥}}{(A/F)_{矿}} \times 100\%$$

B　赤泥的产出率

用铝土矿生产氧化铝的废弃物是赤泥。每处理 1t 铝土矿所生成的赤泥量，称为铝土矿的赤泥产出率。赤泥的产出率可以利用铝土矿中的 SiO_2 含量与赤泥中 SiO_2 含量的比值来确定。

$$\eta_{泥} = \frac{S_{矿}}{S_{泥}} \times 100\%$$

式中　$S_{矿}$，$S_{泥}$——分别为铝土矿和赤泥中 SiO_2 的质量分数，%。

从上式可以看出铝土矿中硅含量越低，赤泥中 Si 含量越高，则赤泥的产出率就越低。

C　碱耗

生产每吨氧化铝造成 Na_2O 的损失量称为碱耗。造成碱耗的途径有：

（1）在铝土矿的溶出过程中，SiO_2 将部分 Na_2O 带入赤泥；

（2）杂质与铝酸钠溶液作用，生成一些不溶物进入赤泥；

（3）生产过程中的"跑、冒、滴、漏"及赤泥附液带走 Na_2O；

（4）产品 Al_2O_3 中带走 Na_2O 等。

在这里主要讨论（1）中 Na_2O 的损失。

SiO_2 在溶出过程中会生成含水铝硅酸钠等物质。如果生成的含水铝硅酸钠的分子式大致相当于 $Na_2O \cdot Al_2O_3 \cdot 1.7SiO_2 \cdot nH_2O$，则每 1kg 的 SiO_2 会造成 0.608kg 的 Na_2O 损失，则每溶出 1t Al_2O_3，由于生成钠硅渣而造成 Na_2O 的最低损失量（kg/t(AO)）为：

$$Na_2O_{损失} = \frac{0.608S}{A-S} \times 1000 = \frac{608}{A/S - 1}$$

可见矿石的 A/S 越高，损失 Na_2O 就越小；矿石的 A/S 降低，则损失 Na_2O 就会增加。

D　汽耗

我国的拜耳法高压溶出过程大多采用十级预热、十级自蒸发、高压新蒸汽间接加热的热工制度。矿浆在预热器和溶出器中加热到溶出温度，一方面原矿浆经过预热，以便降低蒸汽需用量；另一方面通过溶出料浆的多级自蒸发利用它们自蒸发时释放出的蒸汽来预热原矿浆，以回收其热量。高压溶出过程的热能消耗占拜耳法能耗的 40% 左右，是热能消耗的主要工序之一。实际溶出过程的热量收支情况如图 2-18 所示。

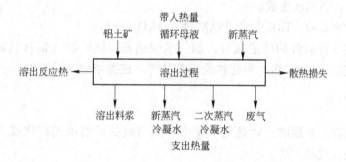

图 2-18　铝土矿高压溶出过程的热量平衡

所谓废气，是指在溶出过程无法利用的低压蒸汽。它虽然可用于其他工序，如加热赤泥洗水，但数量太多时不得不放空排出，成为增大热耗的主要原因。

生产实践中，通常采用以下措施以降低溶出过程的汽耗：

（1）定期清理加热管结疤，提高传热效率；

（2）冷凝水罐液位合理控制，及时调整疏水阀；

（3）稳定新蒸汽压力和温度；

（4）提高乏汽利用率，提高预热温度；

（5）控制好保温溶出器满罐率，及时排放不凝性气体；

（6）强化计划检修质量，提高运转率；

（7）加强系统保温，减少散热损失；

（8）尽量减少开、停车次数。

单元七　结疤的生成与防治

采用间接加热矿浆是充分利用溶出料浆热量，降低热耗的措施，然而实现起来却受到设备表壁结疤的阻碍，热耗无法降下来。

在铝土矿的预热和溶出过程中，一些矿物与循环母液发生化学反应，生成溶解度很小的化合物从液相中结晶析出并沉积在容器表面上，这就是产生结疤的原因。在氧化铝生产中，各工序的结疤现象普遍存在。

A　结疤的成分

根据结疤的来源及其物理化学性质不同，可将结疤的矿物成分分为 4 大类：

（1）因溶液分解而产生，以 $Al(OH)_3$ 为主。

结疤位置：赤泥分离沉降槽、赤泥洗涤沉降槽、分解槽等。

成分：三水铝石、拜耳石、诺尔石、一水软铝石及胶体。

（2）由溶液脱硅以及铝土矿与溶液间反应而产生。

结疤位置：矿浆预热、溶出过程及母液蒸发过程。

成分：钠硅渣、水化石榴石等。

（3）因铝土矿中含钛矿物在拜耳法高温溶出过程中与添加剂及溶液反应而生成。

结疤位置：在高温区生成。

成分：钛酸钙 $CaO \cdot TiO_2$ 和羟基钛酸钙 $CaTi_2O_4(OH)_2$。

（4）除上述 3 种以外的结疤成分，如一水硬铝石、铁矿物（铝针铁矿、赤铁矿、磁铁矿等）、磷酸盐、含镁矿物、氟化物及草酸盐等。这类结疤相对较少。

B　结疤的预防

对结疤问题首先要预防，就是使矿浆中导致结疤的矿物预先转化成不致结疤的化合物，预脱硅就是有效的方法。

（1）预脱硅。预脱硅就是在高压溶出之前，将原矿浆在 90℃ 以上搅拌 6 ~ 10h，添加钠硅渣晶种，使硅矿物尽可能转变为硅渣的过程。

通过预脱硅工序，矿石中大量的活性 SiO_2 生成钠硅渣，进入赤泥，减少了矿浆液中 SiO_2 的饱和度，从而减少矿浆液在加热过程中生疤；预脱硅后，矿浆中生成的钠硅渣是其他含硅矿物在更高温度下反应生成钠硅渣的晶种。钠硅渣在晶种上析出，减轻了它们在加热表面上析出结疤。

（2）采用将赤泥晶种加入到原矿浆再进入高压溶出器组的预热器的方法。这种方法可以改善赤泥的沉降性能，降低溶液中溶解的 SiO_2 的浓度，降低在预热器表面结疤的强度。

（3）采用适宜的石灰加入量及加入方式。石灰直接加入到高压溶出器内，而不在磨矿时加入，这样可使矿浆预热过程不生成钙钛矿结疤（钙钛矿结疤只在高温溶出段生成）。

（4）添加一定量的 MgO。在一水硬铝石矿的拜耳法溶出时，当有足够的 MgO 和 Fe_2O_3 存在时，TiO_2 会进入钛水化石榴石和铁铝硅酸镁中，取代部分 SiO_2 进入赤泥，从而可降低结疤的速度。

（5）母液中存在一定量的 K_2O。可抑制矿石中云母类矿物溶解，减少硅渣析出；提高溶液中 K_2O 含量，降低 Na_2O_S 浓度，在添加 CaO 同时适当配入少量 MgO，会抑制伊利石的溶解，减缓其反应速度，从而减轻结疤。

（6）选择适宜的矿浆流速，可防止或减缓结疤。

（7）采用中间分段保温法。我国一水硬铝石矿溶出时，从结疤生成的规律来看，在 100～180℃ 范围内结疤较多，在 260℃（溶出期间）结疤严重，在此处可设置保温罐，让硅渣和钛渣集中在这些没有加热设施的容器析出，就可以减少它们在加热表面上析出所造成的危害。

C 结疤的清理

清除结疤的方法有机械清理、火焰清理、高压水清洗和酸洗等方法。

机械清理用风动硬质合金钻头进行，钻头中间可以通水同时冲洗。

火焰清理是骤然加热管道，使结疤中的水合物急剧脱水爆裂脱落，再用清水冲洗。

高压水清洗是用 10～100MPa 的高压水冲碎结疤使结疤脱落。

酸洗是用混合酸清洗结疤。不同的结疤，有不同的酸洗方法：

（1）一般的结疤可用 5%～15% 的 H_2SO_4 或 10% HCl 清洗。

（2）在处理含钛酸钙的结疤时，酸中应添加 1.5%～2.5% HF。为避免 HF 的毒性，可以用 NaF 来代替，此时应延长清洗时间。为防止设备被酸腐蚀，酸洗温度不宜过高，不超过 75℃，并加入用量为酸液量 0.8%～1.0% 的苦丁作缓蚀剂，利用酸泵将酸在要清洗的设备和酸槽循环流动，经过 90～300min 便可使结疤溶解脱落，然后再用清水冲洗。

（3）原矿浆由 100℃ 升温到 150℃ 时，在预热器内所生成的结疤用草酸加磷酸的混合酸清洗效果最好。

（4）原矿浆由 180℃ 加热到 220℃ 时，所生成的结疤用盐酸、草酸和氢氟酸的混合酸进行清洗效果最好。

（5）对于致密的含钛酸钙的高温结疤，须先经酸洗再用高压水冲洗才能奏效。

任务六 赤泥分离与洗涤

学习目标

1. 掌握赤泥分离洗涤的工艺流程及工艺条件；
2. 了解赤泥浆液的性质及影响赤泥沉降分离的因素；
3. 能正确进行赤泥分离洗涤作业及处理常见故障。

工作任务

1. 通过分析赤泥的物化性质及影响赤泥沉降分离的因素确定适宜的工艺条件；
2. 观察沉降槽、叶滤机等设备的结构、工作原理及工艺设备配置；
3. 按生产流程进行赤泥沉降分离、洗涤及粗液精制工艺设备操作与技术条件控制；
4. 分析处理常见故障；
5. 计算分析赤泥附液损失及洗涤效率。

赤泥分离洗涤的主要任务有：

（1）将溶出后的浆液用沉降槽分离，得到铝酸钠溶液（粗液），送叶滤机精制。

（2）分离后的赤泥经 4~8 次反向洗涤后送赤泥堆场，回水返至洗涤系统。

单元一　拜耳法赤泥分离洗涤的工艺流程

溶出矿浆是由铝酸钠溶液和赤泥所组成，为了获得符合晶种分解要求的纯净铝酸钠溶液，必须将二者分离。分离后的赤泥一般要进行 3~8 次反向洗涤，尽可能减少以附液形式损失于赤泥中的 Al_2O_3 和 Na_2O。目前用于液固分离的设备有沉降槽、过滤机和叶滤机等，在工业生产上应根据物料性质和设备特点选用设备。拜耳法溶出矿浆经稀释后，由于温度和碱浓度高，液固比大，一般都采用沉降槽来分离和洗涤赤泥。虽然沉降槽具有生产率高、动力消耗少、生产费用低以及操作方便、易自动控制等优点。但沉降槽最大的缺点就是分离后赤泥附液大。

对串联法和混联法生产氧化铝而言，因拜耳法赤泥还要进入烧结系统配料进行烧结，因此，对料浆的水分有一定的要求，即生料浆的水分不能超过 40%。沉降槽末次洗涤的底流液固比大于 2.5，不能满足烧结法配料的要求。因此，沉降槽末次洗涤的赤泥需再用过滤机进行一次脱水后送去配料。

拜耳法赤泥的分离和洗涤一般包括如下几个步骤：

（1）赤泥浆液稀释。溶出后的浓赤泥用赤泥洗液稀释，以便于沉降分离，并满足种分对溶液浓度和纯度（SiO_2）的要求。

（2）沉降分离。稀释后的赤泥送入沉降槽，以分离出大部分溶液。沉降槽溢流（粗液）中浮游物含量应小于 0.2g/L，以减轻叶滤机负担和减少操作费用。

（3）赤泥反向洗涤。将分离沉降槽底流进行多次反向洗涤，将赤泥附液损失控制在工艺要求的限度内。

（4）粗液控制过滤。经控制过滤浮游物含量低于 0.02g/L 的精液，送往种分工序。控制过滤一般采用叶滤机。

拜耳法赤泥的分离和洗涤流程如图 2-19 所示。

单元二　溶出矿浆的稀释

为了加速赤泥与铝酸钠溶液分离，获得符合铝酸钠溶液晶种分解要求的纯净溶液，溶出的浆液在赤泥分离之前需用赤泥洗液稀释，其作用如下：

（1）降低铝酸钠溶液的浓度，便于晶种分解。溶出矿浆的铝酸钠溶液的 Al_2O_3 质量浓度一般在 250~270g/L 之间，溶液很稳定，不利于晶种分解。用赤泥洗液将溶出矿浆溶液中的 Al_2O_3 质量浓度稀释到 135~145g/L，降低了铝酸钠溶液的稳定性，在晶种分解时，能加快分解速度，提高分解槽的产能，同时还能得到较高的分解率。

（2）使铝酸钠溶液进一步脱硅。溶出矿浆中铝酸钠溶液的硅量指数只有 100~150。为了保证氧化铝产品的质量，要求分解时溶液的硅量指数必须在 300 以上。在稀释过程中，随着铝酸钠溶液中 Al_2O_3 浓度的降低，脱硅反应会进一步进行，溶液的硅量指数能够提高至

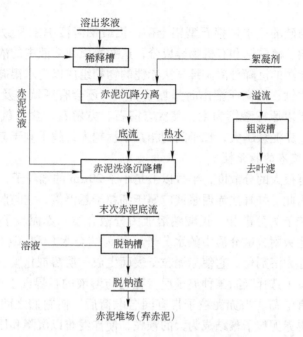

图 2 - 19　赤泥分离和洗涤流程图

300 以上。如加入石灰搅拌 3 ~4h,则能将铝酸钠溶液的硅量指数提高到 600 以上。

　　(3) 有利于赤泥分离。铝酸钠溶液浓度越高,溶液的黏度就越大,赤泥分离也就越困难。溶出矿浆的铝酸钠溶液浓度很高,稀释使溶液浓度降低,黏度下降,使赤泥的沉降速度加快,从而提高了沉降槽的产能,有利于赤泥分离。

　　(4) 便于沉降槽的操作。在生产中溶出矿浆的成分是波动的。它进入稀释槽内混合后使矿浆的成分波动幅度减小,浓度符合要求,密度稳定,有利于沉降作业的平稳运行。

　　高压溶出后的赤泥矿浆在稀释后的浓度,应综合多方面因素进行考虑。溶液浓度太高,将影响赤泥沉降分离效果;溶液浓度过低,则系统物料量增加,致使设备产能降低,能耗指标增加。目前,处理一水硬铝石型铝土矿的拜耳法厂,稀释后铝酸钠溶液的氧化铝质量浓度变化范围为 150 ~180g/ L,且保证稀释矿浆在稀释槽中的停留时间不低于 1.5h。

单元三　赤泥沉降分离

　　稀释矿浆的分离就是将悬浮液中的固相赤泥与铝酸钠溶液分离,得到铝酸钠粗液。这种液固分离的好坏取决于赤泥的沉降性能和压缩性能。赤泥的沉降性能和压缩性能的好坏,对于分离洗涤过程的影响极大。赤泥沉降速度小,则沉降槽的产能低。赤泥的压缩性能不好,则底流液固比大,会增加洗涤过程的负担,迫使增加洗涤次数或洗水量,则使赤泥附液损失增加。

　　A　赤泥浆液的性质

　　a　赤泥的组成
稀释矿浆是由铝酸钠溶液和赤泥微粒所组成的悬浮液。它的性质受赤泥和铝酸钠溶液组成的共同影响。

对于我国低铁高硅的一水硬铝石型铝土矿，铝酸钠溶液中主要含有铝酸钠、氢氧化钠、碳酸钠、硅酸钠、硫酸钠和有机物等成分，这些物质在溶液中的浓度越高，溶液的黏度越大，越不利于赤泥的沉降分离。拜耳法赤泥的物相组成以含水铝硅酸钠为主，其次还有含水氧化铁或氧化钛；因高压溶出时添加了石灰，还会有钙钛矿及水化石榴石固溶体等。烧结法赤泥主要以原硅酸钙为主，其次有霞石、方解石、含水氧化铁、含水铝硅酸钠、水化石榴石等。赤泥量越大，粒子间的相互干扰越大，越不利于赤泥的沉降分离。

b　拜耳法赤泥浆液的物化性质

拜耳法赤泥具有很大的分散度，半数以上是小于 $20\mu m$ 的细粒子，而且有一部分是接近于胶体的微粒。因此，拜耳法赤泥浆液应属于细粒子悬浮液，它与胶体分散系具有许多相同的性质。赤泥粒子为分散相，铝酸钠溶液为分散介质。赤泥粒子具有极其发达的表面，可以或多或少地吸附分散介质中的水分子（称为结合水）和 $Al(OH)_4^-$、OH^- 及 Na^+ 离子，这种现象被称为溶剂化。它使赤泥粒子表面生成一层溶剂化膜，妨碍微粒之间互相聚结。另外，赤泥粒子选择吸附某种离子后，在它与溶液的相界面上便出现双电层结构，这就使赤泥粒子带有电荷。当赤泥粒子带有同名电荷后，使它们之间发生互相排斥的作用，这些作用都阻碍赤泥粒子聚结成为大的颗粒，使赤泥难以沉降和压缩。因此，生产中需要添加絮凝剂来加速赤泥的沉降。

c　烧结法赤泥浆液的物化性质

烧结法赤泥一般呈黑色、黄色或棕色，视其化学成分而定。

烧结法生产时，由于矿石中的 SiO_2 经过烧结后是以原硅酸钙形式存在的，相对于亲水性强的水合铝硅酸钠来说，亲水性要弱得多。

熟料中的二价硫化物含量直接影响赤泥的沉降性能。

生产实践证明，熟料中 $S^{2-} > 0.25\%$ 时，赤泥呈黑绿色，沉降速度快；而熟料中 $S^{2-} < 0.10\%$ 时，赤泥呈黄色，沉降速度显著减慢。熟料中 S^{2-} 含量与赤泥沉降速度的关系如表 2-3 所示。

表 2-3　熟料中 S^{2-} 含量与赤泥沉降速度的关系

熟料中 S^{2-} 含量/%	赤泥颜色	赤泥浆液液固比	沉降速度/m·h^{-1}
>0.25	黑绿色	18.6	2.7
<0.10	黄　色	16.7	1.4

黄色赤泥沉降速度慢的原因是由于其中铁主要以胶体 $Fe(OH)_3$ 形式存在，妨碍赤泥粒子的聚结；并且胶体 $Fe(OH)_3$ 粒度极细并带有同名电荷，造成赤泥粒子同性相斥而难以沉降。实验证明黄色赤泥带有正电荷。

黑绿色赤泥中，铁是以 FeO 和 FeS 存在的。实验证明含 FeO 和 FeS 的赤泥是电中性的粒子，易聚集成大颗粒，所以沉降速度较快。

当赤泥呈棕色时，实际上赤泥是黄色和黑色两种组成，部分赤泥呈电中性，部分赤泥带正电荷，沉降速度则介于黑、黄二者之间。

烧结法生料中掺入一定数量的无烟煤，可以在烧结过程中形成还原气氛，提高烧结熟料中的 S^{2-} 离子含量，改善赤泥的沉降性能。

粗颗粒的赤泥沉降性能较好，细颗粒赤泥沉降性能较差。当赤泥粒度小于20μm时将失去沉降性能。

与拜耳法赤泥相比，烧结法赤泥中没有水合铝硅酸钠，只要配料适当，其沉降性能要好于拜耳法赤泥。

B　影响赤泥沉降分离的因素

a　矿物的形态

（1）铝土矿的矿物组成和化学成分。铝土矿的矿物组成和化学成分是影响赤泥浆液沉降、压缩性能的主要因素。降低赤泥沉降速度的矿物有黄铁矿、胶黄铁矿、针铁矿、高岭石、蛋白石、金红石；利于赤泥沉降的矿物有赤铁矿、菱铁矿、磁铁矿、水绿矾。

（2）赤泥颗粒。根据斯托克斯定律，赤泥的沉降速度可表示为：

$$w_0 = \frac{gd^2(\delta - \Delta)}{18\mu}$$

式中　w_0——沉降速度；

　　　　g——重力加速度；

　　　　d——赤泥颗粒直径；

　　　　δ——赤泥颗粒密度；

　　　　Δ——铝酸钠溶液密度；

　　　　μ——铝酸钠溶液黏度。

由上式可以看出，赤泥的沉降速度与赤泥颗粒直径的平方成正比。

实际生产中，一要避免赤泥过磨，二要防止赤泥跑粗。赤泥过细，使沉降速度降低；赤泥粒度过粗，会造成矿料溶出化学反应不完全，同时由于赤泥颗粒沉降速度过快，造成沉降槽堵底流等生产事故。一般赤泥粒度控制在98～300μm之间较为适宜。

b　分离沉降过程的温度

赤泥浆液温度升高，其黏度和密度下降，赤泥沉降速度加快。同时，温度升高可提高铝酸钠溶液的稳定性，使Al_2O_3的水解损失减少。因此，赤泥浆的分离温度一般不得低于95℃。

c　赤泥浆液的液固比

赤泥浆液的液固比（L/S）是赤泥分离和洗涤过程中的重要控制指标。

一般地说，对于同一种赤泥浆液而言，液固比大，赤泥的沉降速度也大，因为随着液固比增大，赤泥粒子容积占浆液总容积的百分数减小，悬浮液的黏度降低，赤泥粒子之间的互相摩擦碰撞和排挤的阻力减小，因此，赤泥粒子的沉降速度加快。

d　溶出浆液的稀释浓度

溶液浓度降低、液固比大时，单位体积的赤泥粒子个数减少，悬浮液的黏度下降，赤泥颗粒间的干扰阻力减少，沉降速度和压缩程度就增大。

如果过度稀释溶液，会使其稳定性急剧下降，造成铝酸钠溶液水解，而使赤泥中氧化铝的损失增大。另外，由于进入流程的水量增大，也会增加蒸发工段的负担和费用。

e　絮凝剂的使用

添加絮凝剂是加速赤泥沉降的有效方法。在絮凝剂的作用下，赤泥浆液中处于分散状态的细小赤泥颗粒互相聚合成团，颗粒变大，使赤泥沉降速度大大增加。

（1）絮凝剂的种类。絮凝剂种类繁多，主要分成两大类，即天然的高分子絮凝剂和合成的高分子絮凝剂。以前采用的是天然的高分子絮凝剂，如麦类、薯类等加工的产品或副产品，目前广泛采用的是人工合成的高分子絮凝剂如聚丙烯酸钠、聚丙烯酰胺等。与天然的高分子絮凝剂相比，合成的絮凝剂用量少，效果好，且能完全吸附于赤泥粒子上，溶液中基本没有残留，因此克服了采用天然絮凝剂时由于在溶液中残留而导致有机物含量升高的弊端。

（2）国外的絮凝剂。英国胶体公司开发的工业用的系列絮凝剂（ALCAR663、ALC600、ALC405、W11、W14、W23、W50）和美国氰胺公司生产的氧肟酸型絮凝剂具有适应性强、溢流液澄清度高等优点，但价格高，国内氧化铝厂还不能完全使用。

美国产的 HX 系列絮凝剂同时具有好的沉降速度和好的溶液澄清度。

（3）国内的絮凝剂。郑州轻金属研究院和卫辉市某厂开发了一种用于赤泥沉降的高效絮凝剂 PAS - 1。它是一种阴离子型聚丙烯酸胺改性粉状絮凝剂，易溶于水。通过工业试验，絮凝效果良好，各项指标达到了进口 ALCLAR600 的水平，沉降速度和底流液固比更好，甚至优于 ALCLAR600，其用量仅为国内 A - 1000 号絮凝剂的 1/8 ~ 1/10。特别适合于处理高固含的拜耳法赤泥。

C　沉降槽的操作及常见故障处理

目前在拜耳法生产中用于赤泥分离的设备，一般都采用沉降槽，我国常用的沉降槽类型有锥底型沉降槽、平底型沉降槽、深锥型沉降槽。沉降槽又有单层和多层之分。过去一般采用多层沉降槽，因为多层与单层沉降槽相比，其主要优点是占地面积小，钢材消耗和投资少。但单层沉降槽的操作控制比较简单，当其他条件相同时，它可以获得液固比更小的底流，溢流质量较高。因此，近十几年来，国内外氧化铝厂在赤泥分离过程中，倾向于采用大直径单层沉降槽来代替多层沉降槽。实践表明，大型平底沉降槽运行稳定可靠；深锥高效沉降槽沉降速度快，底流固含高，将深锥高效沉降槽用于赤泥的末次洗涤，通常情况下，末次洗涤底流可以不经过滤而直接外排。

a　沉降槽的结构及工作原理

不论单层沉降槽还是多层沉降槽，都是利用固体和液体的相对密度差进行液固分离的。单层沉降槽料浆从槽中心的进料套筒加入，从筒底出来的料浆向四周扩散，固体微粒受重力的作用而自由地沉降进入浓缩带从底流排出。溶液则进入清液层，清液层的高度一般控制在 0.5m 以上，保证溢流的质量。单层锥底型沉降槽的结构如图 2 - 20 所示。

多层沉降槽是由数个重叠的单层沉降槽所组成，如图 2 - 21 所示。多层沉降槽是各层单独饲料，分别出溢流，各层泥渣都由底层排出。各层隔板中心都装有插入下层浓缩带的下渣筒，以形成泥封，阻止下层清液窜入上层。各层规定的浓缩带沉渣面由压力差所支持，使上层的泥浆不至于流入下层，该压力差是由于下层溢流管出口高出上层的溢流管出口而产生的。浓缩带沉渣面的高度随此压力差的改变而变动，因而借此来调节各层独立及平衡地工作。

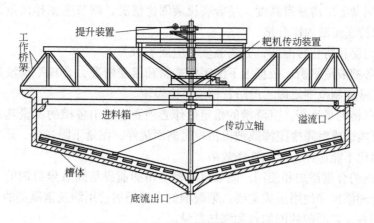

图 2 – 20 锥底型沉降槽结构示意图

b 沉降槽的技术操作

单层沉降槽的技术操作比较简单，只要随时注意和观察物料和条件的变化，及时调整操作条件，就能维持正常工作。多层沉降槽的技术操作，除了维护设备正常运转外，主要是使多层沉降槽处于平衡状态下工作，以获得浮游物合格的溢流和液固比合格的底流。

沉降槽的平衡状态一旦遭到破坏，溢流必然跑浑影响生产，严重时会破坏全厂的正常生产，有时被迫减产，所以，防止溢流跑浑是沉降槽技术操作的首要任务。

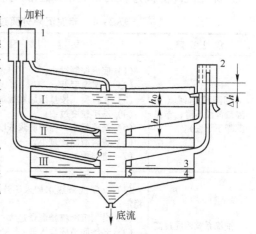

图 2 – 21 多层沉降槽原理图
1—饲料箱；2—溢流箱；3—清液层；
4—浓泥层；5—下料筒；6—加料筒

（1）主要技术条件及指标控制：

1）进料固含不大于 75g/L；

2）分离槽温度：100 ~ 105℃；

3）洗涤槽温度不小于 90℃；

4）絮凝剂添加量为干赤泥重量的 0.05% ~ 0.15%；

5）底流液固比为 4 ~ 5.5；

6）沉降槽清液层高度不小于 500mm；

7）粗液浮游物不大于 0.25g/L；

8）赤泥附损 $N_T \times L/S \leqslant 5.0$。

（2）进、出料的控制。为了使各层进、出料相等且均匀，必须要求饲料箱各个溢流堰的宽度和高度相等且水平。饲料泵上料连续均匀。同时各溢流堰的溢流量及各层溢流管的溢流量相等。控制沉降槽进入和排出的赤泥量基本相同。为此，应经常及时地检查底流液固比，结合上层清液带的高度，保持下渣管的泥封及各层浓缩带高度大致相等。控制的办法是调节各层溢流管的阻力差，使之大致相同。

（3）生产技术的控制。

1）定时检测进料液固比、相对密度以及沉速等，掌握赤泥浆液沉降性能的变化。

2）定时测量上层清液带高度，结合底流液固比情况，调节底流排出量，防止槽内积泥或拉空，保持底流液固比合格。

3）控制温度和防止冒泡沫，分离温度不应低于98℃。

4）控制各槽液量平衡。根据上下游工序来料和接受情况，合理平衡液量，时刻保持各槽液位在正常控制范围之内，严防冒槽及不出溢流。

5）控制各槽泥量平衡。沉降槽的稳定操作必须要求进出各槽的泥量基本相同，一旦泥量上升，可能造成沉降槽跑浑或耙机扭矩过高而跳停，泥量下降过多，影响底流压缩性能，底流液固比不能达标，影响洗涤效果。

6）絮凝剂的合理添加和使用。高效沉降槽使用的前提是高效絮凝剂的合理使用，因此絮凝剂的合理添加和使用至关重要。絮凝剂的合理添加使用涉及絮凝剂的合理选型、絮凝剂的合理制备、絮凝剂的添加点和添加数量。

c　常见故障原因分析及处理

赤泥沉降分离过程的常见故障原因分析及处理方法如表2-4所示。

表2-4　赤泥沉降分离过程的常见故障原因及处理方法

常见故障	发生原因	处理方法
沉降槽跑浑（指溢流浑浊不清，赤泥沉降不下去）	（1）底流控制过小； （2）矿浆温度低； （3）未按质、按量添加絮凝剂； （4）磨矿粒度过细； （5）洗液量小，稀释矿浆浓度过高； （6）进料液固比过小； （7）进料量过大	（1）拉大底流； （2）提高矿浆温度； （3）严格称量、配料，增加絮凝剂添加量； （4）调整磨矿粒度； （5）调整洗液添加量，稳定矿浆浓度； （6）提高进料液固比或增加洗水量； （7）降低进料量
洗涤系统浓度过高	（1）赤泥洗涤热水加入不连续，流量不稳定； （2）分离沉降槽排泥量过大； （3）各槽底流固含太低； （4）溶出闪蒸带料，导致赤泥洗水含碱高	（1）调整热水泵流量，稳定连续加入洗水； （2）适当降低分离沉降槽排泥量； （3）改善赤泥压缩性能，适当增加槽内蓄泥量； （4）联系调度、溶出，减少闪蒸系统带料，同时进好水、循环水等，降低洗水含碱
底流堵死	（1）进料 L/S 过大，粒子粗； （2）底流过稠，L/S 小； （3）到周期掉结疤； （4）槽内掉进大块或杂物	（1）调整进料 L/S 和细度； （2）加大排泥量，放大 L/S； （3）停槽清理或捅掉结疤； （4）用高压水反冲或清理
冒槽	（1）液量不稳定； （2）溢流泵不上料或上料不足	（1）稳定进、出料； （2）倒用备用泵并立即汇报车间、点检站处理
垮槽	积泥、耙机超负荷跳闸或机械故障等原因造成沉降槽无法进行	停车清理

d　赤泥沉降性能的表示方法

沉降性能主要是以固体颗粒在悬浮液中的沉降速度和固体颗粒的压缩性能来表示。

生产规定以10min或5min的沉降速度为参考。即以100mL量筒取满赤泥浆液，沉降10min或5min后观察清液层高度作为赤泥的沉降速度。记为 mm/10min 或 mm/5min。

赤泥的压缩性能是以压缩液固比或沉淀高度百分比表示。压缩液固比即泥浆不能再浓缩时的液固比。生产上一般指沉降 30min 后浓缩赤泥浆的液固比。沉降高度百分比是指一定体积的赤泥浆液（如 100mL）沉降一定时间（30min）后，泥浆层高度与浆液总高度的百分比。

赤泥的沉降速度快，赤泥的沉降性能就好。赤泥沉降高度百分比越小或赤泥的压缩液固比越小，赤泥的压缩性能越好。

单元四　赤泥反向洗涤

拜耳法赤泥经沉降后，赤泥中仍带有一定量的铝酸钠溶液，为回收赤泥附液中的有用成分——苛性碱和氧化铝，沉降分离后的赤泥必须用热水洗涤。赤泥反向洗涤流程如图 2-22 所示。

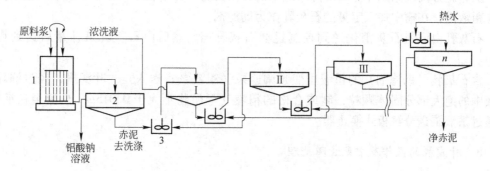

图 2-22　赤泥反向洗涤流程示意图
1—稀释槽；2—沉降槽；3—混合槽；Ⅰ～n—洗涤槽

赤泥反向洗涤就是将洗涤用新水加入到最后一级沉降槽，最后一级沉降槽的溢流作为前一沉降槽的洗涤用液。依次类推，赤泥洗液从最前一级洗涤沉降槽溢流出来。反向洗涤的优点是既可节约用水，又可提高洗液浓度。

洗涤次数越多，有用成分的损失就越少，但这样会增加蒸发工段的负担。洗涤次数根据生产实际确定，生产只有拜耳法流程时洗后赤泥要排弃，一般洗 5～8 次。如果为串联法和混联法流程，拜耳法赤泥要回收到烧结法流程中，一般洗 3～5 次。

拜耳法赤泥经多次反向洗涤后，末次洗涤底流的液固比较大（2.5），赤泥含水率高达 70%～80%。生产上只有拜耳法流程时，可不再过滤就排掉。但如果是串联法和混联法生产氧化铝，拜耳法的赤泥要送去烧结法系统配料。配成的生料浆水分过高会给熟料的烧结带来困难。因此，在串联法和混联法生产氧化铝流程中，拜耳法的赤泥在洗涤后，必须再用过滤机过滤一次，使赤泥浆的含水率降至 45% 以下，以满足烧结法配料的要求。

赤泥洗涤设备和分离一样选用沉降槽，可以是多层也可以是单层沉降槽。

赤泥过滤设备通常采用转鼓真空过滤机，也称圆筒真空过滤机，氧化铝生产中主要使用刮刀卸料式、折带卸料式、辊子卸料式转鼓真空过滤机。刮刀卸料是应用最广的一种卸料方式。

赤泥洗涤的工艺技术条件控制为：洗涤水温 90℃ 以上；末次洗涤底流的液固比为 2.5。

单元五 粗 液 精 制

A 粗液精制的流程

从分离沉降槽溢流出来的铝酸钠溶液，工业上叫做粗液。粗液中往往含有微量（0.1g/L 以上）的悬浮于溶液中的浮游物，这种浮游物微粒是赤泥细粒。如不将这些浮游物清除，在晶种分解时将会作为氢氧化铝的晶核而进入氢氧化铝中，影响产品质量。因此，铝酸钠溶液进入分解工序之前必须经净化除去浮游物，使净化后的铝酸钠溶液成为符合晶种分解工艺要求的精制铝酸钠溶液。

从赤泥分离洗涤工序分离沉降槽送来的分离溢流（浮游物不大于 0.25g/L）进入控制过滤粗液槽，在槽中加入定量的石灰乳作为助滤剂。

石灰乳由原料石灰消化送到控制过滤石灰乳槽，然后由石灰乳泵计量后送到粗液槽中。

含石灰乳（助滤剂）的粗液用变频调速泵（粗液泵）送入立式叶滤机，经过滤除去溶液中的绝大部分固体颗粒，制成合格的精液（浮游物不大于 0.015g/L）流至精液槽，再通过精液泵送分解板式换热器。

B 叶滤机的操作及常见故障处理

目前，工业上用来清除浮游物的设备，通常是采用立式叶滤机。

a 立式叶滤机的结构及工作原理

设备结构：立式叶滤机主要由立式机筒和立式过滤机元件（滤叶）组成，滤叶呈星形排列，每个滤叶由过滤布袋、插入滤袋的具有凹槽的导板（滤板）、滤液收集管等组成。附属设备主要有一个高位槽，一个卸压罐和 5 台气动阀，其结构如图 2 - 23 所示。

基本工作原理：叶滤过程实质上是一个液固分离过程，过滤时，粗液用泵送入机筒内，在粗液泵的压力下，滤液通过滤袋产出精液，固体颗粒被截留在滤布表面形成滤饼。过滤后的精液沿滤液收集管流入高位槽，由高位槽自流入精液槽，滤饼在每个过滤周期结束后被倒流回的精液冲刷掉，流入滤饼槽。立式叶滤机一个过滤周期由进料、循环、过滤、卸泥 4 个过程组成，4 个过程按照一定的时序逻辑通过 DCS 开关 5 台气动阀周而复始地自动实现。

b 叶滤机的操作

（1）叶滤机作业前的检查与准备。

1）检查现场确认进料、循环、平衡、泄压手动阀开启；

2）检查对应粗液泵是否具备开车条件；

3）检查精液槽、粗液槽液位，以便平衡液量；

4）检查石灰乳配置比例是否合适，助滤剂水合铝酸三钙（TCA）按比例添加；

5）检查 DCS 画面设置数据是否正确，循环时间最少在 3min，如遇特殊情况调整在 3min 以下。

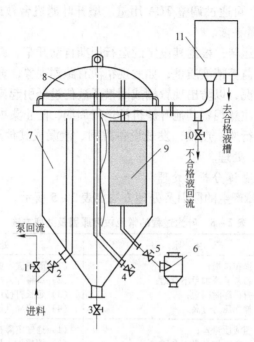

图 2 - 23　立式叶滤机结构示意图

1—回流阀；2—进料阀；3—出料阀；4—平衡阀；5—卸压阀；6—减压器；
7—筒体；8—上盖；9—叶片；10—不合格液回流阀；11—高位槽

（2）叶滤机的启动。叶滤机叶滤过程是自动进行的，其叶滤周期时间长短及机内压力根据物料、设备、生产组织需要等实际情况设定，通常周期为 50min。

1）启动粗液泵，通过设定变频调速调节其流量；

2）系统自动开启进料气动阀和循环阀开始挂泥；

3）精液合格后关闭循环气动阀，由挂泥转入产精液过程；

4）达到设定作业时间、机筒内压力达到卸泥要求时，粗液泵降低转速，系统自动关闭进料气动阀，打开卸压阀，机筒内压力降低，高位槽中的精液返流通过滤袋，卸掉滤饼，滤饼脱落、向机筒锥底部沉积；

5）在滤饼到达机筒锥底之前自动打开排渣气动阀，排出上一轮循环产生的滤饼；同时开启平衡气动阀，在机筒顶部重新建立气垫；

6）卸泥结束后，关闭所有气动阀门，仅开启进料气动阀和循环气动阀，重新开始过滤。

（3）正常作业。

1）工艺条件及技术指标。

① 精液浮游物不大于 0.015g/L；

② 粗液温度：100 ~ 105℃；

③ 叶滤机操作压力：0.05 ~ 0.39MPa（表压）；

④ 石灰乳的添加量为 1 ~ 2g/L（以 CaO 计）。

2）过程控制。正常情况下，根据粗液槽进料量及精液输送量大小决定叶滤机开车台次；在粗液浮游物高时，可通过调整 TCA 用量、增开叶滤机台数或缩短过滤时间的方法保证精液质量合格及液量平衡。

① 叶滤机维持恒速运转，根据其设定的运行周期自动开车、卸泥；

② 操作过程中注意监控精液质量，如发现精液有跑浑现象，查明原因并处理；

③ 注意各槽液位情况，以防出现冒槽或因槽子液位过低引起流量波动；

④ 在运行过程中，注意观察其他叶滤机的运行周期，防止集中排渣导致滤饼槽冒槽；

⑤ 认真、细致地进行巡、点检，发现设备跳闸、泄漏或其他严重异常情况，应立即联系有关人员进行检查、处理。

c　叶滤过程的常见故障分析及处理

叶滤过程中常见故障产生的原因及处理方法如表 2 - 5 所示。

表 2 - 5　叶滤过程的常见故障原因及处理方法

常见故障	产　生　原　因	处　理　方　法
精液浮游物高	(1) 滤布破损； (2) 石灰乳添加量不合适； (3) 打循环时间短； (4) 操作压力过高	(1) 隔离破布或更换； (2) 调整加入量； (3) 延长打循环时间； (4) 适当降低操作压力
机内压力高	(1) 粗液质量差； (2) 石灰乳加入量不合适； (3) 滤布结硬； (4) 管道内结疤	(1) 通知沉降查找原因并缩短作业时间； (2) 调整加入量； (3) 停车煮洗； (4) 清理管道内结疤
气动阀打不开或关不上	(1) 气管破裂、漏电； (2) 压缩空气压力不够； (3) 阀门结疤或有异物	(1) 更换气管； (2) 调大空气压力； (3) 清理结疤或清除异物
卸压管喷料	(1) 卸压罐堵塞； (2) 机内压力高； (3) 两台同时排渣	(1) 停车捅开管道； (2) 卸压时间长些； (3) 延缓另一台排渣时间

单元六　赤泥附液损失及洗涤效率

A　赤泥附液损失

随赤泥附液带走而损失的碱和氧化铝，叫做赤泥附损。赤泥附损是赤泥洗涤的主要技术经济指标，计算公式为：

$$A_{附损} = A \times L/S$$
$$N_{附损} = N_T \times L/S$$

式中　$A_{附损}$，$N_{附损}$——分别为弃赤泥附液中氧化铝、氧化钠的损失，kg/t（干赤泥）；

$\quad\quad\quad A$——弃赤泥附液中氧化铝的质量浓度，g/L；

$\quad\quad\quad N_T$——弃赤泥附液中氧化钠的质量浓度，g/L；

$\quad\quad\quad L/S$——弃赤泥的液固比。

B　赤泥洗涤效率

赤泥洗涤效率是指经过赤泥洗涤后，回收的碱量占进入洗涤系统总碱量的百分数。其计算公式为：

$$\eta = \frac{K - G}{K} \times 100\% = \left(1 - \frac{G}{K}\right) \times 100\%$$

式中　η——洗涤效率，%；

　　　K——进入赤泥洗涤系统的 Na_2O 总量，kg/t（赤泥）；

　　　G——弃赤泥附液中的 Na_2O 损失，kg/t（赤泥）。

任务七　铝酸钠溶液的晶种分解

学习目标

　1. 理解晶种分解的机理及影响晶种分解的主要因素；

　2. 掌握晶种分解的工艺流程及工艺条件；

　3. 会计算分解率及分解槽产能；

　4. 能正确进行晶种分解作业及分析处理常见故障。

工作任务

　1. 通过分析晶种的机理及影响因素确定分解工艺条件；

　2. 观察分解设备结构、工作原理及工艺设备配置；

　3. 按生产流程进行分解工艺设备操作与技术条件控制；

　4. 分析处理分解过程常见故障，并定期清理分解槽内的结疤；

　5. 计算分析分解率及分解槽产能。

单元一　晶种分解的主要任务及基本原则

晶种分解就是将铝酸钠溶液降温并加入氢氧化铝 $Al(OH)_3$ 作为晶种并进行搅拌，使其析出氢氧化铝的过程，简称种分。它是拜耳法生产氧化铝的关键工序之一。它对产品的产量、质量以及全厂的技术经济指标有着重大的影响。种分除得到氢氧化铝，也会同时得到苛性比值较高的种分母液，作为溶出铝土矿的循环母液，从而构成拜耳法生产氧化铝的闭路循环。

从叶滤机出来的精液经冷却后，进入晶种分解槽并加入晶种进行搅拌分解，经分离所得的氢氧化铝除返回一部分作晶种外，其余部分经洗涤制得合格的 $Al(OH)_3$，另外分离所得的晶种分解母液经蒸发浓缩后送去配料。洗液送去赤泥洗涤。

A　晶种分解车间的主要任务

（1）接受从沉降控制过滤送来的精液，通过控制适宜的技术条件，生产出符合氧化铝生产要求的氢氧化铝。

（2）向蒸发工序输送合格的分解母液，负责液量平衡。

（3）及时清洗、维护好各种设备，确保安全生产。

B　分解时应掌握的基本原则

（1）要使每立方米的分解精液能分解出最大数量的 Al_2O_3，也要尽可能达到最高的分解率，以及分解槽的单位产能，以便保证流程本身的高效率和相应地减少物料无效循环量、蒸发消耗量和投资费用。

（2）要使生产的氢氧化铝具有较好的化学指标和物理指标。

单元二　晶种分解的经济技术指标

衡量种分作业效果的主要指标是氢氧化铝的质量、分解率及分解槽的单位产能。这 3 项指标是互相联系而又互相制约的。

A　氢氧化铝质量

对氢氧化铝质量的要求，包括纯度和物理性质两个方面，它们都首先取决于种分过程。

（1）纯度。氢氧化铝中的主要杂质是 SiO_2、Fe_2O_3 和 Na_2O，另外还可能有很少量的 CaO、TiO_2、P_2O_5、V_2O_5 和 ZnO 等。氧化钠含量取决于分解和氢氧化铝洗涤作业，而硅、铁、钙、钛、锌、钒、磷等杂质的含量主要取决于原液纯度。为此，溶液在分解前要经过控制过滤，使精液中的赤泥浮游物降低到允许含量（0.02g/L）以下。

种分氢氧化铝中的 SiO_2 含量一般较低，这是因为拜耳法精液的硅量指数尽管在 250 左右，但是由于种分的分解率相对较低，只有 50% 左右，所以在分解过程中不会有大量的 SiO_2 析出。但如果精液的硅量指数低于 200 时，在氢氧化铝析出的同时，铝硅酸钠也会结晶析出，使产品中的 SiO_2 含量不符合要求，并增加了 Na_2O 含量。氢氧化铝中的 SiO_2 含量（将氢氧化铝折合成氧化铝进行计算）应比氧化铝产品质量标准中规定的数值稍低（一般约低 0.01%），因为在煅烧过程中，由于窑衬的磨损，将使产品中的 SiO_2 含量有所增加。

氧化铝中的碱（Na_2O）有 3 种来源：第一种是进入氢氧化铝晶格中的碱，它是 Na^+ 取代了氢氧化铝晶格中 H^+ 的结果；第二种为以含水铝硅酸钠形态存在的碱，当硅量指数大于 200 时，Na_2O 含量约为 0.01% ~ 0.03%（这两种碱用热水均不能洗去，称为不可洗碱）；第三种为氢氧化铝挟带的母液中的碱，这部分碱数量最多。氢氧化铝挟带的母液中，一部分是吸附于颗粒表面的，另一部分是进入结晶集合体的晶间空隙中的。前者易于洗去，在生产条件下，在洗涤后的氢氧化铝中的含量为 0.1% 左右。晶间碱很难洗去，其 Na_2O 含量约为 0.1% ~ 0.2%。

（2）物理性质。氧化铝的粒度和强度在很大程度上取决于原始氢氧化铝的粒度和强度。生产砂状氧化铝时，必须得到粒度较粗和强度较大的氢氧化铝。氢氧化铝粒度过细，将使过滤机的产能显著下降。同时，细粒子氢氧化铝含的水分多，增加煅烧热耗，并增大粉尘损失。

B　分解率

氧化铝的分解率是分解工序控制的主要指标。分解率是指铝酸钠溶液中分解析出的氧化铝量占溶液中所含氧化铝量的百分比。因为分解前后苛性碱的绝对数量变化很少，分解率可以根据溶液分解前后的苛性比值来计算。

$$\eta = \left(1 - \frac{\alpha_{K精}}{\alpha_{K母}}\right) \times 100\%$$

式中　　η——种分分解率,%；

　　　$\alpha_{K精}$——分解原液（精液）的苛性比值；

　　　$\alpha_{K母}$——分解母液的苛性比值。

从上式可见，当原液苛性比值一定时，母液苛性比值越高，则分解率越高。

C　分解槽的单位产能

分解槽的单位产能是指单位时间内（每小时或每昼夜）从分解槽单位体积中分解出来的 Al_2O_3 数量。

$$P = \frac{A_a \eta}{\tau}$$

式中　　P——分解槽单位产能, $kg/(m^3 \cdot h)$；

　　　A_a——分解原液中 Al_2O_3 的质量浓度, kg/m^3；

　　　η——分解率,%；

　　　τ——分解时间, h。

计算分解槽的单位产能时必须要考虑分解槽的有效容积。

由上式可知，精液中 Al_2O_3 浓度愈高，分解槽的单位产能就愈大。但由于 Al_2O_3 浓度高，溶液的稳定性增加，在一定的时间内，种分分解率相对降低，这又对分解槽的单位产能不利。所以铝酸钠溶液中 Al_2O_3 的浓度要适当。

另一方面，缩短分解时间，有利于设备产能的提高。但由于分解时间的缩短，分解母液的苛性比值降低，必然又影响到高压溶出器产能的下降。工业上控制循环母液的 α_K 值为 3.4 ~ 3.5。

单元三　晶种分解的机理

种分是拜耳法生产中耗时最长的一个工序（30 ~ 75h），而且需加入大量的晶种，而分解率最高也只能达到55%左右，远低于它在理论上可以达到的分解率。在铝酸钠溶液分解的理论方面有不同的观点，一般认为，过饱和铝酸钠溶液的分解是由水解（化学过程）和结晶过程（物理过程）两个过程组成，铝酸钠溶液分解时放出相当数量的结晶热。

A　晶种分解的化学过程

在氧化铝生产中，溶出是使矿石里的氧化铝溶解于碱液中而制得铝酸钠溶液，而分解却是将铝酸钠溶液中的氧化铝以氢氧化铝结晶析出的过程，其化学反应如下：

$$NaAl(OH)_4 + aq \Longrightarrow Al(OH)_3 + NaOH + aq$$

这是一个可逆反应：当反应条件控制在高温、高苛性比值和高碱浓度条件下，反应向左进行，这就是铝土矿的溶出过程，制得铝酸钠溶液；反之，控制在低温、低苛性比值和低碱浓度条件下，反应便向右进行，这就是过饱和的铝酸钠溶液结晶析出氢氧化铝的化学过程。

B　晶种分解的物理过程

过饱和的铝酸钠溶液分解析出氢氧化铝晶体的物理过程可分为 4 个步骤：氢氧化铝晶核的形成、氢氧化铝晶体的长大、氢氧化铝晶体的破裂与磨蚀及氢氧化铝晶体的附聚。

a　氢氧化铝晶核的形成

氢氧化铝晶核的形成有自发成核及二次成核两种形式。

（1）自发成核。叶滤后的铝酸钠溶液，氧化铝质量浓度为 $120\sim145\mathrm{g/L}$，苛性比值为 $1.48\sim1.7$ 左右，这是一种处于过饱和状态的介稳溶液。这种溶液在不加晶种和不搅拌的情况下虽然也能自发分解析出氢氧化铝，但是，这种氢氧化铝晶核的自发生成过程是需要很长时间的，对生产来说并不实际。生产上为了加快分解过程，人为地往分解精液中添加氢氧化铝晶种来避开晶核的自发生成过程，使氢氧化铝直接在晶种表面分解析出。另一方面，也会使氢氧化铝晶体的粒度变粗。

（2）二次成核。当分解温度低，晶种表面积小，分解精液的过饱和度高时，生成的晶核表面粗糙，长成向外突出细小的枝晶，在颗粒相互碰撞或流体的剪切力的作用下，这些细小晶体便脱离母晶而进入溶液中，成为新的晶核，称为次生晶核或二次晶核。这种过程称为次生成核或二次成核。二次成核越多，则分解析出的氢氧化铝粒度越细。试验结果表明，种子表面积为 $20\mathrm{m^2/L}$ 时，即使溶液过饱和度很高，也不产生次生晶核；当分解温度在 75℃ 以上时，无论原始晶种量多少，都不发生二次成核。

b　氢氧化铝晶体的长大

在种分过程中，存在着晶体直接长大的过程，其速度取决于分解条件：温度高、分解精液的过饱和度大，有利于晶体长大；溶液中存在一定数量的有机物等杂质时，则使成长速度降低。

c　氢氧化铝晶体的破裂与磨蚀

氢氧化铝晶体的破裂与磨蚀称为机械成核。当搅拌激烈时，颗粒会发生破裂；搅拌强度较小时，只出现颗粒的磨蚀。颗粒磨蚀情况下，母晶粒度并没有发生大的改变，但却产生一些细小的新颗粒。

d　氢氧化铝晶体的附聚

氢氧化铝晶体的附聚是指一些细小的晶粒互相依附并粘结成为一个较大晶体的过程。氢氧化铝晶体颗粒的附聚分为两个步骤：第一步，细颗粒晶体互相碰撞聚集在一起结合成疏松的絮团，但其机械强度很低，容易重新分裂；第二步，絮团在未分裂时，由于溶液新分解出来的氢氧化铝晶体起到了一种"粘结剂"的作用，将絮团中的各个晶粒胶结在一起，形成坚实的附聚物。

分解精液过饱和度大和分解温度高时，有利于附聚。

由此可见，工业上为了得到颗粒较粗的氢氧化铝晶体，分解时就必须尽量减弱氢氧化铝晶体的二次成核和破裂与磨蚀两个步骤。控制条件加强氢氧化铝晶体的均匀长大和附聚两个步骤，提高分解温度，使分解精液过饱和度适宜，是得到颗粒较粗的氢氧化铝晶体的有效方法。

单元四 影响晶种分解的主要因素

在铝土矿溶出过程中，采用高温和高碱浓度、高苛性比值的母液，有利于矿石中的 Al_2O_3 更迅速地溶出，而在种分过程中，为了使 Al_2O_3 更快地从溶液中结晶析出，则要求溶液有较低的温度、浓度和苛性比值，也就是要求溶液具有较低的稳定性。凡使溶液稳定性降低的因素，都将使种分速度加快。

由于晶种分解过程中还包括复杂的结晶过程，影响因素很多。为了使晶种分解既能满足分解速度和分解率的要求，又能满足氢氧化铝晶体粒度和强度的要求，需要分析影响晶种分解的主要因素，以确定适宜的操作条件。

A 原液浓度与苛性比值

分解原液的浓度和苛性比值是影响种分速度和分解槽单位产能最主要的因素，对分解产物的粒度也有明显影响。

在其他条件相同时，中等浓度的过饱和铝酸钠溶液具有较低的稳定性，分解速度较快。

从分解槽的单位产能公式 $P = \dfrac{A_a \eta}{\tau}$ 可见，提高分解原液的 Al_2O_3 浓度，能增加分解槽单位产能，但却使氧化铝分解率降低。因此，在晶种分解时应选择适当的铝酸钠溶液浓度。分解原液的浓度和苛性比值与工厂所处理的铝土矿的类型有关。目前，处理一水铝石型铝土矿的拜耳法溶液，Al_2O_3 质量浓度一般为 $130 \sim 160 g/L$。

分解原液的苛性比值对种分速度影响很大，降低分解原液的苛性比值对分解速度的作用在分解初期尤为明显。随着原液苛性比值的降低，分解速度、分解率和分解槽的单位产能均显著提高。实践证明，分解原液的苛性比值每降低 0.1，分解率一般约提高 3%。因此，降低分解原液的苛性比值是强化晶种分解和提高拜耳法技术经济指标的主要途径之一。

降低分解精液的苛性比值虽能大大地提高分解速度，但分解温度如果不变，分解产物氢氧化铝晶体的粒度则较细。因此，为了获得粒度合格的氢氧化铝，采用低苛性比值的分解精液进行分解时，可以将分解温度偏高掌握，这样既可提高分解率，又可得到合格氢氧化铝产品。

生产上分解原液的苛性比值通常控制在 $1.48 \sim 1.7$ 之间。

B 分解温度制度

分解温度直接影响铝酸钠溶液的稳定性、分解速度、分解率以及氢氧化铝的粒度。因此，确定和控制好温度是种分过程的主要任务之一。

分解温度低，溶液的过饱和度增加，稳定性降低，因而分解速度加快，可获得较高的分解率，分解率约在 30℃ 左右达到最大值。进一步降低温度，由于溶液黏度显著提高，稳定性增加，导致分解速度降低，而且析出的氢氧化铝粒度变细，产品中不可洗碱和硅含量也增加。

　　工业生产上通常采用将溶液逐渐降温的变温分解制度，这样有利于保证在较高分解率的条件下获得质量较好的氢氧化铝。

　　分解初温较高，分解速度较快，析出的氢氧化铝质量好。随着分解过程的进行，溶液过饱和度迅速减小，但由于温度不断降低，分解仍可在一定的过饱和条件下继续进行，使整个分解过程进行得较均衡。

　　确定合理的温度制度包括确定分解初温、终温以及降温速度。

　　在工业生产中，降温制度要根据生产的需要全面地考虑。生产粉状氧化铝时，采取急剧地降低分解初温，即将 90~100℃ 的分解精液迅速地降至 60~65℃，然后保持一定的速率降至分解终温 40℃ 左右的降温制度。这种降温制度，因为前期急剧降温，破坏了铝酸钠溶液的稳定性，分解速度快。这样就使晶种分解的前期生成大量的晶核，在分解后期温度下降缓慢，晶核就有足够的时间来长大。因此，产品氢氧化铝的粒度得以保证，而最终的分解率也得以提高。生产砂状氧化铝时则要控制较高的分解初温（70~85℃）和分解终温（60℃），这样能生产出颗粒较粗而且强度较大的氢氧化铝，但分解速度减慢，分解率较低。

　　C　晶种数量和质量

　　晶种的数量和质量是影响分解速度和产品粒度的重要因素之一。

　　添加大量晶种进行铝酸钠溶液分解是拜耳法生产氧化铝的一个突出特点。生产中通常用晶种系数（也称种子比）或者添加晶种后浆液的固含来表示添加晶种的数量。种子比是指添加晶种 $Al(OH)_3$ 中 Al_2O_3 的质量与分解原液中的 Al_2O_3 质量的比值，即：

$$种子比 = \frac{A_{种}}{VA_{精}}$$

式中　V——精液（分解原液）的体积，m^3；

　　　$A_{精}$——精液中 Al_2O_3 的质量浓度，kg/m^3；

　　　$A_{种}$——$Al(OH)_3$ 晶种中 Al_2O_3 的质量，kg。

　　在分解过程中，加入氢氧化铝晶种，使分解直接在晶种表面进行，避免了氢氧化铝晶体漫长的自发成核过程，既能加速分解速度，又能得到粒度较粗的氢氧化铝产品。

　　晶种系数的大小有一最佳值。当其他条件相同时，提高晶种系数，晶种表面积随之增加，因而分解速度加快。但过高的晶种系数对分解也是不利的，一方面使氢氧化铝在生产流程中的循环量增大，带来设备及动力消耗的增加；另一方面，由于种子不经洗涤，会导致种子带入的母液数量增多，分解溶液的苛性比值升高，影响分解速度和效率。

　　晶种的质量是指它的活性和强度的大小，它取决于晶种制备方法、条件、储存时间、粒度和结构。新沉淀出来的氢氧化铝的活性比经过长期循环的氢氧化铝大得多；粒度细、比表面积大的氢氧化铝的活性远大于颗粒粗大、结晶完整的氢氧化铝。

　　目前国内外绝大多数氧化铝厂都是采用循环氢氧化铝作晶种。通过分级，将细粒氢氧化铝作为晶种，粗粒氢氧化铝作为产品。由于分解原液浓度、分解工艺制度和晶种本身的性质不同，工业上的晶种量可以有很大的差别，种子比一般在 1.0~3.0 的范围内变化。

　　D　分解时间与母液苛性比值

　　在分解时，尽管分解温度在分解过程中逐渐降低，使溶液的过饱和程度相应增加，但随着氢氧化铝的析出,溶液的苛性比值不断增加,从而使溶液稳定性提高,分解速度逐渐减慢。分解率与分解时间的关系曲线如图2-24所示。

从图2-24中可以看出,在分解前期,分解率增加迅速,随着分解时间的延长,分解率增加的速度减慢,到分解末期,分解率增加非常缓慢,母液苛性比值的增加也相应减小,分解槽的单位产能也越来越低。

因此,过分延长分解时间是不适宜的。延长分解时间,还会使产品中细颗粒增多。因为分解后期溶液过饱和度减小,温度降低,黏度增加,使结晶成长速度减小。分解时间长,晶体破裂和磨蚀而产生的细颗粒也增加。但过早地停止分解,会导致分解率低,氧化铝返回的多,母液苛性比值过低而不利于溶出,并增加了整个流程的物料流量。

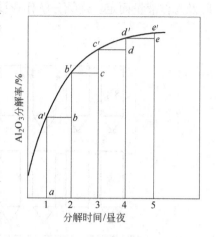

图2-24 分解率与分解时间的
关系曲线

因此要根据具体情况确定分解时间,以保证分解槽有较高的产能,并达到一定的分解率。在工业生产中,分解时间一般为30~72h。

E 搅拌强度

分解槽的搅拌一般有两种形式,即机械搅拌和空气搅拌。搅拌的目的是使氢氧化铝晶种能在铝酸钠溶液中保持悬浮状态,以保证晶种与溶液有良好的接触;另一方面还使溶液的扩散速度加快,保持溶液浓度均匀,破坏溶液的稳定性,加速铝酸钠溶液的分解,并能使氢氧化铝晶体均匀长大,同时也防止了氢氧化铝沉淀的发生。但搅拌速度过慢或过快都是不利的。过慢不但起不到搅拌的作用,甚至还有可能造成氢氧化铝沉淀;过快则有可能把生成的氢氧化铝晶体打碎,造成氢氧化铝晶体变细。

F 杂质的影响

铝酸钠溶液中的杂质通常有氧化硅、有机物、硫酸钠和碳酸钠以及其他微量元素等。氧化硅的存在使铝酸钠溶液的稳定性增加,阻碍分解过程的进行。但由于拜耳法精液的硅量指数一般在300~350,所以氧化硅的含量少。因此,它的影响很小。

有机物的存在使铝酸钠溶液的黏度增大,稳定性增加,分解速度减慢。另一方面它吸附在析出的 $Al(OH)_3$ 表面,阻碍 $Al(OH)_3$ 晶体的长大,从而造成产品 $Al(OH)_3$ 粒度变细。

碳酸钠和硫酸钠浓度在溶液中增加时,溶液黏度增加,分解率下降。

综上所述,影响种分分解率和产品质量的因素很多,对分解操作者来说,主要是保证晶种的数量和质量,掌握好合理的降温制度和液量平衡等,以提高分解率和保证产品氢氧化铝的质量。

单元五 晶种分解工艺

拜耳法铝酸钠溶液分解是在机械搅拌种分槽中连续进行的,种分槽数一般由分解的时间及总体液量而定。连续分解作业设备连接图如图2-25所示。

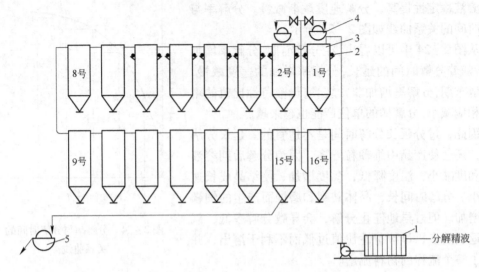

图2-25 连续晶种分解工艺流程图

1—板式换热器；2—冷却水管；3—1号分解槽（进料分解槽）；4—晶种过滤机；5—成品过滤机

连续分解是由上一工序来的分解精液，首先进板式热交换器内用分解母液冷却降温或用真空降温进行冷却，然后用泵送入进料分解槽，与此同时，向槽内加入晶种，溶液的分解在一组串联的连续分解的分解槽内进行。

工业上采用的晶种分解流程一般有一段法和两段法两种。

A 一段法工艺流程

拜耳法精液首先经过板式换热器与母液（或水）换热降温后与晶种混合，由晶种泵送入种分槽首槽，在高压风的作用下通过提料管及溜槽依次流入下一级种分槽，中间经过板式换热器逐级降温，在机械搅拌作用下不断分解，至末槽达到一定的分解率。种分出料通过出料槽自压送入立盘过滤机进行种子过滤，分离的氢氧化铝与精液混合返回首槽作种子，产出的母液送蒸发。成品出料由出料槽液下泵送入成品旋流器，经过旋流分级后，颗粒较粗的底流送到平盘过滤机，溢流返回到出料槽。工业流程图如图2-26所示。

B 两段法工艺流程

两段法晶种分解工艺流程图如图2-27所示。

拜耳法精液首先经过板式换热器降温后与细种子混合，用细种子泵送入一段种分槽首槽，在高压风的作用下通过提料管及溜槽依次流入下一级种分槽。一段分解结束后由一段末槽出料至真空降温。经降温后，与粗种子混合送入二段种分槽首槽，经过中间降温，在机械搅拌作用下不断分解，至末槽达到一定的分解率。种分出料由末槽出料泵送至种子旋流器经旋流分级后，溢流送入细种子过滤机进行过滤，产出细种子送入一段首槽，底流送入粗种子过滤机进行过滤，产出粗种子送入二段首槽，成品出料由出料液下泵送入成品旋流器，底流送平盘过滤机，溢流进入二段末槽。

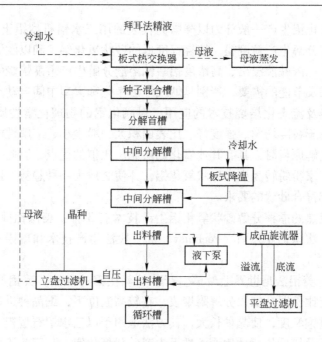

图 2-26　一段晶种分解工艺流程图

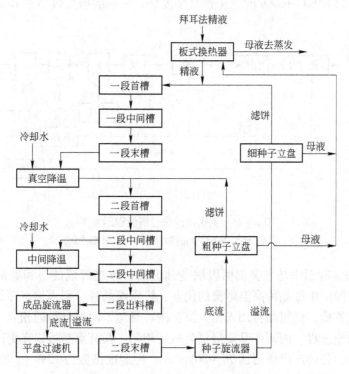

图 2-27　两段晶种分解工艺流程图

C　砂状氧化铝分解工艺

a　国外的砂状氧化铝生产技术

20 世纪 80 年代初，在世界氧化铝生产中，粉状氧化铝与砂状氧化铝是并行的。由于原料不同，国外氧化铝生产一般分为以美国为代表的用三水铝石型铝土矿、稀碱液浸出、低铝酸钠浓度溶液分解生产粒度粗、焙烧程度低的砂状氧化铝，和以欧洲为代表的采用一水硬铝石型铝土矿、浓碱液浸出、高浓度铝酸钠溶液分解生产重度焙烧的粉状氧化铝。但由于电解铝厂环保及节能的需要，特别是烟气干法净化和大型中间自动点式下料预焙槽的推广以及悬浮预热及流态化焙烧技术的应用，对氧化铝的物理化学性质提出了严格的要求。砂状氧化铝由于粒度均匀、强度好、比表面积大、粉尘小、溶解性能及流动性能好等优点，在用作铝电解原料时，具有其他氧化铝所无法比拟的优点。因此，国外许多原来生产粉状氧化铝的厂家纷纷转为生产砂状氧化铝，并使之成为一种趋势，以至于目前所生产的大部分氧化铝都符合砂状的要求。

目前，国外成熟的晶种分解砂状氧化铝生产技术有 3 种：美国铝业公司（Alcoa）的两段法生产技术、法国铝业公司（Pechiney）的一段法生产技术和瑞铝（Alusuisse）的两段法生产技术。

（1）美铝法。美铝法是世界上最早生产砂状氧化铝的方法。美铝两段法生产技术是将粗细晶种按一定比例混合加入分解附聚段，在较高温度下，细晶种进行附聚，再经过中间降温提高分解过饱和度，使晶种长大，其方法适用于以三水铝石型铝土矿为原料，在较低的种分原液浓度及较低的苛性比值条件下生产砂状氧化铝。其工艺流程相当复杂，分解产出率低，一般只有 $60 \sim 65 \mathrm{kg/m^3}$，但产品强度好，一般磨损指数小于 10%。其工艺流程如图 2 – 28 所示。

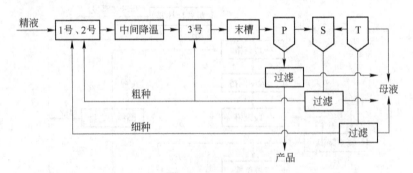

图 2 – 28　美铝两段法分解流程示意图
P—产品分级；S—二级粗种分级；T—三级细种分级

（2）瑞铝法。瑞铝法是在美铝两段法基础上加以改进形成的。和美铝法相比，瑞铝法应用了美铝两段法中细晶种高温附聚的优点，将粗细晶种分别添加，即经过分级后将细晶种加入附聚段首槽，将粗晶种加入长大段首槽，避免了两种晶种的相互干扰，比美铝法更严格地控制附聚过程，因而产品质量更为稳定均匀。其特点是可以在更高的原液浓度下生产砂状氧化铝，分解产出率可达 $75 \sim 80 \mathrm{kg/m^3}$，但磨损指数为 12% ~ 18%，比美铝法略差。其工艺流程如图 2 – 29 所示。

（3）法铝法。法铝法采用的是高固含、低温度、高过饱和度的一段分解法生产砂状氧化铝，可以一水软铝石型铝土矿或者一水软、硬铝石混合型铝土矿为原料。该法分解氧化铝产出率高，一般可达到 $80 \sim 90 \mathrm{kg/m^3}$，但磨损指数一般在 15% ~ 25% 之间，产品强度相对较差。其工艺流程如图 2 – 30 所示。

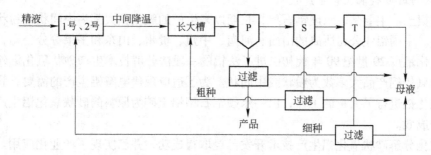

图 2-29 瑞铝两段法分解流程示意图

P—产品分级；S—二级粗种分级；T—三级细种分级

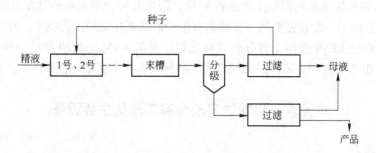

图 2-30 法铝一段法生产砂状氧化铝流程图

以上三种国外生产砂状氧化铝生产技术比较如表 2-6 所示。

表 2-6 国外三种砂状氧化铝生产工艺的技术特征

方法名称	美铝法	瑞铝法	法铝法
铝土矿类型	三水铝石	三水铝石和一水软铝石	一水软铝石和一水硬铝石
精液 Na_2O_k 质量浓度/$g \cdot L^{-1}$	100 ~ 130	150 ~ 155	150 ~ 170
精液 α_K	1.37 ~ 1.45	1.55	1.45 ~ 1.57
分解初温/℃	75	66 ~ 77	55 ~ 65
分解终温/℃	65	40 ~ 55	51 ~ 57
分解时间/h	30 ~ 40	60 ~ 70	45
晶种固含/$g \cdot L^{-1}$	100 ~ 200	400	800
附聚段	有	有	无
结晶段	有	有	有
晶种加入方式	粗细晶种按比例混合加入附聚段首槽，粗晶种加入长大段首槽	细晶种加入附聚段首槽，粗晶种加入长大段首槽	粗细不分，加入首槽
降温方式	中间降温	中间降温	中间降温
分级级数	3	3	1

　　b　国内的砂状氧化铝生产技术

　　我国铝土矿主要是一水硬铝石型，长期以来生产的氧化铝大都为中间状或粉状，强度都相当差。中国铝业公司所属的山西、河南、中州、贵州、山东和平果等分公司，除平果分公司氧化铝厂20世纪90年代初引进了法铝的一段法分解技术生产砂状氧化铝外，其他厂生产的氧化铝产品大多数为粉状或中间状。为了适应现代电解铝生产的需要，我国对生产砂状氧化铝进行了大量的工作，以一水硬铝石型铝土矿为原料的砂状氧化铝生产技术取得了显著成效。

　　碳酸化分解砂状氧化铝生产技术开发已经取得成功，并已实现了产业化应用。工业上采用连续碳酸化分解生产砂状氧化铝，得到的氧化铝产品质量为：+150μm粒级含量平均4.83%，-45μm粒级含量平均9.64%，磨损指数平均10.5%，比表面积63~80m²/g，达到了砂状氧化铝的质量要求。

　　中铝公司结合我国氧化铝的生产条件特点，采用晶种分解制取砂状氧化铝技术也取得了重大进展，形成了一套较完整的一水硬铝石生产砂状氧化铝的工艺技术，并成功地应用于工业实践。工业应用结果表明，种分砂状氧化铝产品的-45μm粒级含量一般在18%左右，磨损指数一般在20%左右，其产品的物理性能指标已基本上满足现代铝电解工业的要求。

单元六　铝酸钠溶液分解工序的主要设备

A　降温设备

　　为使分解原液具有一定的分解初温，在分解前需要将叶滤后的精液（95℃）冷却；通常在分解过程中，为达到提高分解率的目的需要设置中间降温。在实际生产过程中均是采用降温设备实现精液或分解浆液的降温。降温设备主要有鼓风冷却塔、板式换热器和闪速蒸发换热系统（多级真空降温）等。

　　a　冷却塔

　　冷却塔是最早用于晶种分解过程降温的设备。它是利用空气和溶液以对流的形式进行热交换。冷却塔的构造简单，操作方便，但精液热量不能利用，在现代氧化铝厂中已被淘汰。

　　b　板式热交换器

　　其应用较广，特点是换热效果良好，配置紧凑，但要求保持板片表面清洁，需及时清理结垢，操作较复杂，清理检修工作量较大。目前，各氧化铝厂在精液热交换工序方面，有的厂家采用二级串联，有的采用三级串联，热交换介质主要是精液—母液，精液—水，也有厂家用来回收余热。

　　c　闪速蒸发换热系统

　　美国、联邦德国和日本等国的一些拜耳法厂采用溶液自蒸发冷却到要求温度后送去分解，二次蒸气用以逐级加热蒸发前的分解母液。二次蒸气的冷凝水可用于洗涤氢氧化铝。一般采用3~5级自蒸发。

　　这种方法既利用了溶液在自蒸发降温过程中释放出来的热量，又自溶液中排出一部分水，减少了蒸水量。此外，对设备的要求低，适应性强，无板式热交换器那种需要频繁倒换流向与流道之弊，维护清理工作量较少。

B　分解槽

过去多数工厂采用空气搅拌分解槽（图2 – 31）。空气搅拌装置是利用空气升液器的原理，即沿主风管不断地通入压缩空气，使翻料管的下部不断形成相对密度小于管外浆液的气、液、固三相混合物，利用相对密度不同所造成的压力差使浆液循环而达到搅拌的目的。

现在的氧化铝厂多采用大型的机械搅拌分解槽。如广西平果氧化铝厂采用 $\phi 14 \times 30m$ 的平底机械搅拌分解槽（图2 – 32），容积4400m³。这种大型分解槽的优点是：动力消耗低、结疤少、搅拌均匀、固含可达 $700 \sim 900g/L$。我国新建拜耳法氧化铝厂的分解工序均采用该种槽型。

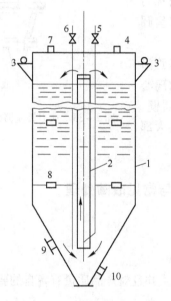 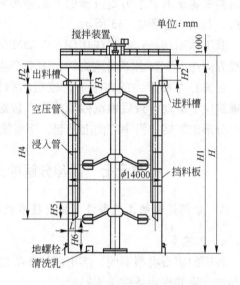

图2 – 31　空气搅拌种分槽　　　　　图2 – 32　大型机械搅拌种分槽

1—槽体；2—翻料管；3—冷却水管；4—进料管口；

5—主风管；6—副风管；7—排气口；8—拉杆；

9—人孔；10—放料口

如果精液入分解槽前已冷却到要求温度，则分解槽也可不设冷却装置，而让料浆自然冷却降温。但为了保持足够的过饱和度和分解速度，一般在分解过程中采取强制冷却措施。一是在分解槽系列的前几个槽安装水套冷却装置，二是在分解槽之间安装螺旋板式冷却器，将前一分解槽的部分出料料浆经过螺旋板式冷却器降温后送入下一个分解槽。

C　氢氧化铝分离及洗涤设备

经晶种分解后得到的氢氧化铝浆液必须进行分离，得到的氢氧化铝一部分不经洗涤返回流程作晶种，其余部分反向洗涤后作为成品氢氧化铝，母液（包括种分母液和洗液）返回生产流程。

分离氢氧化铝与母液的方法一般为沉降或过滤。对于料浆液固比大的采用沉降作业，而液固比小的则采用过滤方式。由于料浆液固比的大小影响过滤机的过滤效率，因此，工业上一般先采用沉降浓缩，然后再进行过滤的联合作业方式。

目前氢氧化铝液固分离设备主要有沉降槽、立盘过滤机、平盘过滤机、转鼓过滤机，沉降槽主要用于氢氧化铝的分级和浓缩；立盘过滤机主要用于种子过滤；平盘过滤机主要用于成品的过滤与洗涤；转鼓过滤机由于设备落后、效率低、产品指标不易控制，已逐步被淘汰。

对氢氧化铝产品和晶种进行粒度分级通常是采用水力旋流器来实现的。水力旋流器的上部呈圆筒形，下部呈圆锥形，其结构如图 2-33 所示。

其工作原理是：料浆在 0.04~0.35MPa 下从给料管沿切线方向送入，在内部高速旋转，因而产生了很大的离心力。在离心力和重力的作用下，较粗的颗粒被抛向器壁，做螺旋向下运动，最后由沉砂嘴排出。较细的颗粒及大部分水分形成旋转，沿中心向上升起，至溢流管流出。

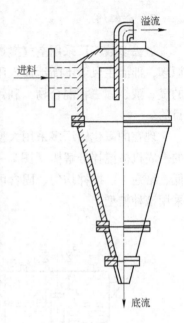

图 2-33　水力旋流器结构

单元七　晶种分解的正常操作与常见故障处理

A　分解过程的工艺条件与主要技术指标

a　工艺条件

各厂的矿石类型不同，溶出液的各项指标不相同，并且对产品质量有各自的要求，所以晶种分解的作业条件是不同的。

（1）中间状氧化铝分解的工艺条件。

1）精液氧化铝的质量浓度为 150~160g/L，精液 $\alpha_K < 1.70$；

2）分解初温不大于 65℃，分解终温为 38~42℃；

3）分解时间：70~75h；

4）固含：700g/L 左右；

5）分解率大于 51%；

6）分解母液 α_K：3.4 左右。

（2）砂状氧化铝分解的工艺条件。

1）精液氧化铝质量浓度为 150~160g/L，精液 $\alpha_K < 1.70$；

2）一段分解初温为 77℃ 左右，分解终温为 73℃；

3）固含：150~200g/L；

4）分解时间：8h 左右；

5）二段分解初温为 63℃ 左右，分解终温为 53℃；

6）分解时间：45h 左右；

7）固含：650g/L 左右；

8）分解率：45% 左右；

9）分解母液 α_K：2.6 ~ 2.9。

b　技术指标

以某厂为例，分解过程中主要技术指标控制如下：

（1）种子质量：粒度 -44μm 5% ~ 18%，种子附液：≤16%；

（2）分解产出率：≥87kg Al_2O_3/m³ 精液；

（3）分级底流粒度：-44μm 不超过 9%；

（4）分解母液浮游物：≤2g/L。

B　分解过程的技术操作与控制

a　分解槽作业

（1）分解槽液位控制：分解槽液面高出提料管口 10 ~ 15cm，禁止溢流操作。

（2）为保证提料风管不堵，每班必须打开提料风阀几秒钟，提料量加大，说明提料风管未堵。

（3）如果分解流量正常，而分解槽溢流，说明该分解槽分层严重，电动机电流上升，提料已不正常，处理措施如下：

1）首先开大提料风，若提料转为正常，且电动机电流逐渐下降至正常，即可控制提料风量。

2）若不行，则依次缓慢打开槽下风阀，并适当控制提料风量，直至提料转为正常时关掉槽下风阀。

3）提料还不正常，则用循环泵在该槽打自循环，直至提料转入正常，电动机电流下降。

严重时，应排空该分解槽，将底部浓料拉出并清洗硬结疤，然后投入使用。

b　立盘过滤作业

（1）为避免料浆在过滤机料浆槽底部沉积和变硬，每班每台立盘过滤机必须停车放料一次，并打开热水阀冲洗料斗 5min。

（2）根据进料量调节立盘过滤机盘面转速，可在 0.8 ~ 5r/min 之间调整。在一定的料浆槽液位下，转速越快，吸入的料浆就越多。

（3）料浆液位的控制。通过去掉或插入不同的溢流堰板，过滤机料浆槽液位可以在 33% ~ 52% 之间进行调整。

（4）吸料和干燥真空的调节。过滤机分配盘真空区分为吸料和干燥两部分，可通过调节这两部分各自电动蝶阀的开度来调整其真空度。

（5）更换滤布。在过滤机运行时，发现滤布在某个地方吸附不上，说明该处滤布破损，需立即换布。

c　分级机作业

（1）通过调节提料泵转速来调节分级进料压力。

（2）通过调节分级进料稀释母液流量来调节分级进料密度。

（3）通过调节分级底流稀释母液流量来调节分级底流密度。

d　分解液量平衡的控制

在多组分解槽并联运行时，液量的调节很重要。因为在生产过程中液量不可能都是很平稳的，总是有大有小地波动着，这对分解过程是很不利的。因为当其他条件不变时，液量突然增大，必然引起晶种系数变小、分解温度上升、分解时间缩短、分解率下降等一系列的变化。反之，液量突然变小，又会出现晶种系数升高、分解温度下降、分解时间延长、分解率上升等一连串变化。因此，在分解过程中要及时地调整液量，使各组液量分配均匀，保持在比较稳定的条件下作业。

根据分解缓冲槽液位的升降决定过滤机的产能；晶种槽的液位通过调节晶种泵的转速加以控制；当晶种槽液位基本稳定时，可将一台晶种泵的转速设为自动控制，通过设定晶种槽的液位，形成晶种泵转速与晶种槽液位的联锁，实现自动控制。

e　温度的控制

分解初温和降温速率对分解过程有重要影响。在分解过程中应控制好温度，一般是首先快速降温，然后缓慢地自然降温。这样在分解的前半期分解速度快，有大量的晶核生成，后半期分解速度慢，有足够的时间使晶核长大。

（1）分解降温方式。分解降温通常采用板式热交换器用母液和冷却水降低精液温度，以控制首槽温度；分解期间采用中间降温和自然降温相结合的方法降低分解料浆温度。

（2）分解首槽温度控制。通过调节板式换热器母液旁通阀和板式冷却水气动调节阀的开度来改变板式换热器的母液流量和冷却水流量，以控制板式换热器精液出口温度，通过控制板式换热器精液出口温度调节分解槽首槽温度。

（3）分解末槽温度的控制。通过分解自然降温和中间降温的方法降低分解料浆温度，使末槽温度控制在合格的范围。当中间降温板式换热器料浆进出口温度基本稳定时，可将中间降温板式换热器冷却水气动调节阀设为自动，通过设定中间降温板式料浆进出口温差，形成中间降温板式换热器料浆进出口温差与冷却水气动调节阀开度的联锁，实现自动控制。

降温时根据具体情况和季节变化按降温速率进行降温。

f　晶种系数的控制

晶种系数直接影响分解过程产量的高低和质量的好坏。

操作上对晶种系数的控制一般是通过每4h在分解首槽内取样做固体含量分析来了解槽内晶种量的变化情况。在生产中，进料分解槽的固体含量一般控制在300~400g/L。

g　分解时间的控制

分解时间控制过短，分解率低，产出率低；分解时间过长，虽然分解率高，产出率高，但产品中细粒数量大大增加，生产运行成本高，因此，生产上晶种分解时间通常控制在45~60h。

分解时间的控制一般通过调整种分槽的投用台数，短时间内也可以通过调整进料量来控制。

h　分解粒度的控制

按生产要求控制分解产品的粒度。

（1）当分解粒度过粗时，要适当增加分解成核，可采用的措施有：1）适当降低分解首槽温度；2）适当降低分解料浆固含；3）尽可能降低晶种附液量；4）从分解槽放料管排粗。

（2）当分解粒度细化时，要适当减少分解成核，可采用的措施有：1）适当提高分解首槽温度；2）适当提高分解料浆固含；3）适当提高晶种附液量。

i　平盘过滤作业

下料后每 4h 取一个样分析附碱，非正常情况每小时一次，控制水分含量不大于 3.5%；附着碱不大于 0.06%；强滤液 Na_2O 不小于 65g/L；母液浮游物不大于 3g/L。

C　分解过程常见故障及处理

a　停电

对于机械搅拌分解槽而言，在分解作业过程中突然停电，机械搅拌便停止工作，槽内物料有可能沉淀，甚至将槽顶拉垮，导致分解作业无法进行，所以停电后要同时停止加晶种，待来电后，视搅拌情况再加晶种。

b　沉淀

沉淀是析出的固体氢氧化铝不能悬浮在溶液中沉降到槽底的现象。

发生沉淀的原因如下：

（1）机械搅拌槽的搅拌强度不够；

（2）空气搅拌分解槽的翻料过弱现象没有得到及时处理。

出现沉淀时，要立即隔离该槽，并将该槽清槽处理。

c　冒槽

分解浆液从槽中溢出的现象就是冒槽。

发生冒槽主要原因有：（1）分解槽进料量太大；（2）分解槽风管提料不好，提高不出料；（3）分解提料风压力低；（4）分解提料溜槽结疤严重或堵塞。

出现冒槽后，要根据具体原因进行处理，处理方法有：（1）减小进料量；（2）隔离槽子，处理风管；（3）提高风压；（4）处理堵塞的溜槽。

d　立盘附水高

立盘附水高的主要原因有：（1）真空度低；（2）真空头串风；（3）吸干区未开或未开到位；（4）吸干管道有结疤；（5）物料黏度大；（6）滤布透气性差。

处理方法有：（1）再开一台真空泵，提高真空度；（2）检修真空头；（3）全开阀门；（4）清理管道结疤；（5）降低物料黏度；（6）更换滤布。

e　板式换热器换热效果差

板式换热器换热效果差的原因有：（1）结疤严重；（2）水温度高；（3）精、母液走旁路多；（4）精、母液阀门结疤不能全开，影响进入板式换热器流量。

处理方法有：（1）更换板式换热器组；（2）降低水温，增开冷却塔；（3）关小旁路；（4）换阀门或碱洗阀门，确保阀门能全开或全关。

f　平盘滤饼的附着碱高

原因有：（1）三次反向洗涤不彻底；（2）螺旋距离平盘表面太低；（3）真空度过低；（4）滤布再生效果不好。

处理方法有：（1）调节三次反向洗水量；（2）调节螺旋到平盘过滤机表面的距离；（3）调整真空度；（4）冲盘或更换滤布。

单元八 晶种分解设备结疤的清理

在生产过程中，由于分解槽长期运行，往往在槽底、槽壁和槽顶都有结疤的生成。特别是在连续分解的前几个分解槽内尤为突出。结疤的成分主要是氢氧化铝和碱，结构致密坚硬。

结疤的存在不仅影响槽内的散热，而且还容易造成风管堵塞引起事故。因此，对分解槽内的结疤必须有计划地定期清理。

清理分解槽内的结疤，可用风镐打碎结疤或是用炸药炸结疤等机械方法清理。此法比较简单和快速，但此工作较繁重和危险。最好的方法就是用化学清理的方法。即用生产过程中的蒸发母液浸泡法。具体做法是用苛性碱质量浓度为 280 ~ 300g/L、温度为 100 ~ 110℃的种分蒸发母液，送进已撤空料浆待清理的槽内，进行搅拌，使结疤中的氢氧化铝溶解于碱液中，从而达到清理的目的。实践表明，浸泡 6 ~ 7 天结疤清理得较干净，效果良好。

任务八 氢氧化铝焙烧

教学目标

1. 理解氢氧化铝流态化焙烧的原理及影响氧化铝质量指标的主要因素；
2. 掌握氢氧化铝的气体悬浮焙烧工艺流程及工艺条件；
3. 正确进行氢氧化铝气体悬浮焙烧作业及分析处理常见故障。

工作任务

1. 观察氢氧化铝焙烧设备的结构、工作原理及工艺设备配置；
2. 按工艺流程进行氢氧化铝气体悬浮焙烧工艺设备操作及技术条件控制；
3. 分析处理焙烧过程常见故障；
4. 对氢氧化铝进行质量分析。

焙烧就是将氢氧化铝在高温下脱去附着水和结晶水，并使其发生晶型转变，制得符合电解要求的氧化铝的工艺过程。产品氧化铝的许多物理性质（如比表面积、$\alpha - Al_2O_3$ 含量、安息角等）主要取决于焙烧条件；粒度和强度也与焙烧条件有很大关系；杂质（主要为 SiO_2）含量也受焙烧过程的影响。因此，研究氢氧化铝在焙烧过程中的变化，对于选择适宜的焙烧作业条件至关重要。

单元一 氢氧化铝焙烧原理

工业生产中的湿氢氧化铝是三水铝石（$Al_2O_3 \cdot 3H_2O$），并带有 8% ~ 12% 的附着水。在焙烧过程中，随着温度的提高，湿的氢氧化铝会发生脱水和晶型转变等一系列的复杂变化,最终由三水铝石变为 $\gamma - Al_2O_3$ 和 $\alpha - Al_2O_3$。其化学变化可以分为以下三个阶段:

第一阶段:脱除附着水。湿氢氧化铝中所含的附着水在 $100 \sim 110\,^{\circ}\!C$ 时就会被蒸发完毕。

第二阶段:脱除结晶水。氢氧化铝烘干后其结晶水的脱除是分阶段进行的。

当加热到 $250 \sim 450\,^{\circ}\!C$ 时,氢氧化铝脱掉两个结晶水,成为一水软铝石:

$$Al_2O_3 \cdot 3H_2O \longrightarrow Al_2O_3 \cdot H_2O + 2H_2O \uparrow$$

继续提高到 $500 \sim 560\,^{\circ}\!C$ 时,一水软铝石又失去其结晶水,变成了 $\gamma - Al_2O_3$:

$$Al_2O_3 \cdot H_2O \longrightarrow \gamma - Al_2O_3 + 2H_2O \uparrow$$

第三阶段:氧化铝的晶型转变。脱水后生成的 $\gamma - Al_2O_3$ 结晶不完善,稳定性小,吸湿性较强,不能满足电解铝生产要求。需要对其进行进一步的晶型转变,转变为 $\alpha - Al_2O_3$。当温度提高到 $900\,^{\circ}\!C$ 以上时,$\gamma - Al_2O_3$ 开始变成 $\alpha - Al_2O_3$。若在 $1200\,^{\circ}\!C$ 下焙烧 4h,就可以全部变成 $\alpha - Al_2O_3$。此时生成的 $\alpha - Al_2O_3$ 晶格紧密,密度大,硬度高,但化学活性小,在冰晶石熔体中的溶解度小。

工业生产中的冶金级氧化铝是在 $1200 \sim 1250\,^{\circ}\!C$ 下焙烧 $15 \sim 20min$ 制得。在此条件下,由于 $\gamma - Al_2O_3$ 向 $\alpha - Al_2O_3$ 转变的速度慢,最终产品中通常含有 $25\% \sim 60\%$ 的 $\alpha - Al_2O_3$ 和 $40\% \sim 75\%$ 的 $\gamma - Al_2O_3$。

深度焙烧的非冶金级氧化铝是在 $1300 \sim 1400\,^{\circ}\!C$ 下制得的,其含有 85% 以上的 $\alpha - Al_2O_3$,而活性 $\gamma - Al_2O_3$ 是在 $900 \sim 1000\,^{\circ}\!C$ 下低温焙烧制得的。

单元二　氧化铝质量指标及影响因素

焙烧产品氧化铝质量指标主要有化学纯度、灼减、$\alpha - Al_2O_3$ 含量、粒度和安息角等。

A　氧化铝的化学纯度

氧化铝的杂质含量(Si、Fe)虽然是由焙烧前各工序的技术条件所决定,但是,在氢氧化铝、氧化铝的储运以及焙烧过程中,防止灰尘及杂物的进入,对保证氧化铝的纯度也是不可忽视的,另外,耐火砖的质量和燃料的灰分,对氧化铝的纯度也有一定的影响。所以应选择优质耐火砖,以避免因耐火砖的过快磨损和破裂而影响氧化铝的纯度,并且使用重油、煤气、天然气等灰分很低的清洁燃料。

B　氧化铝的灼减

灼减主要是指焙烧后残存在氧化铝中的结晶水。氧化铝的灼减取决于焙烧温度和时间,提高焙烧温度可以降低灼减,但温度太高却会降低焙烧炉的产能,增加能耗。因此,灼减一般控制在 $0.4\% \sim 0.8\%$ 之间。目前,为了节约能耗和提高产能以及改善氧化铝的物理性能,采用低温焙烧氧化铝,灼减控制在 $0.8\% \sim 1.0\%$ 之间。

C　$\alpha - Al_2O_3$ 的含量

$\alpha - Al_2O_3$ 的含量反映了氧化铝的焙烧程度。决定 $\alpha - Al_2O_3$ 含量多少的因素是焙烧温度、焙烧时间和添加的矿化剂等。氢氧化铝中，碱对生成 $\alpha - Al_2O_3$ 有抑制作用，当焙烧产品中 Na_2O 的含量低于 0.5% 时，碱含量越高，产品强度越大，粒度越粗，并可抑制$\alpha - Al_2O_3$ 的生成。

添加矿化剂焙烧可得到 $\alpha - Al_2O_3$ 含量高的氧化铝。工业上添加的矿化剂有氟化铝（AlF_3）和氟化钙（CaF_2）等。但添加矿化剂焙烧得到的氧化铝黏附性好，易成团，结晶表面不平，晶粒较粗，流动性差，在电解质中溶解速度慢，所以矿化剂没有被广泛采用，特别是生产砂状氧化铝的工厂，一般不采用矿化剂。

D 粒度

氧化铝的粒度取决于原始氢氧化铝的粒度和强度、焙烧温度、加热和冷却速度以及脱水和焙烧过程中的流体力学等条件。存在于氢氧化铝中的某些杂质也影响焙烧产品的粒度。低温焙烧可使氧化铝粒度稍微变细。

E 安息角

氧化铝的安息角是考核氧化铝质量的一个重要指标。安息角的大小取决于颗粒之间滑动或滚动的摩擦力。这种摩擦力越大，则安息角也就越大，反之则小。它与氧化铝的晶型和细度有关。

砂状氧化铝颗粒比较均匀、粒度较粗，能自由流动，其安息角一般都较小。面粉状氧化铝是一种不太流动或不流动的粉末，它含有一部分细的羽毛状结晶物质并有较大的氧化铝球状颗粒，其安息角比砂状氧化铝要大。淀粉状的氧化铝含有大量细晶物质，几乎没有较大的颗粒，不流动，其安息角最大。

单元三 氧化铝焙烧工艺

氢氧化铝焙烧可分为回转窑焙烧和流态化焙烧两种工艺。

氧化铝工业发展初期，一台回转窑设备便能完成烘干、脱水、预热、焙烧、冷却等全部工艺过程，我国早期氢氧化铝焙烧均采用此设备。但是它存在占地面积大、热耗高、运行周期短、环境污染严重等缺点。我国 20 世纪 80 年代开始引进国外先进的流态化焙烧技术。物料在流态化状态下与气体的热交换最为强烈，焙烧时间大为缩短。流态化焙烧工艺由于具有热耗低、产能高、维修费用少、占地面积小、产品质量好等优点，新建企业都采用流态化焙烧炉进行焙烧。

流态化焙烧从开始研究到工业应用，经历了从浓相流态床向稀、浓相结合以至稀相流态化焙烧的发展过程。氢氧化铝焙烧按照发展过程可分为三代：第一代为回转窑；第二代为稀、浓相结合的流态化焙烧（包括流态闪速焙烧炉和循环流态焙烧炉）；第三代为稀相流态化的气体悬浮焙烧炉。目前，流态化焙烧工艺有美国铝业公司开发的流态化闪速焙烧（F·F·C）、德国鲁奇－联合铝业公司开发的循环流态化焙烧（C·F·C）及丹麦斯密斯和法国弗夫卡乐巴布柯克公司开发的气体悬浮焙烧（G·S·C）3 种，被氧化铝厂广泛应用，回转窑焙烧有逐渐被淘汰的趋势。

A 回转窑焙烧工艺

回转窑焙烧工艺设备连接如图2-34所示。

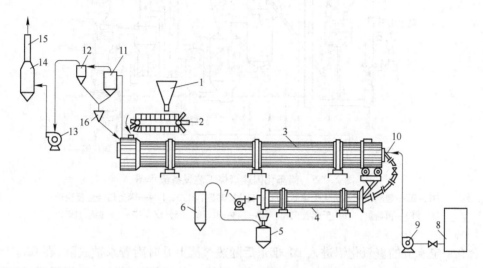

图2-34 回转窑焙烧工艺设备连接图
1—氢氧化铝储仓；2—板式饲料机；3—焙烧窑；4—冷却机；5—吹灰机；6—氧化铝储仓；7—鼓风机；
8—储油罐；9—油泵；10—油枪；11—一次旋风收尘器；12—二次旋风收尘器；
13—排风机；14—电收尘器；15—烟囱；16—集灰斗

回转焙烧窑的长度一般都在100m左右，直径在3m左右，有2%左右的斜度。在开始下料前，首先要点燃安装在窑前的油枪，把窑内的温度加热到1000℃以上后，开始下料，入窑后的湿氢氧化铝随窑体的旋转由窑尾被送到窑头，而热气流从窑头向窑尾流动，使湿氢氧化铝在窑内经过烘干、脱水、晶型转变等物理化学变化而焙烧成氧化铝。

根据物料在窑内发生的物理化学变化，可以将窑从窑尾到窑头划分为以下4个带：

（1）烘干带。此带的主要作用是去除附着水，入窑后的湿氢氧化铝掺和电收尘来的窑灰由30℃左右被加热到200℃左右，附着水全部被蒸发，烘干带的热气则由600℃左右降低到250~350℃左右出窑，经旋风收尘器至电收尘后排入大气层。

（2）脱水带。此带的主要作用是去除结晶水，氢氧化铝由200℃左右继续被加热到900℃左右，全部脱除结晶水变为$\gamma-Al_2O_3$，而此带的气体温度由1050℃左右降到600℃左右。

（3）煅烧带。此带的主要作用是进行晶型转变，火焰温度可达1500℃左右，$\gamma-Al_2O_3$转变为$\alpha-Al_2O_3$，焙烧温度在1100~1200℃左右，物料在窑内停留40~45min左右。

（4）冷却带。氧化铝在此带冷却到800~900℃左右，然后进入冷却机即生产出产品氧化铝。

B 流态化闪速焙烧工艺

流态化闪速焙烧工艺设备流程图如图2-35所示。

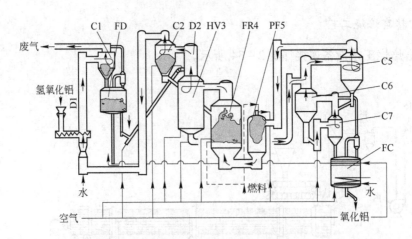

图 2 - 35　流态化闪速焙烧工艺设备流程图

D1，D2—烟道；FD—流化干燥器；FC—流化冷却器；HV3，FR4—闪速焙烧主反应炉；

PF5—预热炉；C1—干燥旋风筒；C2—预热旋风筒；C5，C6，C7—冷却旋风筒

含有一定水分的氢氧化铝进入 D1 烟道后随热气流上升时附着水被脱除，在 C1 旋风筒气固分离后，进入流化干燥器（FD）进一步干燥，干燥过的氢氧化铝被送至停留槽（HV3）顶部 D2 烟道预热后通过 C2 旋风筒进入主炉，冷风经热氧化铝和预热炉预热后进入主炉（FR4），物料在主炉焙烧瞬间完成，进入停留槽（HV3）保温后，送入三级旋风冷却器，再进入流化冷却器（FC）冷却后排出，整个系统正压操作，由一台大型鼓风机提供风量。

流态化闪速焙烧工艺有以下特点：

（1）焙烧炉主炉是一个无分布板的空筒子，与停留槽相连，物料在炉内闪速加热到焙烧温度之后，根据产品质量要求，在停留槽内保温 10 ~ 30min，主炉温度可以较低控制，在 950 ~ 1150℃ 之间仍然能保证产品质量合格。

（2）焙烧炉的干燥段有流态化干燥器，用以平衡供料流量波动，确保物料的彻底干燥。

（3）焙烧炉的焙烧段有预热炉，有利于稳定空气预热温度，确保焙烧炉热工制度的稳定。

（4）全系统正压操作，正压炉炉体相对较小，热工制度合理，内衬使用寿命长。

C　循环流态化焙烧工艺

循环流态化焙烧工艺设备流程如图 2 - 36 所示。

该设备系统是由两级文丘里悬浮式预热器、带有再循环旋流器的流态化焙烧炉和六级流态化冷却器 3 个部分组成。

含水分约 12% 的湿氢氧化铝经皮带秤和螺旋送入第一级文丘里干燥器内烘干附着水，物料与烟气在电收尘器中分离，排出的烟气温度约 130℃。分离出的干氢氧化铝由气力提升泵送入第二级文丘里预热器，被焙烧炉出来的热烟气加热到 300 ~ 400℃ 并脱掉部分结晶水后，经旋风器分离后加入到流态化炉中进行焙烧。旋风器排出的烟气进第一级文丘里干燥器加热湿氢氧化铝。

物料在焙烧炉内于 900 ~ 1100℃ 下进行循环流态化焙烧，脱掉剩余的结晶水并进行晶

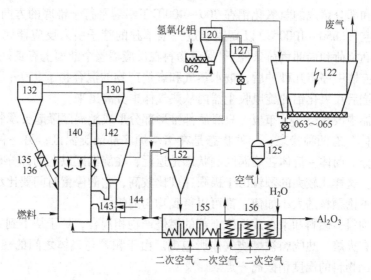

图 2-36　循环流化床焙烧工艺设备流程图

062—给料螺旋；063~065—螺旋输送机；120，130—文丘里干燥器、预热器；122—电收尘；125—气力提升泵；
127，132，152—旋风分离器；135，136—翻板阀；140，142，143—循环流化床焙烧主反应炉；
144—卸料阀；155，156—流态化冷却机

型转变。物料在循环中的平均停留时间为 20~30min。旋风分离器排出的热烟气送第二级文丘里预热器。

从循环焙烧炉排出的氧化铝与从冷却器来的热空气在旋风器载流换热，把空气温度提高到 850℃，送入焙烧炉作为二次空气。氧化铝流入流态化冷却器，先经三级流态化床冷却，此时蛇形管中的一次空气被间接加热到 550℃，再经三级流态化冷却把氧化铝温度进一步降至 80℃，同时把蛇形管中的软水预热（供洗氢氧化铝用）。

循环流态化焙烧工艺有以下特点：

（1）循环流化床焙烧炉是一种带有风帽分布板的炉体，与旋风收尘器及密封装置组成的循环系统，通过出料阀开度调节物料的循环时间以控制产品的质量，大量物料的循环导致整个主反应炉内温度非常均匀、稳定，可以维持较低的焙烧温度。

（2）电除尘器为干燥段的组成部分，它能处理高固含的气体，进口含尘浓度高达 900g/m³（标准状态），出门排放浓度仍能达到 50mg/m³（标准状态）的要求。

（3）全系统正压操作。

D　气体悬浮焙烧工艺

a　气体悬浮焙烧原理

气体悬浮焙烧炉是一种带锥形底、内有耐火材料的圆筒形容器，G·S·C 和热分离旋风器组成了一个"反应-分离"联合体。其焙烧原理图如图 2-37 所示。

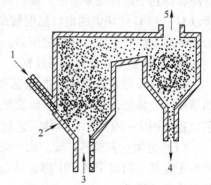

图 2-37　气体悬浮焙烧原理图

1—热物料；2—燃料；3—热空气；
4—焙烧氧化铝；5—水蒸气及烟气

　　预热过的和部分焙烧的氢氧化铝在 300~400℃ 下沿着平行于锥底的方向进入反应器。燃烧用的预热空气（850~1000℃）以高速通过一根单独的管子引入反应器底部，入口处的空气速度应在满负荷和局部负荷条件下，保证物料在反应器整个断面上有良好的悬浮状态。

　　物料在反应器中停留几秒钟后，被水蒸气和燃烧产物的混合物于 950~1250℃ 下从反应器带出，焙烧后在氧化铝的旋风收尘器内从热气体中分离出来。

　　这种反应器中没有空气分布板，只靠底部锥形部分形成旋涡区隆起支承物料。焙烧炉中"固体－流体"有两种状态：一种状态是在焙烧炉底部的旋涡区；另一种状态是在焙烧炉的其他部分。固体－流体在旋涡区的状态是返混，在旋涡区以上的部分是柱塞流动或连续空气输送。这样比较大的颗粒由于极限速度比较高，它的停留时间要比小颗粒的停留时间长，所以不论颗粒的大小如何，都可以得到均匀的焙烧。

　　由于炉内物料、燃料和来自旋涡区上部的燃烧产物相混合，炉子从下到上整个部分的燃烧均匀而没有火焰，热物料被燃烧气体所包围。由于颗粒与气体之间的热传递速度高，气体的温度只比物料的温度稍微高一点。

　　图 2-38 所示为焙烧炉内温度分布曲线，从图中可以看出，焙烧炉的温度非常均匀，这主要是由于无火焰均匀燃烧的结果。进入焙烧炉物料的灼减为 5%~10%，这样焙烧炉内无火焰燃烧放出的热量主要用来快速地把原料加热到 $\gamma - Al_2O_3$ 向 $\alpha - Al_2O_3$ 转化的最佳温度。从温度曲线可以看出，燃烧过程主要在焙烧炉的旋涡区内完成，离开这个区域后每个颗粒就像是一个自身发热的小反应器，转化成 $\alpha - Al_2O_3$ 时所发出的热为物料提供了最终焙烧所需的热量，因而最后的焙烧过程可以在几秒钟内完成。

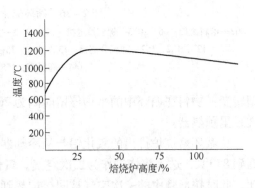

图 2-38　焙烧炉内温度分布曲线

　　与其他沸腾焙烧相比，G·S·C 的焙烧温度较高，这是由于从 G·S·C 出来的物料在炉中停留时间仅为几秒钟，而出来后经分离直接进入冷却系统，焙烧时间短。为了完成焙烧和得到一定性能要求的产品，必须维持一个较高温度（1150~1450℃）的操作条件，所以 G·S·C 焙烧炉的出口温度较高，在预热器中物料的预焙烧程度大，但是 G·S·C 的热耗并不比其他流态化焙烧炉高。

　　b　气体悬浮焙烧炉工艺过程

　　G·S·C 焙烧炉系统主要包括氢氧化铝给料系统、文丘里闪速干燥器、多级旋风预热系统、气体悬浮焙烧炉、多级旋风冷却器、二次流化床冷却器、除尘和返灰等部分，工艺流程如图 2-39 所示。具体工艺过程及设备如下：

　　（1）氢氧化铝给料系统。由平盘过滤机出来的氢氧化铝经皮带运至喂料小仓 L01，再经电子定量给料皮带机 F01 称量后送至螺旋输送机 A01，螺旋输送机把物料送入文丘里闪速干燥器 A02。

　　（2）文丘里闪速干燥器 A02。含自由水分 8%~10% 的湿氢氧化铝通过螺旋输送机 A01，以 50℃ 温度进入文丘里闪速干燥器。干燥后的物料被烟气及水蒸气的气流带入上部预热旋风筒 P01。闪速干燥器 A02 出口的温度大约为 135℃，以防止电收尘受到酸腐蚀。

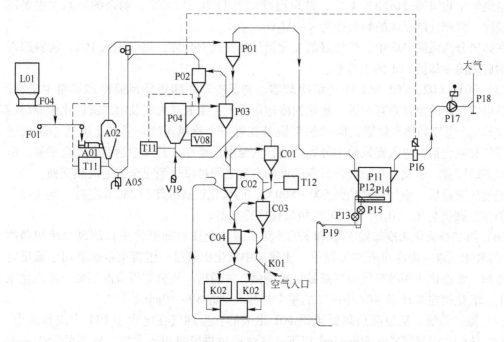

图 2 - 39 G·S·C 工艺流程图

A01—螺旋输送机；A02—文丘里闪速干燥器；A05—事故放料阀；C01~C04—初级冷却器；L01—喂料小仓；
P01，P02—预热旋风筒；P03—热风分离风筒；P04—焙烧炉；P11—电收尘；P12，P14，P19—螺旋输送机；
P13，P15—风闸；P16—通气缓冲器；P17—排风机；P18—烟囱；V08，V19—燃烧器；T11—热发生器；
T12—燃烧器；K01，K02—第二级流化床冷却器；F01—皮带机；F04—皮带秤

为控制因氢氧化铝水分波动而引起干燥器出口温度变化，所需要的热量由干燥热发生器 T11 提供。

（3）预热旋风系统。从闪速干燥器出来的物料和气体在预热旋风筒 P01 中分离，气体去电收尘，干燥的氢氧化铝卸入第二级预热旋风筒 P02 的上升管，在此与热旋风筒来的 1050℃左右的热气体混合。氢氧化铝在上升管中同时得以预热和分解。预焙烧的氧化铝在第二级预热旋风筒 P02 中与废气分离后，大约以 320℃进入焙烧炉。

（4）焙烧炉 P04。气体悬浮焙烧炉和热旋风筒组成一个反应器－分离器联合系统。焙烧炉是一个内衬耐火材料且带有锥形底部的圆柱形容器。助燃空气在氧化铝冷却器中被预热到 600~800℃，并从焙烧炉底部引入。

从预热旋风筒 P02 出来的氢氧化铝沿着锥底的切线方向进入反应器，物料同预热的空气、燃料在这里充分混合。

焙烧炉入口处空气（烟气）速度的选定以保证正常及部分产能下，在整个反应器断面上颗粒物料都能良好悬浮为准。反应器合理的空气（烟气）入口管尺寸可以使任何形式的分布板或高压喷嘴得以取消（这一点是气体悬浮焙烧炉与其他炉型不同的关键之处，也是悬浮炉得以命名的依据）。

焙烧炉底部有两个燃烧器 V08 和 V19，其中 V08 起点火作用，V19 有 12 个烧嘴，它是主要热源。V08 和 V19 都以煤气作燃料。

焙烧炉中物料通过时间为 1.4s，这里温度约为 1150 ~ 1200℃，剩余的结晶水主要在这里脱除，含部分结晶水的物料变为 $\gamma - Al_2O_3$。

在热风分离风筒 P03 中，焙烧好的氧化铝从热气流中分离，热气流入 P02，物料卸入上部的旋风筒冷却器 C01 的上升管。

（5）C01、C02、C03 和 C04 初级冷却器。初级冷却在四级旋风筒冷却器组中进行，旋风筒组以紧凑的设计垂直布置。氧化铝冷却用空气主要取自大气及第二级流化床冷却器 K01 和 K02。空气和热氧化铝之间的热交换是在每一个旋风筒冷却器的上升管中顺流进行，空气和氧化铝在进入旋风筒中分离之前，其温度已经在上升管中达到了完全平衡。由于旋风多级配置，氧化铝与焙烧炉所需的助燃空气之间可以达到完全的逆流热交换。

经过热交换后，空气被预热到 600 ~ 800℃，而氧化铝被冷却到 240℃ 左右。空气进入焙烧炉作为燃烧空气，Al_2O_3 进入第二级流化床冷却器。

（6）第二级流化床冷却器 K01 和 K02。第二级流化床冷却器将来自旋风筒冷却器约 240℃ 的氧化铝进一步冷却至 80℃ 以下。流化床中氧化铝通过一组管束换热器用水流反向间接冷却。流态化所用的空气由罗茨鼓风机提供，并通过一块分布板分配到整个流态化床断面上。氧化铝在 K01 和 K02 中冷却的整个过程大约需 30 ~ 40min。

（7）除尘系统。从顶部预热旋风筒 P01 出来的含尘烟气在电收尘 P11 中进行除尘。除尘后气体的含尘量要求在 $50mg/m^3$ 以下，气体通过排风机送入大气，收下的粉尘送入冷却旋风筒 C02 中。

E　氢氧化铝流态化焙烧技术比较

现应用于工业生产的 3 种类型的流态化焙烧技术和装置与回转窑相比，虽然都具有技术先进、经济合理的共同点，但各种炉型各具特点。国外各公司流态化焙烧装置的技术特点及主要技术经济指标如表 2 - 7 所示。

表 2 - 7　国外各公司流态化焙烧装置的技术特点及主要经济指标比较

项目名称	美国铝业公司流态闪速焙烧炉（F·F·C）	德国鲁奇-联合铝业公司循环流态焙烧炉（C·F·C）	丹麦史密斯公司气体悬浮焙烧炉（G·S·C）	法国弗夫卡乐巴布柯克公司（F·C·B）气体悬浮焙烧炉（G·S·C）
流程及设备	闪速流化床干燥脱水，载流预热，闪速焙烧，流化床保温，三级载流冷却加二级流化床冷却	一级载流干燥脱水，一级文丘里预热，循环流态化床焙烧，一级载流冷却加六级流化床冷却	一级载流干燥脱水，一级载流预热，气体悬浮焙烧，四级载流冷却加流化床冷却	一级载流干燥脱水，一级载流预热，气体悬浮焙烧，三级载流冷却加流化床冷却
焙烧过程的流动状态	稀相载流焙烧加浓相流化床保温	快速流态化焙烧	稀相载流焙烧	稀相载流焙烧
焙烧温度/℃	950 ~ 1050	1100	1150 ~ 1300	1050 ~ 1250
焙烧时间/min	15 ~ 30	20 ~ 30	0.025	0.1
系统阻力损失/Pa	17651 ~ 20593	29419	7845 ~ 8825	7845 ~ 8825
燃料热耗/$kg \cdot t^{-1}(Al_2O_3)$	3.25	3.20 ~ 3.27	3.18	3.27

项目名称	美国铝业公司流态闪速焙烧炉（F·F·C）	德国鲁奇-联合铝业公司循环流态焙烧炉（C·F·C）	丹麦史密斯公司气体悬浮焙烧炉（G·S·C）	法国弗夫卡乐巴布柯克公司（F·C·B）气体悬浮焙烧炉（G·S·C）
焙烧系统电耗/kW·h·t^{-1}(Al$_2$O$_3$)	25（包括氢氧化铝过滤及洗涤）	20~22	12	20.8
年运转率/%	89~93	92~94	90以上	85~90
产品规格	砂状	各种类型	各种类型	各种类型

从国外各公司的主要技术经济指标和近年来国内各氧化铝厂的使用情况来看,一致认为,丹麦的气体悬浮焙烧炉（G·S·C）有运转率高、热耗低、电耗低、维修方便、生产环境好、提产幅度大等优势,已被国内外氧化铝厂认可。

单元四　气体悬浮焙烧炉的正常操作及事故处理

A　焙烧炉的启动

a　焙烧炉的冷态启动

焙烧炉新建或者长时间停车后,系统温度与外界温度接近,此时开车称为冷态启动。冷态启动严格按烘炉升温曲线进行。某企业焙烧炉烘炉升温曲线如图2-40所示。

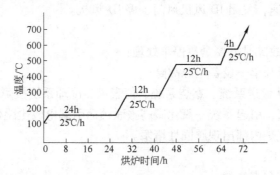

图2-40　焙烧炉新炉的烘炉曲线

b　焙烧炉的热启动

因某种原因,焙烧炉临时停车,炉内温度较高,其炉内温度可不遵循升温曲线,短期升温,以期达到最快下料目的。步骤如下:

(1) 临时停车,必须降低风机转速,关闭ID风机风门,且手动摇死,短期处理事故可不停ID风机,不能迅速处理的事故,为了保温要停ID风机。

(2) 事故处理完,启动ID风机（若ID风机未停,可省）。

(3) 如P04 T_2 低于V19联锁温度,可先启动T12。

(4) 如P04 T_2 高于V19的联锁温度,P02 T_1≤600℃,在把P04 T_1 升温至650℃以上时,可同时启动V19和喂料系统,待进料后,迅速调整系统均衡稳定操作。

(5) 若P02 T_1>625℃,无法下料,可先手动启动进料,P02 T_1 降至正常后启动进料系统。

（6）待 P04 T_1 达到 700℃时，可准备启动下料。下料步骤如下：

1）下料前半小时首先启动 AO 风动溜槽、罗茨风机、流化床供水、电收尘返灰、关闭 A03 ~ A06 阀调整到位；

2）启动进料系统，关闭 P02 出口电动人孔门；

3）开 V19 喷嘴前，逐渐提高风量、下料量及煤气用量至适量后，按技术参数控制下料量，并做好记录；

4）待炉子下料正常后，停 T12。

B　焙烧炉的停车

a　计划停车

计划停车步骤如下：

（1）通知平盘和板式机停止供料。

（2）减料的同时要与煤气站、调度联系并经煤气站确认后，逐渐手动关闭 V19 喷嘴，减小煤气用量，并根据氧量调整 ID 风机风门。

（3）当 V19 煤气用量减至 $10000m^3/h$ 以下时，AH 小仓无料时，停进料系统、V08、V19，关闭 V19 喷嘴，逐渐减小 ID 风机风门。

（4）停电收尘及振打系统，打开 P02 出口烟道人孔门。

（5）待收尘仓底无料时，停返灰系统。

（6）当流化床不出料时，停罗茨风机、AO 风动溜槽。

（7）降低风机转速，关闭 ID 风机风门，停 ID 风机。

b　紧急停车

（1）当出现以下故障时需要紧急停车处理：

1）整个设备电源和单一设备电源故障；

2）AH 供给、AO 输送系统、燃烧系统、仪表风、冷却系统故障；

3）由于操作不当，引起系统一氧化碳高报联锁而引起电收尘跳停；

4）气体悬浮焙烧炉内部出现顽固性堵塞。

（2）停车步骤如下：

1）首先联系调度和煤气站；

2）迅速打开煤气放散阀放散；

3）关闭 V19 煤气手动蝶阀；

4）停止 AH 供料；

5）关闭电收尘及返灰系统。

C　正常操作

a　气体悬浮焙烧炉的主要工艺指标

（1）入炉水分：<10%；

（2）主炉温度 P04 T_1：900 ~ 1150℃；

（3）CO 含量小于 0.6%，O_2 含量控制在 1.0% ~ 2.0%；

（4）文丘里出口温度：140℃；

（5）电收尘入口温度 P11 T_1：140℃；

（6）流化床出水温度：≤55℃；

（7）冷却水进口温度：≤35℃；

（8）流化床出料温度：≤80℃；

（9）氧化铝灼减：≤1.0%。

b　气体悬浮焙烧过程的技术操作与控制

（1）下料量的控制。氢氧化铝下料量决定了氧化铝的产量，操作中给出下料量输出值，电子皮带秤的运行过程得以自动调整。操作中下料量的大小要根据以下条件确定：

1）电收尘的进口温度。温度过低时需要减少下料量，以保证收尘的正常操作条件，一般电收尘进口温度控制在 140~180℃。

2）O_2 含量的大小。增加下料量，煤气流量相应增加，导致 O_2 含量降低。一般控制 O_2 含量在 1.0%~2.0% 之间。

3）负压。气体悬浮焙烧炉需要一定的负压才能提高下料量，否则会造成落料，严重时会使炉体堵塞。一般负压控制在 0.5~6kPa 之间。

4）燃料流量。根据燃料流量和主炉温度的高低来调整下料量。燃料流量越大，则主炉温度越高，下料量就应越大。

（2）焙烧炉主炉 P04 温度控制。

1）根据下料量的需要，保持相对稳定的燃料流量。

2）主炉温度尽可能以自动控制方式运行，以手动调节为辅。

3）尽可能避免下料量的波动。

4）保证燃烧条件（压力、温度、热值）的稳定。

（3）出料温度控制。氧化铝出料温度要求小于80℃。降低出料温度的方法如下：

1）增加冷却水流量。

2）降低冷却水温度，进水温度必须在35℃以下。

3）保证流化风的流量和流化风均匀分布。

（4）氧化铝灼减指标控制。氧化铝的灼减是氢氧化铝焙烧过程中控制的一项很重要的指标。影响灼减的主要因素有主炉温度、电收尘返料大小、系统物料循环量等。氧化铝灼减并不是越低越好，灼减太低会导致热耗增加和破损率升高，灼减一般控制在 0.6%~1.0% 之间较为理想。在生产中要根据产量和热耗等指标综合考虑。

生产中主要通过主炉温度控制灼减，主炉温度一般控制在 1050~1150℃，温度越高灼减越低；通过电收尘返料的不同部位也可以控制灼减。

D　焙烧过程常见事故的判断与处理

焙烧过程常见故障判断及处理方法如表2-8所示。

表2-8　焙烧过程常见故障判断及处理方法

故障名称	特　征	处理方法
氢氧化铝进料供给故障	（1）文丘里出口温度高； （2）P02、P04 出口温度高报； （3）整个炉体出现负压减少	（1）关闭燃气站 V19； （2）打开 P02 冷却风门； （3）ID 风机速度调到最低，风门关闭，时间过长需停 ID 风机

故障名称	特　征	处 理 方 法
旋风筒锥部堵塞	(1) 被堵塞下部旋风筒的温度下降很快,所测负压升高; (2) 被堵塞旋风筒的负压降低,并发生报警	(1) 减少下料量,减少 V19 燃烧量; (2) 在堵塞部位插入高压风管,用风管将其疏通; (3) 出现顽固性堵塞,停 ID 风机处理
AO 溜槽透气布破损	(1) 溜槽内 AO 滞留不走; (2) 风室内积满料	(1) 焙烧炉停止下料; (2) 用动力风疏通被堵溜槽积料及清理风室积料; (3) 补洞或更换透气布
流化床冷却器供水不足、断水	(1) 冷却水流量显示降低; (2) 出料温度升高	(1) 减少氢氧化铝下料量,直至停料; (2) 减少燃烧量,直至关闭燃烧站; (3) 加大冷却水流量

任务九　分解母液的蒸发

学习目标

1. 了解分解母液中各种杂质在蒸发过程中的行为;
2. 掌握典型的蒸发作业流程及工艺条件;
3. 能正确进行分解母液的蒸发作业及分析处理常见故障。

工作任务

1. 观察蒸发器的结构及蒸发工艺设备配置;
2. 按蒸发流程进行蒸发工艺设备操作与技术条件控制;
3. 分析处理蒸发过程的常见故障,并定期清除蒸发器上的结疤。

单元一　蒸发的目的及作用

目前,拜耳法的种分母液和烧结法的碳分母液一般是需要蒸发的。蒸发的主要目的是排除流程中多余的水分,保持循环系统中液量的平衡,使母液蒸浓到符合拜耳法溶出铝土矿或烧结法配制生料浆的浓度要求。前者是为了保证溶出效果,后者是为了保证生料浆的水分不致过高而导致窑的产能降低,热耗增大。

进入生产流程中的水分主要有:赤泥洗水,约 $3 \sim 5 m^3/t$(干赤泥);氢氧化铝洗水约 $0.5 \sim 1.5 m^3/t(Al_2O_3)$;原料带入;蒸汽直接加热的冷凝水;泵的轴封水及其他非生产用水。

除随弃赤泥带走、各处蒸发以及在氢氧化铝煅烧和熟料烧结等过程排除的水分外,流程中多余的水分均由蒸发工序排除。

生产 1t Al_2O_3 需要蒸发的水量,取决于铝土矿的类型和质量、生产方法、采用的设备以及作业条件等因素,差别很大。我国的碱石灰烧结法每生产 1t Al_2O_3 需要蒸发 $2 \sim 3t$ 的水分；我国拜耳法厂处理一水硬铝石型铝土矿，当采用铝硅比为9，直接加热溶出，加热温度为245℃时，每生产1t Al_2O_3 需要蒸发7~8t水分；我国联合法厂处理一水硬铝石型铝土矿，当采用铝硅比为10，直接加热溶出，溶出温度为245℃时，生产1t Al_2O_3 需蒸发5~6t水。

目前，氧化铝生产中的蒸发器都是采用蒸汽间接加热，加热蒸汽的冷凝水单独排除，可作锅炉或洗涤用水。因此，蒸发作业在氧化铝生产中还起到软化水站的作用。此外，种分母液蒸发还有自流程中排除碳酸钠、硫酸钠及有机物的作用。

单元二　分解母液中各种杂质在蒸发过程中的行为

在蒸发过程中，随着溶液浓缩，二氧化硅、碳酸钠及硫酸钠等由不饱和变为饱和，从而以水合铝硅酸钠、碳酸钠及硫酸钠等形式从溶液中析出。如果析出反应在加热表面上发生，则形成结垢，使传热系数严重下降。

为了防止或减轻加热管的结垢，分离并回收母液中的碳酸钠，寻求排除有害杂质的方法和条件，必须了解母液中各种杂质在蒸发过程中的行为。

A　碳酸钠在蒸发过程中的行为

拜耳法种分母液中由于循环积累，通常含有约10~20g/L的 Na_2CO_3，这些 Na_2CO_3 主要来自以下4个方面：

(1) 原料铝土矿中的碳酸盐与苛性碱作用生成 Na_2CO_3；

(2) 添加剂石灰中未分解的 $CaCO_3$ 与苛性碱作用生成 Na_2CO_3；

(3) 铝酸钠溶液在流程中吸收空气中的 CO_2 而生成 Na_2CO_3；

(4) 如果为联合法流程，从烧结系统来的溶液也会带入不少 Na_2CO_3。

碳酸钠在生产中的析出受到溶液温度、苛性碱含量以及苛性比值等诸多因素的影响，其结晶产物主要是 $Na_2CO_3 \cdot H_2O$。

碳酸钠在铝酸钠溶液中的饱和溶解度随着苛性碱浓度的升高而降低，随着温度升高而增大。随着蒸发的进行，溶液苛性碱浓度在不断地升高，到一定程度就会有碳酸钠结晶析出，如果温度低，析出会更多。这其中就有一部分会在蒸发器加热表面上形成结垢，降低热能传递，导致蒸发效率的降低。

B　硫酸钠在蒸发过程中的行为

种分母液中的硫酸钠主要是铝土矿中的含硫矿物与苛性碱反应进入流程并循环积累的。在联合法生产中，种分母液的硫酸钠则主要由烧结法溶液带入。

硫酸钠在铝酸钠溶液中的饱和溶解度随着苛性碱浓度的升高而急剧降低，随着温度升高而增大。在蒸发过程中，溶液苛性碱浓度在不断地增大，到一定程度硫酸钠就会与碳酸钠一起结晶析出，形成一种水溶性的复盐芒硝碱（$2Na_2SO_4 \cdot Na_2CO_3$）结晶析出。芒硝碱还可以与碳酸钠形成固溶体，在它的平衡溶液中硫酸钠的浓度更低。

C　氧化硅在蒸发过程中的行为

在铝土矿溶出时，绝大部分 SiO_2 已经成为铝硅酸钠析出进入赤泥中，但母液中铝硅酸钠仍然是过饱和的，其溶解行为与在溶出液中相似，温度升高和 Na_2O 浓度降低都使铝硅酸钠在母液中溶解度降低，易析出形成结垢。另外，碳酸钠和硫酸钠在母液中的存在将使含水铝硅酸钠转变为溶解度更小的沸石族化合物，降低铝硅酸钠在母液中的溶解度。

生产中，铝硅酸钠和 $2Na_2SO_4 \cdot Na_2CO_3$ 混合沉积在蒸发器内壁，并不断生长，最终形成极为致密坚硬的结疤。

综上所述，在温度较高的出料效易产生碳酸钠和硫酸钠的结垢，而高温低浓度的进料效加热管硅渣结垢最为严重。

单元三　蒸　发　设　备

蒸发器是溶液浓缩的主要设备，一般分为自然循环、强制循环、升膜、降膜和闪蒸 5 种形式。目前国内氧化铝厂用得较多的是管式降膜蒸发器。

蒸发是采用高温高压的饱和水蒸气，通过间接传热的方式，使蒸发溶液中的水汽化后与溶液分离，再通过降温、冷凝的方法将其移除，因此蒸发器也是一种承受一定温度和压力的换热压力容器。通常蒸发的工作压力为 0.4～0.6MPa，温度为 140～160℃，要求新蒸汽的供汽压力为 0.6～1.0MPa，因此蒸发器的设计压力不低于 0.75MPa。

蒸发设备由蒸汽热交换器、气液分离器和冷凝水储罐等装置组成。

A　管式降膜蒸发器

管式降膜蒸发器主体设备由加热室和分离室两部分组成，结构如图 2-41 所示。加热室由壳体、加热管、花板和布膜器等部件组成。分离室由壳体、除沫器和保护锅底的小尖底组成。

低浓度溶液由循环泵送到加热室顶部，通过布膜器使料液均匀地分布到每根加热管中，溶液在管内壁呈膜状以 2m/s 的速度由上向下流动，管外壁与加热介质接触而受热，把热传给溶液，热溶液下降到蒸发室中而蒸发分离出蒸汽，故称管式降膜。

管式降膜蒸发器具有传热系数高、操作灵活简单、结垢较轻等优点。

中铝广西分公司采用的是法国 KESTNER 公司的管式降膜蒸发器，中铝河南分公司和中州分公司采用的是国内自行开发的管式降膜蒸发器。

B　板式降膜蒸发器

板式降膜蒸发器是由筒体加热板片、分配器及除沫器等构件组成。其结构如图 2-42 所示。

板式降膜蒸发器的原理与管式一样，低浓度溶液从蒸发器底部进入蒸发器后经循环泵将其送入内布膜器布膜，溶液呈膜状沿板片外表面向下流动，蒸汽通入加热室，通过板片将热量传递给溶液，溶液达到沸点后，一边向下流动一边蒸发，蒸发产生的二次蒸汽经过雾沫分离器后被不断地排除。

生产实践证明，板式和管式降膜蒸发器蒸发能力基本相同，管式降膜蒸发器运转率较高，技术上比板式降膜蒸发器发展得成熟，而板式降膜蒸发器费用比管式降膜蒸发器明显降低。

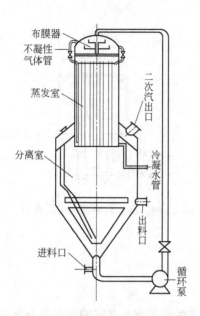

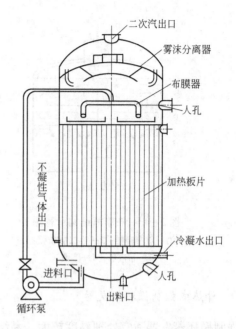

图2-41 管式降膜蒸发器结构示意图   图2-42 板式降膜蒸发器结构示意图

目前中铝贵州分公司和山西分公司采用了板式降膜蒸发器。

布膜器是降膜蒸发器的关键技术，其功能是将循环进入布膜室的溶液进行多级均匀分配后由重力自然成膜，液膜必须要均匀、稳定，不能在加热管内干膜或断膜，以保持高的传热系数，并在溶液高浓度蒸发，有结晶固体析出的条件下，不堵塞，仍能保持正常的工作状态。目前，在氧化铝行业使用的布膜器有两种：一种是一层筛孔板加一层多个喷头组成的布膜器，这种布膜器要求加热管伸出上管板40mm左右，对每根加热管板伸出的长度的误差要求严格，否则将严重影响料液分布的均匀度；另一种是由多层筛孔板组成的布膜器，这种布膜器通过每层筛孔板上孔的特殊设计，使到达每一管板的料液均匀地分布于加热元件的管桥间，然后溢流进加热元件，由于下层筛孔板上的开孔较小，要求进入布膜器的料液中不能含有颗粒状杂质，因此对不清洁料液，必须过滤才能保证布膜器的正常运行。

我国降膜蒸发器常采用的布膜器结构如图2-43所示。

C 闪蒸器

闪蒸器也称自蒸发器，主要由筒体、循环套管、汽液分离器三部分构成。高效闪蒸器的结构如图2-44所示。

物料从闪蒸器下部的进料管进入中央循环套管内，利用物料本身所带有的压力（约0.10MPa）与罐内真空所形成的压差，带动套管内外物料循环起来，物料循环到上部时进行闪速蒸发，二次蒸汽被抽走，降压浓缩后的物料从出料口送走。其优点是：物料在闪蒸器内循环流动，在套管内外形成了小循环，不但可以减少物料在管壁上的结疤和容器内的沉积，同时也使物料闪蒸速度加快，提高了闪蒸效果；由于蒸发剧烈，不易形成大的结晶体，不易堵管。使用高效闪蒸器能提高蒸发器组的蒸水能力。

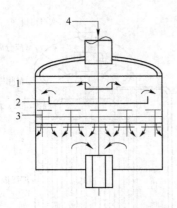

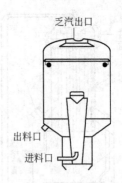

图 2 - 43　布膜器结构示意图
1—第一层布膜器；2—第二层布膜器；
3—布液器；4—溶液

图 2 - 44　高效闪蒸器结构示意图

D　外热式强制循环蒸发器

强制循环蒸发器适宜处理黏度较大、易结晶与结垢的溶液。强制循环蒸发器利用泵对溶液进行强制循环，使溶液在加热管内的循环速度提高到 1.5 ~ 3.5m/s。这种设备可在传热温差较少（5 ~ 7℃）的条件下运行，在加热蒸汽压力不高的情况下，也可以实现四效或五效作业，并对物料的适应性较好，但动力消耗和循环泵维修工作量较大。

外热式强制循环蒸发器的结构示意图如图 2 - 45 所示。

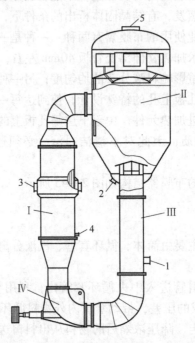

图 2 - 45　外热式强制循环蒸发器的结构示意图
Ⅰ—加热室；Ⅱ—蒸发室；Ⅲ—循环管；Ⅳ—轴流泵；1—溶液进口；
2—溶液出口；3—蒸汽进口；4—冷凝水出口；5—二次汽出口

目前外热式强制循环蒸发器多用在与降膜蒸发器匹配的碱液浓度较高的析盐效，即溶液中杂质盐类析出之前在降膜蒸发器中蒸发，在进一步蒸浓的析盐阶段移入外热式强制循环蒸发器浓缩析盐。

单元四　蒸发作业流程

A　单效蒸发流程

蒸发可以在加压、常压和减压3种方式下进行，在减压（真空）状态下进行的蒸发，叫做真空蒸发。大多蒸发过程是在真空下进行的，因为真空下溶液沸点低，可以减少蒸汽消耗。

蒸发作业按流程可分为单效蒸发和多效蒸发流程。蒸发所产生的二次蒸汽如果直接冷凝而不再利用于本系统中的蒸发作业叫做单效蒸发，如图2-46所示。

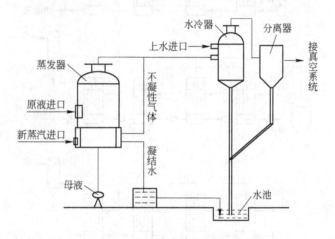

图2-46　单效蒸发流程图

单效蒸发汽耗大，单效蒸发从溶液中蒸发出1kg水就要消耗不少于1kg的加热蒸汽。为了减少蒸汽的消耗，节约能源，在工业生产中一般均采用多效蒸发。

B　多效蒸发作业流程

如果利用二次蒸汽作为下一个蒸发器的加热蒸汽，在这种情况下，只有第一个蒸发器需要用新蒸汽加热，所有其他蒸发器都可以用前面蒸发器的二次蒸汽加热，最后一个蒸发器出来的二次蒸汽才进行冷凝，这种蒸发过程叫做多效蒸发。多效蒸发由于二次蒸汽得到重复利用，新蒸汽消耗大大降低。每蒸发1t水的蒸汽耗量与蒸发效数关系如表2-9所示。

表2-9　蒸发过程蒸汽消耗与蒸发效数的关系

效　数	单效	二效	三效	四效	五效	六效
t汽/t水	1.10	0.57	0.42	0.35	0.27	0.26

由表中可以看出，作业效数多，蒸汽消耗少。但随着效数的增加，蒸汽的节约程度越

来越少（由单效改为双效作业时，加热蒸汽可节约50%左右；由四效改为五效作业时，加热蒸汽可节约10%），二次蒸汽的温度不断下降，同时，设备投资增加，因此，蒸发的效数不能无限制增加，生产中多采用4～6效蒸发作业流程。

在多效蒸发流程中，由于前一效的二次蒸汽被利用来作次一效的热源，所以次一效的溶液沸点必须低于前一效溶液的沸点，否则，蒸发将无法进行。生产中是采用抽真空的办法来实现的。

根据蒸发器中溶液和蒸汽的流向不同，可分为顺流、逆流和错流3种流程。3种蒸发流程如图2-47所示。

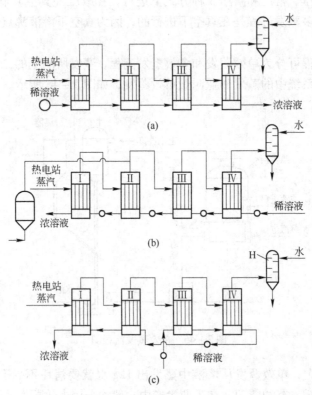

图2-47　多效蒸发装置的流程图
(a) 顺流；(b) 逆流；(c) 错流
Ⅰ～Ⅳ—各效蒸发器；H—气压冷凝器

a　顺流

顺流作业流程也称并流流程。在顺流作业流程中加热蒸汽和蒸发原液的流向一致，即由第Ⅰ效顺次流向末效。其流程如图2-47(a)所示。

顺流作业的特点：

(1) 顺流作业由于后一效蒸发室内的压力较前一效的低，故可借助于压力差来完成各效溶液的输送，不需要用泵输送；

(2) 由于前一效溶液的沸点较后一效的高，当前一效溶液进入后一效蒸发室时，即呈过热状态而立即自行蒸发，可以产生更多的二次蒸汽，故后一效比前一效能蒸发更多的溶剂；

（3）一方面，一效温度高，浓度低，有利于铝硅酸钠的结晶析出，因而传热系数较低；另一方面，最后一效出料温度低，热损失小。但是，由于后一效的溶液浓度比前一效高，温度低，黏度大，可能造成出料不畅等操作上的困难。

b 逆流

溶液的流向和蒸汽的流向完全相反，即蒸发原液从末效加入，由Ⅰ效排出，蒸汽由Ⅰ效加入顺次流至末效。逆流流程是目前氧化铝生产使用较多的蒸发流程。

逆流作业的特点：

（1）溶液浓度越大，蒸发温度也越高，各效间黏度差不大，传热较高；

（2）逆流输送，溶液的温度越来越高，浓度也越来越大，而二氧化硅溶解度随着溶液中氧化铝和苛性碱浓度的增加而增加，随着温度的升高而降低，可以防止前几效铝硅酸钠的析出，减轻了前几效的结垢；

（3）溶液需用泵输送，增加了电能的消耗；

（4）由于溶液的温度和浓度同时升高，溶液对加热管的腐蚀作用加强，从而影响加热管的寿命。

c 错流

错流流程是指加料时，溶液的流向不一致，有顺流，也有逆流。错流作业流程也称混流流程。错流流程兼有顺流和逆流的优点，避免或减轻了它们的缺点。在生产过程中，往往采用多种流程交替作业，如三效蒸发器可以采用Ⅰ—Ⅱ—Ⅲ、Ⅱ—Ⅲ—Ⅰ、Ⅲ—Ⅰ—Ⅱ倒换流程操作，来减缓易溶性结垢的危害。

C 国内外蒸发技术和装置的工业应用

在氧化铝生产中，传统的蒸发工艺以三、四效为主，随着新型高效蒸发器——降膜蒸发器的应用，可以实现多效蒸发，减少汽耗，降低生产成本。

目前国外新建氧化铝厂的蒸发工艺多数采用降膜蒸发器与闪速自蒸发的二段流程。

国内扩建及新建氧化铝厂也逐步向此高效低能耗的蒸发工艺发展。因经济和技术的原因，传统的蒸发工艺仍然在国内一些氧化铝厂进行生产。国内外采用的几种蒸发装置性能比较见表2-10。

表2-10 国内外一些氧化铝生产厂蒸发工艺性能比较

项 目	法国 Kesther	美国 Zaremba	法国 Agrochem	中铝河南 分公司	中铝山东 分公司	中铝贵州 分公司	中铝山西 分公司	中铝广西平果 分公司
效 数	V	Ⅳ	V	Ⅳ	Ⅲ	Ⅳ	Ⅵ	V
蒸发流程	五效逆流降膜蒸发加三级闪蒸，二级闪蒸出料的部分需排盐时，送至强制循环蒸发器	四效逆流强制循环蒸发器加二级闪蒸	五效逆流强制循环蒸发器加二级闪蒸	外热式混流自然循环加二级闪蒸	三效逆流强制循环蒸发器加二级闪蒸	外热式逆流自然循环加200m²强制循环	六效逆流板式降膜蒸发加三级闪蒸	五效逆流管式降膜蒸发加三级闪蒸

项　目	法国 Kesther	美国 Zaremba	法国 Agrochem	中铝河南 分公司	中铝山东 分公司	中铝贵州 分公司	中铝山西 分公司	中铝广 西平果 分公司
加热面积/m^2	7073	7846	5600	1100	450	850	10014	7653
汽耗 /$t \cdot t^{-1}(H_2O)$	0.38	0.318	0.333	0.45 ~ 0.55	0.45 ~ 0.5	0.45 ~ 0.55	0.27 ~ 0.3	0.33 ~ 0.4
蒸水能力 /$t \cdot (h \cdot 组)^{-1}$	150	180	132	50 ~ 60	40 ~ 45	45 ~ 50	100 ~ 130	150 ~ 170
电耗/$kW \cdot h \cdot t^{-1}(H_2O)$	7.3	8.4	8.0					
运转率/%	—	—	—	80 ~ 85	80	80 ~ 85	80 ~ 88	93 ~ 95
一组蒸发设备 的费用/万法郎	4750	—	3990	—	—	—	—	3750

从表中可以看出，强制循环蒸发装置比降膜蒸发装置成本低。从国内的氧化铝生产蒸发装置对比看，中铝广西平果分公司和山西分公司氧化铝厂的降膜蒸发装置的蒸发能力、汽耗、运转率都明显优于国内其他氧化铝厂的自然循环和强制循环装置，达到了世界先进水平。

单元五　蒸发器组的正常操作及事故处理

A　蒸发工艺过程

实践证明，降膜蒸发器与闪速蒸发器相结合的流程是目前世界上拜耳法种分母液蒸发的先进流程。图 2 - 48 所示为六效错流管式降膜蒸发器加三级闪蒸、强制循环蒸发排盐的蒸发工艺流程。

送入蒸发系统的原液，分别进入Ⅵ效及Ⅳ效，Ⅵ效出料Ⅴ效，Ⅴ效出料经过料泵与Ⅲ闪出料混合后送到调配槽。进入Ⅳ效的原液经Ⅳ效、Ⅲ效、Ⅱ效预热器、Ⅱ效、Ⅰ效预热器、Ⅰ效、Ⅰ闪、Ⅱ闪、Ⅲ闪蒸发浓缩后，进入蒸发出料泵送到调配槽。从Ⅲ闪引一定流量的蒸发母液送到强制效进行超浓缩处理，同时往强制效添加适量盐浆（沉降槽底流）作晶种，诱导溶液中的 Na_2CO_3 快速结晶析出；不同浓度的溶液在调配槽混合调配成合格浓度的循环母液后，分别供应原料磨及高压溶出工序。强制循环蒸发器来的含盐料浆进入盐沉降槽析盐。

新蒸汽通入Ⅰ效蒸发器，产生的一次蒸汽冷凝水可根据其含碱度或生产需求，供应给热电厂或送到本车间冷凝水槽储存；Ⅰ效产生的二次蒸汽通入Ⅱ效、强制效蒸发器，Ⅱ效产生的二次蒸汽通入Ⅲ效蒸发器，强制效产生的二次蒸汽通入Ⅳ效分离器，Ⅲ效产生的二次蒸汽通入Ⅳ效蒸发器，Ⅳ效产生的二次蒸汽通入Ⅴ效蒸发器，Ⅴ效产生的二次蒸汽通入Ⅵ效蒸发器，Ⅵ效产生的二次蒸汽通入水冷器，保证蒸发系统保持一定的真空度。

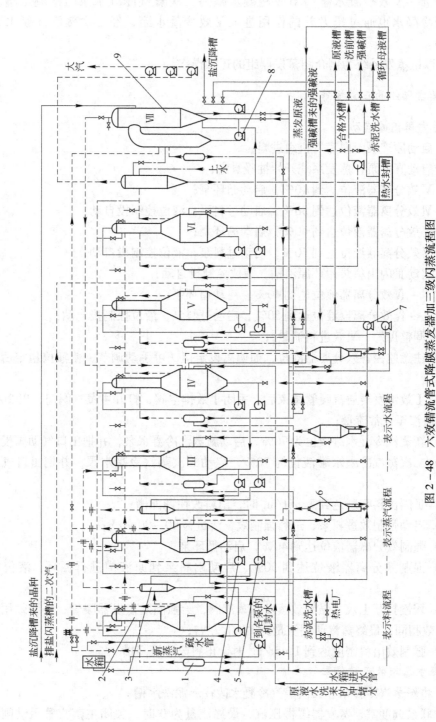

图 2 - 48 六效错流管式降膜蒸发器加三级闪蒸流程图

1—冷凝水罐;2—蒸发器;3—预热器;4—循环泵;5—过料泵;6—自蒸发器;7—出料泵;8—强制泵;9—强制效

　　Ⅱ～Ⅵ效产生的冷凝水通过压力差的作用，由Ⅱ效冷凝水罐→Ⅲ效冷凝水罐→Ⅳ效冷凝水罐→Ⅴ效冷凝水罐→Ⅵ效冷凝水罐→二次蒸汽冷凝水泵→冷凝水槽。强制效产生的冷凝水也通过压力差的作用进入Ⅴ效冷凝水罐，经二次蒸汽冷凝水泵送往冷凝水槽。

　　下面以该蒸发系统为例介绍蒸发器组的正常操作。

　　B　蒸发器组的正常操作

　　a　蒸发器组的启动

　　(1) 启动原液泵，向蒸发机组进料；

　　(2) 启动真空泵，蒸发系统开始抽吸真空；

　　(3) Ⅵ效分离器液位达到40%，启动循环泵；

　　(4) Ⅵ效分离器液位达到50%，启动过料泵，液位控制投自动；

　　(5) Ⅴ效分离器液位达到40%，启动循环泵；

　　(6) Ⅴ效分离器液位达到50%，启动过料泵，液位控制投自动；

　　(7) 启动Ⅲ闪出料泵循环原液槽，液位控制投自动；

　　(8) Ⅰ～Ⅳ效分离器液位达到40%，启动循环泵；

　　(9) Ⅱ～Ⅳ效分离器液位达到50%，启动过料泵，液位控制投自动；

　　(10) 调整Ⅳ效、Ⅵ效进料流量；

　　(11) 注意监控各效分离器液位，如偏离设定值，可手动调节，使液位稳定后，再投自动；

　　(12) Ⅰ效蒸发器通汽暖管结束后，关闭Ⅰ效排空阀，打开主蒸汽阀门，以2t/min的速度缓慢通汽至正常流量；

　　(13) 新蒸汽冷凝水罐液位为70%，启动新蒸汽冷凝水泵，并把出口气动阀投自动；

　　(14) 二次蒸汽冷凝水罐液位为70%，启动二次蒸汽冷凝水泵，并把出口气动阀投自动；

　　(15) Ⅲ闪出料密度达到1.36t/m³时，出料改往调配槽；

　　(16) 启动强制效进料泵，进料强制效，流量为40～80m³/h；

　　(17) 强制效分离器液位达到40%，启动循环泵；

　　(18) 强制效分离器液位达到50%，启动出料泵到原液槽进行循环，液位控制投自动；

　　(19) 缓慢打开Ⅰ效-强制效蒸发器蒸汽阀，给强制效蒸发器暖管；强制效用汽操作方法与Ⅰ效相同，最终蒸汽使用流量为18t/h左右；

　　(20) 强制效出料密度达到1.45t/m³时，出料改往沉降槽。

　　b　蒸发器组的正常停车

　　(1) 将新蒸汽冷凝水、二次蒸汽冷凝水改往赤泥洗水槽；

　　(2) 联系调度室，蒸发器缓慢压汽，最终流量为0时，关闭主蒸汽管手动闸阀并安排停真空泵，停水洗泵或原液泵；

　　(3) 新蒸汽冷凝水罐为0时，停新蒸汽冷凝水泵，二次汽冷凝水罐为0时，停二次蒸汽冷凝水泵；

（4）Ⅵ、Ⅳ效液位控制改为"手动"控制，操作中要注意保证Ⅴ、Ⅲ效液位稳定，避免出现高液位（70%）；

（5）Ⅵ、Ⅳ效分离器液位小于20%时，停循环泵；

（6）Ⅵ、Ⅳ效分离器液位为0时，停过料泵；

（7）Ⅴ、Ⅲ效液位控制改为"手动"控制，操作中要注意保证Ⅱ效液位稳定，避免出现高液位（70%）；

（8）Ⅴ、Ⅲ效分离器液位小于20%时，停循环泵；

（9）Ⅴ、Ⅲ效分离器液位为0时，停过料泵；

（10）Ⅱ效液位控制改为"手动"控制，操作中要注意保证Ⅰ效液位稳定，避免出现高液位（70%）；

（11）Ⅱ效分离器液位小于20%时，停循环泵；

（12）Ⅱ效分离器液位为0时，停过料泵；

（13）Ⅰ效分离器液位小于20%时，停循环泵；

（14）Ⅰ效分离器液位为0时，关Ⅰ效到Ⅰ闪的控制阀；

（15）停真空泵，停循环上水；

（16）Ⅲ闪液位为0时，停出料泵；

（17）打开排空阀，卸系统真空；

（18）蒸发器及管道放料、卸压。

c 技术条件控制

（1）使用汽压的控制。生产中一般将通入蒸发器机组的新蒸汽压力称为使用汽压。使用汽压越高，有效温差越大，蒸发效率也就越高。但生产上使用汽压的提高是有限制的，因为提高使用汽压可能会产生两种后果：一种是总真空度不变，提高使用汽压，总温差增大，有利于蒸发效率的提高；另一种是生产上真空度的提高是有限制的，过度提高使用汽压会引起总真空度下降，使总温差减小，反而使蒸发效率降低，还会产生下罐现象，造成管内结垢。因此，在真空度一定时，要对使用汽压进行控制，要保持在一规定值以下。

各级蒸发器加热室的蒸汽压力是汽室压力。在蒸发过程中，汽室压力随溶液浓度不断地增加而自动地上升。因此，可以利用这一规律来判断溶液浓度。当各效的溶液浓度控制在一定值时，汽室压力便不再升高。但当结疤严重时，温差小，传热速度慢，汽室压力又会逐渐地自动上升到某一规定值。此时应停车洗蒸发器管壁。

在操作中稳定汽压十分重要，若汽压不稳定，波动太大，将导致蒸发器组的操作紊乱，甚至引起影响生产的重大事故等。

因此，操作者要勤观察汽室压力，出现波动要及时处理。

（2）真空的调节。在多效真空蒸发时，系统中保持一定的真空，其目的在于降低溶液的沸点，以保持一定的有效温差，并使二次蒸汽充分地利用和顺利地排除。

蒸发器组的总温差取决于Ⅰ效的新蒸汽压力和末效的真空度。当使用汽压一定时，真空度越高，总温差也就越大。但由于受到真空设备的限制，故真空度一般在0.08~0.088MPa。

稳定真空度是蒸发器组操作的主要内容之一。真空的波动势必影响其他技术条件的变化，比如真空度突然降低，将引起汽压上升、液面波动等，使整个蒸发器组的热平衡受到破坏，导致蒸发效率的降低、跑碱等不良后果。

（3）液面的控制。蒸发器的液面一般控制在第一目镜的 1/2 处。保持操作液面是蒸发器组正常运转的标志。因为液面过高，液柱静压增加，不仅影响蒸发效率，而且易造成跑碱事故，液面过低，溶液的沸腾猛烈，又易造成雾沫夹带严重。

对液面的控制是用进、出料量来进行调节。某效液面的波动必将影响其他各效。因此，当调节某一效液面时，应注意其他各效液面的变化。

（4）浓度的控制。在一定的条件下，蒸发稀溶液比蒸发浓溶液的蒸发效率高。因为浓度高，黏度大，溶液的流动性差，则蒸发效率低。

蒸发母液浓度主要是根据生产上的要求而定。母液浓度的高低，对氧化铝生产的影响极大。对烧结法而言，碳分蒸发母液浓度直接关系到生料浆的水分，从而影响熟料窑的热工制度；对拜耳法而言，蒸发母液浓度会影响拜耳法溶出的溶出率。蒸发母液浓度是直接影响全厂技术经济指标的主要因素之一。因此，蒸发母液浓度必须控制在工艺要求范围之内。

我国氧化铝厂种分母液的蒸发质量浓度为 Na_2O_k 250～300g/L；碳分母液的蒸发质量浓度为 Na_2O_T 170～200g/L。

出料浓度可通过调节使用汽压和调整进、出料量来控制。

（5）水冷器温度的控制。水冷器出口水温的高低直接影响蒸发器的真空度。出口水温高，蒸发器的真空度下降，蒸发效率低。在操作中，通常是调节上水的水量和上水的温度来控制水冷器温度。

（6）凝结水及不凝性气体的排除。在蒸发过程中，加热蒸汽放出潜热冷凝成水。凝结水若不及时排除，存积在加热室内，不仅影响传热，而且易发生由于汽、水冲击而产生强烈的振动，影响蒸发的正常进行。

在生产过程中，带入加热室内的不凝性气体是不良导体，在加热室内占了部分的加热面而影响传热，因此，必须及时地排除。

综上所述，各项技术条件的稳定操作是正常作业的根本保证。因此，在操作时做到五稳定（即汽压、真空、液面、浓度和出口水温度的稳定）是蒸发器组操作的关键。在生产过程中，各项技术条件是相互关联的，在操作中对某一条件进行调节时必须考虑到其他条件的变化。

C　蒸发器组技术条件及指标

不同氧化铝因采用的工艺、设备不同控制的指标不完全相同。一般生产过程控制的技术条件和指标如下所述。

a　种分母液蒸发的技术条件及指标

（1）新蒸汽使用压力一般为 0.35～0.5MPa；

（2）末效真空度不低于 0.8MPa；

（3）循环上水温度：冬季不高于 28℃，夏季不高于 35℃；下水温度不高于 60℃；

（4）蒸汽的凝结水含碱量不大于 0.01g/L，二次蒸汽凝结水含碱量不大于 0.03g/L；

（5）水冷器循环上、下水含碱差不大于 0.05g/L；

　　(6) Ⅰ、Ⅱ效液面控制在第一目镜的 1/2 处，沸腾液面不得超过第三目镜，末效看到沸腾液面即可；

　　(7) 蒸发母液苛性碱质量浓度控制在 250～300g/L。

　　b　碳分母液蒸发的技术条件及指标

　　(1) 新蒸汽使用压力一般为 0.343MPa；

　　(2) 末效真空度不低于 0.08MPa；

　　(3) 循环上水温度：冬季不高于 28℃，夏季不高于 35℃；下水温度不高于 55℃；

　　(4) 新蒸汽的凝结水含碱量不大于 0.01g/L，二次蒸汽凝结水含碱量不大于 0.03g/L；

　　(5) 水冷器循环上、下水含碱差不大于 0.05g/L；

　　(6) 各效液面控制在第一目镜的 1/2 处，沸腾液面不得超过第三目镜；

　　(7) 蒸发母液全碱质量浓度控制在 170～200g/L。

　　D　蒸发过程常见故障及处理

　　蒸发过程常见故障的产生原因分析及处理方法如表 2-11 所示。

表 2-11　常见故障原因及处理方法

故　障	原　因	处　理
蒸发器振动	(1) 凝结水出料阀门开度小或管路堵塞； (2) 加热管漏； (3) 液面过低	(1) 加大凝结水出口阀门，停车检查管路； (2) 停车后打压堵漏； (3) 调整过料阀门，加高本效液面
凝结水带碱（又称跑碱）	(1) 加热管漏； (2) 分离器液位升高或波动； (3) 雾沫分离器 U 型管堵	(1) 根据情况打压处理； (2) 稳定液位及蒸发器运行； (3) 停车清理 U 型管
真空度降低	(1) 使用汽压突然升高或系统漏真空； (2) 真空泵跳停或排汽管不畅； (3) 循环水流量不够，温度过高	(1) 组织有关人员检查处理； (2) 联系有关人员检查处理，并清理管道； (3) 加大循环水流量
分离器液位异常升高	(1) 出料管不畅； (2) 泵不打料； (3) 液位计有问题	(1) 检查，停车清理； (2) 停车处理； (3) 请计控检查处理
布膜器翻料	(1) 循环泵出料阀门开度过大； (2) 布膜器堵塞	(1) 调整开度； (2) 停车清理
突然停电	突然停电	应打开放汽阀进行放汽，并通知锅炉岗位停汽，关闭各效进、出口阀门

单元六　蒸发器结垢的清除

　　对蒸发器加热表面上已经形成的结垢，为了保持蒸发器具有良好的传热性能和较高的产能，对结垢必须及时进行清除。清除的方法可根据结垢的化学组成和性质，采用不同的方法进行。

蒸发器的结垢分为易溶性和难溶性两种。碳酸钠和硫酸钠的结垢属于易溶性的，均能溶于水。铝硅酸钠的结垢属于难溶性的，不溶于水，且质地坚硬。

A　易溶性结垢的清除

a　倒流程

倒流程清除结垢的方法，实质上是原液煮罐法。在生产过程中，如原作业流程为（Ⅲ—Ⅰ—Ⅱ），经过一段时间生产后倒为（Ⅱ—Ⅲ—Ⅰ）流程，这样每隔一定时间就倒一次的方法称为倒流程。倒流程能起到洗罐的作用，是因为在多效蒸发作业中，各效的溶液浓度不一样，进料效浓度低不易结垢，出料效浓度高易结垢。当结垢达到一定程度时，进行倒流程，使出料效改成进料效，由于进来的溶液浓度低，不但不结垢，反而能将结垢溶解从而起到消除结垢的作用。采用倒流程清垢，既能保持生产又能洗罐，方法简便，效果良好。

b　水煮

倒流程能起到清除结垢的作用，但不够彻底，因此，在生产一定时间后结垢严重时，需要用水彻底煮一次，标准蒸发器水煮时间为 2 ~ 4h，外加热式自然循环蒸发器水煮时间为 4 ~ 6h。此法操作比较简单，除垢比较彻底。但需要开、停车操作和煮罐时间，因而降低了设备运转率，热损失较大。

c　通死眼

在生产过程中，由于结垢严重，有的加热管被大量的结晶或其他固体物质堵塞成为死眼。在水煮时又未能煮化，因此需要进行通死眼。

通死眼的方法，是先将蒸发器进行水煮，然后将水放掉，打开人孔进行冷却。再用比加热管稍小的胶皮管一端接上水源（一般是用具有一定温度的凝结水），另一端缚上缩口钢管，插入加热管内进行冲击和溶化结垢，直至通开。

此法劳动强度较大，工作条件较差。

B　难溶性结垢的清除

生产上常采用硫酸法和高压水冲击法清除难溶性结垢。

硫酸法的原理是硫酸与形成结垢的铝硅酸钠反应，生成可溶性的硫酸钠，从而破坏铝硅酸钠的结构，使结垢松软，并使之脱落而达到除垢的目的。操作方法为：用 6% ~ 8% 的稀硫酸并加入缓蚀剂 1% ~ 2% 配成的硫酸洗液对蒸发器进行 6 ~ 8h 的冷洗，则可将难溶性结垢清除。

高压水冲击法是用压力为 30 ~ 50MPa 的高压水清除结垢，尤其适合于加热管壁的个别清除。

除了上述常用的几种清除结垢方法外，还有机械除垢法和碱法除垢法等方法，目前，不同氧化铝厂采用的除结垢的方法不尽相同。

任务十 一水碳酸钠的苛化

学习目标

1. 理解一水碳酸钠苛化的原理;
2. 掌握苏打苛化工艺流程及工艺条件;
3. 能正确进行苏打苛化作业及分析处理常见故障。

工作任务

1. 观察一水碳酸钠苛化工艺设备配置;
2. 按苛化流程进行苛化操作与控制;
3. 分析处理苛化过程常见故障。

用拜耳法生产氧化铝时,循环母液中的苛性碱每循环一次大约有3%左右被反苛化为碳酸碱,这些碳酸碱在蒸发过程中以一水碳酸钠形式结晶析出,从而造成苛性碱损耗。为了减少苛性碱消耗,单独的拜耳法氧化铝厂需要将析出的碳酸钠进行苛化处理,以回收苛性碱。

单元一 一水碳酸钠苛化的原理

拜耳法生产氧化铝中,碳酸钠的苛化是通过将碳酸钠溶解,然后添加石灰来实现再生的,即石灰苛化法。其原理是:

$$Na_2CO_3 + Ca(OH)_2 =\!=\!=\!= 2NaOH + CaCO_3$$

碳酸钙溶解度较小,形成沉淀,过滤去除,滤液回收再利用,补充到循环母液中。

通常用苛化率来评价碳酸钠苛化的程度,即碳酸钠转变为氢氧化钠的转化率称为苛化率,其表达式为:

$$\mu = \frac{N_{c前} - N_{c后}}{N_{c前}} \times 100\%$$

式中 μ——溶液苛化率,%;

$N_{c前}$——溶液苛化前 Na_2O_C 的质量浓度, g/L;

$N_{c后}$——溶液苛化后 Na_2O_C 的质量浓度, g/L。

$Ca(OH)_2$ 溶解度随着苛化过程的进行,溶液中 OH^- 浓度的增加而降低,所以,在苛化后溶液中的 $Ca(OH)_2$ 很少,若忽略不计,苛化率可表示为:

$$\mu = \frac{x}{2C} \times 100\%$$

式中 x——溶液苛化后 NaOH 的浓度, mol/L;

C——溶液苛化前 Na_2CO_3 的浓度, mol/L。

单元二　苛化的工艺流程

一水碳酸钠苛化生产流程如图 2-49 所示。

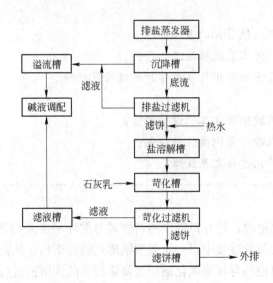

图 2-49　一水碳酸钠苛化生产流程

　　强制循环蒸发器来的含盐料浆进入盐沉降槽进行析盐、沉降分离，溢流入溢流槽，由溢流泵送到强碱槽，经强碱泵送回第三级闪蒸槽、调配混匀槽进行碱液调配。而底流由底流泵送到底流槽，经盐浆循环泵打到闪蒸槽冷却处理后再由盐过滤给料泵送往盐过滤机液固分离，滤液流回溢流槽；盐滤饼进入盐溶解槽并经热水溶解后，由苏打溶液泵送到混合器与石灰乳混合，进入苛化槽，并通入低压蒸汽提温。苛化好的苛化料浆，经苛化出料泵送往溶出稀释槽或过滤机过滤。

单元三　苛化的正常操作及事故处理

A　开车

开车步骤如下：

（1）蒸发站强制循环蒸发器把 N_k 约 320g/L 含盐料浆送入盐沉降槽，有适当液位后开启耙机；

（2）开启底流泵进行循环；

（3）沉降槽有溢流后，开启溢流泵；

（4）开启种子泵，适当往强制效加入晶种；

（5）底流正常后，底流泵转入底流槽；

（6）启动底流槽搅拌及盐浆循环泵，并将底流泵投入自动（与底流槽液位联锁）；

（7）开启盐过滤机及相关设备；

（8）正常后将排盐过滤机给料泵投入自动（与过滤机液位联锁）；

（9）启动盐溶解槽搅拌及苏打溶液泵；同时开启石灰乳泵，并调整好流量；

（10）逐步开启苛化槽搅拌，并往槽内通入蒸汽，注意控制苛化温度；

（11）正常后启动苛化出料泵，并调整好泵的流量。

B 正常停车

正常停车顺序如下：

种子泵→沉降槽耙机→底流泵→盐浆循环泵→底流槽搅拌→盐过滤机及其相关设备→溢流泵→盐溶解槽搅拌→苏打溶液泵→石灰乳泵→苛化槽→苛化出料泵。

C 一水碳酸钠苛化的技术条件控制

不同氧化铝厂苛化工序的生产技术条件和指标不同，一般生产过程控制的技术条件和指标如下：

（1）排盐沉降槽溢流浮游物不大于 1g/L；

（2）排盐过滤机滤饼含水率不大于 35%；

（3）苛化原液碳酸钠质量浓度为 100 ~ 160g/L；

（4）苛化率不小于 80%；

（5）排盐沉降槽温度不小于 100℃；

（6）排盐过滤机进料温度为 90℃ ~ 105℃；

（7）排盐过滤机真空度为 0.03 ~ 0.06MPa；

（8）苛化温度不小于 90℃，时间为 2h；

（9）石灰乳质量浓度 $\rho(CaO) = 120 ~ 200g/L$；

（10）石灰乳添加量 $CaO/Na_2O = 1.2$。

对联合法生产的工厂，拜耳法系统的种分母液蒸发析出的一水碳酸钠进入烧结法系统使用，因此，无需单独苛化。

D 苛化过程常见故障及处理

苛化过程常见故障的产生原因分析及处理方法如表 2-12 所示。

表 2-12 常见故障原因及处理方法

故 障	原 因	处 理
沉降槽溢流浮游物高	（1）析出含多个结晶水的碳酸钠； （2）进料量过大； （3）底流回流量过大	（1）提高进料温度； （2）稳定强制效浓度； （3）调整进料量
沉降槽突然停车	（1）外部供电系统出问题； （2）沉降槽底部沉积固料多，电机超负荷	（1）找电工处理； （2）停止进料，拉底流，提升耙机，启动后慢慢往下放
过滤机过滤效果差	（1）粒度太细； （2）过滤温度高； （3）受液槽滤液管堵，分配器漏气，滤布破损； （4）底流液固比大	（1）沉降槽打循环把料浆粒度提高； （2）检查料温是否过高； （3）倒换过滤机，检修； （4）降低底流液固比

习题及思考题

2-1　什么是铝酸钠溶液中的苛性碱，什么是铝酸钠溶液的苛性比值？

2-2　各种温度下 $Na_2O-Al_2O_3-H_2O$ 三元系平衡状态图的特征说明了什么问题，对工业生产有何指导意义？

2-3　工业铝酸钠溶液中有哪些主要组分，碱分为几种，全碱是什么碱？

2-4　影响工业铝酸钠溶液稳定性的因素有哪些？

2-5　叙述拜耳法生产氧化铝的两个主要过程。

2-6　什么是拜耳法的循环效率，循环效率的提高对拜耳法生产有什么实际意义？

2-7　拜耳法生产氧化铝包括哪几个主要生产工序？

2-8　美国拜耳法和欧洲拜耳法的主要工艺条件是什么？

2-9　氧化铝生产原料制备工序的主要任务是什么，对原料质量有哪些要求？

2-10　铝土矿破碎所要求的技术指标是什么？

2-11　配矿的作用是什么，对混矿质量要求的指标是什么？

2-12　为什么要磨矿，影响磨机产能的因素有哪些？

2-13　原矿浆配料计算中确定配碱量的依据是什么？

2-14　简述原料磨的工作原理。

2-15　铝土矿高压溶出的目的及主要化学反应是什么？

2-16　生产中含硅矿物造成的危害主要有哪些？

2-17　铝土矿中 Fe_2O_3 在高温溶出时的行为怎样，对生产有何影响？

2-18　配制原矿浆时为什么要添加石灰？

2-19　什么是氧化铝的实际溶出率及理论溶出率？

2-20　生产上应采取哪些措施加速高压溶出流程中氧化铝的溶出？

2-21　断料干蒸的原因及处理方法是什么？

2-22　预防结疤的方法有哪些？

2-23　溶出压力和温度如何控制？

2-24　高压溶出矿浆在分离赤泥前为什么要进行稀释？

2-25　拜耳法赤泥为什么难以沉降？

2-26　生产中规定的赤泥沉降速度、赤泥压缩液固比及赤泥沉降高度百分比的定义是什么？

2-27　什么是溢流浮游物，什么是溢流跑浑？

2-28　赤泥洗涤采用什么洗涤流程？

2-29　沉降槽添加絮凝剂的作用是什么？

2-30　叶滤过程添加石灰乳的作用是什么？

2-31　精液浮游物超标的原因是什么？

2-32　氢氧化铝结晶析出包括哪几个过程？

2-33　分解析出的氢氧化铝中所含氧化钠有哪几种存在形式？

2-34　影响晶种分解的主要因素有哪些？

2-35　种分槽搅拌的目的是什么？

2-36　铝酸钠溶液降温的目的是什么？

2-37　衡量种分作业效果的主要指标有哪些？

2 - 38　分解率和分解槽单位产能的定义及公式是什么？

2 - 39　发生冒槽的主要原因有哪些？

2 - 40　平盘滤饼的附着碱高的原因是什么，如何进行处理？

2 - 41　分解槽结疤如何进行清理？

2 - 42　氢氧化铝焙烧的目的是什么？

2 - 43　氢氧化铝焙烧要经过哪三个过程？

2 - 44　氢氧化铝焙烧过程对氧化铝的物化性质有什么影响？

2 - 45　氢氧化铝流态化焙烧工艺装置有哪几种？

2 - 46　旋风筒锥部堵塞的表现特征是什么，如何处理？

2 - 47　气体悬浮焙烧包括哪几个工艺过程？

2 - 48　母液蒸发的目的是什么？

2 - 49　母液蒸发有哪三种作业流程，各有什么优缺点？

2 - 50　氧化铝生产中碳酸钠进入生产流程的途径有哪些？

2 - 51　蒸发过程要控制哪些工艺条件？

2 - 52　在母液蒸发过程中，结垢是如何生成的，有哪些危害？

2 - 53　如何清除蒸发器上的结垢？

2 - 54　凝结水带碱的原因有哪些，如何进行处理？

2 - 55　碳酸钠苛化的原理是什么？

2 - 56　苛化的作用是什么？

模块三 碱－石灰烧结法生产氧化铝

任务一 碱－石灰烧结法的原理

学习目标

1. 理解碱－石灰烧结法的原理；
2. 掌握碱－石灰烧结法的主要化学反应。

工作任务

分析碱－石灰烧结法的原理及适用条件。

拜耳法生产氧化铝时，铝土矿中的氧化硅是以含水铝硅酸钠的形式与氧化铝分离的，铝硅比越低，则有用成分氧化铝与氧化钠的损失就越多，经济指标就会恶化，所以对于铝硅比低于7的矿石，单纯的拜耳法就不适用了。处理铝硅比在4以下的矿石，碱－石灰烧结法几乎是唯一得到实际应用的方法。它在处理 SiO_2 含量更高的其他炼铝原料，如霞石、绢云母以及正长石时，可以同时制取氧化铝、钾肥和水泥等产品，实现了原料的综合利用。在我国已经查明的铝矿资源中，高硅铝土矿占有很大的数量，因而烧结法对于我国氧化铝工业具有很重要的意义。我国第一座氧化铝厂——山东铝厂就是采用碱石灰烧结法生产的，它在改进和发展碱石灰烧结法方面做出了许多贡献，其 Al_2O_3 的总回收率、碱耗等指标都居于世界先进水平。

碱－石灰烧结法可处理铝硅比低的铝土矿，但铝硅比如果低于3，则会使物料流量增加，烧结和溶出过程困难，经济和技术指标大大恶化，所以目前碱－石灰烧结法处理铝土矿的铝硅比要大于3。

碱－石灰烧结法的原理是由碱、石灰和铝土矿组成的炉料经过烧结，使炉料中的氧化铝转变为易溶的铝酸钠，氧化铁转变为易水解的铁酸钠，氧化硅转变为不溶的原硅酸钙。

$$Al_2O_3 + Na_2CO_3 =\!\!= Na_2O \cdot Al_2O_3 + CO_2$$
$$SiO_2 + 2CaO =\!\!= 2CaO \cdot SiO_2$$
$$Fe_2O_3 + Na_2CO_3 =\!\!= Na_2O \cdot Fe_2O_3 + CO_2$$

由这三种化合物组成的熟料在用稀碱溶液溶出时，固相铝酸钠溶于溶液：

$$Na_2O \cdot Al_2O_3 + aq =\!\!= 2NaAl(OH)_4 + aq$$

铁酸钠水解为氢氧化钠和氧化铁水合物：

$$Na_2O \cdot Fe_2O_3 + aq =\!\!= 2NaOH + Fe_2O_3 \cdot H_2O \downarrow + aq$$

原硅酸钙不同溶液反应，全部转入赤泥，从而达到制备铝酸钠溶液，并使有害杂质氧化硅、氧化铁与有用成分氧化铝分离的目的。得到的铝酸钠溶液经净化处理后，通入 CO_2 气体进行碳酸化分解，得到晶体氢氧化铝，而碳分母液的主要成分是碳酸钠，可以循环返回配料。

任务二　碱－石灰烧结法的基本流程

学习目标

　　1. 掌握碱－石灰烧结法的工艺流程；

　　2. 了解碱－石灰烧结法的特点。

工作任务

　　认知碱－石灰烧结法的生产工艺流程，分析我国碱石灰烧结法的工艺特点。

碱－石灰烧结法的基本工艺流程如图 3－1 所示。其生产工艺主要包括生料浆制备、熟料烧结、熟料溶出、赤泥沉降分离、脱硅、碳酸化分解、焙烧、分解母液蒸发等过程。

（1）生料浆制备。制取组分配比符合要求的细磨料浆。铝土矿生料浆组成包括：铝土矿、石灰石（或石灰）、纯碱（用以补充流程中的碱损失）、循环母液和其他循环物料。

（2）熟料烧结。熟料烧结是烧结法生产氧化铝的关键工序，它关系到熟料的质量、能耗和产量。将制成的生料浆在回转窑内进行高温煅烧，制取主要含铝酸钠、铁酸钠和硅酸二钙的熟料。

（3）熟料溶出。熟料经破碎后用稀碱溶液进行溶出，使熟料中的铝酸钠转入溶液，原硅酸钙和氧化铁等成为不溶残渣（赤泥），经分离和洗涤赤泥，从而达到使有用成分与有害杂质分离的目的。

（4）赤泥的分离与洗涤。赤泥分离与洗涤的主要任务是将溶出浆液中的铝酸钠溶液与溶出后的残渣——赤泥进行分离。分离出的铝酸钠溶液经进一步处理作为碳酸化分解的精液。分离出的赤泥经洗涤回收赤泥附液中的 Na_2O 和 Al_2O_3，赤泥附碱达到排放要求后送往赤泥堆场。

（5）脱硅。在溶出过程中，熟料中部分的原硅酸钙不可避免地与溶液发生反应，致使溶出后得到的铝酸钠溶液含有较高的 SiO_2。脱硅是使进入溶液的氧化硅生成不溶性化合物分离，制取高硅量指数的铝酸钠精液的过程。

（6）碳酸化分解。通入 CO_2 气体可以使铝酸钠溶液中的氧化铝全部以氢氧化铝结晶析出。析出的氢氧化铝与碳酸钠母液分离，并洗涤氢氧化铝；一部分溶液进行晶种分解，以得到某些工艺条件所要求的部分苛性碱溶液。

（7）焙烧。碳酸化分解后得到的氢氧化铝经分离洗涤后，送焙烧窑焙烧得到氧化铝。

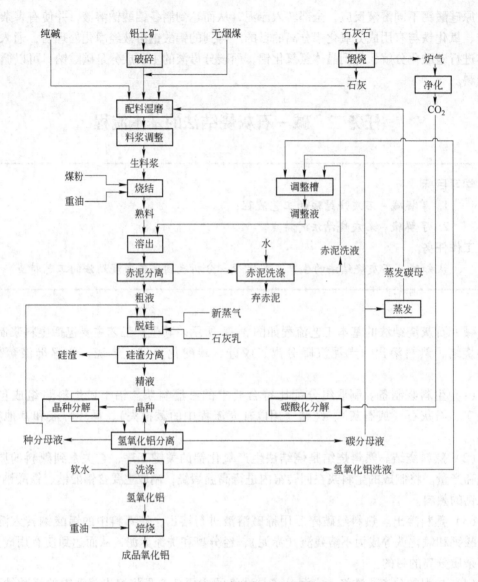

图 3 – 1　碱 – 石灰烧结法基本流程图

（8）分解母液蒸发。碳酸化分解后的溶液主要含 Na_2CO_3，叫做碳酸化分解母液。分解母液通过蒸发，从过程中排除过量的水，以实现水的平衡。蒸发后的母液称为蒸发母液，再用于配制生料浆。

为保证熟料中生成预期的化合物，除铝矿石、石灰等固体物料需在球磨机细磨使生料浆达到一定细度外，还需控制各种物料的配入量，并对生料浆进行多次调配以确保生料浆中各氧化物的配入比例和有适宜的水分量。

为了减轻熟料溶出过程的化学损失并得到成分合适的铝酸钠溶液，溶出用的原液是由赤泥洗液，氢氧化铝洗液和一定数量碳分母液调配而成的调整液。熟料溶出时，其中原硅酸钙仍在一定程度上与溶液发生反应，一方面造成 Al_2O_3 和 Na_2O 的损失，另一方面又使所得铝酸钠溶液含有 5 ~ 6g/L 的 SiO_2，需要组织专门的脱硅过程加以清除，才能使溶液的硅量指数提高至 400 ~ 600 甚至 1000 以上。在脱硅过程中，添加种分母液是为了提高溶液的稳定性，防止氧化铝过早地析出。脱硅过程析出的泥渣称为硅渣，其中含有相当数量的 Na_2O 和 Al_2O_3，所以与碳分母液一同返回配料烧结，予以回收。

脱硅以后的铝酸钠精液大部分进行碳酸化分解，但为了供应流程中用来提高溶液稳定性所需要的 NaOH，也将少量溶液进行晶种分解。

由于具体条件不同，各个工厂采用的具体流程常常与上述流程有所差别。

碱 – 石灰烧结法的优点是：

（1）可以处理 SiO_2 含量高的低品位矿石以及粉煤灰、霞石等含铝非铝土矿原料；

（2）产品白度高，有利于生产高白度化学品氧化铝；

（3）当矿石中 Fe_2O_3 含量不高时，可以利用赤泥来生产高标号水泥。

与拜耳法相比，其缺点是：

（1）流程复杂，生产和基建投资高；

（2）生产能耗高，产品质量较差。

我国碱 – 石灰烧结法工艺流程具有以下特点：

（1）石灰代替石灰石配料，用高浓度的石灰炉炉气（CO_2 含量 38% ~ 40%）代替烧结窑气进行碳酸化分解；

（2）采用生料加煤脱硫；

（3）粗液加石灰乳深度脱硅；

（4）铝酸钠溶液碳分、种分并联分解；

（5）熟料溶出采用低苛性比值、高碳酸钠浓度二段湿磨溶出；

（6）生料浆采用低碱、高钙配方。

任务三　生料浆的制备

学习目标

　　1. 能正确进行配料计算；

　　2. 能配制出合格的生料浆。

工作任务

　　1. 进行配料计算；

　　2. 按生产流程进行生料浆配制和石灰煅烧作业与技术条件控制。

生料浆是将铝矿石配入石灰、纯碱、硅渣并加入蒸发后的碳分母液通过湿磨制成的，是为进行烧结而制备的料浆。在掺煤烧结的情况下，同时入磨的还有无烟煤。为使后续工序生产指标达到要求，要求生料浆达到：

（1）参与化学反应的物料要有一定的细度；

（2）参与化学反应的物料之间要有一定的配比；

（3）参与化学反应的物料之间要混合均匀。

因此，生料浆的制备也要经过铝矿石破碎、配矿、入磨配料、湿磨、料浆调整等几道工序才能完成。

生料浆制备过程中的铝矿石破碎、配矿工艺计算与拜耳法一样。

单元一　生料浆的配料指标

在生料掺煤的情况下，生料浆的配料指标有碱比、钙比、铝硅比、铁铝比、水分、固定碳含量和细度七项。

A　碱比

碱比是指生料浆中氧化钠的物质的量与氧化铝及氧化铁的物质的量之和的比值。

$$碱比 = \frac{[N]}{[A] + [F]} + K_1 = \frac{[N]}{[R]} + K_1$$

式中　$[N]$, $[A]$, $[F]$ ——分别表示生料浆中 Na_2O、Al_2O_3、Fe_2O_3 的物质的量，mol；

$\qquad$ $[R]$ ——生料浆中 Fe_2O_3 和 Al_2O_3 的物质的量之和，mol；

$\qquad$ K_1 ——煤的灰分中氧化铝、氧化铁及其他因素对碱比的校正值，约为 0.03 ~ 0.05。

氧化铁与氧化钠生成的铁酸钠会在溶出时水解，氧化铁水合物进入赤泥，而留在溶液中的苛性氧化钠正好满足了溶出的铝酸钠溶液对苛性比值的要求。

为了保证烧结后熟料的生产指标，生产中一般要求：

$$生料浆碱比 = (0.93 ~ 0.96) + K_1$$

B　钙比

钙比是指生料浆中氧化钙与氧化硅的物质的量之比。

$$钙比 = \frac{[C]}{[S]} + K_2$$

式中　$[C]$, $[S]$ ——分别为生料浆中 CaO、SiO_2 的物质的量，mol；

$\qquad$ K_2 ——煤的灰分中氧化硅及其他因素对碱比的校正值，约为 0.02。

为了保证烧结后熟料的生产指标，生产中一般要求：

$$生料浆钙比 = (2.0 \pm 0.04) + K_2$$

C　铝硅比

铝硅比是指生料浆中氧化铝与氧化硅的质量比。

$$铝硅比 = \frac{A}{S}$$

式中　A, S——分别为生料浆中 Al_2O_3、SiO_2 的质量分数，%。

D　钠铝比

钠铝比是指生料浆中氧化钠与氧化铝的物质的量之比。

$$钠铝比 = \frac{[N]}{[A]}$$

式中　$[N]$，$[A]$——分别为生料浆中 Na_2O、Al_2O_3 的物质的量，mol。

E　铁铝比

铁铝比是指生料浆中氧化铁与氧化铝的物质的量之比。

$$铁铝比 = \frac{[F]}{[A]}$$

式中　$[F]$，$[A]$——分别为生料浆中 Fe_2O_3、Al_2O_3 的物质的量，mol。

F　固定碳含量

固定碳含量是指生料浆中干料含有固定碳的百分数，是由配料过程所加入的无烟煤所得到的。生产中固定碳含量一般为干生料重量的 3% ~4%。

生产上把按化学反应所需理论量计算出的碱比和钙比进行配料的配方，习惯地称为饱和配方或正碱正钙配方。此时，碱比等于1.0，钙比等于2.0。

生产上把不按饱和配方进行配料的配方统称为非饱和配方。非饱和配方中，$[N]/[R]<1.0$ 的配方叫做低碱配方；$[C]/[S]>2.0$ 的配方叫做高钙配方；$[C]/[S]<2.0$ 的配方叫做低钙配方。

生产上采用饱和配方配料进行烧结得不到合格的熟料，在生料加煤烧结时，部分 Fe_2O_3 会被还原为 FeS 和 FeO，不消耗 Na_2O，另外铝土矿中的氧化钛在烧结时也会消耗部分氧化钙，所以一般采用低碱高钙配方，即 $[N]/[R]=0.94\pm0.01$，$[C]/[S]=2.0\pm0.02$，其中，保证钠铝比不低于1.0。

单元二　生料浆的配制操作

A　生料浆的三段配料技术

生料浆的三段配制操作采用三段配料和三次调配法进行。生料浆的配制流程如图 3-2 所示。

a　三段配料

一段配料：根据矿石成分，将破碎好的不同铝硅比的矿石按一定比例在矿槽内混合，同时按要求配入适量的白煤。主配铝硅比、铁铝比和固定碳含量三项指标。

二段配料：配料转盘根据配料单及料浆调整槽的要求，将混矿、石灰、碱粉和硅渣（如果是联合法，还要配入拜耳法赤泥浆）按一定比例与循环母液送入球磨机进行湿磨。主配氧化钠、石灰、水分和细度。

三段配料：是在料浆槽中进行，又分为三次调配。根据配料顺序，把料浆槽分为 A、B、K 三组，各组都有若干个槽。主配碱比和钙比。

b　三次调配

一次调配：磨出来的料浆在缓冲槽与硅渣浆混合后进入各空 A 槽，在 A 槽取样分析

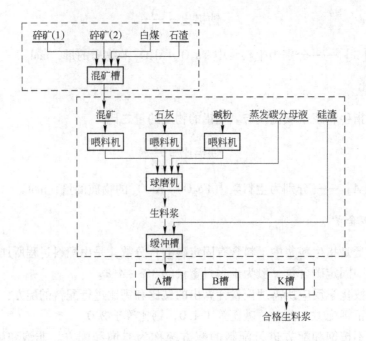

图 3 - 2　生料浆的配制流程图

料浆中氧化钙、氧化钠、水分和细度，根据成分变化，通知磨机调整各物料的下料比例。

二次调配：根据需要的成分，挑出一批 A 槽，使这些 A 槽的平均氧化钠和氧化钙的含量达到合格，将这些 A 槽的料浆混合后倒入各空 B 槽，在 B 槽取样分析料浆中氧化钙、氧化钠、氧化硅、氧化铁、氧化铝、水分和细度，作全分析。准确算出每个 B 槽的碱比、钙比和铝硅比。

三次调配：根据料浆配比的要求，选出一批 B 槽，将平均碱比和钙比合格的料浆，混合均匀倒入 K 槽等待使用。

c　生料浆的技术指标要求

（1）碱比：$[N]/([A]+[F])=0.94\pm0.01$；

（2）钙比：$[C]/[S]=2.00\pm0.02$；

（3）铝硅比：2.8～3.2；

（4）水分：入窑生料浆水分应小于40%；

（5）细度：料浆细度120号筛残留应小于14.5%；

（6）固定碳含量：3.4%±0.4%；

（7）铁铝比：0.08～0.12。

B　生料浆的二段配料技术

由于三次配料法配料周期比较长，调配槽的数量比较多，操作复杂。近年来，随着生料浆调配控制水平及自动化水平的发展，三次调配法配料技术逐渐被两次调配法（A、K）所取代。

图 3 - 3 为生料浆二段配料流程。

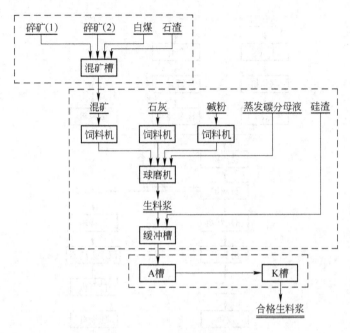

图 3-3 生料浆二段配料流程

单元三 石 灰 煅 烧

A 石灰煅烧工序的主要任务及生产流程

石灰煅烧工序在氧化铝生产中的主要任务是给配料提供质量好的石灰,给碳酸化分解提供高浓度的二氧化碳气体。

在流程中加入石灰煅烧工序,采用煅烧好的石灰代替石灰石配料以及采用煅烧产生的炉气进行碳酸化分解有以下优点:

(1) 石灰石在烧结窑内不再分解,就不会在窑内吸收大量的热能,减少了窑内的热负荷,增加窑产能;

(2) 石灰石在石灰炉内进行吸热分解的热能利用率高,降低了能耗;

(3) 石灰湿磨时遇水会自动粉碎,可磨性好,提高了磨机产能;

(4) 石灰遇水是放热反应,这部分热量够料浆保温用,可以不用蒸汽进行加热;

(5) 石灰炉气的 CO_2 含量高 (38% ~40%),并且杂质含量低,从而使气体净化及输送设备减少,设备利用率和氧化铝产品质量提高。

石灰煅烧生产流程见图 3-4。

氧化铝厂石灰煅烧一般采用机械化竖式石灰炉微正压操作。根据 $CaCO_3$ 分解的吸热以及炉体的散热等所需的热量计算燃料配比。焦炭与石灰石按配比组成混合炉料,通过布料工艺,均匀地撒入炉内。助燃氧(空气)由鼓风机通过炉底风帽均匀送入炉内,石灰石在炉内完成煅烧过程;含有较高浓度 CO_2 气的炉气通过洗涤塔净化后由压缩机送到碳酸化分解槽。煅烧好的石灰通过出灰转盘由出灰机卸出。

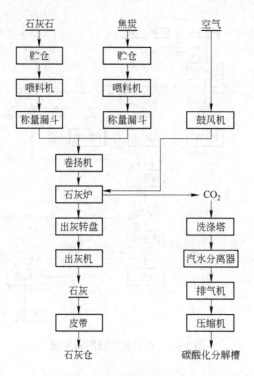

图 3 - 4　石灰煅烧生产流程

对从石灰炉产出的石灰和炉气的质量要求是：

（1） CO_2 含量大于 38%；

（2） 石灰中 CaO 含量越高越好，一般不低于 85%。

B　石灰煅烧的原料与燃料

a　原料石灰石

生产石灰的主要原料是石灰石。石灰石的主要化学成分是 $CaCO_3$，所含杂质有 Al_2O_3、MgO、SiO_2、Fe_2O_3 等。

在煅烧过程中，杂质含量过多则往往会生成熔结物（即结瘤），从而破坏正常的煅烧制度，降低石灰的质量。

石灰石含的水分对石灰质量没有影响，但会增加燃料的消耗量和降低二氧化碳的浓度。

石灰石的块度对煅烧过程有一定影响，块度大，煅烧速度慢，且不易烧透；块度小，煅烧速度快，煅烧易完全，但不能过小，否则通风不好。

生产上对石灰石的质量要求如下：

化学成分：$w(CaO) > 52\%$，$w(MgO) < 1.5\%$，$w(SiO_2) < 2.0\%$。

粒度：40 ~ 100mm（小于 40mm 和大于 100mm 的不超过 5%）。

b　燃料

石灰煅烧用燃料一般可用焦炭，也可用白煤。选用何种燃料取决于燃料的资源与供应情况。竖式石灰炉煅烧石灰石宜选用焦炭作燃料。因为焦炭所含的固定碳高,发热量高,且焦炭在结焦时挥发物质已全部逸出,在作为石灰煅烧燃料时不再产生有害气体。同时,焦炭的机械强度也较高,在立窑中不易被压碎。

焦炭粒度对于石灰煅烧关系较大,小块焦炭燃烧得快,则燃烧速度与其下降速度不相适应而造成过早燃尽,从而使石灰石分解不完全,生产上把这种现象叫做"生烧";如果焦炭块度过大,则会燃烧不完全而与石灰一起卸出,会造成焦炭的浪费,给磨矿增加负担,也使部分石灰石"生烧",影响石灰的质量。因此在入炉前必须经过筛选,选取粒度合格的焦炭。

生产中对焦炭的质量要求如下:

(1) 成分:$w(灰分) < 15\%$,$w(S) < 1.0\%$,$w(挥发分) < 3.0\%$,$w(固定碳) > 78\%$。

(2) 粒度:$15 \sim 40mm$(小于 $15mm$ 和大于 $40mm$ 的不应超过 5%)。

C 石灰煅烧原理

石灰煅烧过程的主要化学反应有碳酸钙的分解反应和碳的燃烧反应:

$$CaCO_3 \Longrightarrow CaO + CO_2 \uparrow$$
$$C + O_2 \Longrightarrow CO_2 \uparrow$$

碳酸钙的分解反应是一个吸热反应,碳酸钙的分解反应温度在标准状态下为 $898℃$,但此时的分解速度很慢。碳酸钙的分解速度主要取决于煅烧温度和 CO_2 的分压。提高煅烧温度会使分解速度加快,所以在石灰煅烧时,实际的控制温度在 $1050 \sim 1250℃$。但是,由于煅烧温度越高,产生的 CO_2 分压也越大,如果不进行处理,就会抑制分解反应的进行,因此必须用排气机不断地将炉顶的 CO_2 气体排出,使炉顶 CO_2 分压降低,加速碳酸钙的分解。

D 影响石灰煅烧的因素

a 石灰石质量的影响

石灰石所含杂质 SiO_2、Al_2O_3、Fe_2O_3 等与 CaO 发生如下反应:

$$SiO_2 + 2CaO \Longrightarrow 2CaO \cdot SiO_2$$
$$Al_2O_3 + xCaO \Longrightarrow xCaO \cdot Al_2O_3$$
$$Fe_2O_3 + xCaO \Longrightarrow xCaO \cdot Fe_2O_3$$
$$MgCO_3 \Longrightarrow MgO + CO_2$$

生成的硅酸钙、铝酸钙和铁酸钙在石灰煅烧温度下易于熔化,则会形成不同颜色的瘤块。瘤块的形成会破坏正常的燃烧制度,并降低石灰的质量。

$MgCO_3$ 的分解温度低于 $CaCO_3$ 的分解温度,如果石灰石中镁的含量大,就会影响石灰煅烧温度的稳定。

b 石灰石块度的影响

石灰石块度的大小是影响煅烧速度的重要因素。块度大,煅烧速度慢,并且不易烧透;块度小,煅烧速度快,煅烧易完全。

c 石灰石在石灰炉内停留时间的影响

石灰石在炉内的停留必须保证一定的时间,才能使石灰石分解完全。

当石灰石块度一定时，停留时间的长短与煅烧温度的高低成反比例关系。温度越高，停留时间越短。当煅烧温度相同时，则取决于石灰石块度的大小，块度大，停留时间长。

d　空气配量的影响

空气配量不足，会导致燃烧不完全，炉气中 CO 含量增加，燃料的消耗增加。

空气配量过多，会导致以下情况的发生：

（1）废气增加，炉气中 CO_2 的浓度降低；

（2）炉气带走的热量增加，降低煅烧区的温度。为提高温度，势必增大燃料的消耗量；

（3）如果空气过量很大时，煅烧区的温度会降低到不能维持 $CaCO_3$ 分解反应的进行。

e　焦比的影响

焦比分为干焦比和湿焦比。干焦比是指配入的干焦炭与石灰石的重量百分比。湿焦比是指配入的湿焦炭与石灰石的重量百分比。生产中以此来表示燃料的配入量。通常氧化铝厂石灰煅烧时的焦比是指湿焦比。干焦比与湿焦比的换算公式如下：

$$湿焦比 = \frac{干焦比}{1 - 焦炭中水分含量}$$

焦比的高低会直接影响石灰的煅烧制度和石灰的质量。焦比过高，易产生过烧现象，炉内易结瘤；产出的石灰不易消化。焦比太低，则会导致炉温低，石灰石分解不完全。

因此，确定合适的焦比大小，是石灰煅烧过程一项很重要的技术条件。

E　石灰煅烧过程及技术条件控制

a　石灰炉内的物理化学变化

图 3-5 为竖式石灰炉的示意图。

按照石灰石等炉料在炉内发生的物理化学变化的不同，一般将石灰炉沿高度分为三个区域，即预热区、煅烧区（分解区）和冷却区。

（1）预热区。预热区位于炉的上部，区域范围大约占炉子高度的 25%，温度范围 120~900℃。在此区域，从下面煅烧区上升的热气流将混合炉料（从炉顶加入的石灰石和焦炭）预热和干燥，而热气体本身则受到冷却，气体热量的 45% 左右会在此区域得到利用。因此，预热区的高度必须与煅烧区的高度相适应。预热区高度不够将使炉气温度过高，热量不能充分利用。

（2）煅烧区。煅烧区位于炉的中部，大约占炉子高度的 50%，燃料集中于本区进行燃烧，故煅烧温度最高，达 1100~1200℃。炉料的主要化学反应均在该区进行。煅烧区内的温度与鼓风压力大小有关，随着鼓风压力的增大，燃料燃烧更强烈，温度也更高。

（3）冷却区。冷却区位于炉的下部，从燃料停止燃烧的地方到石灰出口为止均为冷却区，也占炉子高度的

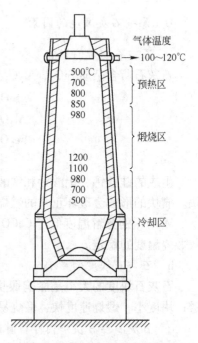

气体温度
→ 100~120℃

500℃
700
800
850
980

预热区

煅烧区

1200
1100
980
700
500

冷却区

图 3-5　竖式石灰炉的示意图

25%左右，温度范围800~60℃。烧好的石灰在通过此区域时，会与鼓入的冷空气进行热交换，从而使石灰受到冷却，温度降低到60℃左右出炉，而鼓入的冷空气则得到预热有利于燃烧。

上述各个区域的相互位置是恒定的，但是各区域所占炉子的高度不是固定不变的，一般也不能明显的区分出三个区域的界限，因为它们在生产中常发生移动。影响各区高度的主要因素是石灰石、焦炭的粒度及其均一性。料块较小，粒度均匀则各区的界限较明显；反之，则各区不但没有明显的界限，而且煅烧区会伸延很长。

b　石灰炉煅烧过程技术条件控制

(1) 煅烧度。

由碳酸钙的分解反应可知，每100kg纯$CaCO_3$如全部分解，可得56kg CaO和44kg CO_2。但实际上在煅烧时得到的CO_2数量要少于此理论值，这是因为石灰石中的$CaCO_3$没有全部分解。通常把石灰中已分解的CaO含量与石灰中全部CaO含量的百分比称为煅烧度或分解率。

煅烧度的符号以P表示。计算公式如下：

$$P = \frac{石灰中\,CaO - \dfrac{56}{44} \times 石灰中的灼减}{石灰中\,CaO \times 100\%}$$

式中　石灰中的灼减——石灰中CO_2的质量，kg；

　　　石灰中CaO——石灰中CaO的质量，kg。

煅烧度的高低直接影响到原料的利用率和CO_2的产量，因此要求石灰煅烧度越高越好。为达到此要求，就要控制石灰石块度适中，焦炭配比合适，石灰石在炉内有一定的停留时间，这样才能保证有好的煅烧度。

(2) 焦比。

氧化铝厂采用竖式石灰炉煅烧石灰石时，一般控制湿焦比为7%~7.5%。

(3) 风压和顶压。

风压即石灰炉的鼓风压力。风压大小根据产量高低和原料、燃料等的粒度变化而变化。产量高，石灰石粒度小，需要的风压就高；反之，风压就低。

调整风压的方法是通过调整鼓风机的进风阀门来进行的。正常操作情况下，1h内增减风压不超过1.33×10^4Pa。

顶压是指炉顶炉气的压力。顶压的波动是由于鼓风压力、料层高低、抽气能力及炉内结瘤引起的。可以用增减加料量和调整风压的方法来调节。生产中采取微正压操作，一般控制在2.67×10^3Pa左右。

(4) 顶温和灰温。

顶温指石灰炉顶部排出炉气的温度。灰温是指石灰炉底部卸出石灰的温度。顶温和灰温是决定能耗高低的关键指标，主要是随进风量和出灰量而变化。当底部风压降低或因其他缘故，鼓风机停止鼓风时，火层停留在下部，则灰温升高而顶温降低；如出灰少或停止出灰时，火层上升，则灰温降低，顶温上升。

影响顶温和灰温的因素有焦炭粒度的均一性、焦比以及配焦混合情况等。焦炭碎末多，会使火层上移,顶温升高;而焦炭配量过多,配焦混合不均匀以及焦炭粒度过大等均能使火层下移,灰温升高;另外,在炉内发生偏烧、结瘤等情况时也会引起顶温和灰温的变化。

在正常生产情况下,冬季顶温控制在 $(100 \pm 20)\text{℃}$,灰温 $(50 \pm 10)\text{℃}$;夏季顶温 $(120 \pm 20)\text{℃}$,灰温 $(70 \pm 10)\text{℃}$。

(5) 石层。

石层是表示炉内料柱高度的一个参数。生产中常用探石杆或料位计来量取料面距炉顶的高度,通常把这个高度称为石层。石层一般控制在 $(3.2 \pm 0.2)\text{m}$ 为宜。

石层的高低对技术条件的影响很大。石层过高,预热区相对缩短,则炉内气流速度增加,使顶温上升,煅烧区延长,从而导致石灰生烧和炉气中 CO_2 浓度降低;如果石层保持过低,则料面距撒料器太近,影响撒料的均匀性,甚至会碰坏撒料器而造成事故。

任务四　熟料烧结

学习目标

　　1. 了解熟料烧结的化学反应及生料加煤的作用;

　　2. 掌握熟料质量评价标准、回转窑烧结工艺流程及工艺条件;

　　3. 能正确进行熟料烧结工艺设备操作及技术条件控制;

　　4. 会分析处理烧结过程常见故障。

工作任务

　　1. 分析熟料烧结的化学反应及生料加煤的作用;

　　2. 进行回转窑熟料烧结操作与技术条件控制;

　　3. 分析处理烧结过程常见故障;

　　4. 对熟料质量进行判断。

所谓烧结,就是指生料在高温下各成分相互之间发生一系列复杂的物理、化学变化,形成一种致密度较大的、具有一定机械强度的粒状物料的过程。在烧结过程中,各成分之间的相互反应基本上是在固体状态下完成的。

在碱 - 石灰烧结法生产氧化铝工艺中,烧结过程是一个关键环节,炼制高质量的熟料是顺利实现烧结法生产的基本前提。氧化铝熟料烧结过程的目的就是要使原料中的 Al_2O_3 转变成易溶于水或稀碱溶液的化合物 $(Na_2O \cdot Al_2O_3)$ 而使 SiO_2、Fe_2O_3 和 TiO_2 等杂质转变为不溶于水或稀碱溶液的 $2CaO \cdot SiO_2$、$Na_2O \cdot Fe_2O_3$ 和 $CaO \cdot TiO_2$ 等化合物,以便在下一步溶出过程中将有用成分与有害杂质分离出来。

单元一　熟料烧结的主要反应

A　Na_2CO_3 与 Al_2O_3 之间的反应

炉料中的 Al_2O_3 在一定温度下可以与 Na_2CO_3 相互作用生成铝酸钠 $(Na_2O \cdot Al_2O_3)$,

其反应式如下：

$$Al_2O_3 + Na_2CO_3 === Na_2O \cdot Al_2O_3 + CO_2 \uparrow$$

在 500℃ 以上时，上式反应开始向右进行，但是反应速度很慢，并且反应不能进行到底；在 800℃ 时，反应可进行到底但进行仍然很慢，需 25～35h 才反应完；在温度高到 1150℃ 时，反应则可以在 1h 内完成。

B　Na_2CO_3 与 SiO_2、Al_2O_3、CaO 之间的反应

如果炉料不配石灰，则会发生如下反应：

$$2Na_2CO_3 + 2SiO_2 + 2Al_2O_3 === Na_2O \cdot Al_2O_3 \cdot 2SiO_2 + Na_2O \cdot Al_2O_3 + 2CO_2 \uparrow$$

上式反应在 1000℃ 时，进行很快，生成了不溶性的铝硅酸钠化合物（$Na_2O \cdot Al_2O_3 \cdot 2SiO_2$），即霞石。

如果炉料配有石灰，则会在 1100℃ 开始进行如下反应：

$$Na_2O \cdot Al_2O_3 \cdot 2SiO_2 + 2CaO === Na_2O \cdot Al_2O_3 + 2CaO \cdot SiO_2$$

从上面两个化学反应式可看出，如果炉料中不配石灰，铝土矿中的氧化硅还会生成不溶性的铝硅酸钠，则烧结法仍然不能处理高硅铝土矿，只有在炉料中有石灰存在时，铝土矿中的氧化硅才能在烧结时生成不溶性的原硅酸钙，而不会生成铝硅酸钠。

C　Na_2CO_3 和 Fe_2O_3 之间的反应

Na_2CO_3 和 Fe_2O_3 在加热时能相互作用生成铁酸钠：

$$Na_2CO_3 + Fe_2O_3 === Na_2O \cdot Fe_2O_3 + CO_2 \uparrow$$

上式反应在 700℃ 以下开始进行，在 1000℃ 时可在 1h 内完成。

单元二　熟料质量评价

熟料的质量在生产上通常是用熟料中的 Na_2O 和 Al_2O_3 的标准溶出率、熟料的堆积密度、块度以及熟料中负二价硫（S^{2-}）含量等指标来衡量。

A　Na_2O 和 Al_2O_3 标准溶出率

Na_2O 和 Al_2O_3 标准溶出率是指熟料中的 Na_2O 和 Al_2O_3 在标准溶出条件下的溶出率。所谓标准溶出条件，是指能使熟料中可溶出的 Na_2O 和 Al_2O_3 全部溶出来，并且不再因溶出过程中的副反应而重新进入赤泥的溶出条件。

工厂中的标准溶出条件是根据其熟料成分和性质，通过试验确定的。目前烧结法厂熟料标准溶出条件是以 100mL 溶出用液和 20mL 水在 90℃ 下，将 120 号筛下的熟料 8.0g（即液固比为 15）溶出 30min，然后过滤分离残渣，并在漏斗中将残渣淋洗 5 次，每次用沸水 40mL，溶出用液的成分为 NaOH 22.6g/L，Na_2CO_3 8.0g/L；联合法厂的标准溶出条件所规定的熟料粒度、用量、液固比与上述相同，但溶出温度为 85℃，溶出时间为 15min，溶出用液的成分为 Na_2O 15g/L，Na_2O_C 5g/L，溶出后的泥渣在出漏斗中洗涤 8 次，每次用水 25mL。

标准溶出率是评价熟料质量最主要的指标。烧结法厂要求熟料中 $\eta_{A标} > 96\%$，$\eta_{N标} > 97\%$，联合法厂相应为 93.5% 及 95.5%。

B　熟料的堆积密度和块度

熟料的堆积密度和块度反映着烧结程度和孔隙率。一般是测定 3～10mm 的熟料堆积密度。烧结法厂要求堆积密度为 1.20～1.30kg/L，联合法厂为 1.2～1.45kg/L。熟料块度应该均匀，大块的出现常是烧结温度太高的标志，而粉末太多则是欠烧的结果。熟料大部分应为 30～50mm，呈灰黑色，无熔结或夹带欠烧料的现象。这样的熟料不仅溶出率高，可磨性良好，而且溶出后的赤泥也具有较好的沉降性能。

C　熟料中负二价硫（S^{2-}）含量

我国工厂还将熟料中的负二价硫 S^{2-} 含量规定为熟料的质量指标。其含量高低，不仅标志着炉料中 SO_4^{2-} 的还原程度，而且也反映着烧结过程技术经济指标控制的效果。长期的生产经验证明：S^{2-} 含量大于 0.25% 的熟料是黑心多孔的，它具有性脆、易磨、赤泥稳定、沉降性能良好、Na_2O 和 Al_2O_3 的净溶出率高等优点；而黄心熟料或粉状黄料，S^{2-} 含量小于 0.25%，特别是小于 0.1% 的，它们在各方面的性能都比较差。砸开熟料观察它的剖面，就可以对熟料质量做出快速而又有效的鉴别。

不同的工厂由于原料的作业制度特别是熟料溶出制度的不同，检测熟料质量的方法和具体指标规定也常有所差别。采用颗粒溶出时，对于熟料质量要求更高，但是经济比较结果表明，颗粒溶出没有湿磨溶出效果好。

通常熟料质量标准如下：

（1）熟料中的 Al_2O_3 含量为 34%～35.5%；

（2）熟料中 Fe_2O_3 含量不小于 4.0%；

（3）熟料中 S^{2-} 含量不小于 0.3%；

（4）熟料的堆积密度在 1.2～1.25kg/L（粒度为 3～10mm）；

（5）熟料 Al_2O_3 标准溶出率大于 96%，Na_2O 标准溶出率大于 97%；

（6）破碎后熟料粒度小于 80mm；

（7）熟料必须正烧结，外观为灰黑色，砸开后为黑心多孔，严防跑黄料；

（8）熟料温度小于 350℃；

（9）熟料铝硅比为 3.2±0.1。

碱－石灰烧结法工厂每生产 1t 氧化铝需 3.6～4.2t 熟料，每吨熟料的热耗达 6.2GJ。烧结车间的投资约占烧结法厂总投资的三分之一，烧结的费用约为生产成本的二分之一，能耗占总能耗的一半以上。因此，烧结车间往往是全厂节能降耗减排、控制生产成本和增加产量的关键。

熟料烧结过程中应注意控制好炉料的烧成温度及烧结温度范围，研究硫在烧结过程中的行为和脱硫措施。

单元三　烧成温度及烧成温度范围

碱石灰－铝土矿生料的烧结是在回转窑中于 1200℃ 以上的温度下进行的。

生料中参与反应的固体物料间的反应速度和反应程度，除与这些物质的混合均匀性和细磨的程度（生料粒度）有关之外，在生产条件下，主要取决于烧成温度及在回转窑中高温带（烧成带）的停留时间。

如前所述，烧结时生料各组分间的反应是固相反应，液相的形成对固相反应起着促进作用。特别是在物料进入烧成带之后，烧成温度对于在煅烧中混合物料的液相量，熟料的硬度和孔隙率起着决定性作用。

生产上通常用"欠烧结"、"近烧结"、"正烧结"、"过烧结"来区分熟料的烧结程度。

（1）欠烧结。烧成温度低，反应进行不完全，烧结产物成为粉状物料，或部分是粒状物料，液相量少于5%，俗称黄料。生产上把得到这种熟料的烧结称为欠烧结，把得到这种熟料的温度叫做欠烧结温度。

（2）近烧结。烧结过程中液相量少于20%时所得到的熟料称为近烧结熟料。该熟料的块度小，可磨性好，标准溶出率高，但赤泥沉降性能不稳定。生产上把得到这种熟料的烧结称为近烧结，把得到这种熟料的烧结温度称为近烧结温度。

（3）正烧结。生产上把烧结过程中液相量为20%～30%时所得到的熟料称为正烧结熟料。该熟料的标准溶出率高，可磨性好，溶出快，赤泥性能稳定。生产上把得到这种熟料的烧结称为正烧结，把得到这种熟料的烧结温度称为正烧结温度。

（4）过烧结。当温度再高，液相量超过30%，使熟料孔隙被熔体填充，则得到高强度的致密的熔结块，称为过烧结熟料。该熟料的块度大，强度大，孔隙度小，溶出率也低。生产上把得到这种熟料的烧结称为过烧结，把得到这种熟料的烧结温度称为过烧结温度。

（5）烧结温度范围。在得到正烧结熟料和过烧结熟料之间温度范围称为烧成温度范围。烧成温度范围是影响烧结过程和熟料质量的一项重要指标，如果熟料的烧成温度范围太窄，就会使烧结窑的操作遇到困难：温度稍低些就要跑黄料，温度稍高些又会引起过烧结、窑皮脱落及生成结圈等不正常现象，所以生产上要求熟料的烧成温度范围应该宽一些，至少也应大于40℃。

熟料烧结的最佳温度条件，即烧成温度和烧成温度范围，取决于原料的化学及矿物组成和生料的配料比。我国的生产经验与试验研究表明：提高炉料的铝硅比可以使其熔点显著提高，从而使其烧结温度范围相应地加宽，当熟料的 A/S 低于2.7时，由于其烧结温度范围变窄，回转窑的操作便会感到困难；当提高炉料的 Fe_2O_3 含量并配入 Na_2O 使 Fe_2O_3 生成 $Na_2O \cdot Fe_2O_3$ 时，将使炉料出现液相的温度和其熔点都降低的现象，其烧结温度范围也有所变窄，而炉料中 Fe_2O_3 含量很少时，虽可使其烧结温度范围变宽，但必须提高烧结过程的温度，此时可往炉料中加入少量铁矿石来降低炉料的熔点，可降低其烧结温度。烧结温度范围是影响烧结过程及熟料质量的重要因素。总之，在研究炉料成分及选择配方时应考虑使炉料具有较宽的烧结温度范围。

单元四 生料加煤还原烧结

生料加煤还原烧结是在生料配料过程中，添加一定量的无烟煤，该技术已成为我国烧结法氧化铝生产的独特工艺技术。

其目的是提高窑的产能，在窑内造成还原气氛使熟料中的 Fe_2O_3 还原成惰性的 FeO 或 Fe_3O_4，以消除因铝矿中含铁过高的危害；并有还原 Na_2SO_4 消除结圈、降低碱耗等作用。

铝土矿中的 Fe_2O_3，在熟料烧结过程中生成 $Na_2O \cdot Fe_2O_3$ 与 $2CaO \cdot SiO_2$ 形成的低熔点共晶体，产生少量的液相，起促进烧结反应的作用。但铝土矿中含 Fe_2O_3 过高时，会使熟料的熔点降低，在烧结过程中液相量增加，易于产生结圈，给生产带来困难。

生料加煤后，Fe_2O_3 在烧结过程中于 $500 \sim 700℃$ 下被还原成惰性的 FeO：

$$Fe_2O_3 + C =\!=\!= 2FeO + CO$$

铝土矿中的黄铁矿（FeS_2），在还原性气氛下按下式被还原成 FeS：

$$2FeS_2 + Fe_2O_3 + 3C =\!=\!= 4FeS + 3CO$$

从原料（铝土矿、石灰、碱粉）及烧成用煤中带进生产过程中的硫，在烧结时与碱作用生成 Na_2SO_4，溶出时进入溶液，并在生产中循环和积累，使生产过程 Na_2SO_4 含量增高。由于 Na_2SO_4 熔点只有 $884℃$，在进入烧成带之前，它就熔化成液相。熟料含 Na_2S_S 3.5% 就相当于含 Na_2SO_4 8%。此时炉料便具有一定的可塑性，加之 Na_2SO_4 熔体的黏度较大，易使炉料粘挂在窑壁上，结成厚的副窑皮和严重的后结圈，严重影响窑的正常生产。生产实践证明：当熟料中 Na_2S_S 含量在 4% 以上时，烧结窑的操作即很困难；而 Na_2S_S 含量高达 6% 以上时，烧结窑就不能维持正常生产了。生料加煤后，则可以消除生产过程中硫的危害。

Na_2SO_4 的熔点低，且不易分解和挥发。在 $1300 \sim 1350℃$ 时 Na_2SO_4 才开始分解，其分解压力达 $1.01 \times 10^5 Pa$ 大气压时，需要 $2177℃$ 的高温。但还原剂的存在，可以促进 Na_2SO_4 分解，如有碳存在时，Na_2SO_4 可以在 $750 \sim 800℃$ 下开始分解。当还原剂、氧化物及碳酸钙同时存在时，Na_2SO_4 可以完全分解。其反应式如下：

$$Na_2SO_4 + C =\!=\!= Na_2SO_3 + CO$$
$$Na_2SO_4 + 2C =\!=\!= Na_2S + 2CO_2$$
$$Na_2S + 3Na_2SO_4 =\!=\!= 4Na_2SO_3$$
$$Na_2SO_3 + Al_2O_3 =\!=\!= Na_2O \cdot Al_2O_3 + SO_2 \quad （反应温度在 900℃ 以上）$$
$$Na_2S + FeO =\!=\!= FeS + Na_2O$$
$$Na_2S + CaO =\!=\!= CaS + Na_2O$$
$$Na_2SO_4 + CaCO_3 + 4C =\!=\!= Na_2CO_3 + CaS + 4CO$$

当生料中有足够的 Fe_2O_3 或 CaO 时，可以避免生成多余的 Na_2S。因为 Na_2S 与 FeS 结合成复盐 $Na_2S \cdot 2FeS$，熟料溶出时进入溶液，碳酸化分解时发生分解使 $Al(OH)_3$ 被 FeS 所污染，反应式如下：

$$Na_2S \cdot 2FeS + CO_2 + H_2O =\!=\!= 2FeS\downarrow + Na_2CO_3 + H_2S\uparrow$$

综上所述，碱－石灰烧结法生料加煤的结果，使熟料中的硫大部分成二价硫化物（$FeS \cdot CaS$）及 SO_2 状态，从弃赤泥中排除，使生产过程中 Na_2SO_4 的积累缓慢，降低了 Na_2SO_4 的平衡浓度，解决了烧结法生产中的一个重要问题。

生料加煤的作用，不仅排除了生产过程中 Na_2SO_4 的积累，而且由于 Fe_2O_3 被还原成 FeO 或 FeS，配料中可以减少 Fe_2O_3 的配碱量，使碱比降低，因此可以降低碱耗。

此外，加入还原剂可以强化熟料烧结过程，因为生料中加入的煤使窑内烧成带以前燃烧，等于增加了窑内的燃烧空间，提高了窑的发热能力，同时提高了分解带的气流温度，强化了热的传导，增加了熟料的预热，改善了熟料质量，提高了窑的产能。

生产测定表明，烧结掺煤的熟料时，在熟料窑的分解带，炉料中93%的硫被还原成二价硫化物，当物料进入烧成带、冷却带和冷却机后，处于氧化气氛中，尤其是暴露在表面的物料，往往不可避免地有一部分二价硫化物又会重新氧化成 Na_2SO_4。

测定结果表明，出冷却机的熟料中的 S^{2-} 含量已降至占全硫的40%左右，一般情况下甚至可降至20% ~30%。因此，采用适宜的烧结制度和冷却制度，减弱已生成的二价硫化物在烧成带和冷却带内的氧化程度是获得 S^{2-} 含量较高的熟料的关键。

在操作上应注意风、煤、料三者的配合，在保证燃料完全燃烧的前提下，降低过剩空气系数（即降低 O_2 含量），以利于保持一定的还原气氛，从而提高还原效果。废气含 O_2 愈高，过剩空气就愈多。生产上把废气中 O_2 含量作为窑前看火工的控制参数，规定废气中 O_2 含量不大于0.3%。

单元五　熟料烧结工艺流程

A　熟料烧结的生产流程

熟料烧结的生产工艺流程可分为3个系统，回转窑熟料烧结工艺流程如图3-6所示。

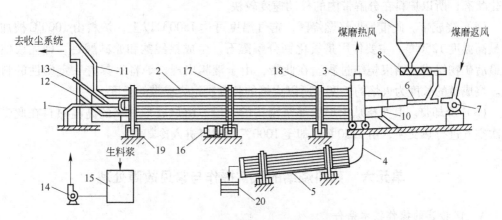

图3-6　回转窑熟料烧结工艺流程

1—饲料喷枪；2—回转窑筒体；3—窑头罩；4—熟料流槽；5—单筒冷却机；6—喷煤管；7—鼓风机；8—双管螺旋给煤机；9—煤粉仓；10—窑头操作室；11—窑尾罩；12—刮料器；13—返灰管；14—油隔泥浆泵；15—生料浆槽；16—马达；17—大齿轮；18—领圈；19—托轮；20—裙式输送机

（1）饲料系统。制备好的生料浆用泥浆泵（压力1.2~1.4MPa）经喷枪在窑尾雾化喷入窑内（射程约10~12m），烧成的熟料由窑头下料口流入冷却机，将1000℃以上的高温熟料冷却到300℃左右，由裙式输送机输送到颚式破碎机破碎后，由斜斗式提升机送入熟料仓。

（2）燃烧系统。熟料窑可用煤粉、重油或天然气等各种燃料。常见的是用煤粉作燃料，原煤经煤粉磨细磨后进入煤粉仓，然后煤粉进入喷煤管被一次风喷入窑内燃烧。

（3）收尘系统。废气从窑尾入立式烟道经旋风收尘，分离出的尘粒由流管直接入窑，排风机再将废气送至电收尘再次收尘净化，使废气的烟尘含量小于 $0.15g/m^3$，然后由烟囱排空，电收尘收下的窑灰经螺旋输送机、提升机返回窑内。

B　煅烧过程

根据炉料沿窑尾到窑头的温度变化将窑划分为 5 个作业带。

（1）烘干带。在此区域内，窑气温度由 800℃ 降到 250℃ 左右，炉料由 80℃ 被加热到 150℃ 左右。此带主要是烘干生料浆的附着水。生料浆喷入窑内后，在雾化状态下除掉 80% 的附着水，然后落下与回饲的窑灰混合。为防止在窑尾生成泥浆圈，出烘干带的炉料水分应小于 10%。

烘干带的长度为喷枪的喷射距离，约有 10~12m。

（2）预热带。窑气由温度 1200℃ 降到 800℃，炉料由 150℃ 被加热到 600℃ 左右。此带除继续烘干炉料残余的附着水外，主要是脱除炉料中的结晶水，部分石灰石也在此带开始分解。生料加煤时，硫酸钠开始被还原为硫化物。

（3）分解带。窑气由温度 1500℃ 以上降到 1200℃，炉料由 600℃ 被加热到 1000℃ 以上。在此带，物料中的石灰石和高岭石完全分解，炉料中的碳酸钠和氧化铝、氧化铁生成霞石和铁酸钠，生料加煤时，SO_4^{2-} 在此带被还原成 S^{2-}，还原率达 93% 以上。在分解带内，由于 $CaCO_3$ 分解及氧化物和 Na_2CO_3 作用，逸出大量的 CO_2 气体，使炉料处于悬浮流态化状态，所以炉料在分解带内的移动速度较快。

（4）烧成带。此带为火焰燃烧区，窑气温度可达 1500℃ 以上，炉料由 1000℃ 被加热到最高温度 1250℃。主要作用是氧化钙分解霞石，生成铝酸钠和原硅酸钙，即完成熟料的最后矿物组成，结束烧结过程。在此带，由于液相出现，炉料呈具有一定塑性的料团状。烧成带的长度为火焰的长度，所以火焰的长度决定烧成带的长度。

（5）冷却带。其是指从火焰后部至窑头的一段。由烧成带过来的高温熟料在此带与二次空气进行热交换，由 1250℃ 冷却至 1000℃ 后出窑进入冷却机。

单元六　熟料烧结的正常操作与常见故障处理

A　回转窑的操作技术条件

我国在熟料烧结作业上总结出"三大一快"，即大料、大风、大煤（油）、快速转窑的先进操作法，大风、大煤（油）可以保持短而集中有力的火焰，快速转窑可以强化热传导和加快物料的移动速度。"三大一快"的操作制度可以保证在烧结过程中生成适量的液相，窑皮易于维护，熟料质量良好，大窑稳产高产。

操作技术条件如下：

（1）烧结温度：1200~1250℃；

（2）喷枪压力：1.2~1.4MPa；喷枪数目：3~6 支；

（3）窑头温度：550℃ 左右；窑尾温度不低于 170℃，不高于 450℃；

（4）废气温度：250℃ 左右；

（5）过剩空气系数：烧煤为 1.1~1.3；烧油为 1.01~1.03。

B　挂窑皮

窑皮是物料烧结后粘结在熟料窑烧成带耐火砖表面上形成的一层熟料保护层。它可防止高温区物料对耐火砖的化学侵蚀及物料磨蚀，延长耐火砖使用寿命，提高回转窑运转周期。同时，可增强传热效率，有利于检修，稳定窑的热工制度，减少热损失。

a　窑皮产生的机理

物料在回转窑中，由冷端向热端运动，当进入到分解带前沿时，在一定温度下开始出现液相，随着温度升高，液相量也随着相应增加，当增加到一定量时，物料就具有粘结性，当物料和耐火砖接触时，由于耐火砖向外散热温度较低，液相和部分物料就粘结在耐火砖表面，形成第一层窑皮，第一层窑皮温度下降凝固后，由于物料不断推进，又形成第二层窑皮。第二层窑皮粘结后，温度又会下降，这个过程继续下去，窑皮越结越厚，当窑皮厚到一定程度时，由于窑皮的热负荷增加，窑内表面温度升高，液相粘结逐渐减小，由内向外冷却困难，液相过热，粘性不足，此时窑皮就停止生成。

b　挂窑皮的操作要点

（1）挂窑皮时要控制"三定"，定窑皮位置、定窑皮长度、定窑皮厚度。正常窑皮距窑头 5~6m，长度 5~7m 左右，厚度 150~200mm，无前后结圈，厚薄均匀。

（2）采取分层薄挂方法，下料量一般控制在 50m³/h 左右。

（3）由前往后挂。当物料靠近烧成带时，火焰会逐渐缩短，此时，应增加后风和燃料量，控制高温火焰位置距窑头 6m 外，防止生料越过烧成带。在烧成带将物料烧至半熔状态，当耐火砖表面有液相出现时，液相就会与半熔状态物料粘结在一起，在窑壁的耐火砖上形成第一层高温窑皮。5h 左右可以挂好大约 50mm 的窑皮。

（4）第一层高温窑皮挂好后，控制正烧结温度范围，保持物料粘结均匀，再进行均衡粘挂第二层窑皮。要严禁跑黄料及过烧，使窑的热工制度处于正常状态；前风要适当减小，火焰要软。

（5）在正常情况下，40h 内可挂好窑皮，然后以正常温度煅烧24h，即可转入正常生产。

C　烧成带温度的控制与调整

熟料烧成操作的核心是以控制烧成带的温度为主，达到窑内热工制度的稳定，使生料在窑内各带完成一系列物理、化学变化，最终得到合格熟料，并实现熟料窑优质、高产、安全、稳定运行。

a　烧成带温度的判定

要想控制好温度，首先要能判断出窑内物料的温度，这主要是凭操作经验目测窑内状况进行判定，也可通过仪表检测进行判定。

（1）看带料高低。正常烧结结温度下，物料随窑转动带起的高度应高于窑的半径，随后料块滚下散开。温度高，带料高；温度低，带料低。

（2）看粒度。正烧结温度的物料粒度适当均匀，大块和粉料少，一般在 5~20mm 之间，物料滚动纵向成直线；温度低时，块小粉料多；温度高时，块度较大。

（3）看火焰。正烧结温度，火焰顺畅，粗壮有力，发微白色。火焰发白说明温度偏高，火焰发红说明温度偏低。

（4）看物料运动速度。相对于正烧结温度的物料，低温物料在窑内的运动速度较快，高温物料在窑内的运动速度较慢。在窑内清亮时，可以看到物料黑影。黑影位置向前，则温度低，向后则温度高。

（5）看料层。下料量一定时，正烧结温度的物料来料均匀，低温物料堆积密度小，料层厚；高温物料堆积密度大，料层薄。

（6）看仪表。正烧结温度，窑头温度、窑电流波动范围较小；烧结温度高，窑主电机电流和窑头温度高；烧结温度低，窑主电机电流和窑头温度低。

b　烧成带温度的控制与调整

烧成带温度的控制与调整，主要是通过改变燃料用量、通风量、窑速等条件来实现的。改变这些条件的依据是窑头、窑尾温度、窑尾负压和窑尾废气中的 CO、O_2 含量等参数。

（1）窑头温度。出现头温不断上升或骤升，一般是由于物料过烧、堵料或喂料量突然增大等原因引起。若是过烧问题，应采取减煤并适当拉大后风的方法处理；若是喂料问题，应及时调节，稳定喂料量。

（2）窑尾温度。在风量、燃料量变化不大时，若尾温升幅较大或骤降，一般是由于喂料量波动、喷枪故障或窑尾结皮、泥浆圈等原因引起。若是喂料量波动，应检查、处理喂料泵；若是喷枪故障，查枪处理；若是窑尾结皮、泥浆圈，则应减料或停车处理。

（3）窑尾负压。窑尾负压是反映窑内通风及物料烘干效果的一个重要依据，正常时波动幅度不大。若生产过程负压不断上升，应首先检查窑尾料浆烘干效果或检查喷枪。此外，窑前下料口积料严重或烧成带前、后结圈过高，负压也会上升，应根据情况进行处理。

（4）CO、O_2 含量。CO、O_2 含量是反映窑内燃料燃烧状况的重要参数，CO 含量与 O_2 含量在窑内成反比，它是操作人员调整风、煤配合的主要依据之一。生产中，若 CO 含量偏高，O_2 含量偏低，说明燃烧不完全，用煤量偏大，应适当减小用煤量；若 O_2 含量偏高，CO 含量偏低，则空气过剩系数大，应适当关小排风机风门。

D　常见故障分析与处理

a　跑黄料

跑黄料指经过烧结带的物料没有完成烧结反应，烧出不合格的熟料。随着跑黄料的发生，会出现不同程度的跑煤现象。出现跑黄料的特征及处理方法如下：

（1）当烧成带物料发散，窑内浑浊，看不清烧成带的情况，窑头温度下降时会出现跑黄料。此时应加大燃料量，适当增加排风量。

（2）制浆水分大，烘干不好，积料和放窑灰、塌灰，熟料窑各带前移，烧结温度控制不均和烧成带温度长时间偏低，会出现跑黄料。此时可适当调整燃料量及前后风量，进行提温；严重时进行慢车甚至掩车处理。慢车操作是指熟料窑在较低的转速下运行，同时喂料量、给煤量、风量都做相应的调整。掩车是将熟料窑临时停下来，同时喂料量、给煤量、风量都做相应的调整。二者的目的都是尽快提高窑内温度。

（3）熟料窑操作不稳，周期来料大，烧成带、窑头、窑尾等温度呈周期性波动，烧成带温度下降快，提温时间短，速度快，则会出现跑黄料。此时应观察窑皮形状是否前薄后厚，并及时修整窑皮。

（4）烧结温度降低，提温困难且时间长，物料中呈现跑煤现象，也会出现跑黄料。如果通过慢车、减料等手段提温仍较难，可观察是否前结圈过高，圈后窑皮不好，适当增前风，减后风，拖回风管，烧除结圈，烧除后恢复正常操作。

b　结圈

生料烧结过程中，由于液相的出现和凝结，在烧成带前后两端形成致密而高于窑皮的结圈称为前结圈和后结圈。

（1）结圈的特征。前结圈的特征是从看火孔会看到窑皮前端明显有一圈高出窑皮的凝结物。后结圈的特征是：通风不良，负压升高，燃烧不完全；窑内料层不均匀，忽大忽小，窑灰量增多；火焰缩短，窑尾温度下降，窑头温度上升。

（2）结圈的原因。氧化铝熟料中矿物 $2CaO \cdot SiO_2$ 和 $Na_2O \cdot Fe_2O_3$ 是生成液相的主要成分，其次是杂质 MgO、Na_2SO_4 等。随着配料中铝硅比的降低，熟料的熔融温度显著降低，烧成范围窄，出现结圈的机会就越多，当其他成分一定，物料的铝硅比小于2.8，铁铝比大于0.15或碱比小于0.9时，烧成带液相过多导致结圈生成；喂料不均，料层不均，使火焰位置伸长或缩短交换的频繁改变会加速结圈生成。

（3）处理结圈的方法。因结圈结构致密拱形强度大，采用热胀冷缩的方法不易脱落，因此采用将高温点移到结圈外提温使黏料一层层滚掉。烧除结圈有"急烧"和"缓烧"两种方法，缓烧可防止物料烧流，窑皮损失程度小，比急烧优越。前后圈的处理方法不同。如两圈同时出现，则先烧前圈。

1）处理前结圈的方法。前结圈超过500mm高度，已影响正常生产时，应减小排风或拉回风管，压缩火焰，提高结圈温度，烘烤软化，然后再提高温度使黏料在结圈上滚动成块，防止烧流。高温区必须控制在前结圈上，如高温区扩展到窑皮中心时，应适当降低温度放料，然后再局部提温。这样往返处理，直到前结圈烧矮为止。

2）处理后结圈的方法。当后结圈距窑头不超过15m，高度不超过800mm时，则伸长煤管（油作燃料可伸长风管）使火焰位置位于后结圈，以偏高的温度处理4～6h即可烧除，烧除后立即拉回煤管，以正常火焰位置操作；当后结圈较为严重时，可先减少下料量放料，再伸长煤管使火焰位置位于后结圈上并加大排风进行烧除，当后结圈温度升高后，物料会烧黏随熟料滚出。

在处理过程中，尾温不得超过450℃，排风机进口废气温度不得超过300℃。后结圈烧除后，要立即恢复正常操作。

c　粘大蛋

粘大蛋是指窑内物料粘结形成大的球状物，从而影响窑内气流的正常运动。其特征是：火焰不稳，忽长忽短；熟料窑尾负压大并且跳动；熟料窑电流高、波动大。

粘大蛋与配料、窑皮形状、温度波动有关，主要是窑皮形状和窑型。当窑皮后部较高部位（附窑皮）脱落后，被厚窑皮或后结圈拉住，不能及时滚出，时间长了，就滚成了蛋；冷却带缩径的窑，窑皮不能及时排除，易滚成蛋。

大蛋在烧成带后部，应采取烧后结圈的方法烧除；大蛋在烧成带，若前圈不高，应及时掩车，将大蛋烧小后放出；前结圈高，应采取烧前结圈的办法烧除。

任务五　熟料溶出

学习目标

　　1. 理解熟料溶出的基本原理及各因素对溶出过程的影响；
　　2. 掌握减少溶出副反应损失的措施、熟料溶出工艺条件和技术经济指标；
　　3. 能正确进行熟料溶出作业及分析处理常见故障。

工作任务

　　1. 根据熟料溶出基本原理及影响溶出过程的因素，探讨减少溶出副反应损失的措施；
　　2. 按生产流程进行熟料溶出作业及技术条件控制；
　　3. 分析处理熟料溶出过程常见故障；
　　4. 计算并分析熟料溶出技术经济指标。

　　碱－石灰烧结熟料中的主要矿物组成是铝酸钠、原硅酸钙和铁酸钠，此外还含有少量的铝酸钙、硫酸钠、硫化物等。熟料溶出是用由赤泥洗液、碳分母液和氢氧化铝洗液组成的稀碱溶液对熟料进行溶出，使熟料中的 Na_2O 和 Al_2O_3 尽可能完全地转入溶液，从而与由杂质组成的赤泥分离。

单元一　熟料溶出过程的基本反应

　　生产中把熟料中的 Al_2O_3 和 Na_2O 进入溶液的反应称为主反应，也叫做一次反应，把原硅酸钙与铝酸钠溶液的反应称为副反应，也叫做二次反应。

A　铝酸钠的溶解反应

　　铝酸钠和它与铁酸钠组成的固溶体很易溶于水和稀碱溶液。磨细的熟料在 90℃ 下，其中的 $Na_2O \cdot Al_2O_3$ 在 3～5min 内便能完全溶出来，以 $NaAl(OH)_4$ 的形态进入溶液，得到 Al_2O_3 浓度为 120g/L 的铝酸钠溶液。化学反应如下：

$$Na_2O \cdot Al_2O_3 + 4H_2O =\!=\!= 2NaAl(OH)_4$$

B　铁酸钠的溶解反应

铁酸钠在水溶液中迅速水解：

$$Na_2O \cdot Fe_2O_3 + 4H_2O =\!=\!= 2NaOH + Fe_2O_3 \cdot 3H_2O \downarrow$$

　　熟料中铁酸钠的水解速度，甚至在室温（20℃）下也很快。例如，破碎到 0.25mm 的熟料，在 20℃时，其中铁酸钠在 30min 内完全分解。温度升高，分解速度增大，50℃ 时在 15min 内，75℃ 以上在 5min 内即完全分解。

　　熟料中铁酸钠水解生成 NaOH，使铝酸钠溶液的苛性比值增高，从而提高了铝酸钠溶

液的稳定性和 Na_2O 的溶出率，生成的 $Fe_2O_3 \cdot 3H_2O$ 沉淀组成了赤泥的一部分。

C　原硅酸钙

原硅酸钙（$\beta - 2CaO \cdot SiO_2$）在水中发生水化和分解，其分解产物的平衡相有：$2CaO \cdot SiO_2 \cdot 1.7H_2O$ 和 $5CaO \cdot SiO_2 \cdot 5.5H_2O$。

熟料中 $2CaO \cdot SiO_2$ 在溶出时被 $NaOH$ 分解：

$$2CaO \cdot SiO_2 + 2NaOH + aq \longrightarrow Na_2SiO_3 + 2Ca(OH)_2 + aq$$

如果能从该反应系统中排除两种反应产物，则这一反应可进行到底，否则就会停止。上述反应能达到平衡，至少是与其中一种产物的溶解度有关。在熟料溶出条件下，主要与 SiO_2 在铝酸钠溶液中的介稳平衡溶解度有关。

实践证明，原硅酸钙的分解速度与铝酸钠溶解和铁酸钠分解一样，都相当迅速，直到所得铝酸钠溶液中 SiO_2 达到介稳平衡浓度为止。

由于原硅酸钙的分解而引起的 SiO_2 进入溶液是不可避免的，同时，由于原硅酸钙的分解而可能造成溶出时产生 Al_2O_3 的二次反应损失，这是熟料溶出过程中必须注意的一个重要问题。

D　铝酸钙

熟料中的 $CaO \cdot Al_2O_3$ 和 $12CaO \cdot 7Al_2O_3$ 两种铝酸钙用 $NaOH$ 溶液处理都将转变为 $3CaO \cdot Al_2O_3 \cdot 6H_2O$ 沉淀；只有用碳酸钠溶液处理，才能使其中的 Al_2O_3 转入溶液。因此，为了溶出熟料中的 Al_2O_3，在溶出调整液中必须保持一定的碳酸钠浓度。

E　钛酸钙

熟料中的钛酸钙 $CaO \cdot TiO_2$ 溶出时不发生任何反应，残留于赤泥中。

F　Na_2S、CaS 及 FeS 等二价硫化物

熟料中 Na_2S、Na_2SO_4 溶出时都全部溶入溶液。FeS 则在溶出时部分地被 $NaOH$、Na_2CO_3 分解，成为 Na_2SO_4 转入溶液，其余大部分都进入赤泥。这样，熟料中的二价硫化物仍能部分地造成碱的损失。在某厂溶出分离洗涤的特定条件下，熟料约有 35% 的 S^{2-} 在溶出分离时被分解又转入溶液中，即熟料中 S^{2-} 进入赤泥的数量约为 65%（称为赤泥中二价硫的沉淀率）。

单元二　溶出副反应（二次反应）

如前所述，熟料溶出时原硅酸钙被 $NaOH$ 溶液分解：

$$2CaO \cdot SiO_2 + 2NaOH + aq \longrightarrow Na_2SiO_3 + 2Ca(OH)_2 + aq$$

随着溶液中 Al_2O_3 浓度和温度的提高，转入溶液中的氧化硅量增大。铝酸钠溶液中氧化硅含量在短时间内可达最大值，但是随时间的延长，由于脱硅作用，溶液中 SiO_2 含量降低。温度越高脱硅速度也越快。

多数实验证明，在上述条件下的脱硅产物中 CaO/Al_2O_3 的物质的量比大致为 3。亦即由于 $\beta - 2CaO \cdot SiO_2$ 的分解，所生成的 $Ca(OH)_2$ 和铝酸钠溶液按下式反应：

$$3Ca(OH)_2 + 2NaAl(OH)_4 + aq \longrightarrow 3CaO \cdot Al_2O_3 \cdot 6H_2O + 2NaOH + aq$$

所生成的 $3CaO \cdot Al_2O_3 \cdot 6H_2O$ 与溶液中 SiO_2 结合形成水化石榴石固溶体 $3CaO \cdot Al_2O_3 \cdot nSiO_2 \cdot mH_2O$（$m = 6 - 2n$）。

生产实践表明，在多数烧结法熟料溶出条件下，与标准溶出率比较，发生溶出二次反应时，主要是已溶出的 Al_2O_3 的损失，而 Na_2O 的损失极小，所以这表明溶出时脱硅的反应中硅渣 $Na_2O \cdot Al_2O_3 \cdot 1.7SiO_2 \cdot nH_2O$ 或 $Na_2O \cdot Al_2O_3 \cdot 2SiO_2 \cdot 2H_2O$ 析出的可能性较小，而主要是析出溶解度更小的水化石榴石固溶体。

由于水化石榴石的析出产生的脱硅作用，引起 Al_2O_3 的损失，此损失称为溶出的二次反应损失。

当铝酸钠溶液继续与溶出后的赤泥接触时，则原硅酸钙进一步分解，又继续产生上述的脱硅作用，而使 Al_2O_3 损失增大。

单元三　影响溶出过程的因素

A　熟料配方的影响

（1）铝硅比。熟料铝硅比低，说明熟料中原硅酸钙含量高，因而在溶出时二次反应也比较强烈，使二次反应损失增大，氧化铝和氧化钠的净溶出率降低。

（2）碱比和钙比。高碱配方的熟料，Na_2O 溶出率低，并且还会使溶出液苛性比值升高，增加二次反应损失。高钙配方的熟料，生成铝酸钙的可能性大，造成 Al_2O_3 损失也大；同时苛化反应增加，会使溶出液的苛性比值升高，增加二次反应损失；熟料中游离氧化钙多，会使赤泥溶剂化，造成沉降性能恶化，造成熟料溶出率降低。低碱、低钙配方的熟料，其生料中的 Al_2O_3 不足以使全部 Al_2O_3 和 Fe_2O_3 变成铝酸钠和铁酸钠，生料中 CaO 也不足以使全部 SiO_2 变为原硅酸钙，造成 Al_2O_3、Na_2O 的一次化学损失增加，标准溶出率降低。

（3）生料加煤。生料加煤除能改善窑内的热工制度，提高窑的产能以及脱硫等许多优点之外，还能使熟料孔隙度较大，质量较好，湿磨后的赤泥粒度不出现两极分化现象，改善了赤泥沉降性能，抑制了二次反应，提高了溶出率。

B　溶出条件的影响

（1）温度。温度和时间直接影响化学反应速度。温度高时，主副化学反应的速度都会加快。温度越高，二次反应越多，净溶出率越低。但温度如果过低，溶出不完全，溶液黏度增加使赤泥沉降性能会变坏，反而延长了赤泥与溶液的接触时间，同样造成 Al_2O_3 和 Na_2O 的损失。实际生产中熟料溶出温度一般控制在 85℃左右。

（2）Na_2O_k 浓度。溶出液中 Na_2O_k 浓度越高，二次反应就会越多，二次反应损失越大。但 Na_2O_k 浓度取决于氧化铝浓度和苛性比值，当氧化铝浓度给定的情况下，苛性比值越小，则 Na_2O_k 浓度越低。在碱－石灰烧结法的溶出液中，生产上氧化铝浓度一般在

120g/L 左右，同时由于溶液中溶有大量的 SiO_2，使溶液的苛性比值能降到 1.25 左右而不分解，这样使溶液的 Na_2O_k 浓度由 110g/L 降为 90g/L，降低了二次反应程度。此时，Na_2O_k 浓度如果再低，溶液就会发生分解。

（3）碳酸钠浓度。碳酸钠在溶出时的作用有两个方面：

一方面碳酸钠会分解原硅酸钙生成铝硅酸钠造成氧化铝和氧化钠的损失。

$$1.7(2CaO \cdot SiO_2) + 3.4Na_2CO_3 + 2NaAl(OH)_4 + aq \Longrightarrow$$
$$Na_2O \cdot Al_2O_3 \cdot 1.7SiO_2 \cdot nH_2O + 3.4CaCO_3 + 6.8NaOH + aq$$

但另一方面碳酸钠又会与 $Ca(OH)_2$ 反应生成 $CaCO_3$，从而抑制二次反应，并且还能分解二次反应产物铝硅酸钙，降低氧化铝的损失。

$$Ca(OH)_2 + Na_2CO_3 + aq \Longrightarrow CaCO_3 + 2NaOH + aq$$
$$3CaO \cdot Al_2O_3 \cdot xSiO_2 \cdot (6-2x)H_2O + 3Na_2CO_3 + aq \Longrightarrow (Na_2O \cdot Al_2O_3 \cdot$$
$$1.7SiO_2 \cdot nH_2O + CaCO_3 + (2-x)NaAl(OH)_4 + 4NaOH + aq$$

另外，实践证明，碳酸钠能够抑制赤泥膨胀，改善赤泥的沉降性能，还可以把熟料中铝酸钙中的 Al_2O_3 也溶出来。

因此生产上，为降低二次反应生成铝硅酸钙所造成的氧化铝损失，在不大幅度增加铝硅酸钠生成的条件下，溶出时要保持一定的碳酸钠浓度，通常为 22~27g/L。

（4）溶出液固比与赤泥含量。溶出液固比是指入磨调整液的体积与加入熟料质量的比值。

熟料溶出后其中的不溶物转化为赤泥，用单位体积（L）浆液含赤泥的克数来表示，叫做赤泥含量。

增大液固比，料浆中赤泥含量少，有利于赤泥分离，但增大液固比也会带来料浆体积增多，加重赤泥分离设备负担。

（5）溶出时间。溶出时间是指从熟料开始入磨直至溶液与赤泥分离所需要的时间，即溶液与赤泥接触的时间。溶出时间越长，二次反应损失越大。因此生产上要尽可能缩短溶出时间。

（6）熟料的粒度。溶出反应与二次反应都是液相与固相之间的反应，固相的表面状态对溶出过程影响很大。粒度太粗，会使铝酸钠溶出不完全或溶出时间过长；粒度太细，又会大大增加二次反应，甚至使赤泥丧失沉降能力，发生膨胀或粘结的现象。

单元四 减少溶出副反应损失的措施

综合上述对熟料溶出时产生 Al_2O_3 和 Na_2O 的副反应损失的根本原因，在于溶出时硅酸二钙的分解，为减少溶出时的副反应损失，采用的溶出条件（包括调整液的组成、温度、时间等）必须是能最大限度地阻止硅酸二钙的分解。

我国某厂在采用熟料的湿磨溶出、沉降分离的溶出流程中，探索出的"低苛性比、二段磨、高碳酸钠"的工艺技术可有效防止溶出二次反应损失，提高 Al_2O_3 和 Na_2O 的溶出率。其经验可归纳如下：

（1）低苛性比。溶出用调整液的组成使熟料中铝酸钠溶出后的苛性比控制为 1.25 左右，以减小溶液中游离苛性碱浓度。

（2）二段磨。采用二段磨溶出流程。我国某厂把原来的一段湿磨闭路溶出赤泥沉降分离流程，改为二段湿磨溶出、赤泥沉降过滤联合分离流程，有效地解决了这一问题，收到显著效果。

一段闭路溶出料浆经沉降分离后，Al_2O_3 溶出率急剧下降。据生产实测，一段磨分级机溢流的 Al_2O_3 溶出率 92.30%，分离沉降槽溢流的 Al_2O_3 溶出率为 76.30%，经沉降分离后的 Al_2O_3 溶出率减少 16% 左右，说明副反应严重。但改为二段磨溶出流程后，分离沉降槽溢流的 Al_2O_3 溶出率提高到 85%～86%，比一段磨溶出时增高 10% 左右。

（3）高碳酸钠浓度。保持较高的碳酸钠质量浓度，但 Na_2O_C 不应大于 30g/L。

（4）温度。在不显著影响赤泥沉降速度的条件下，采取偏低的温度：78～82℃。

（5）快速分离赤泥。在采用湿磨溶出沉降分离流程时，必须减少赤泥与溶液的接触表面、缩短赤泥与溶液的接触时间，以减少硅酸二钙的分解。

单元五　熟料溶出工艺过程

A　熟料溶出方法

工业上一般采用下面两种方法进行熟料溶出：一种是颗粒溶出，又称对流溶出。此法是将熟料破碎成 8mm 以下的颗粒，在筒形溶出器与溶液相对流动而溶出熟料中的 Al_2O_3 和 Na_2O。在颗粒溶出时，颗粒内部的扩散过程有着很大的作用，它对熟料质量要求高，作业难以控制。另一种是湿磨粉碎溶出。它是将熟料与调整液一起加入球磨机内进行粉碎细磨过程中溶出 Al_2O_3 和 Na_2O。此种方法溶出时间短，溶出率高，我国烧结法氧化铝厂和联合法氧化铝厂熟料的溶出都采取湿磨粉碎溶出。

B　熟料湿磨溶出流程

熟料湿磨溶出流程在工业上有"一段磨料"和"二段磨料"两种工艺流程。

"一段磨料"工艺流程是指熟料的磨细溶出作业在一个球磨机内完成，由分级机分离出的粗颗粒（称返砂）返回磨内再磨料，即一段闭路磨料。

"二段磨料"工艺流程是在一段磨内用调整液快速溶出熟料，然后将一段磨溶出的粗粒赤泥送进二段磨用稀碱溶液（氢氧化铝洗液和赤泥洗液）进行二段溶出，一段细粒赤泥直接进行沉降分离。

目前"一段磨料"工艺流程在我国的氧化铝厂没有使用，我国的氧化铝厂采用的是"二段磨料"工艺流程。我国某厂采用的"二段磨料"工艺流程如图 3－7 所示。

"二段磨料"工艺流程的特点是，只有一部分赤泥（固含约 60～80g/L，液固比 14～15）进入沉降槽进行快速分离，然后底流经过滤机分离赤泥，赤泥的其余部分经二段磨料继续溶出。一段溶出液赤泥含量少，赤泥沉降速度快，赤泥与溶液的接触时间大为缩短，分离温度由原来的 80～85℃ 降到 70～75℃，溢流也不跑浑，所有这些都大大降低了二次反应损失。

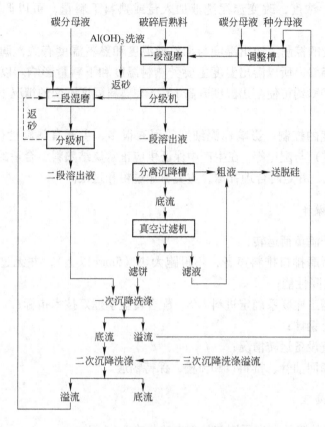

图 3-7 "二段磨料"工艺流程图

"二段磨料"工艺流程结合采用低 α_K、高 Na_2O_C 浓度的溶出工艺,可有效地防止溶出和赤泥分离过程的副反应损失,Al_2O_3 和 Na_2O 净溶出率可以分别达到93%和96%以上,超过了国外同类厂的水平。

单元六 熟料溶出主要操作及常见故障处理

A 湿磨溶出技术条件控制

a 溶出技术条件

(1)调整液:Al_2O_3 25~35g/L,N_c 22~27g/L,温度60℃;

(2)溶出液:Al_2O_3 120g/L 左右,苛性比值 1.2~1.25;

(3)溶出温度:85~95℃;

(4)入磨液固比:3.3~3.5;

(5)一段磨分级机溢流赤泥含量小于90g/L;

(6)一段赤泥细度:+60号筛小于15%,+170号筛大于15%。

b 湿磨溶出技术条件控制

(1)溶出液中氧化铝浓度的调整。影响溶出液中氧化铝浓度的主要因素是熟料下料量、熟料中氧化铝含量、熟料初溶出率、赤泥洗液量及赤泥洗液中氧化铝浓度。根据前

1h 溶出液的氧化铝浓度，改变赤泥洗液加入量或熟料下料量，可以调整溶出液氧化铝浓度。

（2）溶出温度的控制。溶出温度与调整液温度和熟料温度有关，调整液温度比较稳定，一般为 60~65℃，所以溶出温度主要受熟料温度和下料量影响。以调整液温度为基准，熟料温度每 10℃约可使溶出温度升高 1℃。在熟料温度不变的情况下增加下料量，可提高溶出温度。

（3）赤泥细度的控制。影响赤泥细度的因素很多，主要有熟料性质、入磨液固比、装球量（研磨介质）与配比等。在生产中保证供应正常烧结熟料、合适的入磨液固比、合理的装球量与配比，并定时合理补球，避免赤泥过粗和过细。

B　湿磨正常操作

（1）保证磨子满负荷运转；

（2）经常倾听磨排口排料声音，不得跑大块（5mm 以上），并无过磨现象，使赤泥颗粒保持良好的沉降性能；

（3）与沉降槽工序联系确定进料 L/S，配合转盘掌握好技术指标；

（4）定时补充钢球；

（5）循环检查设备运转情况；

（6）定期清理回油管、排料口和流槽，保持畅通。

C　常见故障处理

熟料溶出常见故障的发生原因与处理方法如表 3 - 1 所示。

表 3 - 1　熟料溶出常见故障的发生原因与处理方法

事故名称	原　因	处理方法	注意事项
排大块（跑粗）	（1）熟料温度低； （2）熟料硬度大； （3）熟料加得过多	（1）熟料温度低，则停止下料； （2）熟料硬度大或加得过多，则减少下料量	注意分级机电流变化
堵给矿机	入磨物料有杂物或大块	先停料停液再进行处理	投给矿机时，因人多要配合好

单元七　熟料溶出主要计算及指标分析

A　熟料溶出下料量的计算

熟料溶出下料量可由下式计算：

$$Q_{熟} = \frac{V_{调} \times (A_{一段} - A_{调})}{A_{熟} \times \eta_{A初} \times 100}$$

式中　$Q_{熟}$——熟料量，t/h；

$V_{调}$——调整液量，m^3/h；

$A_{一段}$——一段 Al_2O_3 质量浓度，g/L；

$A_{调}$——调整液 Al_2O_3 质量浓度，g/L；

$\eta_{A初}$——一段 Al_2O_3 初溶出率，%；

$A_{熟}$——熟料 Al_2O_3 含量，%。

B　烧结法生产氧化铝产量的计算

烧结法生产氧化铝产量，可通过熟料下料量进行粗算，计算公式如下：

$$Q_A = \frac{1}{K_{熟}} Q_{熟} \times 24$$

式中　Q_A——烧结法生产氧化铝的产量，t/d；

$Q_{熟}$——熟料下料量，t/h；

$K_{熟}$——熟料折合比。

熟料折合比是指耗用熟料与产出 Al_2O_3 之比，是一个综合性指标，考核每生产 1t Al_2O_3 需要多少吨熟料，它与生料配制、熟料质量、品位、粗液 Al_2O_3 浓度、硅渣返回量、分解率等有关，降低熟料折合比，对降低成本、减少各项单耗关系重大。

C　赤泥产出率的计算

赤泥产出率指产出赤泥与耗用熟料量的百分比，生产上用下式计算：

$$\eta_{泥} = \frac{C_{熟}}{C_{泥}} \times 100\%$$

式中　$C_{熟}$，$C_{泥}$——熟料和赤泥中 CaO 的质量分数，%。

D　衡量溶出效果的指标计算

熟料溶出作业效果由 Al_2O_3 和 Na_2O 的净溶出率（$\eta_{A净}$ 和 $\eta_{N净}$）表示。

$$\eta_{A净} = \frac{A_{熟} - A_{泥} \times (C_{熟}/C_{泥})}{A_{熟}} \times 100\%$$

$$\eta_{N净} = \frac{N_{熟} - N_{泥} \times (C_{熟}/C_{泥})}{N_{熟}} \times 100\%$$

式中　$A_{熟}$，$A_{泥}$——熟料和赤泥中 Al_2O_3 的质量分数，%；

$N_{熟}$，$N_{泥}$——熟料和赤泥中 Na_2O 的质量分数，%；

$C_{熟}$，$C_{泥}$——熟料和赤泥中 CaO 的质量分数，%。

赤泥的洗涤效果用附液损失来衡量，通常以 1t 干赤泥所带附液中的碱含量表示。当弃赤泥的液固比为 L/S，附液中全碱质量浓度为 N_T（g/L），附液损失便为：$\frac{L}{S} N_T$（kg Na_2O/t 赤泥）。

任务六　烧结法赤泥的分离与洗涤

学习目标

　1. 掌握赤泥分离洗涤的工艺流程；

　2. 能对烧结法赤泥进行分离洗涤操作与技术控制。

工作任务

　1. 对比拜耳法赤泥分离洗涤工艺，分析烧结法赤泥分离洗涤的工艺技术特点；

　2. 按生产流程进行烧结法赤泥分离洗涤工艺设备操作与技术条件控制。

单元一　烧结法赤泥的分离与洗涤工艺

　　熟料溶出后，赤泥的分离是烧结法氧化铝生产中的一个重要工序，它直接影响着氧化铝生产的技术经济效果。

　　烧结熟料中含有大量的 $\beta – 2CaO \cdot SiO_2$，在熟料溶出过程中它可与铝酸钠溶液中的各个组分发生一系列反应，造成有用成分 Al_2O_3 和 Na_2O 的损失，因此，尽快使赤泥与铝酸钠溶液分离，是烧结法氧化铝生产的一个关键技术，对于提高熟料中 Al_2O_3 和 Na_2O 的净溶出率是十分有效的。

　　目前烧结法氧化铝生产厂主要采用沉降分离技术，烧结法氧化铝厂赤泥分离洗涤的工艺流程如图 3 – 8 所示。

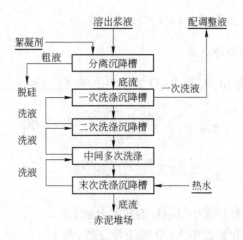

图 3 – 8　烧结法氧化铝厂赤泥分离洗涤工艺流程图

　　赤泥在分离沉降槽分离后，溢流（即粗液）流入粗液槽，底流经混合槽与二次洗液混合均匀，用泵打入一次洗涤槽。赤泥从一次顺流到末次，末次底流用外排泵送赤泥堆场。热水与赤泥的流向相反，即从末次逐级逆流到一次。一次溢流即为赤泥洗液，通常烧结法赤泥洗涤为七次洗涤，可以将干赤泥附液碱损失降低到 $7kg\ Na_2O/t$ 赤泥。

烧结法赤泥主要成分是硅酸二钙、钛酸钙、碳酸钙和不同形态的铁的化合物。

烧结法赤泥变性（赤泥膨胀）在采用沉降分离洗涤设备系统时是威胁生产的严重问题。赤泥膨胀现象主要表现为赤泥沉降速度极其缓慢，压缩层疏松，压缩液固比大，形成容积庞大的胶凝状物体；同时有大量悬浮赤泥粒子进入溢流，破坏正常操作。

生产实践证明，赤泥沉降性能与熟料质量密切相关，另外，湿磨溶出时，赤泥"过磨"，即赤泥粒度过细亦为影响赤泥沉降性能的重要因素。赤泥膨胀时极易引起沉降分离洗涤过程中的二次反应，而二次反应的发生又加剧赤泥膨胀。

因此，在烧结法配料时要控制钙比，在烧结时严禁跑黄料，在溶出时调整液保持一定的碳酸钠浓度。碱 – 石灰烧结法的赤泥分离过程中出现赤泥膨胀现象时，可通过调整熟料配方、下料量、调整液的碳酸钠浓度、拉大底流等措施具体处理。

单元二　烧结法赤泥的分离与洗涤技术条件控制

由于各企业烧结法赤泥沉降分离洗涤工艺及设备不同，主要技术条件及指标控制也略有差异，某厂烧结法赤泥沉降分离洗涤主要技术条件及指标控制如下：

（1）分离进料温度：$80\sim85℃$；

（2）细度：160 号筛上残留不小于 20%，60 号筛上残留不大于 13%；

（3）粗液浮游物：$\leqslant5g/L$；

（4）分离底流液固比 L/S：$3.0\sim4.5$；

（5）洗涤槽溢流浮游物：$<2.0g/L$；

（6）末槽洗涤温度：冬季 $80\sim90℃$；夏季 $70\sim80℃$；

（7）赤泥附损 $N_T\times L/S$：$\leqslant5.0$。

在联合法生产氧化铝中，无论是串联、并联还是混联，拜耳法赤泥和烧结法赤泥是各自单独处理的，其赤泥分离洗涤工艺流程都是以拜耳法和烧结法赤泥分离洗涤工艺为基础的，故本书不再介绍联合法生产中赤泥的分离和洗涤工艺。

任务七　铝酸钠溶液的脱硅

学习目标

1. 理解脱硅的机理；

2. 掌握脱硅的工艺流程和技术条件；

3. 正确进行脱硅作业及分析处理常见故障。

工作任务

1. 观察连续脱硅主要设备结构、工艺设备配置；

2. 进行连续脱硅操作与技术条件控制；

3. 分析处理脱硅过程常见故障。

在碱 – 石灰烧结法生产氧化铝流程中的熟料溶出过程中，由于 $2CaO \cdot SiO_2$ 与铝酸钠溶液作用而被分解，使 SiO_2 以硅酸钠形式进入溶液，从而使得到的铝酸钠溶液中溶解有较多的 SiO_2。例如，熟料在 $80℃$ 左右下进行湿磨溶出时，得到 Al_2O_3 浓度为 $120g/L$，苛性比值为 1.25 左右的铝酸钠溶液。其中 SiO_2 含量高达 $4.5g/L$ 以上，超过相应条件下 SiO_2 平衡浓度的十多倍，呈过饱和状态。这种铝酸钠溶液无论用碳酸化分解或晶种分解，都会有较多的含水铝硅酸钠（$Na_2O \cdot Al_2O_3 \cdot 1.7SiO_2 \cdot nH_2O$）随同氢氧化铝一起析出，使得成品氧化铝不符合质量要求。因此，熟料溶出的铝酸钠溶液在分解之前必须进行脱硅处理，使溶液中以过饱和状态存在的 SiO_2 尽可能地清除。这一点对碳酸化分解尤其关键，脱硅程度越彻底，溶液的硅量指数就越高，碳分分解率和产品质量就会越高。

拜耳法生产氧化铝流程中，由于在经过高压溶出后，SiO_2 大多已经进入赤泥，溶液的硅量指数一般在 300 以上，已能保证晶种分解的产品质量，所以不设专门的脱硅工序。但为了减轻设备上的结疤，通常会在稀释槽中添加石灰进一步脱硅，使溶液的硅量指数进一步提高。

单元一　脱硅机理

铝酸钠溶液脱硅过程的实质就是使溶液中的 SiO_2 转变为溶解度很小的化合物沉淀析出。脱硅方法概括起来可分为两类：一类是使 SiO_2 成为含水铝硅酸钠析出（不添加石灰的一段脱硅）；另一类是大部分 SiO_2 成为含水铝硅酸钠析出后，再使其余 SiO_2 转化成水化石榴石进一步析出的深度脱硅（添加石灰的二段脱硅）。由于粗液组分和对脱硅要求的不同，形成了脱硅流程的多样化。

A　不添加石灰的脱硅机理

通过控制一定的条件使溶液中的 SiO_2 以含水铝硅酸钠形式自发析出。反应式如下：

$$1.7Na_2SiO_3 + 2NaAl(OH)_4 + aq \Longrightarrow Na_2O \cdot Al_2O_3 \cdot 1.7SiO_2 \cdot nH_2O + 3.4NaOH + aq$$

采用这种方法进行脱硅，则脱硅的最大限度取决于在该条件下含水铝硅酸钠在溶液中的溶解度大小。

B　添加石灰的脱硅机理

不添加石灰进行脱硅，得到的溶液硅量指数不会超过 500。为了进一步提高溶液硅量指数，添加石灰使溶液中的 SiO_2 以溶解度更低的水化石榴石形式析出，这样溶液的硅量指数能达到 1000 以上。

添加石灰的脱硅反应式如下：

$$3Ca(OH)_2 + 2NaAl(OH)_4 + aq \Longrightarrow 3CaO \cdot Al_2O_3 \cdot 6H_2O \downarrow + 2NaOH + aq$$

$$3CaO \cdot Al_2O_3 \cdot 6H_2O + xNa_2SiO_3 + aq \Longrightarrow 3CaO \cdot Al_2O_3 \cdot xSiO_2 \cdot (6-2x)H_2O + 2xNaOH + aq$$

其中，x 称为饱和度，随温度升高而升高，在生产条件下约为 0.1～0.2。

从水化石榴石的分子式可看出：CaO 与 SiO_2 的量之比为 15～30，Al_2O_3 与 SiO_2 的量之比为 5～10，如果溶液中的 SiO_2 完全是以水化石榴石形式脱除，与含水铝硅酸钠相比，则会消耗大量的石灰，同时也会造成更多的 Al_2O_3 损失。因此生产中一般是在溶液中的

SiO_2 大部分以含水铝硅酸钠析出以后，再添加石灰进行深度脱硅（二次脱硅），以减少 Al_2O_3 的损失。

单元二 脱硅主要设备

A 脱硅机

脱硅机是一个圆筒形的密闭高压容器，它有球形的上盖和下底，规格为 $\phi2.5 \times 9.5m$。其用厚 25mm 钢板焊接而成，在高温高压下仍具有充分的机械强度，耐压力一般在 13~15 个大气压。其结构如图 3-9 所示。

由于脱硅机是一个密闭的高压容器，随着蒸汽的通入，蒸汽的汽化潜热传给溶液，并冷凝为同温度的液体，使得溶液的温度不断上升，脱硅机内压力也逐渐增大。因为脱硅过程是一个铝硅酸钠配合物水解结晶与晶粒长大的过程，温度升高，铝硅酸盐的水解速度增快，同时温度越高，溶液的黏度越低，离子的动能越大，运动速度越快，有利于晶核的生长和长大，除此之外，硅渣生成的反应是吸热反应，温度升高，有利于脱硅反应的进行。以上就是在高温高压下能加深脱硅的主要原因，也是溶液在脱硅机内脱硅的工作原理。

B 自蒸发器

自蒸发器是一个圆筒密闭的低压容器，规格为 $\phi4.0 \times 9.5m$。自蒸发器壁为 6mm 或 18mm 厚的钢板焊成，它有圆形的上盖和锥形的下底（锥体角度60°），器内装有汽水分离器的专用挡板，人孔在锥体器壁上，溶液从腰部成切线方向法进入，因浆液进入速度较大，为了防止器壁磨损，内装有锰钢衬板，自蒸发器构造示意图见图 3-10。脱硅浆液在

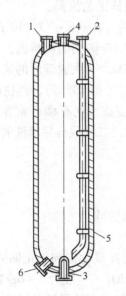

图 3-9 脱硅机构造示意图

1—进料管；2—出料管；3—蒸汽喷头；
4—排汽管；5—机壁；6—人孔

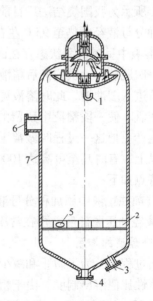

图 3-10 自蒸发器构造示意图

1—冷凝水管；2—衬板；3，6—人孔；
4—出料口；5—进料口；7—槽壁

脱硅机内压力作用下进入自蒸发器，由于压力突然下降，但温度尚未下降，于是产生自蒸发现象。自蒸发产生的蒸汽夹带着溶液的微粒。当蒸汽上升碰到汽水分离器的挡板时，蒸汽中夹带的溶液微粒便结成大的水珠滴下。这样排出的蒸汽便不致将碱液带走。

浆液由切线方向进入自蒸发器内，由于旋转产生了离心力作用，使得汽水分离速度加快。

单元三　脱硅工艺流程

脱硅方法根据操作条件可分为四种：

（1）利用脱硅机脱硅，是将粗液加入硅脱机内，在高于溶液沸点的温度下，进行压煮 1.5~3h，一般所采用的压力为 0.5~0.6MPa，相当于溶液温度 150~170℃；

（2）在脱硅机脱硅，并加入石灰乳或加入一定数量的硅渣作为脱硅过程中化学反应的种子，操作的控制和技术条件可以与第一种相同；

（3）在常压下进行脱硅，并加入石灰乳或硅渣；

（4）在常压下不添加任何添加物脱硅。

工业上多数采用第一种和第二种，我国烧结法生产氧化铝厂是采用前述的"二段脱硅"法。上面四种脱硅方法又可以分为两大类：加压加温法（高压脱硅）和常温常压法（常压脱硅）。高压脱硅，根据周期排列和操作方法的不同，又分为间断脱硅和连续脱硅，目前氧化铝厂都是采用连续脱硅法。

A　二段脱硅工艺

图 3-11 所示为我国烧结法厂目前通常采用的二段脱硅工艺流程。

粗液和种分母液经预热至 95℃左右用泵送入脱硅机内，在 $(6~7)\times10^5$Pa 的压力下脱硅 1h，使溶液中呈过饱和状态存在的 SiO_2 转变成水合铝硅酸钠固相析出，生产上把这一过程叫做一次脱硅。一次脱硅后精液的硅量指数约为 300。一次脱硅后的浆液经自蒸发器降压降温后进入缓冲槽，此时溶液温度已降至沸点温度（约 105℃），再往缓冲槽中添加适量的石灰乳，使一段精液中残留的 SiO_2 再进一步转变成水化石榴石固溶体从溶液中沉淀出来，生产上把这一过程叫做常压下加石灰二次脱硅。二次脱硅后精液的硅量指数一般可达 450 以上，有时甚至可高达 1000。

其主要特点如下：

（1）脱硅前往粗液中添加种分母液；

（2）粗液经加压脱硅后，再在常压下加石灰进行二次脱硅。

a　加种分母液的作用

熟料溶出过程中，为了防止和减少二次反应损失，提高氧化铝和氧化钠的净溶出率，采用的是低苛性比值溶出制度。由于粗液中含有较多的 SiO_2（一般为 4~6g/L），虽然苛性比值降至 1.20~1.25 左右，在赤泥分离和洗涤过程中仍能保持足够的稳定性。但在脱硅时，溶液中大部分的 SiO_2 以硅渣形式析出，使溶液中的 SiO_2 含量大为降低（一般到 0.2~0.3g/L）。如果不加种分母液，则在硅渣分离时，特别是精液叶滤过程中，低苛性

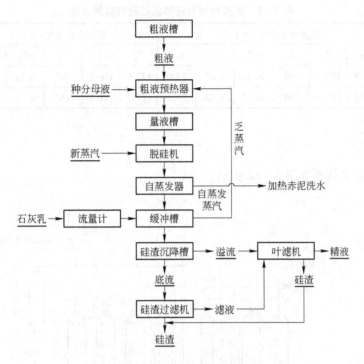

图 3 - 11　二段脱硅工艺流程图

比值的铝酸钠溶液将失去足够的稳定性而自行分解析出氢氧化铝，造成叶滤机硅渣结硬，影响叶滤作业的正常进行。因此，在生产上为了防止硅渣分离及叶滤过程中铝酸钠溶液分解，采用往脱硅前粗液中加种分母液的办法，使溶液的苛性比值提高到 1.50 ~ 1.55，以保持溶液在生产条件下具有足够的稳定性。

　　种分母液的加入有脱硅前加与脱硅后加两种方法。所谓脱硅前加，就是将需加的种分母液与粗液按苛性比值要求配好以后一同进入脱硅机；所谓脱硅后加，就是按苛性比值要求将需加的种分母液在自蒸发器内与经脱硅机出来的浆液会合，然后依次一同进入缓冲槽和硅渣沉降槽。目前工业生产上一般采用前加的方式。

　　b　种子的选择

　　粗液脱硅时，添加适量的晶种可以避免含水铝硅酸钠在结晶时形成晶核的困难，因而能显著提高脱硅速度，加深脱硅程度。

　　实践证明，硅渣（国外又称为白泥）、拜耳法赤泥和粗液中的浮游物都可以作为脱硅时的晶种。添加晶种的效果与晶种的种类和添加数量有关。对同一晶种而言，其效果主要取决于晶种的表面活性；低温下新析出的晶体的表面活性大，效果好；而放置太久或反复多次使用过的晶种，由于活性降低，故效果较差。

　　在常压下，分别以拜耳法赤泥和硅渣为晶种进行脱硅效果对比试验，试验结果如表 3 -2 所示。

　　由表 3 -2 可以看出，常压条件下，以硅渣为晶种，在 100℃ 脱硅 4h，当种子量为 50g/L 时，硅量指数可达到 300，但比同条件下拜耳法赤泥的脱硅效果略差，这有可能是由种子的活性及粒度等方面的原因造成的。

表 3 - 2　硅渣与拜耳法赤泥的脱硅效果比较

晶种类型	脱硅原液成分/g·L⁻¹						脱硅液成分/g·L⁻¹						脱硅效果
	N_T	A	N_k	SiO_2	α_K	A/S	N_T	A	N_k	SiO_2	α_K	A/S	A/S
硅　渣	126.8	120.8	104	5.03	1.42	24.0	123.9	110.3	105	0.35	1.54		315.0
拜耳法赤泥	123.8	122.3	106	4.13	1.43	29.6	127.7	121.7	110	0.35	1.49		347.7

B　连续脱硅

连续脱硅设备流程如图 3 - 12 所示。

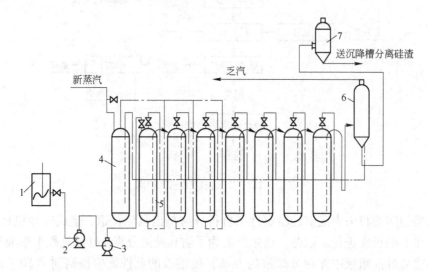

图 3 - 12　连续脱硅设备流程图

1—脱硅原液槽；2，3—串联泵；4—蒸汽缓冲器；5—脱硅机；6—自蒸发器；7—缓冲槽

脱硅原液用喂料泵连续地送到 1 号脱硅机内，利用 1 号脱硅机自身压力，将物料连续地送到 2 号、3 号以至 7 号脱硅机内，然后由最末一台脱硅机出料，完成脱硅反应过程。脱硅后浆液再经自蒸发器、缓冲槽降温降压后送去沉降，进行硅渣分离。由自蒸发器和缓冲槽出来的乏汽用来预热脱硅原液和赤泥洗水。

单元四　连续脱硅正常操作及常见故障处理

A　脱硅工艺技术条件和指标

（1）脱硅机内压力大于 0.6MPa；

（2）所加种分母液的苛性比值小于 3.5，浮游物含量小于 3g/L；

（3）脱硅温度：160 ~ 170℃；

（4）加晶种量：拜耳法赤泥 15 ~ 25g/L；

（5）脱硅时间：1 ~ 1.5h；

（6）自蒸发器内保持压力为（1 ~ 1.5）× 10⁵Pa；

（7）石灰乳有效 CaO 大于 200g/L，添加量为 10g/L；

（8）精液：一次脱硅指数 A/S 应大于 280；二次脱硅指数生产三级品时 A/S 为 400 ~ 500；生产二级品时 A/S 时应不小于 480；

（9）经叶滤得到的精液：苛性比值为 1.5 ~ 1.55，精液中 Al_2O_3 的质量浓度与粗液质量浓度的差值不大于 23g/L；

（10）硅渣 A/S 应小于 1.9；

（11）脱硅用蒸汽压力：其脱硅机室内总管压力不低于 0.65MPa。

B　正常操作

（1）控制压差。为了使进料泵能连续地向脱硅机进料，不发生蒸汽倒压，进料泵的出口压力应高于脱硅机内压力，其差值等于（或大于）管道压力损失，加上要求的进料压力与脱硅机内压力差（此压力差为 0.15 ~ 0.20MPa），也即脱硅机内压力与管道压力损失再加上 0.15 ~ 0.20MPa 之和应小于（或等于）泵的出口压力。为了做到这一点应使脱硅原液槽保持有一定的液面。在实际操作中，脱硅机内压力不得大于 0.85MPa，串联泵出口压力应为 1.05MPa 以上。

为了使脱硅机进出液量平衡，1 ~ 7 号机的压力差一般控制在 0.07 ~ 0.10MPa。在操作方面，应控制 7 号机出液量等于 1 号机进液量。1 ~ 7 号机的压力差太大会造成 7 号机内溶液供不应求，造成空罐现象，使溶液在脱硅机内停留时间缩短，影响硅量指数。如果压力差太小，会造成 1 号机满罐，蒸汽不能大量顺利通入，使 1 号机温度达不到要求，同样影响硅量指数。

（2）排除脱硅机内不凝性气体。不凝性气体在脱硅机内占有一定容积，会使脱硅机的有效容积降低，减少脱硅时间，影响硅量指数，所以操作时应经常检查，发现机内有不凝性气体（由压力表指针不稳可以看出来），应及时打开排汽门排出，以保持满罐操作。在排除不凝性气体时，如果听到排汽管内有溶液流动的声音，说明机内不凝性气体已经排完，应立即停止排出操作。

（3）1 号脱硅机的操作。连续脱硅机内的溶液脱硅主要是在 1 号和 2 号脱硅机内进行，所以 1 号机进料量要稳定，并要保证蒸汽能够大量地通入 1 号机内，在允许的条件下要尽量提高 1 号脱硅机内的温度。

C　常见故障分析与处理

脱硅过程常见故障原因分析与处理方法如表 3 - 3 所示。

表 3 - 3　脱硅过程常见故障原因分析与处理方法

事故名称	事故现象	产生原因	处理办法
超　压	机内压力升高，压力表指针超过规定值	（1）进出料不平衡； （2）进汽量过大，不凝性气体过多； （3）机组堵塞	（1）减少进料量，增大出料量； （2）关小进汽门，排气，避免空罐； （3）倒压或停车处理
空　罐	机内压力偏高，仪表指针不动	（1）出料多进料少； （2）机内温度过高； （3）机组过料不畅	（1）平衡好进出料； （2）降低温度； （3）倒压或停车处理

事故名称	事故现象	产 生 原 因	处 理 办 法
倒　压	脱硅机忽然无振动声	（1）热电锅炉灭火； （2）电压低或停电跳闸； （3）机组超压	（1）和（2）马上关闭进汽门、进料门，查明原因； （3）降低机组压力
自蒸发器存料	自蒸发器压力过高或过低	（1）自蒸发器内压力低； （2）脱硅机出料忽大忽小； （3）出料管堵塞	（1）控制好自蒸发器排汽阀门； （2）调整脱硅机的进出料平衡； （3）处理出料管

任务八　碳酸化分解

学习目标

　　1. 理解碳酸化分解的机理及影响碳酸化分解的主要因素；

　　2. 掌握碳酸化分解的工艺流程及技术条件；

　　3. 能正确进行碳酸化分解作业及分析处理常见故障。

工作任务

　　1. 根据碳酸化分解的原理分析影响碳分的因素，确定碳分工艺条件；

　　2. 观察碳分主要设备结构及工艺配置；

　　3. 按生产流程进行碳分工艺设备操作及技术条件控制。

　　4. 分析处理碳分过程常见故障。

　　所谓碳酸化分解，是指往铝酸钠溶液中通入 CO_2 气体，使其分解析出氢氧化铝的过程。分解以后的溶液（碳分母液）的主要成分是碳酸钠，经蒸发后返回配制生料浆。

　　碳酸化分解是脱硅后的一个重要工序。脱硅后得到的精液除部分被送去晶种分解外，其余的精液则全部进行碳酸化分解。该工序是决定烧结法产品氧化铝质量的重要过程之一。

　　为制取优质的 $Al(OH)_3$，必须同时要求送来分解的铝酸钠溶液具有较高的硅量指数和适宜的碳酸化分解制度。因为 $Al(OH)_3$ 质量是根据杂质（SiO_2、Fe_2O_3 及 Na_2O）含量和 $Al(OH)_3$ 的粒度决定的，如碳酸化分解的条件不利，便可能得到结构恶劣而含杂质量甚高的 $Al(OH)_3$。如果控制适宜的分解条件，甚至对含 SiO_2 量较高的铝酸钠溶液，也可以得到优质的 $Al(OH)_3$ 产品。因此，铝酸钠溶液碳酸化分解过程是提高烧结法产品氧化铝质量的一个重要工序。

　　另一方面，碳酸化分解过程分解率的大小，对生产过程的产能也有很大影响。因此，要求碳分过程在保证产品质量的前提下，尽量提高产品的数量，产品的质量和数量二者必须同时兼顾。

　　碳酸化分解之所以能用于烧结法，除了分解率较高以外，更主要的是在制得产品

$Al(OH)_3$的同时，可以得到矿石配料用的循环的碳分母液，以减少生产过程中的物料流量。

单元一　碳酸化分解的原理

A　主要化学反应

在烧结法生产中，从脱硅精液中析出氢氧化铝是采用向其中通入 CO_2 气体的方法，即碳酸化分解的方法。铝酸钠溶液的碳酸化分解是一个气、液、固三相参加的复杂的多相反应。它包括 CO_2 为铝酸钠溶液所吸收以及二者间的化学反应和 $Al(OH)_3$ 的结晶析出，并生成丝钠（钾）铝石一类化合物。

关于碳酸化分解的机理，还存在不同的看法和认识。一般认为在分解过程开始时，通入溶液中的 CO_2 与部分游离苛性碱发生中和反应：

$$2NaOH + CO_2 + aq =\!=\!= Na_2CO_3 + H_2O + aq$$

反应的结果使溶液苛性比值下降，使铝酸钠溶液的过饱和度增大，稳定性降低，于是产生铝酸钠溶液自发分解的析出反应：

$$2NaAlO_2 + 4H_2O + aq =\!=\!= 2Al(OH)_3 \downarrow + 2NaOH + aq$$

由于连续不断地通入 CO_2 气体，游离苛性碱不断被中和，从而使溶液的苛性比值始终很低，铝酸钠溶液一直呈不稳定的状态，析出反应会持续进行。因此，在碳酸化分解时，即使不加晶种，也具有较大的分解速度。

B　碳酸化分解过程中氧化硅的行为

在碳酸化分解（简称碳分）过程中，溶液中的 Na_2O 和 Al_2O_3 浓度不断降低，这样就使得溶液中的 SiO_2 过饱和程度随着碳分过程的进行越来越大，很可能析出污染产品 $Al(OH)_3$。

碳分过程中，SiO_2 的析出是分阶段进行的。SiO_2 在开始时仅有少量析出，当分解率达到一定程度后，SiO_2 析出速度急剧增加。铝酸钠溶液中 SiO_2 含量在碳酸化分解过程中的变化情况如图 3 – 13 所示。按碳酸化分解 $Al(OH)_3$ 进程可分为三个阶段：

第一阶段即分解初期，$Al(OH)_3$ 和 SiO_2 共同沉淀析出，精液的硅量指数越高，这一阶段越短，与氢氧化铝共同沉淀的 SiO_2 量就越少。

第二阶段即分解中期，曲线近乎与横坐标平行，表明在这一阶段中只有 $Al(OH)_3$ 不断析出，而 SiO_2 几乎不沉淀析出，即这一阶段析出的 $Al(OH)_3$ 中 SiO_2 含量很低。这一时间段的长度随精液的硅量指数增大而延长。

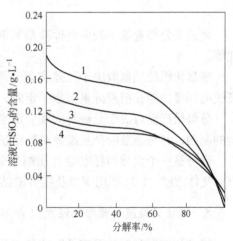

图 3 – 13　碳分过程中不同硅量指数的
铝酸钠溶液中 SiO_2 含量的变化

硅量指数：1—480；2—600；3—710；4—850

第三阶段即分解末期，这一段曲线的斜度较大，表明随 $Al(OH)_3$ 的析出，溶液中的 SiO_2 也剧烈地析出。溶液中的 SiO_2 大部分是在这一阶段析出的，如果将 Al_2O_3 全部分解出来，则 SiO_2 也几乎全部析出，在生产上称为彻底碳酸化分解。

试验表明，碳分初期 SiO_2 为分解出来的 $Al(OH)_3$ 所吸附是因为 $Al(OH)_3$ 的粒度细，比表面积大，吸附能力强。精液的硅量指数越低，被吸附的 SiO_2 数量就越多，甚至使这部分 $Al(OH)_3$ 的硅铝比高于精液的硅铝比，精液的硅量指数高时则曲线上的第一段消失。由于 $Al(OH)_3$ 表面为含 SiO_2 的物相所覆盖，阻碍了晶体的长大，因而从 SiO_2 含量高的溶液中分解出来的 $Al(OH)_3$ 粒度较小。添加晶种可以改善 $Al(OH)_3$ 粒度组成，同时在很大程度上防止了碳分初期 SiO_2 的析出（添加晶种时，析出 40% 以上的 Al_2O_3，不夹杂 SiO_2）。

铝酸钠溶液继续分解，$Al(OH)_3$ 颗粒增大，比表面积减小，因而吸附能力降低，这时只有 $Al(OH)_3$ 析出，SiO_2 析出极少，故分解产物中 SiO_2 相对含量逐渐降低，但溶液中 SiO_2 的过饱和度则逐渐增大。

最后，当溶液中 SiO_2 的过饱和度大到一定程度后，SiO_2 开始迅速析出，而使分解产物中的 SiO_2 含量急剧增加。

由以上分析可知，在碳酸化分解过程中，铝酸钠溶液中的 SiO_2 在一定条件下可以较长时间地以过饱和状态存在于溶液中，只是到分解后期，当溶液中 Na_2O_k 和 Al_2O_3 浓度降低到一定程度以后，溶液中 SiO_2 才强烈地析出。因此，可根据溶液中 SiO_2 含量变化这一特点，由脱硅后精液的硅量指数控制一定的分解率，使碳分过程结束在 SiO_2 大量析出之前，这既可以得到杂质 SiO_2 含量很低的 $Al(OH)_3$ 又可以获得较高的碳酸化分解率。此外，采用深度脱硅的精液，添加晶种以及在较高的温度下进行碳分，都能减少 $Al(OH)_3$ 中的 SiO_2 含量，由于 SiO_2 是以铝硅酸盐的形态析出，因而也就相应地减少了产品中的碱含量。

单元二 影响碳分过程的主要因素

衡量碳分作业效果的主要标准是氢氧化铝的质量、分解率、分解槽的产能以及电能消耗等。

氢氧化铝的质量取决于脱硅和碳分两个工序。降低产品中 SiO_2 含量的主要途径是提高脱硅深度，但在精液硅量指数一定时，则取决于碳分作业条件。

分解槽产能取决于分解时间和分解率等因素，而适宜的分解时间与分解率又受产品质量的制约，并与原液的硅量指数高低密切相关。

碳分是一个大量消耗电能（压缩二氧化碳气体）的工序，电能消耗量取决于使用的 CO_2 气体浓度、CO_2 利用率以及碳分槽结构等因素。

A 精液的纯度与碳酸化深度（分解率）

精液的纯度和碳分深度是影响氢氧化铝质量的主要因素。

a 精液的纯度

精液的纯度包括硅量指数和浮游物含量两个方面。

精液的浮游物是 $Al(OH)_3$ 中杂质 SiO_2 和 Na_2O 的来源之一，是杂质 Fe_2O_3 最主要的来源。因此，精液必须经过控制过滤，使其浮游物含量降低到 0.02g/L 以下。

精液的硅量指数越高，可以分解出来质量合格的 $Al(OH)_3$ 越多。在硅量指数一定的条件下，则 $Al(OH)_3$ 的质量取决于碳分条件，特别是分解率。因此，提高精液硅量指数是提高产品质量和分解率的前提，当精液硅量指数一定时，就要掌握一定的分解率，以保证产品质量。

各厂都是根据各自的具体情况，确定分解率与硅量指数的关系。如山东铝厂精液硅量指数一般为 400 ~ 450，碳分分解率控制在 87% ~ 89%。

b 碳酸化深度

分解深度能在杂质含量和结构两方面影响 $Al(OH)_3$ 的质量。

当碳酸化进行的程度不深时，析出的 $Al(OH)_3$ 是分散性很大的细粒，并且其中不溶性碱的含量（吸附的铝硅酸钠）很多。随着碳酸化深度的增加，能改善 $Al(OH)_3$ 的结构，并使得 $Al(OH)_3$ 的纯度变好。但碳酸化深度达到一定程度后，$Al(OH)_3$ 的纯度及结构都随碳酸化深度的增加而显著变坏。

由此可见，碳酸化分解率如果控制过低，虽然可以保证产品的质量，但这会使 Al_2O_3 的循环返回量增大，整个生产系统产能降低，经济效益变差。碳酸化分解率如果控制过高，由于水合铝硅酸钠的强烈析出，将严重污染 $Al(OH)_3$ 产品，这时尽管精液的硅量指数较高，但产出的 $Al(OH)_3$ 质量仍然很差。生产实践还证明，分解率过高时，产出的是细粒疏松、结晶结构恶劣的 $Al(OH)_3$。它具有很强的吸附能力，这除了使 $Al(OH)_3$ 洗涤困难、碱含量增高外，还会使镓的损失增加，所以，必须使碳酸化深度控制得恰当，才能保证产品 $Al(OH)_3$ 的质量和各种技术经济指标取得最佳效果。

B 精液苛性比

在铝酸钠溶液晶种分解过程中，精液苛性比是影响分解速度的最重要的因素之一。根据文献报道，分解精液的苛性比每降低 0.1，分解率一般约提高 3%，降低苛性比对分解速度的作用，在分解初期尤为明显。因为苛性比降低，引起溶液过饱和度增大，而分解速度受过饱和度的平方项影响，对一定苛性比的溶液来说，有其适宜的溶液浓度，苛性比越低，适宜的浓度越高。但在碳分过程中，随着 CO_2 的连续通入，溶液始终保持较高的过饱和度，苛性比对分解速度影响不明显。精液苛性比对氢氧化铝粒度和强度也有一定影响。精液苛性比对氢氧化铝小于 45μm 粒级质量分数和磨损系数的影响见表 3-4。

表 3-4 精液苛性比对产物氢氧化铝粒度和强度的影响

原液苛性比	1.435	1.497	1.561
<45μm 粒级质量分数/%	11.94	5.04	4.56
磨损指数 Al/%	52.38	45.71	43.89

从表中数据可以看出，随着溶液苛性比的提高，小于 45μm 粒级质量分数下降，产品氢氧化铝的粒度变粗；碳分产物的磨损指数有一定的降低，产物的强度有了一定的提高。

造成氢氧化铝粒度和强度变化的原因只有一个，即低苛性比溶液在分解初期的相对快速分解，使得大量的细晶粒难以在后期的分解过程得到有效附聚和长大。

因此，在碳酸化分解均匀通气过程中，在没有晶种存在的情况下，控制初始晶粒生成的速度和合理的分解梯度对改善产物的粒度强度是非常必要的。

C　CO_2 气体的纯度、浓度和通气时间

石灰炉炉气（$\varphi(CO_2) \approx 38\% \sim 40\%$）和熟料窑窑气（$\varphi(CO_2) = 12\% \sim 14\%$）都可作为碳分的 CO_2 来源。我国氧化铝厂采用石灰炉炉气，国外则采用熟料窑窑气，因我国烧结法厂采用石灰配料，而国外则采用石灰石配料。

CO_2 气体的纯度是指它的含尘量。炉气在进入碳分槽前需经清洗，使其含尘量降至 $0.03 g/m^3$ 以下。

CO_2 气体的浓度与通入速度决定分解速度，它们对碳分槽的产能、CO_2 利用率与压缩机的动力消耗以及碳分温度都有很大影响。

我国的实践证明，采用高浓度的石灰炉炉气进行碳分，分解速度快，分解槽产量高，在其他条件相同的情况下，$Al(OH)_3$ 中的 SiO_2 含量较采用低浓度 CO_2 气时为低，而且由 CO_2 与 $NaOH$ 的中和反应及 $Al(OH)_3$ 结晶所放出的热量，便能维持较高的碳分温度，这对于 $Al(OH)_3$ 晶体的长大是有利的。采用 CO_2 含量低的熟料窑窑气分解时，CO_2 气体压缩的动力消耗将大大增加。

碳分速度除影响分解槽产能外，对氢氧化铝质量也有较大的影响。

因为铝酸钠溶液中处于过饱和状态的 SiO_2 析出比较缓慢，因此提高通气速度，缩短分解时间，并使分解出来的 $Al(OH)_3$ 迅速与母液分离，就可以减少 SiO_2 的析出数量，降低产品的硅含量；但快速碳分时，氢氧化铝中不可洗碱含量有所增加，这是由于晶间碱含量增加的原因。

我国氧化铝厂的碳分通气时间为 3h 左右，由于分解速度快，$Al(OH)_3$ 中细粒子含量多，同时镓的损失大，这是快速碳分带来的缺点。为了克服上述缺点，需要控制通气速度，特别是在分解末期，$Al(OH)_3$ 粒度往往明显变细，便需降低通气速度。通气时间对产物氢氧化铝的粒度和强度的影响见表 3 - 5。

表 3 - 5　通气时间对产物氢氧化铝的粒度和强度的影响

通气时间/h	3.67	4.00	4.33
<45μm 粒级质量分数/%	13.42	8.44	9.44
磨损指数 Al/%	46.74	40.78	35.78

随着通气时间的延长，分解深度的加强，小于 45μm 粒级质量分数也明显减少，粒度变粗；产物氢氧化铝的磨损指数明显降低，即产物的强度有了提高。

原因是碳酸化分解过程中溶液的过饱和度高，有利于细粒子附聚，但附聚形成的大颗粒强度差，易破碎，随着分解深度的提高，后期析出的氢氧化铝在附聚在一起的大颗粒的缝隙中进一步填充，起到了粘接镶嵌作用，对提高产物的强度作用明显，所以适当延长反应时间，有利于改善 $Al(OH)_3$ 的强度。

在均匀通气下，分解时间缩短，溶液分解深度降低，产物粒度和强度也会变小；对于一定硅量指数的溶液，分解时间过长，又会增加产物中的杂质含量。因此，对于特定的分解工艺，应该根据溶液情况，综合考虑分解时间对产物粒度和强度以及杂质含量的影响，选择合适的分解时间。

D 温度

分解温度高，有利于 $Al(OH)_3$ 晶体的长大，从而可减少其吸附碱和 SiO_2 的能力，并有利于它的分离洗涤过程。但是提高碳分末期的温度，将显著增加与 $Al(OH)_3$ 一同析出的丝钠（钾）铝石的数量。

降低温度可以使溶液的过饱和度增加，然而温度太低又会增加二次成核的速度，使产品细化，同时，低温下溶液的黏度增大也影响分解过程的进行。

在工业生产上，碳分控制的温度与所用的 CO_2 气体浓度有关。

如果用高浓度的石灰窑窑气，则无需另外加温，即可使碳分温度维持85℃以上。

如采用低浓度的熟料窑窑气，则一般不需另外加温，碳分温度控制在 70～80℃，而且氢氧化铝粒度尚可保持较粗。

分解温度直接影响着产物的粒度和强度，如表3-6所示。

表3-6 分解温度对产物氢氧化铝的粒度和强度的影响

分解温度/℃	70	80	90
<45μm 粒级质量分数/%	15.64	8.44	5.84
磨损指数 Al/%	46.24	40.78	29.59

由表3-6可见，温度越高，小于45μm粒级质量分数显著减少，分解产物的粒度越大；产物的磨损指数有明显降低，即产物的强度有了一定的提高。

原因是分解温度低且没有晶种存在时，加速了二次成核过程，使产物 $Al(OH)_3$ 粒度变细；而提高温度不但能减少二次成核的发生并能增大晶体成长速度，而且有利于微细粒子的粘结与附聚作用，使得分解产物的结晶形状稳定。分解温度升高有利于 $Al(OH)_3$ 晶体的长大，而避免和减少了新晶核的产生，同时结晶状态随温度的提高也可得到改善，$Al(OH)_3$ 的结晶将更加完整。

E 晶种

预先往精液中加入适量的 $Al(OH)_3$ 晶种，在碳酸化分解初期就不再生成分散度大，吸附力强的 $Al(OH)_3$，可避免溶液中的 SiO_2 由于分解初期被吸附而析出。

添加晶种还能改善 $Al(OH)_3$ 的结晶结构，使其粒度均匀，还有助于降低其碱含量；同时能减轻槽内结疤程度。

F 搅拌

搅拌可使溶液成分均匀，避免局部碳酸化，并有利于晶体成长，得到粒度较粗和碱含量较低的 $Al(OH)_3$。此外，搅拌还可以减轻碳分槽内的结疤和沉淀。因此，碳分过程中要有良好的搅拌，只靠通入的 CO_2 气体搅拌是不够的，还必须有机械搅拌或空气搅拌。

在上述影响因素中，操作中要考虑的最主要因素是分解深度，掌握好分解深度，就能在保证产品质量的基础上，提高产量。

单元三　碳分工艺过程

传统的碳分生产工艺采取的是单槽间断分解工艺，间断分解设备利用率低（仅为 75% 左右），碳分分解率的合格率偏低（一般为 88% 左右），而且劳动强度大。随着生产技术的不断发展，目前氧化铝生产过程中大多采用碳酸化连续分解工艺，其生产流程如图 3 - 14 所示。

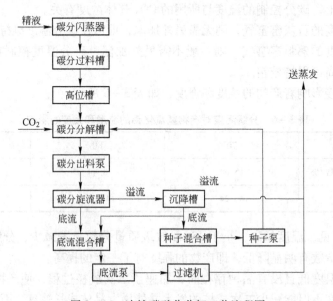

图 3 - 14　连续碳酸化分解工艺流程图

碳分精液首先进入碳分自蒸发器降温后送至高位缓冲槽，通过自压进入连续碳分首槽，由连通管在高压风作用下提至下一个分解槽，直至末槽，在分解槽中不断通入 CO_2 气体，进行碳酸化分解。根据各槽碳分分解梯度的不同要求，调整各槽通气量，使碳分分解达到工艺要求的分解率。碳分出料由出料泵送入旋流器分级，旋流器底流进入底流混合槽送成品过滤机，溢流进入沉降槽，沉降槽的溢流与底流过滤机的母液一起送蒸发，沉降槽的底流除大部分作自身种子外，其余部分送底流混合槽。

与单槽间断分解相比，其具有生产过程易实现自动化，分解率易于控制、设备利用率和劳动生产率高等优点。生产实践表明：连续碳酸化分解可使设备提高产量 56%；产品 $Al(OH)_3$ 粒度均匀、粗大；Na_2O 含量较间断碳酸化分解降低 20% ~ 50%；当精液硅量指数大于 1000，特别是大于 1500 时，分解率可提高 4% 以上。

碳酸化分解作业在碳分槽内进行。我国现在采用的是带挂链式搅拌器的圆筒形碳分槽，结构如图 3 - 15 所示。CO_2 气体经若干支管从槽的下部通入，废气经槽顶的汽水分离器排出。国外采用了圆筒形锥底碳分槽，结构如图3-16所示。CO_2气体通过锥底四周上的放射状喷嘴送入槽内，这就为增大槽的直径并使CO_2气体在水平面上分布更为均匀创造了条件。这种槽不设搅拌装置，只靠CO_2气体搅拌浆液。沉积在锥底喷嘴带以下的$Al(OH)_3$，则由设在槽中心的空气升液器将其提升到槽上部。

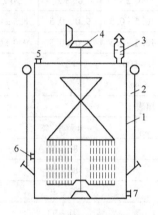

图3-15　圆筒形碳分槽

1—槽体；2—CO_2气体通入管；3—汽液分离器；

4—挂链式搅拌器；5—进料管；

6—取样管；7—出料管

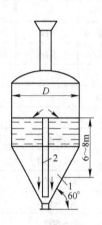

图3-16　圆筒形锥底碳分槽

1—气体进口；2—空气升液器

连续碳分设备连接图如图3-17所示。

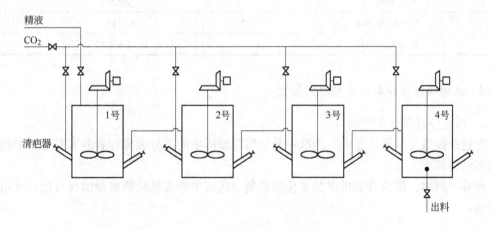

图3-17　连续碳分设备连接图

单元四　连续碳分正常操作与常见故障处理

A　连续碳分的技术条件和指标

连续碳酸化分解的技术条件和指标控制范围如表3-7所示。

表 3 - 7　连续碳分的技术条件和指标控制

项　目	高位槽	1 号槽	2 号槽	3 号槽	4 号槽	5 号槽	6 号槽
技 术 条 件 及 指 标							
五槽连分分解率/%		27 ± 3	65 ± 3	83 ± 3	90 ± 2	合格	
六槽连分分解率/%		27 ± 3	65 ± 3	76 ± 3	86 ± 2	90 ± 2	合格
五槽连分操作液面/m	约 8	10.5 ± 0.5	10.5 ± 0.5	10.5 ± 0.5	9.0 ± 0.5	8.5 ± 0.5	
六槽连分操作液面/m	约 8	10.5 ± 0.5	10.5 ± 0.5	10.5 ± 0.5	9.0 ± 0.5	9.0 ± 0.5	8.5 ± 0.5
进料量/m³·h⁻¹	0 ~ 500						
溶液停留时间/h	4 ~ 5						

精液 A/S 与分解率对照表	
精液 A/S	分解率/%
401 ~ 450	85 ~ 88
451 ~ 500	86 ~ 89
501 ~ 600	87 ~ 89
>600	91 ~ 93
>700	92 ~ 94
>800	93 ~ 95

上工序来料质量标准	
精液 α_K	1.48 ~ 1.55
浮游物含量/g·L⁻¹	≤0.012
CO_2 浓度/%	≥37
CO_2 压力/MPa	≤0.14
使用风压/MPa	0.14 ± 0.02

B　连续碳酸化分解的分解率的控制

a　碳分分解率计算方法

在连续碳酸化分解作业中，用取样分析溶液试样中的成分和操作者的实践经验来控制应达到的分解率。

碳分分解率，即为分解析出的氧化铝数量与精液中所含氧化铝数量的百分比，可用下式表示：

$$\eta_A = \frac{A_{精} - A'_{母}}{A_{精}} \times 100\%$$

式中　η_A——分解率，% ；

　　　$A_{精}$——精液中 Al_2O_3 的质量浓度，g/L；

　　　$A'_{母}$——母液中 Al_2O_3 的质量浓度，g/L。

在分解过程中废气从分解槽上排出，挟带着大量水蒸气，以及 $Al(OH)_3$ 结晶结合水等使溶液浓缩，因此，在计算分解率时，上述 $A'_{母}$ 值需用浓缩系数（浓缩比）加以修正：

浓缩系数：
$$n' = \frac{N_{T精}}{N_{T母}}$$

式中 $N_{T精}$——精液中全碱的质量浓度，g/L；

$N_{T母}$——母液中全碱的质量浓度，g/L。

由此可得：

$$\eta_A = \frac{A_精 - A_母 \times (N_{T精}/N_{T母})}{A_精} \times 100\% = \frac{A_精 - n' \times A_母}{A_精} \times 100\% = \left(1 - \frac{n'A_母}{A_精}\right) \times 100\%$$

开始分解时，$n' = 1$，随后就逐渐小于1，在分解过程中，全碱的重量应该是一样的，但因为水分被带走引起溶液体积变小而使其浓度增加。因此在计算时，必须用 n' 对溶液的体积进行校正。在生产过程中，直接测定体积的变化是比较困难的，一般是用分解前后溶液中的全碱浓度来表示。

在分解过程中，为了控制其分解率，须在分解一定时间后取样分析某时刻的 Al_2O_3 浓度，从而来了解情况，由于按每个分析结果去计算分解率来判定分解终点的时间太麻烦，因此可在事先所确定的分解率的要求下，算出分解终止时溶液中所允许残留的 Al_2O_3 浓度值。其计算公式可由分解率公式演变而来，即：

$$A_母 = \frac{A_精(1 - \eta_A)}{N_{T精}/N_{T母}}$$

在计算时，分解率 η_A 应取预计分解率的下限值，浓缩比 n' 随着作业条件而变，一般取0.91。

b 碳分分解率控制步骤

下面以一个分解过程为例，简单叙述控制分解率的步骤：

（1）分解率的确定。已知精液 Al_2O_3 质量浓度 $A_精$ 为93.09g/L，精液 SiO_2 质量浓度 $S_精$ 为0.208g/L，精液体积为400m³；计算得精液铝硅比 $A/S = 93.09/0.208 = 447$，由 A/S 与 η_A 的关系表（见表3-7）查得标准分解率 η_A 为85%~88%。

（2）分解终点预定值计算

精液全碱质量浓度 $N_{T精} = 106.4$g/L，经验浓缩比 $n' = 0.91$。分解率 η_A 取其规定范围之下限值85%，当到终点时，全碱质量浓度 $N_{T母} = N_{T精}/0.91 = 106.4/0.91 = 117$g/L。

Al_2O_3 质量浓度：

$$A_母 = A_精 \times (1 - \eta_A)/n' = 93.09 \times (1 - 0.85)/0.91 = 15.34(g/L)$$

这就是说，要达到预定85%的分解率，在分解终止时，溶液里面 Al_2O_3 的质量浓度应为15.34g/L。此值不是终点时溶液中所允许残留 Al_2O_3 的浓度，这里计算出来的 Al_2O_3 浓度只是刚刚停气时的浓度值，由于溶液在停气之后还要继续分解一段时间，所以溶液里的 Al_2O_3 浓度还要有所下降。故在计算预定值时，溶液里的 Al_2O_3 应当留得高一些。根据生产经验，目前一般加上1.0~2.0g/L分解富余量。

（3）停气时间的确定。通过取样，快到终点时，计算出 Al_2O_3 浓度的下降速度，然后将第二步计算出的停气时氧化铝浓度与最后一次取样所得的氧化铝浓度的差值除以 Al_2O_3 浓度的下降速度，所得的时间值就是至停气的时间，到时立即停气。

（4）实际分解率的计算。在停气30min左右，取样计算实际分解率，看是否相符，来检验分解率的控制是否恰当。

$$\eta_A = \frac{A_{精} - A_{母} \times (N_{T精}/N_{T母})}{A_{精}} \times 100\% = \frac{93.09 - 10.36 \times \dfrac{106.4}{116.9}}{93.09} \times 100\% = 89.87\%$$

（5）氢氧化铝产量的计算。计算公式为：

$$Q = 1.53 VA_{精} \eta_A (1 - A_{损})$$

式中　　Q——氢氧化铝产量，t；

　　1.53——Al_2O_3 换算成 $Al(OH)_3$ 的换算系数；

　　　　V——分解精液的体积，m^3/h；

　　$A_{精}$——精液 Al_2O_3 的质量浓度，g/L；

　　$A_{损}$——碳酸化分解过程中 Al_2O_3 的损失，一般取 0.1% ~ 0.3%。

因此，氢氧化铝的产量 $Q = 1.53 \times 400 \times 93.09 \times 10^3 \times 89.87\% \times (1 - 0.3\%) = 51.05 t/h$。

C　液位和通气量的调整

（1）液位调整。

1）分解槽液位的调整：通过调节各分解槽提料压缩空气阀门进行调整。

2）出料槽液位的调整：主要是通过增减出料泵频率来调节出料量，控制出料槽液位。

（2）通气量调节。

连续碳酸化分解通气量的调节，包括 CO_2 和压缩空气的调节，都是通过调节阀门的开度来实现的。根据分解精液的流动及各企业制定的分解梯度和碳分槽液位的标准，首先要通过调节压缩空气阀门来调节各槽的液位，根据化验分析结果调节合适的 CO_2 通入量，使分解系统达到动态平衡，满足分解梯度和分解率的要求。

D　分解温度控制

分解温度高，有利于 $Al(OH)_3$ 晶体长大，并能降低 $Al(OH)_3$ 吸附碱和 SiO_2 的能力，有利于分离洗涤。连续碳酸化分解精液温度控制在 70 ~ 75℃。通过调整降温设备的投用台数、循环水量、真空度使精液温度符合生产要求。

E　碳分槽的正常操作

（1）严格按工艺控制条件及指标进行操作，确保各槽分解梯度和分解液面；

（2）严格遵守技术操作标准中规定的 A/S 与分解率的关系，以此来控制分解率在合格范围内；

（3）每 1h 巡检一次，发现问题及时处理；

（4）认真观察设备运转情况及各槽液面、CO_2 浓度、压力及提料风压，每 1h 记录一次，出现波动要及时处理；

（5）注意各槽搅拌电流波动情况；

（6）定期做好母液洗槽工作。

F 常见故障分析与处理

碳酸化分解过程常见故障发生原因和处理办法如表 3－8 所示。

表 3－8 碳酸化分解常见事故发生原因及处理办法

事故名称	原　因	处　理　办　法
冒　槽	(1) 浮游物高； (2) 液位过高，过料不畅； (3) 排气不畅	(1) 减少进料量，降低液位； (2) 调整液位，检查过料系统； (3) 处理排气管
CO_2 浓度下降	石灰炉、空压机出现问题	减小进料量，以延长分解时间
连续化分解欠分	(1) CO_2 气体压力或浓度突然降低； (2) 进料量突然加大； (3) 精液 A/S 升高； (4) 精液 α_K 升高	(1) 稳定 CO_2 气体压力或浓度，加大通气量； (2) 稳定进料量，加大末槽通气量； (3) 加大末槽通气量； (4) 加大前两个分解槽的通气量
连续化分解过头	(1) CO_2 气体压力或浓度突然升高； (2) 进料量突然减小； (3) 精液 A/S 降低； (4) 精液 α_K 降低	(1) 稳定 CO_2 气体压力或浓度，减小通气量； (2) 稳定进料量，减小末槽通气量； (3) 减小末槽通气量； (4) 减少前两个分解槽的通气量

习题及思考题

3－1　叙述碱－石灰烧结法生产氧化铝的基本原理并写出主要化学反应式。

3－2　简述碱－石灰烧结法的主要生产工序。

3－3　我国碱－石灰烧结法生产氧化铝工艺有何特点？

3－4　什么是生料（或熟料）的碱比、钙比、铁铝比、铝硅比？

3－5　生产中生料浆配制采用什么配料工艺？简述其配料过程，画出其配料工艺流程图。

3－6　氧化铝厂石灰煅烧通常采用什么设备、原料和燃料？

3－7　写出石灰煅烧过程的主要化学反应式。石灰煅烧炉沿炉高划分为哪几个区域，各区域的主要作用是什么？

3－8　解释煅烧度、焦比、石层的概念及意义。

3－9　熟料烧结的目的是什么？

3－10　写出熟料烧结过程中的主要化学反应式。

3－11　什么是正烧成温度和烧成温度范围？

3－12　如何对熟料质量进行评价？

3－13　熟料质量的各项指标的高低对生产有何影响？

3－14　写出生料加煤排硫的原理，熟料烧结过程中怎样提高硫的还原率？

3－15　烧结法生料加煤对氧化铝生产过程有哪些作用？

3－16　简述回转窑熟料烧结工艺流程。

3－17　熟料窑从窑尾至窑头按物料物理化学变化的不同可划分为哪几个带，各带的主要作用是什么？

3－18　我国熟料烧结作业的"三大一快"指什么？

3－19　窑皮的作用是什么？

3－20　如何判定烧成带温度？

3 - 21　熟料溶出的目的是什么?

3 - 22　写出熟料溶出过程的两个主要反应式。

3 - 23　什么叫做熟料溶出的二次反应和二次反应损失?

3 - 24　二次反应的实质是什么,可采用哪些措施减少溶出副反应损失?

3 - 25　生产上溶出温度如何控制?

3 - 26　已知熟料和弃赤泥成分如下:

化学成分/%	$w(SiO_2)$	$w(Fe_2O_3)$	$w(Al_2O_3)$	$w(CaO)$	$w(Na_2O)$
熟　料	10.8	4.78	32.43	19.92	24.54
弃赤泥	9.72	7.75	5.28	48.85	2.21

　　　　试计算赤泥产出率和氧化铝、氧化钠的净溶出率。

3 - 27　烧结法赤泥膨胀的特征有哪些,如何进行处理?

3 - 28　为什么要对烧结法赤泥进行快速分离?

3 - 29　粗液添加石灰脱硅的基本原理是什么?

3 - 30　精液硅量指数的高低对氧化铝生产有什么影响,怎样提高精液硅量指数?

3 - 31　烧结法粗液脱硅时,添加种分母液和拜耳法赤泥有何作用?

3 - 32　铝酸钠溶液碳酸化分解的基本原理是什么?

3 - 33　影响碳酸化分解的因素有哪些?

3 - 34　已知一碳分分解原液中含 Al_2O_3 105.0g/L, N_T 120.0g/L, 分解后母液中含 Al_2O_3 10.0g/L, N_T 130.0g/L, 计算碳分分解率。若每小时分解这种溶液400m^3, 计算Al(OH)$_3$的产量。

3 - 35　连续碳酸化分解过头的原因有哪些?

模块四 联合法生产氧化铝

任务一 并联法生产氧化铝

学习目标

1. 掌握并联法的工艺流程；
2. 了解并联法的工艺特点。

工作任务

依据并联法生产流程分析并联法的工艺特点。

如前所述，目前工业上生产氧化铝的方法主要是拜耳法和碱石灰烧结法，它们各有其优缺点和适用范围。

拜耳法流程简单，能耗低，产品质量好，处理优质铝土矿时产品成本最低。但它需要 A/S 大于5的优质铝土矿，且需消耗价格昂贵的苛性碱。

烧结法可以处理 A/S 为3~5的高硅铝土矿和利用较便宜的碳酸钠。但其流程复杂，能耗高，产品质量比拜耳法的差，单位产品的投资和成本较高。

在某些情况下，特别是生产规模较大时，采用拜耳法和烧结法联合的生产流程，可以兼有两种方法的优点，而消除其缺点，取得比单一的方法更好的经济效果，同时可以更充分地利用铝矿资源。根据铝土矿的化学成分、矿物组成及其他条件不同，联合法可分为三种基本流程：并联法、串联法和混联法。

单元一 并联法的工艺流程

并联法包括拜耳法和烧结法两个平行的生产工艺系统，以拜耳法处理高品位铝土矿，以烧结法处理高硅铝土矿或霞石等低品位铝矿；烧结法系统的部分精液并入拜耳法系统，经种分后所得种分母液，以弥补拜耳法系统的苛性碱损失。并联法的工艺流程如图4-1所示。

前苏联的氧化铝厂有三家是用并联法生产的。

乌拉尔铝厂的并联法中将烧结法精液单独种分，种分母液单独蒸发成蒸发母液再补入拜耳法系统。烧结法系统蒸发析出的芒硝碱作为副产品，不返回氧化铝生产系统。这样做流程复杂些，需要的设备多一些，但不会增加拜耳法系统母液的蒸发困难。

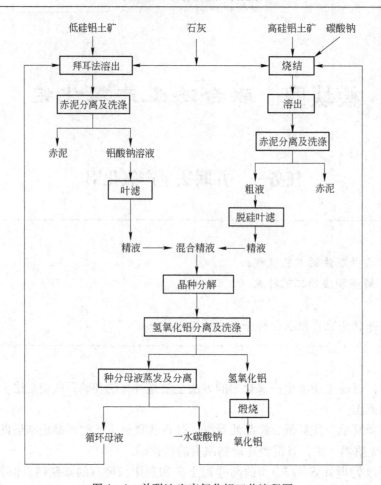

图 4 - 1　并联法生产氧化铝工艺流程图

单元二　并联法的工艺特点

并联法的主要特点是：

（1）可以合理地利用铝矿资源，如对于同一矿区有不同品位的铝土矿，或不同地区有两种品位的铝土矿，采用并联法生产工艺流程，可以得到较好的经济效益。

（2）种分母液蒸发时析出的一水碳酸钠直接送往烧结法系统配料烧结，因此取消了拜耳法系统的碳酸钠苛化工序。同时还可以将一水碳酸钠吸附的有机物在烧结过程中烧掉，减少了有机物对拜耳法生产的不良影响。

（3）生产过程中全部碱损失都用价格较便宜的碳酸钠来补充，降低了生产成本。

（4）烧结法系统中低苛性比的精液与拜耳法系统的精液混合后，可降低后者的苛性比，有利于提高种分的速度和分解率。

（5）用烧结法系统的铝酸钠溶液代替纯苛性碱来补偿拜耳法系统的苛性碱损失，由于烧结法系统的铝酸钠溶液中含有较高的碳酸钠，致使拜耳法各工序的循环碱量增加，从而影响各工序的技术经济指标。

（6）工艺流程比较复杂。拜耳法系统的生产受烧结法系统的影响和制约，必须有足够的循环母液储量，才能避免当烧结法系统因某种原因，发生液量波动不能供应足够的铝酸钠溶液时，从而使拜耳法系统减产。

任务二　串联法生产氧化铝

学习目标

1. 掌握串联法的工艺流程；
2. 了解串联法的工艺特点。

工作任务

依据串联法生产流程分析串联法的工艺特点。

单元一　串联法的工艺流程

串联法是先以较简单的拜耳法处理矿石，提取出其中的大部分氧化铝后，再用烧结法处理拜耳法赤泥，进一步提取其中的氧化铝和碱，烧结法所得的铝酸钠溶液经脱硅后并入拜耳法系统。对于中等品位的铝土矿（例如铝硅比为 5~7 的一水铝石矿）或品位虽然较低但为易溶的三水铝石型矿，采用串联法往往比烧结法有利。串联法的工艺流程如图 4-2 所示。

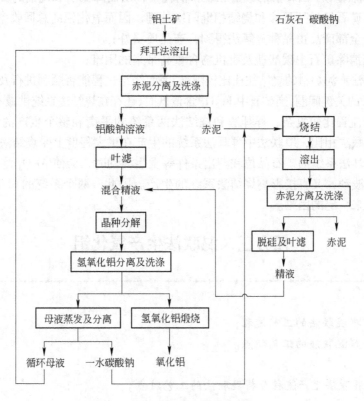

图 4-2　串联法生产氧化铝流程图

国外曾经有三家工厂（哈萨克斯坦的帕夫洛达尔厂和美国的两家工厂）采用串联法处理高硅三水铝石矿（A/S 约为 3.5）。美国的两家串联法厂于 20 世纪 80 年代因矿石资源枯竭而关闭。哈萨克斯坦的帕夫洛达尔厂目前仍在运行，烧结法系统的溶液是单独处理，直到蒸发排出 Na_2SO_4 结晶后才补入拜耳法系统。

我国对串联法的向往已经几十年了。早在 20 世纪 50 年代中期山东铝厂二期扩建时，就考虑过串联法方案。50 年代末，郑州铝厂原来设计也是串联法，用以处理河南巩县铝硅比为 4~5 的小关铝土矿。1960 年拜耳法系统试车失败后，增建了碳酸化分解和碳分母液蒸发两个工序，形成了完整的烧结法系统，并于 1965 年顺利投产。拜耳法系统经过改革后于 1966 年 2 月试车成功，后来就形成并完善了我国原郑州铝厂独有的混联法生产流程。后来推广到原贵州铝厂(1989 年)、原山西铝厂(1992 年)。

随着氧化铝生产的进行，我国铝土矿逐渐贫化，混联法生产的各项指标将恶化，特别是进入 20 世纪 90 年代以后，串联法显示了强大的竞争力。目前，中国在山西晋北用铝硅比为 5.6 的一水硬铝石铝土矿为原料，建成了年产能为 100 万吨氧化铝的串联法生产厂。中国铝业股份有限公司也在重庆南川市采用串联法建设氧化铝厂。

单元二　串联法的工艺特点

串联法的主要特点是：

（1）矿石中大部分氧化铝是由投资和加工费较低的拜耳法制得，仅有少量是由烧结法制得，这样就减少了回转窑的数量和燃料消耗量，从而降低了氧化铝的成本；

（2）由于矿石经过拜耳法和烧结相继两次处理，因而氧化铝的总回收率高，碱耗低；

（3）由于全部产品由晶种分解法得到，产品质量好；

（4）可以消除矿石中碳酸盐及有机物含量高带来的困难；

（5）拜耳法赤泥炉料的烧结往往比较困难，因而烧结过程能否顺利进行及熟料质量的好坏，成为串联法的关键问题，当矿石中 Fe_2O_3 含量低时，还存在烧结法系统供碱不足的问题；

（6）生产流程比较复杂，拜耳法和烧结法两系统的平衡和整个生产的均衡和稳定较难维持。与并联法相比，串联法中拜耳法系统的生产在更大程度上受烧结法系统的影响和制约，而当拜耳法系统的矿石品位和溶出条件等发生波动时，会使 Al_2O_3 溶出率和赤泥成分与数量随之波动，又直接影响烧结法系统的生产。因此，两个系统的相互影响和制约，给组织生产带来一定的困难。

任务三　混联法生产氧化铝

学习目标

1. 掌握混联法的工艺流程；

2. 了解混联法的工艺特点。

工作任务

依据混联法生产流程分析混联法的工艺特点。

单元一 混联法的工艺流程

如前面所述，串联法中拜耳法赤泥炉料较难烧结，当采用向赤泥中添加一部分低品位的铝土矿的方法时，可提高熟料的铝硅比，使炉料熔点提高，烧成温度范围变宽，从而改善烧结过程。这种由拜耳法和同时处理拜耳法赤泥与低品位铝矿的烧结法构成的联合法叫做混联法，其流程如图4-3所示。

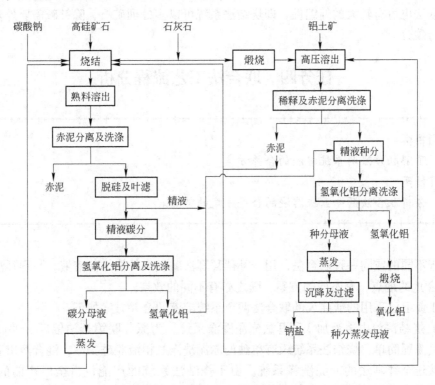

图4-3 混联法生产氧化铝流程图

单元二 混联法的工艺特点

混联法的创造性在于工业上实现了拜耳法赤泥与低品位铝土矿一起烧结，是稳定拜耳法赤泥熟料烧结作业的好方法。生产实践证明，混联法是处理我国高硅低铁铝土矿的较有效方法，氧化铝总回收率高，产品质量好，世界上只有我国采用此法生产。混联法的主要特点是：

（1）高品位铝土矿先用拜耳法处理，将大部分 Al_2O_3 回收后的赤泥再用烧结法处理，再次回收 Al_2O_3 和 Na_2O，所以 Al_2O_3 的总回收率高（达90%以上），碱耗低（<70kg/t（Al_2O_3））；

（2）烧结法除处理拜耳法赤泥外，另加入一定量的低品位铝矿提高了生料浆的 A/S，改善了烧结窑的操作条件，提高了熟料的质量，而且由于配入适量的纯碱，可补充处理低铁铝矿时烧结法系统的供碱不足；

（3）利用较便宜的碳酸钠加入烧结法系统，以补偿生产过程的碱损失；

（4）由于大部分铝酸钠溶液是晶种分解，可以获得质量较高的 Al_2O_3；

（5）混联法中包括完整的拜耳法和烧结法系统，流程很长，设备繁多，控制复杂，设备投资大，只有在较大的生产规模条件下，才有显著的经济效益。

各种联合法原则上都应以拜耳法为主，烧结法系统的产能一般只占总产能的 10% ~ 20%，取决于补偿损失的碱量，但混联法中烧结法系统的产能不受拜耳法补碱需要的限制。并联法也可有较大的伸缩性，即烧结法系统可以多处理矿石，除补碱需要外多余的溶液去进行碳分。

任务四　联合法工艺流程分析

学习目标

　　了解联合法两系统溶液的合并方案。

工作任务

　　分析联合法两个系统溶液的合并方案的特点。

对于不同的或同一种联合法，用于补偿拜耳法碱损失的烧结法溶液，与拜耳法溶液合并（汇合）的地点，有不同的方案，随之亦有不同的效果。

在工业上已采用的或建议的联合法两个系统溶液的合并方案如下：

（1）烧结法溶出浆液加入拜耳法赤泥洗涤系统，为原苏联第聂泊铝厂（并联法）所采用。其流程简单，烧结法系统没有单独的赤泥洗涤及粗液脱硅工序，混合溶出后的赤泥浆液直接送至拜耳法的赤泥洗涤系统。由于烧结法系统的产能仅占全厂产能的 10% ~ 12%，而混合赤泥的沉降速度比单独拜耳法赤泥的沉降速度快，因而不增加拜耳法赤泥系统的负荷。采用这一方案后，使烧结法系统流程大大简化，节约了大量的设备和人力，能耗也有所降低。

（2）烧结法精液与拜耳法分解原液混合，国外有的联合法厂采用。由于烧结法厂溶液经过专门的脱硅，能保证产品 Al_2O_3 的质量，减少母液蒸发时钠硅渣结垢，但流程较复杂。

（3）烧结法系统有整套流程，其部分精液并入拜耳法精液，以补偿拜耳法系统的苛性碱损失，其余部分进行碳分，我国混联法生产厂采用。由于烧结法溶液经过专门的脱硅处理，因此能保证产品的质量，但流程比较复杂。

（4）烧结法系统的精液单独进行种分，且种分母液单独蒸发后并入拜耳法的循环母液中。

（5）烧结法粗液与拜耳法溶出浆液在稀释槽中合并，其优点为：

1）取消了烧结法系统中的脱硅工序；

2）由于合并后精液浓度大大高于烧结法精液浓度，可使烧结法系统的碳分母液不经蒸发，直接送去配制生料浆；

3）由于取消了单独的粗液脱硅与碳分母液蒸发工序，从而降低汽耗。但实现此方案的关键是要保证溶液达到足够的硅量指数，否则会导致母液蒸发时严重结垢。

习题及思考题

4-1 联合法有哪几种基本流程？

4-2 试比较不同联合法生产氧化铝的优缺点。

4-3 简述串联法的工艺过程。

4-4 烧结法粗液与拜耳法溶出浆液在稀释槽合并有什么优点？

4-5 混联法是在哪种方法基础上发展起来的？

模块五　大型预焙槽生产电解铝

任务一　铝电解生产工艺及原材料

学习目标

1. 掌握铝电解生产工艺流程；
2. 了解铝电解对原料的要求。

工作任务

认知电解铝冶金生产工艺流程及原材料。

单元一　铝电解生产工艺流程

现代铝工业生产，普遍采用冰晶石－氧化铝熔盐电解法。铝电解生产在熔盐电解槽中进行，以氧化铝为原料，熔融的冰晶石为电解质，组成 $Na_3AlF_6 - Al_2O_3$ 电解质，为了改进电解质性质，常加入 AlF_3、CaF_2、MgF_2、LiF 等添加剂。采用炭素材料作阳极，铝液作阴极，在直流电作用下进行电化学反应。电解作业通常是在 $950 \sim 970℃$ 下进行的，电解产物，阴极上是液体铝，阳极上是 CO_2（约 $75\% \sim 80\%$）和 CO（约 $20\% \sim 25\%$）气体。不断向电解质中补充氧化铝原料，阴极上则连续析出液体铝，液体铝在阴极表面积累，定期用真空抬包从槽内吸出，运往铸造车间经净化澄清之后浇铸成铝锭，或直接加工成线坯、型材等。定期补充或更换被消耗的炭阳极，阳极气体连同电解质的挥发及飞扬物被收集、净化，回收的氟化物返回电解槽，净化后的气体从烟囱排空。其生产工艺流程如图 $5-1$ 所示。

经整流车间出来的强大的直流电由炭阳极导入，流经熔融电解质，进入铝液层熔池和阴极炭块。铝液层熔池同炭块阴极联合组成了阴极，铝液的表面为阴极表面。阴极炭块内的钢棒汇集了电流，再由地沟母线导向下一台电解槽的阳极母线。操作良好的电解槽是处于热平衡之中的，此时在槽炭素侧壁形成了凝固的电解质，即所谓的"炉帮"。

氧化铝由浓相输送系统供应到槽上料箱，按计算机控制的速率通过点式下料器经打壳下料加入到电解质中。炭阳极的消耗约为 $450kg/t(Al)$，消耗的炭阳极需定时用新组装好的阳极更换，约每 4 周一次，换阳极的频率由阳极的设计和电解槽的操作规程决定。残极送往阳极准备车间处理。

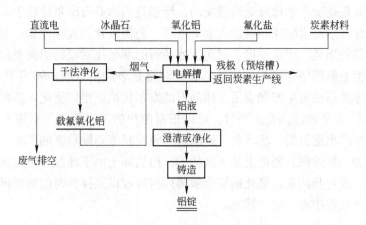

图 5 - 1 电解铝生产工艺流程图

单元二 铝电解所用原材料

A 氧化铝

铝电解的主要原料是氧化铝。为了得到优质金属铝,要求原料氧化铝化学纯度高、化学活性大、物理性能好及粒度适中。现代铝工业对氧化铝的要求见模块一中的任务三。

B 辅助材料

铝电解生产中所用的熔剂主要是冰晶石和氟化铝,此外还有一些用来调整和改善电解质性质的添加剂,如氟化钙、氟化镁、氟化钠、碳酸钠和氟化锂。

a 冰晶石

冰晶石分天然和人造两种。天然冰晶石 (3NaF·AlF₃) 产于格陵兰岛,属于单斜晶系,无色或雪白色,密度为 2.95g/cm³,硬度为 2.5,熔点为 1010℃。由于天然冰晶石在自然界中储量很少,不能满足工业需要,故铝工业均采用人造冰晶石。

人造冰晶石实际上是正冰晶石 (3NaF·AlF₃) 和亚冰晶石 (5NaF·3AlF₃) 的混合物,其摩尔比为 2.1 左右,属酸性,呈白色粉末,略粘手,微溶于水。电解用冰晶石的质量标准如表 5 - 1 所示。

表 5 -1　人造冰晶石的质量标准 (GB/T 4291—1999)

等级	化学成分 $w/\%$									
	不小于		不大于							
	F	Al	Na	SiO_2	Fe_2O_3	SO_4^{2-}	CaO	P_2O_5	H_2O	灼减, 550℃, 30min
特级	53	13	32	0.25	0.05	0.7	0.10	0.02	0.4	2.5
一级	53	13	32	0.36	0.08	1.2	0.15	0.03	0.5	3.0
二级	53	13	32	0.40	0.10	1.3	0.20	0.03	0.8	3.0

20 世纪 90 年代以前,我国冰晶石产品的一个显著特点是摩尔比低,一般在 2 左右。

冰晶石结晶水含量是随摩尔比降低而增加的，特别是当冰晶石摩尔比低于1.5时，这种影响更为明显。含有结晶水的冰晶石加入电解槽后，会使氧化铝发生水解，反应放出 HF 气体，增加氟化物的损耗，污染环境。因此，冰晶石的摩尔比对氟的损失率影响非常大。工业实践表明，铝电解槽使用高摩尔比冰晶石可获得显著经济效益。90年代以后，我国开始了高摩尔比冰晶石批量生产和应用，冰晶石的摩尔比范围也广泛化，能根据用户要求生产摩尔比为1.5~2.9的冰晶石。同时，可以根据用户的不同要求，采用不同的生产工艺及操作控制，生产出细目料、粉状料、砂状料、颗粒料等不同粒度的产品。

冰晶石作为一种熔剂，理论上是不消耗的，但实际上由于冰晶石中的氟化铝被电解液中的水分分解，或自身挥发；氟化钠被电解槽内衬吸收以及操作时的机械损失等原因，使得冰晶石在生产过程中有一定的损耗。

b　氟化铝

氟化铝为人工合成产品，呈白色粉末状，其沸点为1260℃，挥发性很大。

由于在电解生产过程中，一是电解质中的氟化铝会挥发，二是原料氧化铝所含的氧化钠和水分进入电解质中后，也会与电解质发生化学反应，生成氟化钠和氟化氢，从而使电解质成分发生改变，摩尔比升高，影响电解生产。添加氟化铝既可以补充电解质中氟化铝的损失，又可以调整摩尔比，降低电解温度使摩尔比保持在一定范围内，以保证生产技术条件的稳定。

c　氟化钠

氟化钠是一种白色粉末，易溶于水。在新装槽料和电解槽启动初期，通常添加一定量的氟化钠或碳酸钠以提高电解质的摩尔比。碳酸钠之所以能提高电解质的摩尔比，是因为其在高温下易分解成氧化钠，氧化钠与冰晶石反应生成氟化钠。

$$Na_2CO_3 = Na_2O + CO_2 \uparrow$$
$$3Na_2O + 2Na_3AlF_6 = 12NaF + Al_2O_3$$

由于碳酸钠比氟化钠更易溶解，价格低廉，所以在工厂多用碳酸钠。

d　氟化钙

铝电解常用的氟化钙是一种天然矿物，呈暗红色粉末状，加热时发光，俗称萤石。添加氟化钙既可以使炉帮比较坚固，同时又可降低电解质的初晶温度。由于电解质中少量的氧化钙与氟化铝反应可生成氟化钙，所以平时并不经常添加氟化钙，只是在新槽启动时加入，以形成坚固的炉帮。

e　氟化镁

氟化镁也是一种工业合成品，呈暗红色粉末状。添加氟化镁可以改善电解质的性质，降低电解质温度，减小电解质对炭电极的湿润性，有利于炭渣分离，减小电解质向炭电极内部的渗透。

f　氟化锂

氟化锂的主要作用是降低电解质的初晶温度，提高其电导率，此外还减小其蒸汽压和密度。所有添加剂都能使电解质的初晶温度降低，在含量相同的情况下，锂盐最为明显。但因其价格比较昂贵，在生产中没有得到大量应用。铝电解厂有时用 Li_2CO_3 来代替氟化锂，以降低成本。

C 炭素材料

冰晶石 – 氧化铝熔盐电解生产中，作为导电的阴阳两极的各种材料中，既能良好导电，又能耐高温、抗腐蚀，同时价格低廉的唯有炭素材料，因此铝工业生产都采用炭素材料作阴阳两极。

现代铝电解对炭阳极的要求是耐高温和不受熔盐侵蚀，有较高的电导率和纯度，有足够的机械强度和热稳定性，透气率低和抗 CO_2 及空气的氧化性能好。

铝电解槽使用的炭阳极有自焙阳极和预焙阳极两种。

a 自焙阳极

按导电金属棒从上部或侧部插入阳极，电解槽可分为上插自焙阳极电解槽和侧插自焙阳极电解槽，这两者在电解槽结构上也是不同的，但阳极是连续工作的。自焙阳极采用阳极糊为炭阳极的原料。阳极糊加入到这类电解槽的阳极铝箱中，依靠电解的高温，自下而上地将其焙烧成为炭阳极，随着它的消耗，上部焙烧好的糊料随阳极下行继续工作，因此得以连续。由于阳极糊在自焙过程中产生大量沥青烟，对环境污染严重，我国已于2000年明令禁止，淘汰小型自焙阳极铝电解槽。

b 预焙阳极

生产铝用预焙阳极的原材料可分为骨料和粘结剂两大类。骨料主要包括石油焦、沥青焦。为了降低成本和充分利用废旧资源，预焙槽电解换下来的残阳极经处理后也可作为生产预焙阳极的骨料成分，但加入量一般控制在20%左右。

预焙阳极多为间断式工作，每组阳极可使用18~28天。当阳极炭块被消耗到原有高度的25%左右时，为了避免钢爪熔化，必须将旧的一组阳极炭块吊出，用新的阳极炭块组取代，取出的炭块称为"残极"。由于预焙阳极操作简单，没有沥青烟害，易于机械化操作和电解槽的大型化，因此，国内外新建大型铝厂以及自焙阳极电解槽的改造都采用此种阳极。

在大型预焙槽铝电解生产中，阳极炭块不仅承担着导电作用，而且还参与电化学反应。阳极质量对电解槽的状况、铝的品位、阳极消耗量、电能消耗量、电流效率和环境污染有着极其重要的影响。因此，对阳极炭块要求严格，要求灰分越低越好，对硅、铁、镍、钒的含量要严加控制，要求电阻率低，气孔率低，组织致密，还要求有较大的抗张强度、抗弯强度和较小的掉渣率。我国所用炭阳极的质量标准见表5 – 2。

表5 – 2 我国现行炭阳极质量标准（YS/T 285—1998）

牌 号	灰分 /%	电阻率 /μΩ·m	膨胀系数 /%	CO_2 反应性 /mg·h^{-1}·cm^{-2}	耐压强度 /MPa	体积密度 /g·cm^{-3}	真密度 /g·cm^{-3}
	不大于				不小于		
TY – 1	0.50	55	0.45	45	32	1.50	2.00
TY – 2	0.80	60	0.50	50	30	1.50	2.00
TY – 3	1.00	65	0.55	55	29	1.48	2.00

阳极外观要求：

（1）成品表面粘的填充料必须清理干净；

（2）成品表面的氧化面积不超过该表面积的 20%，深度不超过 5mm；

（3）成品掉角长度不大于 100×100mm，掉棱长度不大于 300mm，深度不大于 60mm，且不得多于两处；

（4）棒孔内或孔边缘裂纹长度不大于 80mm，孔与孔之间不允许有连通裂纹；

（5）棒孔底面凹陷深度不大于 15mm，陷损面积不大于底面积的 2/3（允许人工修补）；

（6）大面裂纹长度不大于 200mm，数量不多于 3 处。

任务二　铝电解生产原理

学习目标

1. 了解铝电解质的性质；

2. 理解铝电解的生产原理。

工作任务

1. 分析电解质的性质及电解过程化学反应；

2. 分析铝电解槽的结壳、炉帮及沉淀的形成及作用。

单元一　铝电解质的性质

铝电解生产中，连接阳极和阴极之间不可缺少的熔盐叫做电解质。液体电解质是保证电解过程能够进行的重要条件之一。液体电解质主要以冰晶石为熔剂以氧化铝为熔质而组成，即冰晶石-氧化铝均匀熔融体，其主要成分是冰晶石（占 85% 左右），还含有一定数量的其他有用成分和杂质，如氧化钠、氧化铁、氧化硅等。

冰晶石的化学式为 Na_3AlF_6，从分子结构上讲，它是由 3mol 氟化钠（NaF）与 1mol 氟化铝（AlF_3）结合而成，所以可以写成 $3NaF \cdot AlF_3$，此种配比的冰晶石称为正冰晶石。

正冰晶石中所含氟化钠物质的量与氟化铝物质的量之比，称为冰晶石的摩尔比（俗称分子比，符号为 CR）。摩尔比等于 3 的冰晶石形成的电解质称为中性电解质，摩尔比大于 3 的冰晶石形成的电解质称为碱性电解质，摩尔比小于 3 的冰晶石形成的电解质称为酸性电解质。正常生产过程中，电解质的摩尔比一般保持在 2.4 左右，因此电解质呈弱酸性。

电解质的性质主要是指电解质的初晶温度、密度、电导率、黏度、表面性质等，了解和掌握电解质的性质，对实际生产技术条件控制有十分重要的指导意义。

A　初晶温度（熔度）

初晶温度是指液体开始形成固态晶体的温度。固态晶体开始熔化的温度称为该晶体的熔点。初晶温度与熔点物理意义不同，但在数值上相等。

纯的正冰晶石熔液初晶温度约为 1010℃，在添加氧化铝和其他添加剂后，初晶温度降低。

过热度是指高于电解质初晶点的温度。生产中的电解温度一般控制在电解质初晶温度以上 10~20℃。这种过热温度有利于电解质较快地溶解氧化铝，并控制着侧部炉帮和底部结壳的生成与熔化。在生产上，为使电能消耗降低，电流效率提高，电解质挥发损失降低，冰晶石 – 氧化铝熔体的初晶温度越低越好。影响冰晶石 – 氧化铝熔体初晶温度的因素有氧化铝含量、电解质摩尔比和添加剂等。

a 氧化铝含量的影响

在一定的氧化铝浓度范围内（小于 11%），冰晶石 – 氧化铝熔体的初晶温度随氧化铝含量的增加而降低。但如果氧化铝含量超过 11%，则冰晶石 – 氧化铝熔体的初晶温度随氧化铝含量的增加会急剧上升，所以在自焙槽生产时氧化铝添加量不能超过这个数值。另外，氧化铝含量波动较大时，冰晶石 – 氧化铝熔体的初晶温度也会波动较大，见表 5 – 3。因此，预焙槽生产为了稳定电解槽温度，平稳槽况，采用氧化铝自动添加的方式使电解质中的氧化铝含量维持在 3% 左右。

表 5 – 3 电解质（摩尔比 2.6 ~ 2.8，$w(CaF_2) = 4\% ~ 6\%$）中氧化铝含量
与电解质熔点的关系

电解质中的氧化铝含量/%	电解质的熔点/℃
8	940 ~ 945
5	955 ~ 960
1.3 ~ 2	970 ~ 975

b 电解质摩尔比的影响

冰晶石 – 氧化铝熔体的初晶温度随电解质摩尔比的降低而降低。含有 8% 氧化铝、4% ~6% 氟化钙的电解质初晶温度与摩尔比的关系如表 5 – 4 所示。

表 5 – 4 电解质初晶温度与摩尔比的关系

摩尔比	2.8	2.6	2.4	2.3	2.2	2.1
初晶温度/℃	945	940	935	930	920	910

由于氧化铝在电解质中的溶解度会随着电解质摩尔比的降低而降低，所以，电解质摩尔比控制不能太低，否则会产生槽底沉淀。自焙槽一般在 2.6 ~ 2.8 之间，而预焙槽由于是自动计量准确下料，为保持低温操作，摩尔比则可控制得低一些，在 2.3 ~ 2.55 之间。

B 密度

在工业铝电解槽中，汇聚在阴极炭块表面的液体铝是实际的阴极，电解质熔液处在铝液的上面，因此，要求电解质熔体的密度必须小于铝液的密度。液体铝的密度在电解温度下变化较小，约为 2.3g/cm³。但电解过程中电解质温度是变化的，电解质中的氧化铝也是不断消耗的，所以电解质密度会发生波动，有可能导致分层不清，造成铝的损失增加。故维持电解质的温度稳定和氧化铝含量稳定对生产非常重要。预焙槽的下料方式能够很好达到这个目的，使电解质密度维持在 2.1g/cm³ 的水平上，与铝液分层清晰。

C　电导率

电导率也被称为比电导或导电度，它是物体导电能力大小的标志，生产上通常用电阻率的倒数来表示。单位为 $(\Omega \cdot cm)^{-1}$。

电解质的电导率是一个很重要的性质。电解质具有一定的电阻，产生电阻热，目前工业铝电解槽中电解质的电阻电压降约占槽电压的 30%，这部分电阻热是维持电解槽在电解温度下热平衡的基础，但也正是这种热损失成为铝电解能耗高的主要原因。提高电解质的电导率，可以在加强电解槽保温的情况下，降低槽电压、节省电能、降低单位产品的电耗；或者在未增加电解质电压降的情况下，增加电解槽的电极电流密度、提高铝的产量；或者对极距较低的电解槽，在保持槽电压不变的情况下，增加极距，达到提高电解槽的稳定性和提高电流效率的目的。因此，人们总是希望电解质的电导率越高越好。

电解质熔体的电导率会受到电解温度、电解质摩尔比、炭渣、氧化铝及添加剂的影响。

a　电解温度的影响

在正常电解过程中，槽内只有少量炭渣时，电解质的电导率随温度升高而提高。这是因为温度高能使电解质黏度降低，离子间的内摩擦减小，离子运动速度加快所致。反之，温度降低则电导率下降。但是在生产中不能用提高电解温度的办法提高电导率，因为提高电导率的效益补偿不了电流效率降低的损失。

b　电解质摩尔比的影响

电解质的摩尔比低时，电导率降低；而摩尔比高时，则电导率高，如表 5 - 5 所示。

表 5 - 5　电解质摩尔比与电导率的关系

摩尔比	3.0	2.7	2.6	2.5	2.4	2.3	2.2	2.1
电导率/$(\Omega \cdot cm)^{-1}$	2.66	2.049	2	1.953	1.934	1.852	1.798	1.75

c　氧化铝浓度的影响

电解质电导率随氧化铝浓度的增加而降低。

在预焙电解槽生产中，一方面为减少电解质压降，另一方面计算机是根据槽电阻的大小来进行自动控制的，所以，为维持正常槽电阻的稳定，给计算机控制提供条件，氧化铝含量的波动要小。

d　炭渣的影响

电解质中的炭渣来自阳极掉粒和阴极破损。一般来说，当电解质中的炭含量为 0.05% ~ 0.10% 时，对电导率没有影响；但当达到 0.2% ~ 0.5% 的时候，电导率开始降低，到炭含量为 0.6% 时，电导率就会降低大约 10%。这是因为当电流通过电解质的炭粒时，就会在熔融液与炭粒界面上发生电化学反应而形成电位差，而导致电解质的电导率降低。

D　黏度

铝电解槽中的一些流体力学过程，如阳极气体的排出，电解质和铝液的流动，氧化铝颗粒的沉降等都与电解质的黏度有密切关系。

生产中需要电解质具有一定的黏度，比如，为了使加入电解槽中的氧化铝在电解质中有较长停留时间，能使其充分溶解而不至于迅速沉向槽底形成沉淀，这就需要电解质有较高的黏度；黏度太小的电解质在生产过程中的运动也会加剧，这会增加铝在电解质中的溶解，降低电流效率。但是，电解质黏度太大会影响阳极气体气泡的排出速度，延长阳极气体在电解质中的停留时间，不仅增加阳极极化，也增加阳极气体对溶解在电解质中的铝的氧化；电解质黏度过大，还会妨碍电解质中的炭渣分离，降低氧化铝的溶解速度以及降低阴、阳离子在电解质中的迁移速度，这些对生产都是不利的。因此，生产过程中，总希望电解质稳定在一个适中的黏度范围。工业电解质的黏度通常保持在 $3 \times 10^{-3} \mathrm{Pa \cdot s}$ 左右。

在生产中的电解质保持适宜黏度的标准是：电解质的流动性好、温度均匀、炭渣分离清楚、电解质干净和沸腾有力。

影响电解质黏度的因素，主要是电解质的成分和温度。温度能影响粒子的运动速度，温度升高，粒子的运动速度加快，则电解质黏度随之降低，反之则升高。氧化铝溶解在冰晶石熔融液中生成了铝氧氟配合离子，它的体积较为庞大，能引起熔融液黏度增大，数量越多则电解质黏度越大。电解质中氧化铝含量在 10% 以内时，生成的铝氧氟配合离子数目少，对黏度的影响也较小。但当超过 10% 时，则电解质的黏度开始显著上升。

E　电解质的湿润性

湿润性是表示液体在一定环境下对固体的湿润能力。液体对固体的湿润程度往往用液 – 固之间的接触角（θ）大小来表示，接触角 θ 是指液体的液面切线 AM 与固体的界面 AN 所夹的角度，一般称 θ 角为湿润角。如图 5 – 2 所示，当图 a 的湿润角 $\theta > 90°$，说明液体表面张力大，对固体湿润性不好；当图 b 的湿润角 $\theta < 90°$ 时，则说明表面张力小，对固体湿润性良好。

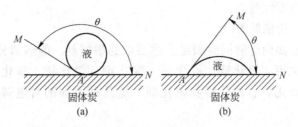

图 5 – 2　湿润角 θ
(a) $\theta > 90°$；(b) $\theta < 90°$

电解铝生产过程中，电解质对炭素材料（包括炭渣）的湿润性好坏是非常重要的。炭渣能否顺利地从电解质中分离出来以及阳极效应的发生都与这个性质有关。

电解质对炭素材料的湿润性受电解质成分和温度的影响。

a　电解质中氧化铝含量的影响

当电解质中 Al_2O_3 含量降至很低时，一般在 1.5% 左右（注意，视电解温度、电解质组成、电流密度及炭素材料极化情况等而定）即会发生阳极效应，此时，电解质因 Al_2O_3 含量低，它与炭素阳极间的 θ 角大，气泡容易存在于阳极底掌，因而导致发生效应，加入 Al_2O_3 后，θ 角变小，二者湿润性变好，有利于气泡的排除及效应的熄灭。但如果氧化铝在电解质中呈过饱和的未溶解悬浮状态存在时，湿润性会大大恶化，难灭效应的产生即是这种原因。

生产中常利用效应时的高温且缺 Al_2O_3 的情况下来分离炭渣，或者可以观察到槽温高时，效应推迟发生，这都与 θ 角的变化有关。

b　电解质摩尔比变化的影响

电解质中的氟化钠越多，对炭素材料的湿润性越好，而氟化铝增多则对炭素材料的湿润性变差。因此，阴极炭素材料对电解质中的氟化钠会产生强烈的吸收。在正常电解生产中，酸性电解质能使炭渣分离清楚，其原因是电解质中氟化铝含量增加，其对炭素材料的湿润性变差，使炭渣从电解质中排出。

c　电解温度的影响

一般说来，电解温度升高时，电解质对炭素材料及铝液的湿润性良好，所以热槽时炭渣分离不好，铝溶解损失加大。

F　各种添加剂对电解质性质的影响

铝电解质以 $Na_3AlF_6 - Al_2O_3$ 二元系为基础，工业上为了改善其性质，一般都加有添加剂，形成了比较复杂的电解质体系。前人对铝电解质的添加剂做过大量研究。添加剂作为铝电解质的组成部分，对它们的要求也如对铝电解质的要求一样，添加剂应基本上满足下列要求：

（1）在铝电解过程中不分解，从而可以保证铝的质量和电流效率；

（2）能够改善冰晶石 - 氧化铝熔液的物理化学性质，如降低其熔点，或提高其电导率，减少铝的溶解度；

（3）对氧化铝的溶解度不能有太大影响；

（4）吸水性和挥发性要小；

（5）来源广泛，价格低廉。

但是，目前还未找到能够同时满足上述要求的添加剂，能够部分满足上述要求的添加剂有氟化铝、氟化钙、氟化镁、氟化锂、氟化钾、氯化钠、氯化钡等，在工业上常使用的是氟化铝、氟化钙、氟化镁和氟化锂。这几种添加剂对电解质性质的影响如表 5 - 6 所示。

表 5 - 6　添加剂对电解质性质的影响

项目	初晶温度	密度	电导率	黏度	表面性质	挥发性	氧化铝溶解度
氟化铝	可降低初晶温度（添加 10%，约降低 20℃）	可减小电解质密度	可减小电解质电导率	可减小电解质黏度	减小电解质与铝液的界面张力，减小电解质与阳极气体的界面张力，增大电解质与炭素材料的湿润角	增大电解质的挥发性	减小氧化铝在电解质中的溶解度
氟化钙	可降低初晶温度（添加 1%，约降低 3℃）	可增大电解质密度	可减小电解质电导率	可增大电解质黏度	增大电解质与铝液的界面张力，增大电解质与炭素材料的湿润角	降低电解质的挥发性	减小氧化铝在电解质中的溶解度，有利于槽帮的形成

项目	初晶温度	密度	电导率	黏度	表面性质	挥发性	氧化铝溶解度
氟化镁	可降低初晶温度（添加1%，约降低5℃）	可增大电解质密度	可减小电解质电导率	可增大电解质黏度	增大电解质与铝液的界面张力，增大电解质与炭素材料的湿润角	降低电解质的挥发性	减小氧化铝在电解质中的溶解度和溶解速度
氟化锂	可降低初晶温度（添加1%，约降低8℃）	可增大电解质密度	可提高电解质电导率	可减小电解质黏度	对电解质的表面性质影响小	降低电解质的挥发性	减小氧化铝在电解质中的溶解度和溶解速度

从表中可见，几种常用添加剂都具有降低电解质初晶温度的共同优点，这对电解铝生产极为有利。但共同的缺点是降低氧化铝在电解质中的溶解度和溶解速度。生产中为了减少其危害，通常采用低氧化铝浓度生产，使电解质中氧化铝浓度远未达到饱和状态，这样可以保证固体氧化铝及时溶解。

这些添加剂除了上述共同点外，又各具有其他不同的优点和缺点。氟化铝的最大缺点是增大电解质的挥发损失，从而恶化工人劳动条件。氟化钙在降低电解质初晶温度方面稍逊于其他几种，但氟化钙货源充足（一般使用天然萤石稍作加工即可），价格低廉，故应用十分普遍。氟化镁在降低电解温度、改善电解质性质方面比氟化钙更为明显，也是一种良好的添加剂，在我国使用较为广泛。氟化锂价格昂贵，这限制了它在铝工业中的应用。

生产中为了有效地改善电解质的性质，通常将几种添加剂配合使用，控制其含量，尽量发挥各自的优点，避开其缺点。目前较为普遍的是将氟化铝、氟化钙、氟化镁等添加剂同时使用，其总量控制在12%左右，这样可使电解质初晶温度降低到930℃左右，其他物理性质也不会有明显的恶化。铝电解生产中将电解温度控制在940~950℃范围内，能够获得较好的生产技术经济指标。

单元二　铝电解的电极过程

铝电解的整个过程可以简单描述如下：固体氧化铝加入冰晶石熔体中，在 950~970℃电解温度下发生化学溶解，并电离成阴离子和阳离子；通入 4~500kA 直流电后，阴、阳离子在电场力作用下，分别向阳极和阴极方向迁移；阳离子到达阴极表面，发生电化学反应，获得电子，变成铝原子而得到液态铝；阴离子到达阳极，在阳极表面发生电化学反应，失去电子，析出 CO_2 气体。电极反应为：

阴极：Al^{3+}（配离子）$+3e = Al(1)$

阳极：$2O^{2-}$（配离子）$+C(s) -4e = CO_2(g)$

总反应：$2Al_2O_3(aq) +3C(s) = 4Al(1) +3CO_2(g)$

A　阴极过程

研究阴极过程是提高电流效率，延长电解槽寿命和电极过程平稳进行的基础。阴极上发生的主要反应是铝的析出，它的副反应是钠的析出和铝的溶解。

　　a　阴极主要反应

　　在工业铝电解槽中，槽底阴极炭块并不是真正的阴极，真正起阴极作用的是覆盖在阴极炭块上的铝液。阳离子在电场力作用下向阴极迁移并在其表面发生反应。根据离子的电位次序，虽然钠离子是导电离子，但在正常生产条件下，钠离子并没有在阴极放电，而是铝离子在阴极放电析出成为金属铝。

　　铝析出的阴极反应如下：

$$Al^{3+}(配离子) + 3e == Al(1)$$

　　b　阴极副反应

　　（1）钠的析出。正常情况下，金属钠比铝析出更为困难，要使钠析出需要有更低的阴极电位。但是，随着温度升高、电解质摩尔比增加、Al_2O_3 浓度降低以及阴极电流密度提高，铝和钠的析出电位差值减小，可能导致钠离子与铝离子在阴极上同时放电而析出钠：

$$Na^+ + e == Na$$

　　钠在电解质中的溶解度很小，沸点又很低，所以除极少一部分溶解在铝液中，大部分钠自阴极表面蒸发出来，被阳极气体和电解液表面上的空气氧化燃烧生成氧化钠（Na_2O），使从"火眼"里排出气体的燃烧中带有黄色火焰。温度越高，钠析出的越多，则火焰就越黄。这种现象常常能在铝电解异常时看到。

　　钠的析出不仅降低了铝的电流效率，增加了电能消耗，而且给生产带来许多不利。钠进入铝液会降低铝的品质；钠对炭阴极和槽内衬的渗透，会加速阴极和内衬破损，缩短电解槽使用寿命；钠在电解质表面燃烧，会造成槽温升高，带来因高温引起的一系列弊端。因此，生产中应尽力避免钠的析出。抑制钠析出的措施有：

　　1）及时添加氟化铝，严格控制电解质摩尔比在较低状态；

　　2）保持规整的炉膛结构，稳定阴极电流密度；

　　3）维持槽况，及时处理热槽。

　　（2）铝的溶解。铝液与电解质液在电解槽中依密度不同而良好分层。但在接触界面上由于铝与电解质相互作用的结果，使铝溶解在电解质中，其溶解度在 1000℃ 时，为 0.15%。但是由于电解质的强烈循环，溶解的铝被电解质由阴极带到阳极，这样在阳极附近被阳极气体中的 CO_2 或空气中的氧所氧化，电解质中溶解金属的减少，又促使铝继续向电解质中溶解，所以尽管铝在电解质中溶解度不大，但实际上造成了铝的大量损失，降低了电流效率。

　　1）铝的溶解形式。

　　① 铝的物理溶解。铝在电解质中物理溶解可以在清澈的电解质中明显看到，这种现象被称为"金属雾"。

　　② 铝生成低价化合物的溶解。电解质中存在的氟化铝或铝离子在铝液和电解质两个层面的界面处会与金属铝发生反应，生成低价化合物，从而使铝溶解进入电解质。反应式如下：

$$2Al + Al^{3+} == 3Al^+$$

　　③ 置换反应的溶解。金属铝与熔融盐之间会发生置换反应，反应式如下：

$$Al + 6NaF == Na_3AlF_6 + 3Na$$

2）溶解铝的损失过程。由于电解槽阳极气体的逸出，造成电解槽内电解质形成了强有力的由下到上的循环，使溶解进入电解质中的铝随着阴极附近的电解质液体转移到阳极附近，为阳极气体中的二氧化碳与阳极气体中的氧所氧化，氧化反应式如下：

$$2Al + 3CO_2 \!=\!\!=\! Al_2O_3 + 3CO$$
$$6AlF + 3O_2 \!=\!\!=\! 2Al_2O_3 + 2AlF_3$$
$$3AlF + 3CO_2 \!=\!\!=\! Al_2O_3 + AlF_3 + 3CO$$

上述反应被称为二次反应，被氧化的溶解铝被称为铝的二次反应损失。在电解槽中循环不断地进行这样的过程，就造成了铝的损失。二次反应铝损失越多，电流效率就会越低。

（3）碳化铝的生成。在大修电解槽拆下的阴极炭块中，常常看到在小缝隙中充满着亮黄色的碳化铝晶体，在较大的缝隙中充满着碳化铝和铝的混合物，这些碳化铝都是在电解条件下生成的。

关于碳化铝的生成机理目前有以下几种说法：

1）在高温病槽中，电解质中的炭渣不能很好地被分离出来，使电解质含炭，冰晶石熔体中的铝直接与炭发生化学反应：$4Al + 3C \!=\!\!=\! Al_4C_3$；

2）冰晶石溶液能够溶解铝表面的氧化膜，使铝不断向电解质中溶解，而溶解的铝与电解质中的碳起反应，生成碳化铝：$4Al(溶解的) + 3C \!=\!\!=\! Al_4C_3$；

3）阴极上发生电化学反应和化学反应生成碳化铝。

电化学反应生成碳化铝的解释认为，在电解过程中，电解液趋于对阴极炭更好地润湿，因而有一部分电解液渗透到铝液的下层，此时形成一个微型原电池，其中铝液成为阳极，炭块成为阴极，阳极上发生生成氧化铝的反应，阴极上则发生生成碳化铝的反应。

碳化铝的生成不仅造成铝的损失，还会给工艺带来不利。碳化铝是电的绝缘体，它的存在会增加阴极上的电能消耗，同时又造成铝的损失。碳化铝的生成和存在也是造成电解槽破损的主要原因之一。渗入到阴极炭块中的铝，在高温下与炭素反应生成了碳化铝，它会使炭块体积增大20%，炭块体积膨胀后内应力增加，加速了阴极炭块的破坏。因此，生产过程中应尽力避免碳化铝的生成。

（4）电解质被阴极炭素内衬选择吸收。炭素内衬对电解质中的钠离子具有选择性吸收的能力，会减少电解质中钠离子的数量，造成电解质摩尔比的降低。这个副反应在电解槽焙烧及启动阶段对电解槽影响很大：一是炭素内衬选择吸收钠后会造成炭块早期破损；二是电解质被阴极炭素内衬选择吸收钠后，造成启动阶段电解质摩尔比低，使生成的炉帮熔点低，易熔化。因此，电解槽在焙烧启动阶段需要添加氟化钠以弥补钠的减少，提高电解质的摩尔比。

B 阳极过程

阳极过程是十分复杂的，它涉及能耗和环境污染问题。同时，阳极过程对于铝电解生产中的顺畅与否关系密切，在生产中常把阳极比作电解槽的"心脏"。

a 阳极主要反应

阳极过程主要是配位阴离子中的氧离子在炭阳极上放电析出 O_2，而后与 C 反应生成 CO_2，反应如下：

$$2O^{2-}（配离子）+ C(s) - 4e \stackrel{}{=\!=\!=} CO_2(g)$$

炭渣的存在、CO_2 气体渗入阳极孔隙与 C 再反应、溶解在电解质中的铝再氧化等因素导致气体非纯 CO_2，而是 CO_2（75% ~80%）和 CO（20% ~25%）的混合物。

　　b　阳极副反应——阳极效应

阳极效应是熔盐电解过程中发生在阳极上的特殊现象。发生阳极效应的主要原因是氧化铝浓度低或槽温过低。

（1）电解槽发生效应时的主要特征。

1）在阳极与电解质接触的周边上出现许多细小的电弧光，发出轻微的噼啪声；

2）槽电压由 4.2 ~4.5V 上升到数十伏，与电解槽并联的低压灯泡发亮；

3）电解质停止沸腾，并以小滴状在阳极周边飞溅；

4）电解槽上部结构出现微微颤动，并伴有响声。

（2）阳极效应发生的机理。对于阳极效应的发生机理目前有两种解释：一种解释是电解质的湿润性改变机理；另一种解释是阳极过程改变机理。

1）电解质的湿润性改变机理。该理论认为发生阳极效应是因为电解质对阳极的湿润性发生了改变。当电解液内氧化铝含量高时，电解液对阳极的湿润性很好，阳极过程中产生的气泡很容易被电解液从阳极表面排挤掉。当氧化铝含量降低时，电解液对阳极的湿润性变坏，阳极上的气泡不易被排开，于是小气泡汇聚成大气泡，最终在阳极底掌上形成一个气膜层，导致电阻增加，槽电压升高，从而发生阳极效应。

在发生阳极效应时，向电解质中添加氧化铝，电解液对阳极的湿润性重新变好，于是，阳极底掌上的气膜被破坏，效应熄灭，恢复正常电解过程。

2）阳极过程改变机理。随着电解的进行，电解质中氧化铝含量减少，阳极上的放电过程则由含氧离子的放电转变为含氧离子与含氟离子的共同放电：

$$4F^- - 4e + C \stackrel{}{=\!=\!=} CF_4$$

析出氟化碳（CF_4）气体，它们在电解质与阳极间构成一个导电不良的气层，阻碍了电流通过，而使反应停止，效应发生。当加入氧化铝后，效应停止。

（3）阳极效应对电解生产的影响。阳极效应对电解生产有利有弊。效应发生时，产生的电弧可自净阳极，强大的输入功率可补充热量，熔化槽底沉淀，规整槽膛，还能洁净电解质（分离出炭渣）。同时，发生效应时的各种数据可提供电解槽运行状态的信息。但是，效应期间输入功率为平时的数倍，同时电解过程基本停止进行。效应时间持续过长，将会危害生产，如化开壳面；烧坏侧部槽帮；烧穿槽壳；使熔体电解质过热，氟化盐挥发损失增加，效率下降；并浪费大量电能（200kA 槽，效应电压 30V，则每分钟耗电 100 kW·h）。效应次数过多对生产也无益处，而且浪费电能。因此，必须控制效应持续时间，及时熄灭，并确定合理的效应系数。

（4）阳极效应熄灭方法。阳极效应的发生是因为氧化铝含量过低和阳极底掌积聚了气膜，所以，在工业电解槽上，为了熄灭阳极效应，通常采用先向电解槽内添加氧化铝，以恢复正常电解时的氧化铝含量。但若仅仅添加氧化铝而不采取其他措施，阳极效应并不能很快熄灭。因为按正常方式加入的氧化铝有一个溶解过程，特别是要使阳极区电解质的氧化铝含量恢复正常更需要时间。因此，接着需要搅动阳极底部的电解质。常用的方法是向发生阳极效应的阳极下部插入木棒，利用木棒在高温下释放的大量碳氢化合物气体，一则搅动电解质，促进氧化铝溶解和扩散，使浓度均匀化；二则驱散吸附于阳极底掌的气泡，达到熄灭阳极效应的目的。这种方法较简单，容易掌握，但增加劳动强度和环境污染。

为了搅动电解质，也可以采取反复上下升降阳极的方法，通过阳极的上下运动，搅动电解质，加速氧化铝的溶解和扩散，同样可以达到熄灭阳极效应的目的。

还有一种办法，就是在添加氧化铝之后，下降阳极使阴、阳极短路或局部短路，消除阳极极化，破坏阳极底掌上积聚的气膜，使电流得以正常通过，效应即可熄灭。这种方法熄灭效应快捷，且可以实现计算机控制，缩短效应时间，减轻劳动强度，利于环境保护。

单元三　电解质中氧化铝的分解电压

在铝电解过程中，采用炭素材料作为阳极，电解温度为950℃，则理论计算氧化铝的理论分解电压为1.08~1.19V，但实际中氧化铝的分解电压为1.5~1.7V，实际值要比理论值高出0.4~0.6V，这是由于在电解过程中阴、阳两极产生过电压所致。电化学中把实际的分解电压称为极化电压。极化电压的组成可用以下公式表示：

$$E_{极化} = E_{分解} + E_{过}$$

过电压与很多因素有关，但一般来说，温度越高、摩尔比越低、氧化铝含量越高，则过电压越低。

电解质中其他成分的分解电压比氧化铝的分解电压高，例如温度为1027℃时，氟化铝分解电压为3.97V，氟化钠分解电压为4.37V，氟化镁分解电压为4.61V，氟化钙分解电压为5.16V。因此在电解生产正常时，如果电解质中氧化铝含量足够，其他离子放电析出的可能性就很小，只有氧化铝才会分解析出。

单元四　结壳、炉帮及沉淀

铝电解槽上的氧化铝面壳、炉帮及底部结壳都是铝电解质演变产生的，是冰晶石 – 氧化铝熔体不同的存在形式。它们和电解质的性质、电解的生产操作（如工艺条件，加Al$_2$O$_3$方式等）、电解槽结构、生产环境等有关。图5–3为电解槽内结壳、炉帮、伸腿及沉淀示意图。

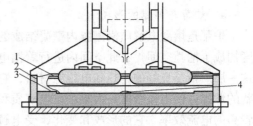

图5–3　电解槽内示意图
1—面壳；2—炉帮；3—伸腿；4—沉淀

A　结壳

a　对结壳的要求

往电解质中加料（不论是点式下料或侧部下料，或换阳极后的盖料）之后，在电解质表面将形成面壳（结壳）。生产实践证明，电解槽上保留有完好的Al$_2$O$_3$结壳，可以覆盖阳极周边和侧部，减少阳极遭受氧化烧损，同时，它又是热的不良导体，可以起绝热保温作用，以减小槽子的热损失。面壳同其上覆盖的Al$_2$O$_3$还能吸附槽内散发出的含氟气体，具有吸氟载氟功能，因此生成完好的面壳非常重要。

要生成良好的结壳，首先要求结壳形成要快，壳的质地硬软恰当，即不宜太硬，也不宜太软。现代铝电解槽中经过点式下料及中心下料所生成的结壳一般很软，而旧工艺采取大加工或边部加工形成的结壳都比较硬。

　　b　结壳的生成

（1）当下料加入的 Al_2O_3 与电解质接触时，它们有 3 个去向：

1）形成结壳；

2）聚结成较大的 Al_2O_3 块体而沉落；

3）崩解分散为细小晶状 Al_2O_3，迅速溶入电解质（5 ~ 10s）。

（2）形成结壳。

1）当加入的 Al_2O_3 被熔融电解质所浸润渗透并且立即凝固者，则生成结壳，如果此时电解质不凝固则不能结壳；

2）如果 Al_2O_3 的晶粒互相交联，能形成一种类似网络的结构，则能很快形成结壳。研究证明，当 Al_2O_3 中的 $\gamma - Al_2O_3$ 转变为 $\alpha - Al_2O_3$，则易于使 Al_2O_3 的晶粒形成网络结构，有利于快速结壳。由于结壳中存在着这种网络结构，使得结壳的强度增大，即使温度升高超过电解质的熔化温度也不致碎裂。

　　c　结壳的性质

（1）结壳温度。研究者曾对点式下料口之外的结壳做过连续 60h 的测量，结果表明，壳面上 Al_2O_3 层的温度一直在增加，结壳厚约 5 ~ 10cm，下部的结壳温度需 20h 才达到暂态平衡，接近硬壳处的温度在 700℃ 左右。

（2）结壳的化学及物相组成。结壳由三种化合物组成：$\alpha - Al_2O_3$、冰晶石和亚冰晶石，亚冰晶石含量比冰晶石多。

大部分结壳 $w(Al_2O_3) < 40\%$，其余为电解质。

（3）面壳的密度。结壳内 Al_2O_3 含量较高者（40% ~ 45%），密度较小。

（4）温度高于 740℃ 时，结壳内出现液相。实践证明，生产上常用碎电解质块来生成面壳和补炉帮，因其中含的低熔点电解质多，易于生成结壳体。

　　B　炉帮与伸腿

　　a　炉帮与伸腿的形成

炉帮是熔融电解质沿槽膛内壁凝结成的一圈固态电解质块体，它连续地以不同厚薄程度构成了槽膛空间，在此空间内进行着铝电解的电化学及物理化学反应，实现电解过程。这一层炉帮是良好的绝热和电绝缘材料，它既能对炉膛保温又能防止漏电，同时，良好形状的炉膛可使电流密度高而集中，电解质和铝液流动顺畅，气体排除容易等，从而可获得较高的电流效率。它的形成和变化，受电解槽热平衡情况支配。

伸腿是铝厂工人对槽内与铝液接触的那部分炉帮的专用称谓。它比上部炉帮厚而略向阳极下部伸出。也可理解为：凝固在槽膛内壁的固态电解质，上部称为炉帮，在铝液接触处及其以下的称为伸腿。生产实践表明，槽内铝液水平有多高，伸腿也就长多高。因为铝液的导热性比电解质好，散热快，故与铝液接触处的炉帮长得大而厚，形成了伸腿。

在新槽启动或大修槽启动时，在槽底周边加入固体物料 CaF_2 和 NaF（或苏打），作为日后形成炉膛的骨料，当浇入液体电解质时，角部能形成炉帮主体。

启动期间，采取"高温建炉膛"的操作方法，可为日后形成规整的耐熔化的炉膛打下基础，以实现顺利生产和高产。

b　炉帮与伸腿厚薄的调节

炉帮形成的厚薄主要取决于槽壳结构和槽子工作面的大小，最终由电解生产的热平衡来确定。

当槽子的热收入减小时（例如极距降低），槽子变冷，炉帮将变厚；当槽子热收入增多时，则炉帮变薄。炉帮的"长"和"化"是一定条件下电解槽具备的自调节功能。

C　Al_2O_3 壳块沉落与溶解

a　Al_2O_3 壳块的去向

点式下料器每一次下料时，连同下料口处上部的 Al_2O_3 层及下面的结壳一起打落，进入熔融电解质。带有一层保温料 Al_2O_3 的壳块被打落进入电解质后，它们的去向如下：

（1）细散的 Al_2O_3 料：溶解入电解质；沉落在金属铝液面上；沉落在金属铝液下面（槽底）。

（2）团块状的壳块：少量溶解入电解质；沉落在电解质凝成的炉帮上；沉落在槽底。

b　细散的 Al_2O_3 沉落在金属铝液面上

（1）存在的条件。

1）铝液镜面相对平静，即旋转波动很小；

2）Al_2O_3 小批量下料、粒料，冲动不猛烈。

（2）作用及效果。

1）由于铝液面上被薄层 Al_2O_3 覆盖，减小了铝往电解质中的溶解，减少了金属铝与 CO_2 的反应，因而减小了二次反应，可使电流效率提高2%以上；

2）点式下料的行为及作用与此相仿，也可能是其获得高效率的原因之一。

c　壳块的沉落

（1）壳块在电解质中的解体。研究表明，面粉状 Al_2O_3 结成的壳块，在电解质中解体较快（数十至数百分钟），砂状 Al_2O_3 形成的壳块，在电解质中解体较慢（约需数天）。

（2）壳块沉落在伸腿上。打落的壳块，其中的散料溶解较快，在5s内可使电解质中 Al_2O_3 浓度增加约1%，而块状体沉落在伸腿上，缓慢溶解，为槽子提供"自供料"。

（3）壳块沉落到金属铝液下面。沉落到金属铝液下面的壳块，它仅靠一层电解质液膜来溶解，因而是十分缓慢的过程。这层液膜乃是由于铝液与炭素槽底之间的湿润角很大，熔融电解质易于浸润进入其空间，尽管此液膜厚度约为2mm，但其面积甚大，其溶解 Al_2O_3 的作用也不可小看。

沉落在金属铝液下面的壳块，在电解温度下，壳块中的电解质成分熔化，形成稀松的结构，其中 Al_2O_3 含量为40%左右，一般称为"沉淀"。

当槽底温度降低时，这种沉落的壳块形成的沉淀，将逐渐凝结成硬块，即生成了底部结壳，它起着阻断电流的作用，是病槽的病源之一。生产中要大力防止底壳的生成。

任务三　铝电解槽的槽型结构及电解车间配置

学习目标
　　1. 了解铝电解槽的分类、发展及电解铝的车间配置；
　　2. 掌握现代大型预焙阳极电解槽的结构及特点。
工作任务
　　1. 参观电解铝厂的车间配置；
　　2. 观察大型中间下料预焙阳极电解槽的结构，分析其特点。

单元一　铝电解槽的发展

　　自 1888 年冰晶石 – 氧化铝熔盐电解炼铝方法用于工业生产以来，世界上铝工业生产一直沿用该法。一百余年来，随着铝电解生产技术的不断发展，以及能源成本的不断上涨和环境保护要求的日趋严格，电解槽的结构和容量也发生了重大变化，并不断地向大型化自动化发展，其中最为明显的是阳极结构的变化。其阳极结构的改进顺序大致是：

　　小型预焙阳极→侧部导电自焙阳极→上部导电自焙阳极→大型不连续及连续预焙阳极→中间下料预焙阳极。

A　铝电解槽的分类

铝电解槽按阳极结构类型分为两大类四种形式：
（1）自焙阳极电解槽：侧插棒式自焙阳极电解槽、上插棒式自焙阳极电解槽。
（2）预焙阳极电解槽：不连续预焙阳极电解槽、连续预焙阳极电解槽。
铝电解槽按电流强度分为三大类：
（1）小型电解槽：电流强度 80kA 以下；
（2）中型电解槽：电流强度 80~160kA；
（3）大型电解槽：电流强度 160~500kA。

B　铝电解槽的发展概况

a　第一阶段——小型预焙阳极电解槽

　　在铝工业初期，铝电解采用小型预焙阳极电解槽，电流强度只有 4000~8000A，电流由小型直流发电机供给，每昼夜每槽产能仅为 20~40kg 铝，电流效率 70% 左右，每千克铝的直流电耗高达 42kW · h。它产量低，成本高，铝价昂贵，属于电解槽发展的第一阶段。

b　第二阶段——侧部和上部导电连续自焙阳极电解槽

　　20 世纪 20 年代至 70 年代，这一阶段大力发展了连续自焙阳极电解槽。由于水银整流器的出现和炭素生产技术的发展，促进了电解槽阳极结构的转化。20 世纪 20 年代，在铝电解槽上装设了连续自焙阳极,阳极棒采用旁插棒式或上插棒式。这使得阳极可以连续使用,无须预制,无残极,并可进行烟气净化操作,各项技术经济指标大为改善。经过不断改进和完善,到70年代末80年代初,电流强度由25kA发展到155kA,电流效率达到89%~92%,每千克铝的直流电耗降到14~17kW·h。

自焙阳极电解槽的阳极炭块是利用电解过程中产生的热量以阳极糊焙烧而成,根据阳极母线结构特征可分为自焙阳极旁插棒式电解槽和自焙阳极上插棒式电解槽。

自焙阳极旁插和上插棒式电解槽的结构简图如图5-4和图5-5所示。

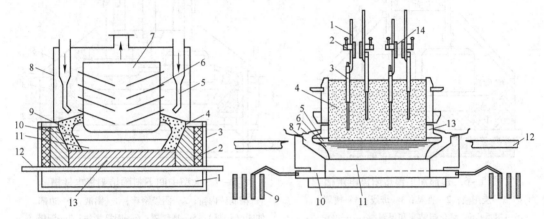

图5-4 自焙阳极旁插棒式电解槽
1—槽底砖内衬;2—边部炭块;3—槽壳;
4—边部伸腿;5—氧化铝下料器;6—阳极棒;
7—阳极;8—集气罩;9—氧化铝壳;10—电解液;
11—铝液;12—阴极钢棒;13—阴极炭块

图5-5 自焙阳极上插棒式电解槽
1—阳极导杆;2—夹具;3—阳极棒;4—阳极;
5—电解质;6—铝液;7—氧化铝壳;8—伸腿
(炉帮);9—阴极母线;10—阴极钢棒;11—阴极
炭块;12—槽缘极;13—阳极筐套;14—阳极母线

自焙阳极侧插棒式电解槽最有代表性的是美国San Patricio铝厂,电流强度达到140kA;自焙阳极上插棒式电解槽,最有代表性的是美国铝业公司的Parananam铝厂,电流强度达到170kA,而我国的青铜峡铝厂二期采用的上插棒式电解槽,电流强度只有105kA。

自焙阳极电解槽存在着较大的缺点:阳极糊在槽上焙烧时散发出的大量含沥青烟气,使劳动条件恶化;阳极操作复杂笨重,工人劳动强度大,不利于高度机械化和自动化生产等。

c 第三阶段——大型边部加工预焙阳极电解槽

在自焙阳极电解槽发展的同时,炭素工业发展也很迅速,能够制造出高质量的大型预焙炭块。在20世纪50年代至70年代,又对早期的小型预焙槽进行改造,使电流强度由60kA发展到100kA左右,每千克铝的直流电耗降到13.5~15.5kW·h。

边部加工预焙阳极电解槽与自焙阳极电解槽相比,阳极消耗低,阳极电压降低,但槽集气效率低,环保不能达标。国内大多已将其改为中间点式下料预焙电解槽。

边部加工预焙阳极电解槽结构简图如图5-6所示。

d 第四阶段——中间点式下料预焙阳极电解槽

在20世纪80年代初,由于电解槽磁场问题得到了较好的解决,大功率、高效率的硅整流器在电解厂的使用，使电解槽的容量发展到 300kA 中心下料预焙槽，并由双端进电及大面四点进电发展到大面多点进电及母线优化设计，到目前已发展到 500kA。每千克铝直流电耗降到 $12.8 \sim 13.5 kW \cdot h$，其结构简图如图 5 - 7 所示。

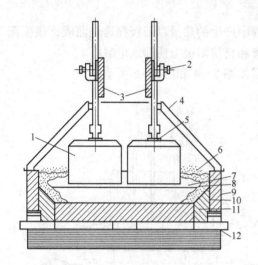

图 5 - 6　边部加工预焙阳极电解槽

1—炭阳极；2—夹具；3—母线；4—槽罩；
5—钢爪；6—氧化铝结壳和保温料；7—电解质；
8—炉帮；9—钢槽壳；10—侧部炭块；11—捣固糊
（人造伸腿）；12—阴极钢棒

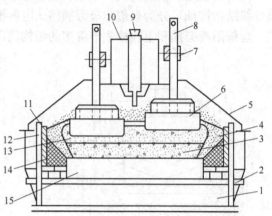

图 5 - 7　大型中间下料预焙阳极电解槽

1—槽底砖内衬；2—阴极钢棒；3—铝液；4—边部
伸腿（炉帮）；5—集气罩；6—阳极炭块；7—阳极
母线；8—阳极导杆；9—打壳下料装置；10—支承钢架；
11—边部炭块；12—槽壳；13—电解质；
14—边部扎糊（人造伸腿）；15—阴极炭块

中间下料预焙阳极电解槽是采用点式下料器，每台电解槽有 $3 \sim 6$ 个打壳下料装置，定期向槽中加料，具有保持工艺条件稳定，保持电解质中氧化铝浓度稳定的优点，并可以实现计算机模糊智能控制，是一种具有较高电流效率，能耗低，产量高，劳动生产率高的槽型，同时，生产烟尘少，便于采用干式净化回收。

因此，现在国内外新建电解槽都采用中间点式下料预焙阳极电解槽。

在电解槽阳极结构发展的同时，阴极结构、母线结构、进电方式等都发生了较大改变。阴极槽体结构由无底槽发展成有底槽；母线配置由简单的沿槽周走向发展到穿过槽底的复杂走向；进电方式从一端进电发展到两端进电及多端进电。这些改变对电解槽使用寿命的延长和生产技术指标的提高都起到了良好的作用。

电解槽型的选择是电解铝厂的核心技术的选择，必须考虑当地的地理条件、交通运输条件、电力供应和资金筹措等因素，一般来说，现今建设规模为 10 万吨/年的铝厂适合采用 $160 \sim 230 kA$ 的电解槽，建设规模为 20 万吨/年的铝厂适合采用 $300 \sim 500kA$ 的电解槽。

中间点式下料大型预焙阳极电解槽的技术创新点主要表现在如下几方面：

（1）采用大面多点进电方式，阴极母线采用非对称性母线配置以抵消相邻列电解槽磁场的影响；

（2）采用窄加工面技术，单围栏槽壳和双阳极大阳极炭块六钢爪结构，可以节省电解槽的材料用量，同时还能提高相应的生产指标，节省材料用量，降低投资；

（3）氧化铝输送系统采用全密闭的浓相和超浓相输送技术，该系统结构简单，能耗低，无污染；

（4）采用干法净化技术，用氧化铝吸附含氟烟气，排往大气的烟气达到国家环保排放标准。

单元二 预焙铝电解槽的结构

大型预焙铝电解槽通常分为阴极结构、上部结构、母线结构和电气绝缘四大部分。

阴极结构包括槽壳、底部内衬、侧部内衬和阴极炭块组。

上部结构包括阳极、阳极母线、阳极提升机构、门形支架及大梁、打壳下料系统、排烟系统等。

母线结构可分为公用母线、连接母线、立柱母线、阳极母线和阴极母线。

电气绝缘包括供电和用电系统对地绝缘，以及交流、直流系统之间的绝缘。

各类槽型由于电流强度和工艺制度的不同，各部分结构也有较大差异，但基本结构形式却大体类似。图5-8为某厂200kA中心下料预焙槽的结构示意图。

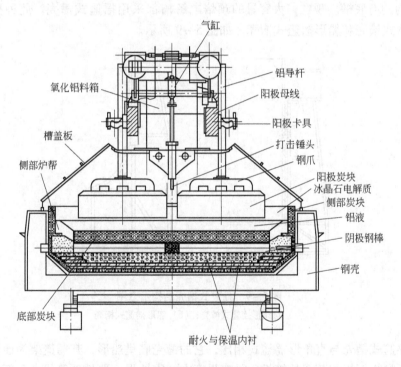

图5-8 中心下料预焙阳极铝电解槽结构示意图

A 阴极结构

大型预焙槽的阴极结构指的是电解槽的槽体部分。它由槽壳、内衬砌体、阴极炭块组构成。内衬砌体可分为底部砌体和侧部内衬材料。阴极炭块组置于底部砌体之上。阴极炭块与侧部内衬材料之间用侧部扎糊筑成人造伸腿。

a　槽壳

电解槽槽壳指的是内衬砌体外部的钢壳及其加固结构。它不仅是阴极的载体和盛装内衬砌体的容器，而且还起着支撑上部结构、克服内衬材料在高温下产生的各种应力、约束其内衬不发生变形和断裂的作用，因此槽壳必须具有较大的刚度和强度。

电解生产过程中，由于阴极炭块和内衬材料在高温下产生热膨胀应力，又由于电解质不断侵蚀渗入炭块及基底砌体内，生成盐的结晶，且数量不断增加，固相体积扩大，从而产生垂直和水平应力，使槽壳变形。因此，电解槽槽壳的强度直接影响槽内衬寿命。为了抵制各种应力，必须选择合理的槽壳结构，使槽壳具有较大的刚性，能克服应力，减小变形，防止阴极错位和破裂。为此，槽壳一般用 12~16mm 厚的钢板焊接而成，外部用型钢加固。

预焙槽生产过程中要求槽侧壁散热，底部保温。槽壳设计和制作时，也要遵循这一原则。常在槽壳大面增设散热片，以增加槽壳的散热面积，有利于内衬炉帮的形成。当槽容量加大到一定程度的时候，槽壳侧面的散热量要相应加强，有时要借助于特定设计的槽壳结构来增加散热。

槽壳结构由槽钢结构的无底槽发展到自支撑式（又称为框式）和托架式（又称为摇篮式）结构的有底槽。现在，大容量的预焙电解槽都采用摇篮式槽壳。此种槽壳又分为直角形摇篮式槽壳和船形摇篮式槽壳，如图 5-9 所示。

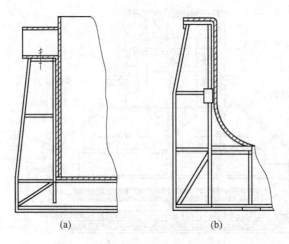

(a)　　　　　　　(b)

图 5-9　摇篮式槽壳结构示意图

(a) 直角形摇篮式槽壳；(b) 船形摇篮式槽壳

船形摇篮式槽壳与直角形摇篮式相比，它的槽壳底呈船形，其摇篮架为通长至达槽底板，取消了腰带钢板与其间的筋板。具有强度大、刚性强、造价低等优点，新建厂家多采用此种槽壳。

b　内衬

电解槽内衬材料常见的有 4 类：炭质内衬材料、耐火材料、保温材料、粘结材料。

炭质内衬材料与电解质和铝液直接接触，受热冲击和腐蚀最大，内衬材料设计与筑炉质量，直接影响电解槽的生产指标和槽寿命。为满足槽子热平衡的特殊要求，在槽侧的上部要形成良好的散热窗口，以保证槽内形成规整的炉膛；槽侧下部和底部需要良好的保温，以节省电能，防止过长的伸腿。另外，底部保温材料的选择和组合应确保900℃温度线落在阴极炭块之下，800℃等温线位于保温砖之上。

槽底由挤压或振动成型的阴极炭块铺成，炭块中留有阴极棒沟槽。阴极炭块与阴极钢棒用糊或磷生铁粘接，阴极炭块的砌筑，可以采用两个短炭块两个阴极钢棒或一根通长炭块和一根阴极钢棒，炭块间的缝隙用专制的"中间缝糊"扎固。现在新建铝厂普遍采用通长的半石墨化底部阴极炭块铺成。

底部阴极炭块的形式和阴极钢棒与炭块的组合形式见图5-10和图5-11。

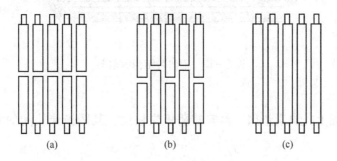

图5-10　阴极炭块的组合形式

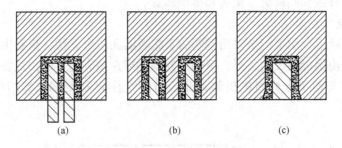

图5-11　阴极钢棒与炭块的组合形式

电解槽设计时，应根据电解槽的热平衡计算，确定电解槽内衬的材质及厚度。国内某厂200kA电解槽内衬，从下到上依次为一层10mm厚石棉板，一层60mm厚硅酸钙板，两层65mm厚保温砖，一层180mm厚干式防渗料，在其上安装阴极炭块组，阴极炭块组四周用底糊扎实。槽侧部为一层125mm厚的侧部炭块。侧部炭块与阴极炭块组之间的边缝捣制成坡型，形成人造伸腿，有利于形成炉帮。其结构如图5-12所示。

绝热板和保温砖构成槽底的主要热绝缘层，其目的是使生产期间底部炭块表面上沉淀物不致凝结，使电解质初晶温度等温线移至炭块之下，避免了因盐类在炭块孔隙中析出所产生的应力而破坏炭块，同时，绝热板和保温砖均属疏松多孔材料，能够一定程度吸收盐类结晶放出的应力，虽然会丧失一部分保温效果，却能保持槽内砌结构的完好。

耐火砖层是槽底热绝缘层的保护带，耐火砖层的存在，可使保温砖在800℃以下，绝热板在400℃以下长期保持绝热性能。另外，一旦电解质从槽底裂缝中渗入，或由炭素材料晶格中渗漏时，首先是在耐火砖砌体表面结晶析出，而不灼伤保温砖，以防止保温材料

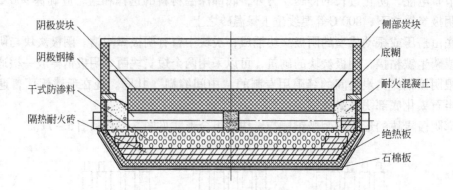

图 5 - 12　槽内衬结构示意图

的变性。

　　在耐火砖表面上扎炭素垫层，再安装阴极炭块组，其阴极炭块间的缝隙用"中间缝糊"扎固。

　　B　上部结构

　　槽体之上的金属结构部分，统称上部结构。其可分为承重桁架、阳极提升装置、打壳下料装置、阳极母线和阳极组、集气和排烟装置。

　　a　承重桁架

　　如图 5 - 13 所示，承重桁架采用钢制的实腹板梁和门形立柱，板梁由角钢及钢板焊接而成，门形立柱由钢板制成门字形，下部用铰链连接在槽壳上，一方面抵消高温下桁架的受热变形，同时又便于大修时的拆卸搬运。门形立柱起着支撑上部结构的全部重量的作用。

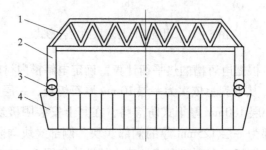

图 5 - 13　承重桁架示意图
1—桁架；2—门形立柱；3—铰接点；4—槽壳

　　b　阳极提升装置

　　阳极提升装置承担着电解槽阳极母线、阳极组、覆盖料等整个阳极系统的质量及升降运行。目前，国内大型预焙槽的阳极升降装置有两种形式：一种是采用滚珠丝杠加三角板阳极升降装置；另一种是采用螺旋丝杠阳极升降机构。

　　螺旋丝杠阳极提升机构由制动电动机、两级齿轮减速器、旋转传动杆、伞形齿轮换向器、螺旋丝杠等组成。电动机带动减速器，减速器齿轮通过联轴节与传动轴相连，由传动轴带动起重机，整个装置由4个或8个螺旋起重机与阳极大母线相连。当电动机转动时便通过传动机构带动螺旋起重机升降阳极大母线，固定在大母线上的阳极随之升降。提升装置安装在上部结构的桁架上，在门式架上装有与电动机转动有关的回转计，可以精确显示阳极母线的行程值。变速机构可以安装在阳极端部或中部，如图5-14和图5-15所示。其特点是：各部件配合紧密，升降平稳，提升精度较高，可以同台槽采用两套提升机构同步运行。

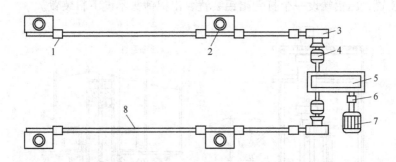

图5-14　螺旋起重机阳极提升装置电动机与减速器在阳极端部示意图
1，6—联轴节；2—螺旋起重机；3—换向器；4—齿条联轴节；5—减速器；7—电动机；8—传动轴

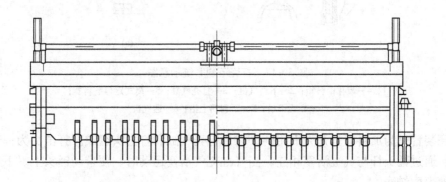

图5-15　螺旋起重机阳极提升装置电动机与减速器在阳极中部示意图

　　滚珠丝杠加三角板阳极提升机构由三角板起重器、左右各一套蜗轮蜗杆减速器、滚珠丝杠、起重器支架和阳极母线吊挂等组成，如图5-16所示。

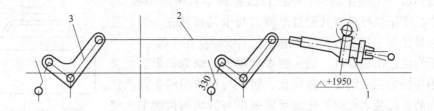

图5-16　滚珠丝杠加三角板阳极提升装置示意图
1—减速器；2—滚珠丝杠；3—三角板

　　其工作原理是，由电动机的正反转通过传动机构控制滚珠丝杠前后推拉，滚珠丝杠向前推，阳极下降；向后拉则阳极上升。这种机构比传统的螺旋起重机的升降装置简单，既简化上部金属结构，又相应扩大了料箱容积，便于阳极操作控制。同时机械加工件少，易于制造和维护，传动效率高，造价低且耐用。法国彼施涅公司135~320kA预焙槽均采用这种阳极升降装置。我国沈阳铝镁设计研究院设计的大型槽也采用了该种设计方案。

　　c　自动打壳下料装置

　　该装置由打壳和下料系统组成，如图5-17所示。一般从电解槽烟道端起安置4~6套打壳下料装置，出铝端设一个打壳出铝装置，出铝锤头不设下料装置。

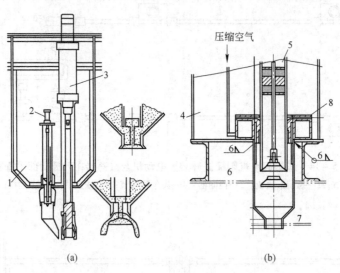

(a)　　　　　　　　　　　(b)

图5-17　打壳下料系统示意图

1，4—氧化铝料箱；2—下料气缸；3—打壳气缸；5—筒式定容下料器；

6—罩板下沿；7—下料筒上沿；8—透气口

　　打壳装置是为加料而打开壳面用的，它由打壳气缸和打击头组成。打击头为一长方形钢锤头，通过锤头杆与气缸活塞相连。当气缸充气活塞运动时，便带动锤头上、下运动而打击熔池表面结壳。

　　整个打壳下料系统由槽控箱控制，并按设定好的程序，由计算机通过电磁阀控制，完成自动打壳下料作业。

　　d　阳极母线及阳极组

　　阳极母线通过吊耳悬挂在螺旋起重机上，并和连接两者的平衡母线构成一个框架结构。阳极母线依靠卡具吊起阳极组，并通过卡具使阳极导杆与其通过摩擦力与卡具接触在一起。进线端立柱母线与一侧阳极大母线通过软铝带焊接在一起。

　　阳极炭块组由铝导杆、铝-钢爆炸焊板、钢爪和阳极炭块组成。铝导杆为铝-钢爆炸焊连接，钢爪与炭块用磷生铁浇注连接，为防止此接点处的氧化而导致钢爪与炭块间接触电压增高，许多工厂采用炭素制造的两半轴瓦形态的炭环，炭环与钢爪间的缝隙用阳极糊填满。阳极组示意图见图5-18。

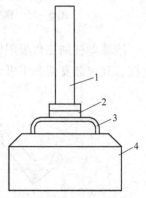

图5-18　阳极炭块

1—铝导杆；2—爆炸焊片；

3—钢爪；4—炭块

阳极炭块有单块组和双块组之分，按钢爪数量分有三爪和四爪两种。国内外一些工厂的预焙阳极设计参数见表 5 - 7。

表 5 - 7 预焙阳极设计参数

项 目	日本	德国	美国	法国	中国	中国	中国
电流强度 /kA	160	175	180	180	280	300	320
阳极块数	24	20	24	16	40	20	24
阳极断面 尺寸/cm	140×66.0	140×76.5	140×72	145×54.0 双阳极	140×66.0	155×66.0 双阳极	160×80.0 双阳极
阳极钢爪 数及布置	· ·	· ·	· · ·	· · ·	·	· ·	· · · ·

e 集气和排烟装置

电解槽上部敞开面由上部结构的顶板和槽周边若干铝合金槽盖板构成集气烟罩，槽顶板与铝导杆之间用石棉布密封，电解槽产生的烟气由上部结构下方的集气箱汇集到支烟管，再进入墙外主烟管送到净化系统。为保证产生的烟气不滞留在集气箱内，在集气箱上部开出一排集气孔。

为了保证换阳极和出铝打开部分槽罩作业时烟气不大量外逸，支烟管上装有可调节烟气流量的控制闸阀，当电解槽打开槽罩作业时，将调节阀开到最大位置，通过加大排烟量，使作业时烟气捕集率仍能保证达到 98%。

C 母线结构和配置

a 母线种类

整流后的直流电通过铝母线引入电解槽上，槽与槽之间通过铝母线串联而成，所以，电解槽有阳极母线、阴极母线、立柱母线和软带母线；槽与槽之间、厂房与厂房之间还有连接母线。阳极母线属于上部结构中的一部分，阴极母线是指从阴极钢棒头到下台立柱母线一段，它排布在槽壳周围或底部。阳极母线与阴极母线之间通过连接母线、立柱母线和软母线连接，这样将电解槽一个一个地串联起来，构成一个系列。

铝母线有压延母线和铸造母线两种，为了降低母线电流密度，减少母线电压降，降低造价，大容量电解槽均采用大断面的铸造铝母线，只在软带和少数异型连接处采用压延铝板焊接。

b 母线配置

在大型电解槽的设计中，母线不仅承担导电，而且承担阳极重量。其产生的磁场是影响槽内铝液稳定的重要因素，并直接影响着工艺条件和生产指标的好坏。电解槽四周母线中的电流产生强大的磁场，磁场产生电磁力导致熔体流动、铝液隆起以及铝液电解质界面波动，严重时冲刷炉帮危及侧部炭块。

母线的设计除了要满足磁流体稳定的要求之外，还必须满足以下要求：

(1) 具有良好的经济性，即母线的用量和电能损失的综合费用最小；

（2）具有可靠的安全性，即在正常生产和短路状况下，母线没有过载现象；

（3）具有便捷的操作性，配置简单，容易安装，方便电解槽生产操作。

为了降低磁场的影响，已出现了各种进电方式和母线配置方案。传统的中、小型槽通常采用纵向排列，单端进电，阴极母线沿槽两大面直接汇集的简单排布方式。现代大型预焙槽，开始采用横向排列，双端进电，出电侧阴极母线沿槽大面汇流，进电侧阴极汇流母线绕槽底中心然后转直角由小面中心引出的磁场补偿方案，以削弱立柱和阳极母线的磁场。电解槽的母线配置示意图如图 5-19 所示。

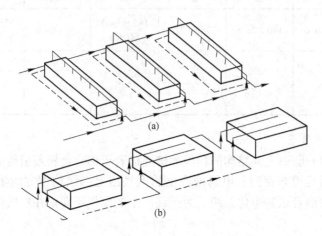

图 5-19　电解槽的母线配置
（a）双端进电；（b）单端进电

随着电解技术的发展，现在大型预焙槽，多采用大面四点或多点（五端、六端）进电。利用相邻立柱产生的磁场相反，叠加相抵的原理，阴极母线采用非对称性母线配置以抵消相邻列电解槽磁场影响，使槽中大部分区域铝液的磁场强度较小，而外侧部立柱母线造成的小面和角部的不平衡磁场，则采用部分阴极母线沿槽周受槽底汇流的母线补偿配置方案。

最末端槽的不平衡磁场容易造成末端槽的电压摆动，可以采用调整该槽的部分阴极母线配置及走向和在地沟母线加磁场屏蔽的方法，以减小该电解槽的电压摆动。

D　电气绝缘

在铝电解槽生产系列的厂房范围内，输送着强大的直流电流，系列直流电压都在几百伏以上，国内最高系列电压高达 1300V。尽管人们把零电压设在系列中点，但系列两端对地电压仍高达 650V 左右。一旦短路，易出现人身和设备事故。另外，电解用直流电，槽上和车间电器设备用交流电，若直流电窜入交流系统，不仅造成这部分直流电的损失，而且会引起设备事故。因此，为了防止生产过程中发生电气短路，或发生人身触电事故，除带电设备制造时所设置的电气绝缘外，电解车间的电解槽、天车、槽控箱、铝母线、地沟盖板、操作地坪和管道及支架等设施均必须保证可靠的电气安全绝缘措施。

除上述设施的绝缘应保证外，还必须做到如下几点：

距离电解槽、导电母线及地沟盖板 2.5m 范围内不得设金属轨道、下水管道等；厂房内柱子4m以下不得设置金属埋件；柱内钢筋、铁丝不得外露；柱间支撑为金属结构时，操作层标高4m以下应设木制维护栏；车间内侧墙的堆放物与槽壳、金属地沟盖板外端之间，间距不小于1.5m；车间外整流回路母线裸露在地面3.5m以下的部位，应有护网隔离；车间生产时的施工焊接、检修维护及操作管理必须符合有关安全规定。

单元三　电解车间配置

A　电解槽排列及电路连接

每个铝厂都是很多电解槽串联起来构成一个电解槽系列，它是铝生产的基本单元，大型铝厂一般都拥有两个或两个以上的系列，每一系列都有它额定的电流强度和产能。近年来新建的大型电解槽系列，系列电流强度为180~320kA，直流电压为1100~1400V，系列安装电解槽多达300多台，一个系列的年生产能力高达24.5万吨。

每个电解厂房电解槽的数量取决于这个车间的产能，槽子排列方式以及槽型、电流大小、厂房结构、操作方法、环境保护、自动控制等因素，同时还受到地理位置、交通运输等条件的影响。就一个电解系列来讲，不管电解槽的数量有多少，它们的排列方式只有纵向和横向两种，而每一种排列又可分为单行和双行以及多行排列。现代新建大型预焙槽通常采用单排横向排列方式。这是因为提高电流强度不仅要增加电解槽本体的宽度，而且主要是增加电解槽的长度。即槽子容量越大，其长宽比也越大。因此，纵向排列方式，需要增加电解厂房的长度，增加母线用量，增加原材料运输距离。采用横向排列母线装置，导电母线的配置方式有较多选择余地，有利于削弱磁场影响，并减少母线用量，厂房单位面积产量高。

系列中的电解槽均是串联的，直流电从整流器的正极经地沟铝母线，立柱铝母线，阳极大母线后，进入第一台电解槽的阳极，然后经过电解质、铝液到炭阴极，而后再通过阴极母线导入第二台电解槽的阳极母线……，这样依次类推，从最后一台电解的阴极出来的电流又经大母线回到整流器的负极，使整个系列成为一个封闭的串联线路，如图5-20所示。

新系列启动时，电解槽不可能一次通电，而往往是分批通电启动的。这就需要在系列母线系统内设置若干短路口。短路口的作用是当电解槽正常生产时，将其断开，使电流必须通过电解槽进入下台槽。当电解槽没有生产需要或停槽时将其短路使电流直接进入下台槽。同时，在电解厂房中配置的回路中都设有若干个系列短路母线以适应焙烧启动生产的要求。一般短路母线都设置在厂房间的过道口。

B　电解车间配置

电解车间通常由若干电解厂房、计算机站、

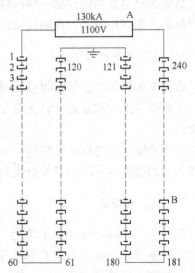

图5-20　铝电解槽系列配置图
(240台电解槽，系列电流130kA，电压1100V)
A—整流所；B—电解槽

空压站、干法净化回收站及供料库组成。

　　电解厂房多采用二层楼式结构，下部有利于通风散热，上部工作面是铺有沥青砂浆的绝缘地坪，地下有通风沟、母线沟。厂房中部和端头留有通道（短厂房 3 个；长厂房 5 个）便于工艺车通行。厂房的大小取决于其生产能力。下面是 200kA 大型预焙电解槽的电解车间实例。

　　电解车间由两栋互相平行、跨度为 24.000m，长为 744m 的两层楼房组成。车间一楼安装槽体和阴极母线，标高为 ±0.000m，一楼地坪为混凝土地坪。二层楼板为操作地坪，标高为 +2.400m。操作地坪为混凝土楼板，槽间设有通风格子板。从 ±0.000m 至 +6.400m 标高之内不允许有带零电位的铁件外露，以免触电伤人。

　　两栋厂房间距40m，配置有三套净化系统、三座直径 18m 的氧化铝双层贮槽、三个配料及超浓相输送系统。两栋厂房间有四个通道连接，供出铝、新旧阳极的运输及其他物料、设备等运输用。

　　每栋厂房内安装 105 台 200kA 电解槽，全系列共计 210 台槽。电解槽单排横向配置，槽中心距 6.200m。电解槽纵向中心线距厂房轴线分别为 9.000m 和 15.000m，电解槽槽沿标高为 +2.850m。在每台电解槽烟道侧墙上设一台槽控机和一台气控箱。电解槽采用槽罩密闭，电解槽产生的烟气经槽排烟管汇集于敷设在厂房外侧的总管送至净化系统。

　　为完成车间内打壳、加料、更换阳极和出铝等工作，每栋厂房安装电解多功能天车 4 台，系列安装 8 台，天车轨顶标高为 +9.150m。

　　车间内设有压缩空气管道，以便为槽上气控设备和出铝提供压缩空气。

　　供电的整流所在厂房的一端。

单元四　未来铝电解槽的改进

　　目前的铝电解槽尚存在一些问题：生产过程能量利用率较低，电流效率不太理想，单位产品的投资费用较高，控制污染的设备费用也很贵。

A　原有电解槽的改造

　　原有电解槽的改造包括阴极材料、阳极材料及槽内衬等的改造。

　　从长远考虑，冰晶石–氧化铝电解法中采用不耗阳极及永久性阴极，具有特别重大的意义。

　　电解槽壁采用超级耐火材料，可以增大阳极面积并缩短阳极至侧壁的距离。于是，在同样大小的槽壳内可以用增加电流的办法，来提高铝产量并节省单位产品的电能消耗量。

B　新型电解槽

　　几年前，Grjotheim 讨论了称为"理想槽"的设计问题。该槽具有一系列优点。在双极性电解槽设计中优先采用了不耗惰阳极和可泄性或可湿润性的耐热硬质金属阴极。阳极上析出的氧为环境允许的产物。低熔点电解质在返回电解槽之前，需经过净化和氧化铝富集阶段，采用这种电解质可使电解温度接近铝的熔点，铝液直接通过管路输送到铸造车间。

该电解槽的成功与否与新的更耐腐蚀的电极材料的研究开发有十分紧密的关系，由于现有材料的性能和使用寿命差，因此，向材料科学技术领域的研究和开发工作者提出了寻求铝工业用新的阳极材料和阴极材料的更加困难的任务。

任务四　铝电解槽焙烧与管理

学习目标

  1. 了解电解槽焙烧的目的与方法；

  2. 掌握电解槽焦粒焙烧的操作规程和技术条件；

  3. 能正确进行电解槽的焙烧作业及技术条件控制；

  4. 能正确分析处理常见事故。

工作任务

  1. 对铝电解槽焙烧的方法进行比较，分析其优缺点；

  2. 进行焦粒焙烧与管理。

铝电解的全部生产过程分为三个阶段，即焙烧阶段、启动阶段（包括启动后期管理）和正常生产阶段。

不论是新建系列槽，或大修理后单个电解槽，或因某种原因临时停产后未经大修又需重新投产的电解槽（二次启动），均需经过焙烧与启动两个阶段才能转入正常生产。

单元一　铝电解槽焙烧方法的选择

A　焙烧的目的

所谓焙烧（对预焙槽而言，又称预热），就是利用置于铝电解槽阴、阳两极间的发热物质产生热量，使电解槽阳极、阴极（含内衬）的温度升高，实现下列目的：

（1）通过一段时间的缓慢加热，排除电解槽内衬材料中的水分，使其得以烘干；

（2）使阴极炭块之间和阴极炭块与侧部内衬之间的捣固糊烧结和炭化，并与内衬炭块形成一个整体，以免在后续的电解槽启动过程中发生"热震"造成阴极破损；

（3）焙烧使电解槽槽体及阴、阳极获得接近或者达到正常生产时的温度，防止启动时加入的熔融电解质在槽内特别是阴极炭块表面凝固。

在电解槽的整个使用期内，预热和启动过程虽然很短，只有几天时间，但对电解槽的使用寿命却起着决定性的影响，必须予以足够的重视。因此，铝工业生产对电解槽焙烧有以下基本要求：

（1）将炭阴极按照一定的升温曲线缓慢地加热达到操作温度（900~950℃），避免在炭阴极中产生较大的热应力；

（2）均匀地加热炭阴极的工作表面，使阴极表面温度分布尽可能均匀，避免阴极表面产生较大的温度梯度；

（3）保证阴极炭块间及侧部炭糊的粘结性能。

B　焙烧的方法

预焙槽预热焙烧的方法，各个工厂依据各自的条件采用不同的方法，正确地选择合理的预热焙烧方案，不仅可以降低焙烧启动的能耗和费用，而且还能为今后槽正常生产和提高槽寿命打下基础。实际生产中常见的有四种预热焙烧方法：铝液焙烧、焦粒焙烧、燃料焙烧和石墨粉焙烧。

a　铝液焙烧法

铝液焙烧法是在电解槽内灌入一定量的铝液，覆盖在阴极表面上，并且与阳极接触，构成电流回路，电解槽通电后产生热量，焙烧电解槽。其示意图见图5-21。

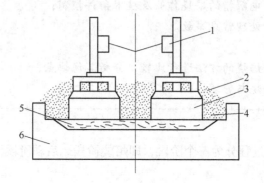

图5-21　铝液焙烧法示意图

1—阳极母线；2—冰晶石保温料；3—阳极；4—电解质和冰晶石粉；5—铝液；6—槽体

铝液焙烧的基本程序是：焙烧之前在槽膛四周用固体电解质块砌筑堰墙，以减缓铝液对人造伸腿的直接冲击并缩小铝液的铺展面积；完成堰墙砌筑后将预焙阳极安放在离阴极表面约2~2.5cm远处；然后从出铝端灌入铝液（铝液厚度约4cm），铝水布满槽底包住阳极后即可通电；接着往槽内装入冰晶石和纯碱，并将冰晶石覆盖到阳极上以加强保温并避免阳极氧化；最后通入全电流进行焙烧。

由于铝液本身电阻很小，大部分热量则由阴极和阳极产生，总发热量不大，这就是铝液焙烧电解槽一次通入全电流的原因。尽管通入全电流，因产生的热量较低，一般大型预焙槽的焙烧时间长达7~8昼夜。

铝液焙烧具有简便易操作，槽内温度分布均匀，阴极炭块因铝液覆盖而不会氧化，焙烧结束后不需要清炉可直接启动，工人的劳动强度小等优点。

但铝液焙烧有以下缺点：

（1）灌高温铝液（800~900℃）的瞬间，会使阴极炭块受到强烈的热冲击，影响阴极内衬寿命；

（2）当阴极有缝隙时，铝水会过早注入其中而不是电解质，从而成为铝液渗透的通道，造成阴极早期破损，铝液渗漏。几乎每个厂都出现过多台电解槽启动后期阴极钢棒渗铝现象；

（3）由于电阻小，焙烧温度上升较慢，焙烧时间长。

随着大型预焙铝电解槽的推广使用，尤其是大型预焙铝电解槽长度的增加，使灌铝操作变得复杂和困难，再加上大型预焙铝电解槽单槽造价的大幅上升，追求较长电解槽寿命以降低原铝成本是现代电解铝厂的主要目标之一，因铝液焙烧法对电解槽寿命的影响比较大，故铝液焙烧法在大型预焙槽上已被淘汰。

b　焦粒焙烧法

焦粒焙烧法是在阴、阳极之间铺上一层煅后石油焦颗粒作为电阻体，电解槽通电后，焦粒层便在阴、阳极之间产生焦耳热，焙烧电解槽，同时，阴极和阳极本身的电阻也产生热量，在其内部焙烧。其示意图见图 5 – 22。

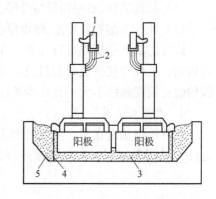

图 5 – 22　焦粒焙烧法示意图
1—阳极母线；2—软母线；3—煅烧过的焦炭颗粒；4—钢板；5—电解质碎块和冰晶石

焦粒焙烧法的基本程序是：在焙烧开始之前，在阳极与阴极之间均匀地铺设一层粒度约 1 ~ 3mm、厚度约 10 ~ 20mm 的焦粒，作为"加热元件"，其中焦粒应选用抗氧化性能强、体积密度变化小和粒度适当的煅后焦粒，以便有利于焦粒层与阳极底掌之间的通电接触良好和发热电阻稳定；焦粒铺设好后，挂上阳极并将阳极压实在焦粒层上；为了使阳极的重量全部压在焦粒上，并保证焙烧过程中槽底膨胀变形不影响阳极与焦粉的良好接触，目前一般都采用软联接器来联接阳极导杆与阳极大母线；与铝液焙烧相类似，在电解槽装料前，槽膛四周用固体电解质块砌筑堰墙以保护人造伸腿；接下来，将冰晶石与纯碱添加到槽内和阳极上，起保温和避免阳极氧化作用；并且安装分流器，使电解槽在通电焙烧的初期阶段有一部分电流被分流，不经过焙烧槽，避免升温过快（当电解槽需要加大焙烧电流时，分阶段拆除分流器）；最后通电焙烧。

焦粒焙烧的优点：

（1）阴、阳极可从常温下逐渐升温预热，电流分布均匀，避免了灌入高温铝液时对炭块和扎缝的强烈热冲击；

（2）焦粒电阻比铝液大，升温快，焙烧时间较铝液焙烧方法短，使用分流器可以控制预热速度，提高焙烧效果；

（3）焦粒层保护了阴极表面免受氧化，不存在阴极炭块烧损问题；

（4）启动期间熔化的是电解质而不是铝液，电解质渗入预热期槽底产生的阴极小裂缝中，冷凝后起到堵塞裂缝或修补缺陷的作用，有利于防止内衬早期破损，提高槽子寿命。

焦粒焙烧的主要缺点为：

（1）需要接入和拆除分流器和软连接，操作复杂；

（2）温度梯度大，分布不均，易发生偏流、过流、脱极、化阴极钢棒等事故；

（3）启动后电解质中炭渣多，捞炭渣的工作量大，工人劳动环境差。

c　石墨粉焙烧法

石墨粉焙烧法与焦粒焙烧法相类似。它是采用不同粒度配比的石墨作为焙烧发热电阻体，用专门的格筛将其均匀铺满电解槽槽底，然后将阳极直接放在铺好的石墨层上。装好炉料后即可直接送电焙烧。在电解槽通电焙烧期间，要对槽底的焙烧温度进行跟踪测量，所有极缝之间都要作为跟踪测量点，当测量槽底的平均焙烧温度达到780℃时，就具备了启动条件。到达此温度一般只需72h。

此法除与焦粒焙烧的优点相似外，还有如下特点：

（1）操作方便，石墨粉导电性好，该法不用分流器，直接采用全电流焙烧，电耗费用低。

（2）由于石墨粉粒度细，铺设厚度大，阳极与其接触良好，使电流分布均匀，温度均匀。

此法的缺点是操作可行性差，在焙烧终止时，温度不能提高，灌入电解质后只能用效应启动，这样会使槽底升温过快。加上石墨粉价格高且熔化电解质费用太高，因此，与焦粒焙烧比较优越性不大，目前少见应用。

d　燃料焙烧法

燃料焙烧法是在阴、阳极之间用燃料如油、天然气或煤气等燃烧产生火焰进行焙烧的方法（见图5-23）。待电解槽焙烧完毕后，通电、启动可以同时进行。

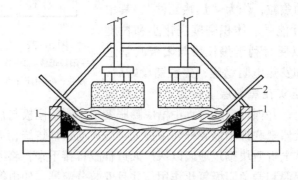

图5-23　燃料预热示意图
1—侧壁保护体；2—燃烧器

采用该法进行焙烧需要可燃物质、燃烧器，同时阳极上面要加保温罩，使高温气体停留在槽内，防止冷空气窜入。火焰产生在阴、阳极之间，依靠传导、对流和辐射，将热量传输到其他部位。

该法最大优点是温度易于控制，分布均匀，焙烧质量好。缺点是保温设备复杂。国内较少采用这种方法。

e　焙烧方法的选择

表5-8是对四种焙烧方法在大型预焙槽上应用效果的定性比较。由于各方法的成熟程度不同，同一方法在不同企业或不同条件下的实施效果也存在差异，加之各方法在某些比较项（例如温度分布均匀性）既有有利的一面，也有不利的一面，因此一些定性比较存在不确定性或存在分歧。

表5-8　四种焙烧方法在大型预焙槽上应用效果的定性比较

项　目	铝液焙烧法	焦粒（石墨粉）焙烧法	燃料焙烧法
焙烧时间	长	短	较短
升温控制	难	较易	易
对阴极的热冲击	大	较小	小

项　目	铝液焙烧法	焦粒（石墨粉）焙烧法	燃料焙烧法
槽寿命	短	较长	长
裂缝的填充物	铝	电解质	电解质
能量利用率	低	高	较高
温度分布均匀性	较均匀	较均匀	均匀
送电的难易程度	较易	难	易
煅烧效果	较好	较好	好
操作的难易程度	易	较易	难
煅烧辅助设备	无	较多	多
阴阳极氧化程度	少	少	多
对人造伸腿的煅烧效果	差	差	好
对电解槽启动的影响程度	小	较大	大
焙烧费用	大	小	较小

从表中可见，铝液焙烧的成本是所有焙烧方法中最高的，并且该法对电解槽的早期破损的影响非常大，槽寿命也短，但在电解槽二次启动时应用较多。燃料焙烧法虽然焙烧效果最好，但受到设备及气体燃料资源的限制。石墨焙烧法与焦粒焙烧法相比，电流分布更均匀，焙烧效果好，并且不需要用复杂的焙烧设备，但石墨价格高是该法的最大缺陷。因此综合各方面考虑，焦粒焙烧法是目前新建大型预焙电解槽焙烧启动的首选。

电解槽焙烧方法的选择，依据槽型不同，每个电解铝厂有各自的观点，但必须遵守以下原则：

（1）对电解槽内各个部位的加热要均匀；

（2）热量的供给速度要和水分、挥发分溢出速度一致，以避免在槽体中留下损伤或缺陷；

（3）应考虑对电解槽薄弱部位的保护，即使在焙烧过程中产生缺陷，也有办法补救；

（4）形成坚固的炉帮，经得起生产期间的温度波动；

（5）省时省力，易操作。

单元二　焦粒焙烧操作与管理

A　作业准备

首先确定出焙烧槽的数目和槽号，通常两台要进行焙烧的槽之间要隔一台正常生产槽或未焙烧槽，目的是便于操作和电流分布均匀，然后根据焙烧槽的数目进行以下相应的工作。

a　全面检测

按设计图纸和技术要求全面检测，试车验收。

（1）对母线回路的检查：包括阳极母线与铝导杆接触面是否平整光滑，短路片安装位置是否有破伤，阴极钢棒是否全部焊接好，母线装置上的异物是否全部清理，阳极大母线位置是否调整好且阳极夹具是否准备齐全等；

（2）阳极升降机构检查：包括传动部件的润滑，提升电动机电流测试，升降操作方向及相关指示灯检查，装极负荷试车等；

（3）阳极回转计调试（不转时检查软轴）及阳极上下限位测试；

（4）打壳下料装置的检测：包括槽上料箱检查，打壳与下料动作程序及相应指示灯检查，下料量标定等；

（5）槽控机检查：包括各种手动操作与显示信号的正确性与可靠性检查，槽电压表标定等；

（6）筑炉外观质量测试并做好记录；

（7）槽子各部分绝缘情况检查（电阻大于 0.5MΩ）；

（8）多功能机组、天车及空气压缩系统测试，确保满足生产要求。

　b　仪器仪表和工器具准备

烤好的真空抬包、风包、分流片、铝框或条框、铝合金直尺或托板、热电偶测温管、电流分布的测量工具、短路口绝缘板、扳手、小盒卡具 N 套（N 为阳极组数）、足量的效应棒、铁锹、扫帚等。

　c　物料准备

准备足量的阳极、焦粒（粒度在 1～3mm）、冰晶石、电解质块、纯碱及氟化钙等氟化盐。由于目前各厂在装炉期间氟化盐用量及方式上存在分歧（例如，有的企业使用电解质块，而有的企业不用；有的企业装炉时使用氟化钙、氟化镁，而有的企业均不用），因此，即使是同样的槽型与容量，用料量也存在较大差异。表 5 - 9 是某厂 200kA 预焙槽单槽焦粒焙烧启动装炉物料用量。

表 5 - 9　某厂 200kA 预焙槽单槽焙烧启动用料

原材料	焦粒	石墨碎	高摩尔比冰晶石	低摩尔比冰晶石	碳酸钠	氟化钙	铝液	保温用氧化铝	阳极
用量/t	0.5	20kg	4	16	2	1.5	12	10	28 组

　B　装炉操作

　a　铺焦粒和挂极

清理电解槽内外现场卫生，干净整洁。铺焦粒前将平衡母线降落至距水平罩 130～150mm，锁定槽控机，防止阳极升或降。焦粒粒度要求 1～3mm，必须干燥，每槽铺设厚度 15～20mm。

铺焦粒时将焦粒框平整地摆放在阳极投影区，然后将筛分好的焦粒均匀撒在框内，用板尺刮平，确认无凹陷部位，取走焦粒框。每铺设一块阳极的面积后就立即挂一组阳极，阳极导杆必须居中，导杆与平衡母线之间留 1～2mm 的缝隙，预焙阳极均匀压实在焦粒上。

顺序从烟道端开始 A、B 面交错挂极。将合格阳极炭块用天车对准阳极卡具位置靠近阳极母线，平稳坐落在焦粒上，不能前后拉动，要求阳极导杆靠阳极母线缝隙小，但导杆不能与阳极母线接触，不能与阳极卡具底座接触。挂极时应非常仔细，阳极底掌要完整地压在焦粒层上，不允许出现悬空，接触不良等现象。不符合上述要求将阳极吊起，根据焦粒的凹陷处判断阳极底掌与焦粒的接触程度，重新调整直至单组炭阳极按尺寸标准完整地压在焦粒上，确认阳极放好后，将中缝处多余炭粒清扫干净。压实 1～2h 后接上软连接。

b　安装软连接

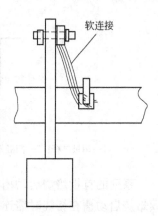

图 5－24　预焙槽的软连接

安装软连接的目的是使阳极重量全部压在炭粒上以保证阳极底掌与焦粒良好接触而导电均匀。

安装软连接是在安装好阳极后进行，首先将软连接的一端用夹具固定在阳极母线上，另一端用螺杆、螺母与阳极铝导杆固定在一起（见图 5－24）。每块阳极均要安装软连接。安装完后要逐一检查是否牢固。安装软连接时，软连接面需处理得平整光亮。

c　装炉

（1）先将每两组阳极间的缝隙和中缝用纸壳盖好，在槽四周人造伸腿上均匀地铺撒一层氟化钙，氟化钙不能进入阳极底掌及阳极缝。然后在 A、B 两侧均匀铺撒冰晶石。

（2）用电解质块在人造伸腿上靠侧部炭块处堆砌人工炉帮。电解质块要求大块靠近阳极，小块靠炉帮，摆放整齐，15～18cm 宽，高度与侧部炭块顶沿齐平。准备灌电解质的地方不堆砌电解质块，不装碳酸钠（曹达）。

（3）分别在出铝端，烟道端，A、B 面中间的阳极间隙处放置好热电偶供焙烧测温用。以某厂大型槽为例，热电偶安装位置如图 5－25 所示。

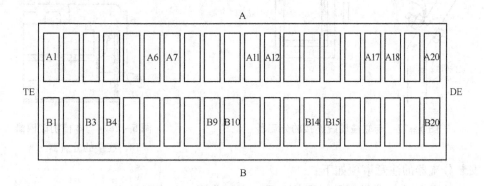

图 5－25　热电偶安装位置示意图

（4）在电解质块与阳极之间混合加入纯碱和冰晶石，并覆盖阳极上部，起保温和避免阳极氧化的作用。中缝只加冰晶石。装料过程要保证物料整形，尽量使其分布均匀。

（5）将槽沿及槽四周清扫干净，盖好槽盖板。不准再升降阳极大母线，不准随意紧阳极卡具。某厂装炉后如图 5－26 所示。

d　安装分流器

安装分流器的目的：一是控制升温速度，使扎固糊烧结均匀；二是降低起步电流的冲击，尤其是采用这种电阻值大的焦粒焙烧法时，更应加强控制以避免超大电流的猛烈冲击和骤然升温对槽内衬所造成的损害。

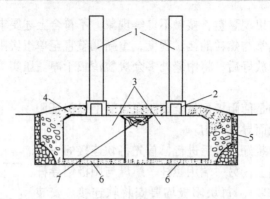

图 5 - 26　装炉示意图

1—阳极导杆；2—阳极钢爪；3—阳极炭块；4—冰晶石；5—电解质块；6—焦粒；7—编织袋

　　系列的首批焙烧启动槽电流强度大小的控制由整流所控制，不需要安装分流器，但后续焙烧启动槽在焙烧时需连接分流器。每台槽装若干组分流器，每组铁制分流器上有 8 片厚 2mm 的钢片。安装时将分流器的一端用卡具固定在阳极大母线上，另一端用夹板固定在下一台槽的立柱母线两侧（或用钢带将阳极钢爪与本槽的阴极钢棒连接进行分流），见图 5 - 27 和图 5 - 28。

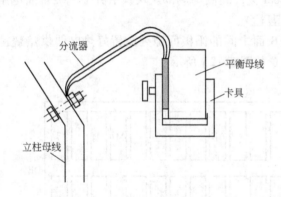

图 5 - 27　与立柱母线连接的分流器

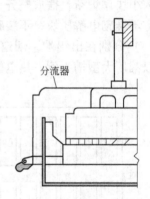

图 5 - 28　与本槽阴极钢棒连接的分流器

　　安装分流器的注意事项如下：

　　（1）安装前检查接触面是否平整，是否有氧化层，并进行处理；

　　（2）夹具一定要上紧，通电前要派专人进行复查；

　　（3）夹具接触板尽量不与其他构件接触，以免烧坏其他部件，必要时应用软石棉垫板绝缘；

　　（4）系列末台槽需采用钢带分流，用钢带将阳极钢爪与本槽阴极钢棒连接进行分流。

　　C　通电焙烧

　　a　作业准备

　　检查装炉等各项工作准确无误，并检查使用的工具；与计算机站联系，把通电槽的有关控制软件、程序接通，保证信息通道畅通、置于"预热"状态；把槽控机中手动与自动阳极升降功能均置于"断开"状态，防止意外的乱抬阳极；在槽控机面板上贴上警告注意事项。

　　b　确认停电

　　联系整流所开始停电；确认系列全部停电。

　　c　短路口操作

　　确认停电后，松开短路口的紧固螺栓；在母线与短路片之间装上绝缘板，然后拧紧螺栓。整个短路口操作一般要求在 5min 内完成。

　　d　通电指令发布

　　确认短路口操作完毕，绝缘情况正常；通知整流所可以开始送电。

　　e　送电过程

　　大型槽一般分 4～5 级送电（例如，某厂 200kA 槽分 80kA、120kA、160kA、200kA 四级；某厂 320kA 槽分 80kA、160kA、240kA、280kA、320kA 五级），电流从一级提升到上一级的过程可以快速进行，然后在每级电流停留 3～5min，一般在 20min 内送满全电流。但若在某级电流时电压超过 6V，则暂停升电流直至电压下降至 5.5V 再继续升电流。送电过程中要对每级的槽电压、电流、分流片温度和等距离压降等作测量和记录。

　　f　焙烧期间的管理

　　(1) 通电后最初 2h，每 10min 记录一次槽电压、电流；2h 后，每 30min 记录一次槽电压、电流。

　　(2) 通电一段时间后，如果槽电压低于 3V，则可进行拆卸一部分分流器，24h 内全部拆卸完毕。拆后电压不能超过 3.5V。

　　(3) 电解槽通电后焙烧 60～72h，槽电压从最初的 4V 左右（冲击电压约为 6V）逐步降至约 2V。阴极表面温度也从冷态逐步焙烧至 950℃ 左右。中缝、阳极缝间的冰晶石已熔化成电解质液。至此，电解槽完成焙烧，具备启动条件。

　　(4) 焙烧过程中，电解槽炉膛各部位温度要均匀，不允许局部过热。发现阳极钢爪发红，应扒开极上冰晶石，禁止提升阳极，并采取松软连接、短时间断电等措施处理，单极连续断电不超过 2h，不允许两阳极钢爪间搭钢钎子，以防止脱极，同时采取风冷处理。单槽断极不许超过 4 组，并备好水源。分流片发红，应及时采取风冷。

　　(5) 调整好电流分布，使之分布均匀。对单极导杆等距离压降偏离平均值过高要做分流处理。

　　(6) 巡检槽侧部窗口、阴极钢棒有无发红及电解质渗漏等情况。如果侧部窗口、阴极钢棒发红应及时采取吹风降温，对应部位阳极断电等措施。如果电解质渗漏，及时吹风降温，并及时加电解质块、氟化钙堵住边部，对应阳极断电。

　　(7) 加强保温，防止阳极氧化，及时补充冰晶石。

　　(8) 焙烧期间发生阳极脱落，只取出铝导杆，待启动后再取出残极块。

　　(9) 软连接与阳极导杆及阳极大母线接触的各部位卡具压紧，螺栓必须全部紧固，以防止接触不良发生打火现象。软连接各接触部位的压降要达到 30mV 以下，并要定期测量，不合格的及时处理。

　　(10) 抬极前，将软连接全部拆除。拆除前先在导杆上画上平行线，装好卡具并彻底紧固。卡具紧固后逐个拆除软连接。

　　(11) 拆除后的软连接要妥善保管，不能丢失损坏，以备下次使用。

任务五　电解槽启动与管理

学习目标

1. 了解电解槽启动的方法；
2. 掌握电解槽启动应具备的条件；
3. 能正确进行电解槽的湿法启动作业；
4. 能正确控制启动的技术条件和处理常见事故。

工作任务

1. 分析比较电解槽各种启动方法的特点；
2. 进行电解槽湿法启动操作与管理。

单元一　电解槽的启动方法

铝电解槽完成焙烧后，进入启动阶段。启动的任务是在槽内熔化足量的液体电解质，达到电解槽生产要求，开始铝电解。启动方法常采用的有两种，即干法启动与湿法启动，前者通常在新电解厂开动时尚无现成的液体电解质情况下，在头一、二台槽上采用，在有生产槽的系列中启动时多数采用湿法启动。

启动的必要条件是：阴极表面60%～70%的面积达到了900℃以上。对于湿法启动，还有一个必要条件是：槽内60%以上的面积有10～15cm的熔融电解质。

A　干法启动

干法启动即是利用电解槽阴、阳极之间产生的电弧高温将固体冰晶石熔化成液体电解质。其做法是不断向焙烧好的电解槽阴、阳极间添加冰晶石，慢慢提升阳极，阳极脱开阴极的部分便产生强烈电弧而形成高温，使冰晶石熔化，当槽内有了适当高度的液体电解质后，可引发阳极效应，加速电解质熔化。待到有足够高度的液体电解质后，便加入氧化铝熄灭阳极效应，电压保持在6～8V，保持一段时间后（24h以上），灌入适量铝液，电解槽进入生产阶段，启动即告结束。

干法启动一开始两极间产生的强烈电弧，严重损伤阴、阳极表面，尤其阴极表面的损伤将会殃及电解槽的使用寿命，特别是焦粒焙烧清炉后进行启动的电解槽尤为严重。铝水焙烧的电解槽在启动之前阴极表面已有一层液态铝，电弧产生在阳极和铝液表面，铝水起到了保护阴极的作用。

干法启动时抬阳极必须小心谨慎，尤其一开始切不可抬得过快，以防发生强烈崩爆，破坏电解槽内衬，以及发生意外事故。通常利用槽电压的高低来监控提升阳极，一般电压控制在10～15V。

B　湿法启动

湿法启动分为效应启动和无效应启动。

　　a　湿法效应启动

　　该法向待启动的电解槽内灌入一定量的液体电解质，同时上抬阳极，逐渐引发人工效应，在此效应期间可将阳极上用于保温的冰晶石推入槽内熔化，若电解质量不足，还需要投入冰晶石，直到液体电解质达到规定高度，便可投入一定数量的氧化铝熄灭效应。

　　灌入的电解质需要在生产槽上准备，一般要求电解质温度尽量高些，以保证抽取顺利和倒入启动槽时有足够的流动性。

　　效应时间一般不超过半小时，效应电压保持在 20~30V，具体根据电解槽焙烧温度和槽内电解质高度而定。效应熄灭后应保持较高的槽电压，一般在 6~8V。保持一段时间后（24h 以上），向槽内灌入一定量的铝液作为铝水阴极，加好阳极保温料，启动便告结束。

　　用焦粒焙烧的电解槽，启动之前若未清除焦粒，人工效应后必须组织人力捞取炭渣，以保证电解质洁净。

　　b　湿法无效应启动

　　该法将电解质灌入待启动槽后抬高电压不超过 10V，让其慢慢熔化固体物料，这样需经过数小时乃至十几小时，才能启动完毕，启动时间较长。但该法有启动期间物料挥发损失小，环境条件较好等优点。

　　湿法启动与干法启动比较，有省电、操作方便、劳动强度低、安全可靠等优点，尤其不会对阴极内衬带来损伤，所以大多数电解槽的启动都采用湿法。但湿法启动需在生产槽上准备大量的液体电解质，这样或多或少地影响生产槽的技术条件。

单元二　铝电解槽湿法启动

　　A　启动前的准备

　　(1) 确认电解槽内温度整体达到 900℃ 左右，中缝全部熔通，阳极底部被电解液浸没，方可进行启动。

　　(2) 通知供电车间和计算机站启动槽号和启动时间。

　　(3) 准备好人员、工具、设备（如天车、效应棒、扳手、钢钎、大钩、铝耙、溜槽、铁锹、扫把、炭渣勺、电流分布测定工具、焙烧日志等）及液体电解质、氧化铝等物料。

　　(4) 拔出槽内的热电偶保护套管。

　　(5) 安放好灌电解质用的流槽。

　　(6) 上紧全部阳极卡具，拆除软连接。拆除软连接时先在导杆上画上平行线以防抬阳极过程中阳极下滑，再用卡具把阳极铝导杆紧固在阳极母线上，然后逐步拆除软连接。

　　B　湿法效应启动操作

　　(1) 灌电解质。电解槽被确认可以启动后，即从其他生产槽抽取电解质液注入启动槽，一次性快速灌入液体电解质（例如 200kA 槽一次性灌入 4~5t 电解质，而更大容量电解槽，可分数包灌入：320kA 槽分三包，每包 4~5t，共灌入 12~14t）。

　　(2) 抬阳极（产生阳极效应）。在灌电解质的同时，慢慢上抬阳极，产生人工阳极效应（电压 20~35V）；效应期间根据需要添加冰晶石。

　　(3) 人工熄灭阳极效应。确认人工效应时间（20~30min）足够，边部化开，电解质量足够（电解质高度达到 25 ~ 30cm）；手动"打壳"、"下料" 6 次左右；从大面、小头等多点插入效应棒熄灭阳极效应；电压保持 6 ~ 8V。

（4）捞炭渣。焦粒焙烧时会有大量的炭渣，即使采用铝液焙烧也会有内衬和阳极掉渣所形成的炭渣，这些炭渣会使电解质发黏并生成碳化铝，所以要在启动时的高温条件下，利用炭渣与电解质分离良好时尽快捞出。当槽温升到 980℃，电解质已熔化时，就开始捞炭渣，但控制槽温不超过 1000℃。

（5）灌铝液。启动 24h 后，灌入铝液。目的是使电解质先行渗透到内衬的各种裂缝和空隙中，以避免高温铝液渗透到内衬中而破坏内衬。灌铝时分 1 次或 2 次从出铝端灌入。灌完铝液后将槽工作电压降至 5V 左右，槽温要适当，不能过低。待电解质结壳后，封好炉面，并在阳极上加保温料 16 ~ 18cm。

C　湿法无效应启动操作

由于无效应启动操作比较平稳，近年来，一些厂家采用了湿法无效应启动。下面为某厂 200kA 预焙槽无效应启动操作步骤：

（1）挖电解质灌入口、排气口，紧好卡具，并在导杆上画线，向槽内灌入 10t 电解质，同时提升阳极，使电压保持 8 ~ 10V。至槽内物料全部熔化把电解质水平调整到 40cm 左右，极距达到 15cm 以上，电压 7.0 ~ 8.5V。在此期间，把电解槽内的炭渣尽量捞净。

（2）启动 8 ~ 12h 后，灌铝 6t，灌铝前 2h 电压调整到 5.50 ~ 6.50V，24h 后再灌 6t。灌铝结束后清理好现场，盖好槽罩板，预备好阴极吹风降温设施。

（3）灌铝后根据槽子具体情况待电解质表面结壳后再加覆盖料，开始实施封壳面作业，盖好槽罩板。

（4）测定铝水平和电解质水平，并做好记录，取样送化验室分析摩尔比，根据分析结果决定纯碱添加数量。

D　启动时异常情况的处理

（1）若效应不易熄灭，可再投入氧化铝并在多处插入木棒熄灭。

（2）若液体电解质数量不够，可适当延长效应时间。

（3）若有脱极，可在效应熄灭 1h 后换上新极。

（4）若启动温度过高，电解质不结壳，要加快降低电压。如果因电解质水平过高，降不下来，要及时从槽内取出电解质，以利于降低电压。同时可根据电解质分析报告及槽内质量进行计算，适当添加一些氟化镁、氟化钙等添加剂。

（5）封炉面时若炉面局部没有形成结壳，应先用电解质块堵好，再加保温料。

单元三　铝电解槽启动的管理

A　启动初期的管理

电解槽启动初期是指人工效应熄灭后到第一次出铝的期间，一般为 2 ~ 3 昼夜。

a　技术条件的控制

（1）槽工作电压的控制。启动初期，电解槽的电压均由人工调节。在灌铝前，电压需从人工效应后的6~8V逐渐下降到5~6V，一般每隔半小时左右手动调节一次。在灌铝后槽电压需逐步下降到4.3~4.5 V（具体值须依据电解槽的热平衡与工艺条件的设计标准而定），因此灌铝后仍需3~5h一次的手动调整电压。

（2）槽温的控制。从灌铝后到第一次出铝，槽温从近1000℃降至970~980℃。启动初期，仍有部分固体物料未熔化，为使电解槽不产生炉底沉淀，温度要略高，要保持槽温不低于970℃。

（3）加料操作。由于新启动槽热损失大，为避免损失过大使槽温降低，灌铝后必须在阳极上加氧化铝保温层，并且在人工效应熄灭1h后开始手动加料，加料间隔要比正常加料时的间隔大，每隔40min加料一次并封好壳面，3h后进行自动加料。

b　启动初期应注意的问题

从灌铝到第一次出铝，电解槽的技术条件会发生较大变化。首先，槽工作电压以较快速度下降，从灌铝后的5V左右下降到4.3V左右；其次是电解质温度从近1000℃下降到980℃左右时，应特别注意电解质水平的下降速度。到第一次出铝时，电解质高度要不低于25cm，若下降过快，必须加强阳极保温和放慢电压下降速度，同时，添加冰晶石以补充电解质。

电解槽启动初期必须控制好电压和槽温，一方面能保持槽有足够的液体电解质，另一方面又能使边部扎固糊良好焦化，延长电解槽寿命。

B　启动后期的管理

启动后期是指从启动初期结束到正常生产的一段过渡时期。在电解槽启动后，经过2~3天高温阶段，各项技术条件发生大幅度变化后，便开始出现一个相对平稳阶段。这期间在电解槽内，电解质的温度、摩尔比和电解质高度等逐渐发生趋向降低的变化，而铝液高度和产品金属铝的质量等逐渐趋向提高。虽然技术条件变化缓慢，但电解槽的运行却发生着质的变化：一是各项技术条件逐步过渡到正常生产控制范围；二是在电解槽四周逐渐形成一层规整坚固的槽帮结壳。这些变化完成之后，电解槽建立了稳定的热平衡，即进入了正常运行阶段。启动后期的管理关系到电解槽投入正常运行所需时间的长短及各项生产指标的好坏。

a　技术条件的控制

（1）电解质水平的控制。新槽启动时，电解质水平要求较高（28~30cm），其目的是通过液体电解质储蓄较多热量，有利于电解温度的稳定和溶解氧化铝的能力，尽量减少沉淀。电解质水平第一周保持在28~30cm，第二周保持在24~27cm，第三周至第四周保持在22~24cm，第四周以后保持在20~22cm。

电解质水平的高低主要是通过控制槽工作电压和冰晶石添加量来控制。电解槽启动后随着槽工作电压的降低，槽内热收入减少，电解温度下降，电解质便沿着四周槽壁结晶成固体槽帮，从而使电解质水平逐渐下降。

（2）铝水平的控制。新槽启动后灌入的铝液要超过正常槽的在槽铝量，但由于新启动槽炉膛较大，铝水平仍然不高，一般在15~18cm。以后随着槽工作电压逐渐降低，槽帮逐渐形成，炉膛容积逐渐变小，铝液水平就会增加。一般在启动后的20天左右，应将铝水平调整到19~20cm，并以此作为基准水平长期保持。

铝水平的高低通过出铝量的多少来控制，出铝时，铝水平低于15cm时，可少出铝或不出铝，铝水平高于20cm时，每次的出铝量适当超出实际产铝量。

（3）电解质成分控制。对于新启动电解槽，电解质成分主要是指摩尔比，一般中间下料预焙槽在启动后第1个月要求摩尔比在2.8以上，第2个月下降到2.7~2.8，第3个月下降到2.6左右，即达到正常生产期的要求。

对电解质摩尔比的调整，一般是向槽内添加一定量的苏打或氟化钠。添加方法如下：

1）在电解槽装炉焙烧时，以装炉料的形式装入电解槽；

2）启动后进行摩尔比的调整，是将苏打（或氟化钠）与冰晶石粉混合，利用阳极效应将其加到电解质的液面上。

（4）电解槽工作电压的控制。电解槽在启动初期阶段，槽工作电压由8~9V下降到4.3V左右，但正常生产槽的工作电压只有4.1~4.2V，因此必须在启动后的非正常期内逐渐将电压降到基准值。电解槽启动后的第1个月，由于炉膛还未形成，尤其在启动后的前半月，边部槽帮很小，散热量很大，另外，这期间阴极内衬仍处于吸热阶段，也需要大量热量，因此电压还需保持较高状态。一般要求电解槽启动后的第1个月的前半月，槽工作电压保持在4.3V左右。当进入第2个月后，炉膛逐渐形成，并朝着完善和规整的阶段发展，槽四周散热大大减少，同时电解质摩尔比逐渐降低，使电解质初晶温度有所下降，电解槽热需求逐渐减少，相应就要逐渐降低热输入，故槽工作电压要缓慢降低，不能急降。

在两个月内将电压从4.3V缓慢降到正常生产的4.1~4.2V。

（5）效应系数的控制。由于新启动槽前期四周无电解质结壳所构成的炉膛保温，散热量很大，而且前期内衬吸热，电解槽热支出较大，再加上电解质摩尔比高，其初晶温度也高，虽然前期有较高电压维持热收入，但炉底仍然容易出现过冷现象，致使电解质在炉底析出，久而久之形成炉底结壳。一旦出现这种情况，很容易导致形成畸形炉膛，严重影响电解槽转入正常生产期，此外，对阴极内衬会带来裂纹、爆块、起坑等危害，导致电解槽早期破损。因此，新启动电解槽前期必须保持足够的炉底温度，方法是适当增大效应系数，通过效应产生的高热量使炉底沉淀及时被熔化掉，保持炉底干净。

我国大型预焙槽目前在正常生产期控制的效应系数不大于0.3次/日，而新槽第一个月一般保持在0.8~1.5次/日。随着运行时间延长，炉膛逐渐形成，已建立起了稳定的炉底热平衡，若再过多输入热量，将无益于炉膛的建立。因此，从第二个月开始，效应系数下降为0.5~1次/日，第三个月下降到正常生产期的范围。

（6）电解槽温度的控制。在启动后期，槽温一般保持灌铝液后的温度（980~985℃）1周，然后逐步调整槽温，2~3个月后调整至正常温度（950℃左右）。

（7）出铝。灌铝后的第2天开始出铝，开始3周内，每天出铝前在出铝端测量确定出铝量。3个月后，每周进行测量来确定出铝量。

（8）更换阳极。启动2~6天开始更换阳极。换极时，若槽内炭渣多，可借机捞炭渣。若电解质水平低，可借机补充冰晶石，同时可彻底补修槽帮。

（9）取电解质试样。灌完铝取1次样，随后每天取样1次，连续取10天，以后按正常生产取样。

　　b　炉膛内型的建立

电解槽进入正常生产阶段的重要标志为：一是各项技术条件达到正常的范围；二是沿

槽四周内壁建立起了规整稳定的炉膛内型。

炉膛内型是一层由液体电解质析出的高摩尔比冰晶石和刚玉所组成的、均匀分布在电解槽内侧壁上，形成一个椭圆形环的固体结壳（60% ~80% 的 $\alpha - Al_2O_3$ 和 20% ~40% 的 Na_3AlF_6）。这层结壳环是电和热的不良导体，能够阻止电流从侧壁通过，并减少电解槽的热量损失；同时它还使电解槽侧壁炭块和四周炉底不直接接触高温电解质和铝液，保护其不受侵蚀；另外它把炉底上的铝液挤到槽中央部位，使铝液的表面积（铝液镜面）收缩，有利于提高电流效率和减少磁场的影响。新启动槽生产管理在启动后期的重要任务就是让电解槽建立稳定规整的炉膛内型。

（1）电解槽炉膛的类型。电解槽一般有过冷槽、正常槽和热槽三种不同的炉膛，如图 5 - 29 所示。

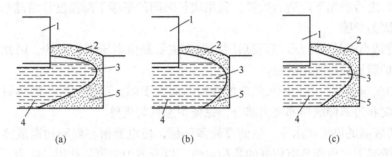

图 5 - 29　铝电解槽炉膛内型
（a）过冷槽；（b）热槽；（c）正常槽
1—阳极；2—槽面结壳；3—电解质液；4—铝液；5—边部伸腿

1）过冷槽炉膛。如图 5 - 29(a)所示，此炉膛边部伸腿长得肥大而长，延伸到阳极之下，炉底冷而易起沉淀，电解质温度太低而发黏，氧化铝溶解性能差，时间长了炉底便长成结壳，使电解槽难以管理，为了维持生产，不得不升高槽工作电压。

2）热槽炉膛。此炉膛的边部伸腿瘦薄而短，甚至无边部伸腿，铝液、电解质液摊得很开，直接与边部内衬接触，如图 5 - 29(b)所示。这种槽一是铝损失量大；二是易出现边部漏电，大幅度降低电流效率；三是易烧穿边部，引起侧部漏槽。

3）正常槽炉膛。正常槽的边部伸腿均匀分布侧边四周，铝液被挤在槽中央部位，电流从阳极至阴极成垂直直线通过，如图 5 - 29(c)所示。具有这种炉膛内型的电解槽技术条件稳定，电解槽容易管理，电流效率较高。因此，在新槽炉膛建立过程中，必须避免形成过冷或热槽炉膛。

（2）新槽炉膛的形成过程。目前我国预焙槽均为中心自动下料预焙槽，边部除了换阳极时扎一小部分外，其余时间原则上不动，电解槽四周大面被槽盖板严密封闭，炉膛全靠通过控制槽温和边部自然散热而使电解质自身结晶形成，这一过程属于自然形成炉膛。自然形成炉膛的速度较慢，而且形成过程中各项技术条件要求严格，但这样形成的炉膛具有较高的热稳定性，这正适应了中心下料槽不作边部加工，仍可保证有稳定的炉膛内型的要求。

中心下料预焙槽启动后，随着电压和槽温的降低，便沿着边部自然析出高摩尔比的固体电解质结壳，即炉膛开始建立，直到启动后的 3 个月内，随着各项技术条件的演变，炉膛才能建立完善。

　　为了使建立起的炉膛热稳定性好，启动后应采用"五高一低"的工艺技术。

　　1）启动的第一个月必须采用高摩尔比的电解质成分。因为低摩尔比成分的电解质初晶温度低，形成的炉膛热稳定性差，极易熔化而使炉膛遭到破坏。随着炉膛的逐渐完善，摩尔比也应逐渐降低，向正常生产期的范围靠拢。

　　2）必须控制好电解温度的下降速度，维持一定的高温。温度下降过快，虽然可以加速电解质结晶，促进炉膛快速形成，但这样形成的炉膛结晶不完善，稳定性差，同时结晶速度过快，容易出现伸腿生长不一，形成局部突出或跑偏（一边大，一边小）的畸形炉膛，但电解温度下降过慢，不利于边部伸腿的结晶生长，长时期建不起炉膛，使边部内衬长期浸没在液体电解质中，严重侵蚀边部内衬，影响电解槽寿命。一般在启动后的前3天，要求槽温下降快些，使其尽快在槽四周内壁结晶一层较薄的电解质炉帮，先将边部内衬保护起来，之后槽温下降适当放慢，利用较长时间的平缓下降温度让结晶晶格完善，建立坚实、稳固的炉膛。

　　3）保持适当高的槽电压。启动后期的温度主要是由电压来控制的，因此，电压管理曲线也应与炉膛形成过程相适应。

　　4）增加效应系数。因为阳极效应能在短时间内于阴、阳极间产生高热量，可有效地熔化炉底沉淀和边部伸腿局部突出部分，保证炉膛均匀规整。

　　5）保持较高的电解质水平，以储蓄较多热量，使电解槽在启动初期散热较大和内衬大量吸热的情况下，也能具有较好的热稳定性，以及增加溶解氧化铝的能力，减少沉淀。

　　6）保持较低的铝水平，以减少散热损失，维护槽温。

　　c　启动后期应注意的问题

　　（1）利用各种机会检查炉膛形成情况，如利用换阳极时触摸边部伸腿状况，发现异常苗头，及时调整技术条件使之纠正。否则，畸形炉膛一旦形成，再纠正十分困难，甚至会造成电解槽长期不能进入正常运行状态。

　　（2）规整炉膛的建立是一个长时间缓慢的过程，因此在技术指标控制上一定要保持稳健，要根据槽的实际情况确定技术参数，不能频繁改变。

　　（3）在启动后期要加强对电解槽的维护，尽量不要产生病槽。

任务六　铝电解槽正常生产技术条件与管理

学习目标

　　1. 掌握电解槽正常生产的主要特征；

　　2. 掌握大型预焙槽正常生产时的技术条件；

　　3. 能正确控制生产技术条件；

　　4. 正确判断电解槽的运行状况。

工作任务

　　1. 根据电解槽生产时的主要特征判断电解槽的运行状况；

　　2. 控制铝电解生产的各项技术条件在规定范围内。

单元一　铝电解正常生产的特征

新槽启动后，经过3个月的调整，逐渐形成规整的炉膛，电解槽进入正常的生产阶段。在正常生产期，需要对各项工艺技术条件进行控制管理。这些工艺技术条件包括槽工作电压、加料量、铝水平和电解质水平、阳极效应等，在保证电解槽操作过程质量的前提下，控制好这些技术条件，电解槽才能长期在稳定状态下工作，获得高的电流效率和低的能量消耗。

电解槽进入正常生产阶段，此时电解槽已联机进入正常的智能模糊控制，各项技术指标稳定，生产指标良好。一般来说，正常生产的电解槽有如下特征：

（1）从电解槽下料口喷出的火苗有力，颜色呈蔚蓝色或淡紫蓝色。若火苗带黄线或呈浓黄色，喷冒强烈且冒白烟，则属于热行程；若火苗呈黑红色且无力，则属于冷行程。

（2）槽工作电压稳定在一定范围，无明显摆动。大型预焙槽为4.0~4.2V。

（3）电解质温度正常保持在930~960℃的范围内，肉眼直接观察电解质的颜色为樱红，如果电解质颜色为橘黄而且发亮，则温度偏高，如果电解质颜色发红发暗，则温度偏低。

（4）阳极四周电解质沸腾均匀且无喷溅现象，炭渣与电解质分离清楚。

（5）槽内无沉淀或有少量沉淀，炉膛四角匀称，伸腿大小适中，无较大的"舌头"伸向阳极下面。

（6）阳极不氧化，不着火，不发红，不掉块，不长包。

（7）用钢钎插入电解液直至炉底，过数秒取出后，可以看到电解质与铝水之间的界限十分清楚。

在上述特征下，电解槽的各项技术参数达到规定的范围，属于正常生产。

单元二　铝电解槽正常生产技术条件与管理

电解槽生产的技术参数是生产中重要的技术规范，它是根据电解槽的类型、容量、设备的机械化自动化水平及操作人员的技术水平而定的。铝电解槽的技术条件包括槽电压、槽温、效应系数、极距、摩尔比、电解质成分、电解质和铝液的水平等。在保证操作质量的前提下，管理好这些技术条件，使电解槽能够长期稳定地运行，并获得较高的电流效率和电能效率，成为电解生产管理的核心内容。

A　加料管理

电解槽加料泛指氧化铝的投入。在电解过程中，每获得1t铝理论上需氧化铝1889kg。但在实际中，工业氧化铝的纯度不是百分之百，且在加料过程中会有飞扬损失，电解操作中会有机械损失，所以工业上每生产1t铝，实际需要氧化铝1910~1950kg。

电解槽每天需加入的氧化铝量原则上应等于所消耗的量。其量的确定由槽电流强度、电流效率、氧化铝单耗而定，如电流强度为200kA，电流效率为93%，氧化铝单耗为1930kg/t（Al）时，每天每槽需加氧化铝量为：

$$0.3356 \times 200000 \times 24 \times 93\% \times 1930 \times 10^{-6} = 2891(\text{kg})$$

对于采用的是中心四点下料 200kA 预焙电解槽而言，每个定容器每次下料量为 1.8kg，每次有两个定容器同时下料，那么每次的下料量为 3.6kg。电解槽的下料间隔由此而定：

$$24\text{h}/(每天下料总量/每次下料量) = 24 \times 3600/(2891/3.6) \approx 108(\text{s})$$

铝电解过程中，氧化铝每次以一定的数量按照一定的加料间隔投入电解槽内，使之溶解于液体电解质中，以满足电解过程对氧化铝的连续消耗。中心下料电解槽每次加入的氧化铝量不宜太多，要求加入的氧化铝必须在其颗粒下沉穿过液体电解质层的时间内全部溶解，以免其沉于炉底而形成沉淀。为此，在管理方面的解决途径和保证措施主要有：

（1）选择具有优良溶解性能的砂状氧化铝作为原料；

（2）采取低氧化铝含量的工艺条件；

（3）选择电解质运动较激烈的点作为投料口；

（4）做到定时定量加料，每次投入的料量相对较少，尽可能缩短加料间隔。

加料管理实质上就是在电解槽热收支平衡的前提下，人为设定每次加料量、加料间隔、效应间隔等来控制和调整槽内物料平衡。

加料作业由主控机和槽控机按设定的程序自动进行。正常加料由槽控机根据氧化铝含量控制加料时间和加料量。在效应来临时，由计算机加料，人工配合 5min 内熄灭效应。在扎边、换极等作业后，应停止一段时间加料并附加一定的电压。

但在实际生产中，电流强度、各槽电流效率等会发生变化，下料装置的实际下料量与电解槽的实际消耗量产生偏差，因此，需要人为变更加料间隔以满足生产需要。出现以下情况应考虑人为变更加料间隔：

（1）由于缺料而频繁发生效应时，须缩小加料间隔；由于物料过剩不发生或推迟发生效应时，需要延长加料间隔。但当延长加料间隔、减少下料量仍不来效应，或缩短加料间隔、增加下料量仍频频来效应时，可以断定这时必然出现了病槽。这时不能一意孤行，要分析原因，治理好病槽后再调整下料量。

（2）出现病槽电流效率较低时，需延长加料间隔；槽子好转时需恢复加料间隔设置。

（3）由于某种原因已向槽内额外加料，需延长加料间隔。一旦额外投入的料消耗完，应恢复到原设定值。

（4）氧化铝密度增加时，需延长加料间隔；松装密度减小时，须缩小加料间隔。

（5）系列电流发生变化时，需根据电流变化方向及变化幅度，对加料间隔的设置进行相应的调整。

对效应迟发的电解槽，计算机程序具有自动延长加料间隔、减少下料量的能力。一旦效应等待失败重新开始下一轮正常加料时，计算机自动延长加料间隔，待效应发生后，又自动缩短加料间隔，但并不一次恢复到设定值，而是分为 2~3 轮，即发生 2~3 次效应后恢复到位。

必须注意，计算机控制加料是按时向槽控箱发出命令，由槽控箱执行一系列加料动作，至于执行过程中的锤头、机构、相关阀门是否动作，壳面是否打开，下料量是否够数，氧化铝是否入炉，控制系统都是不知道的。因此，操作者必须随时检查下料机构动作是否正常，管路是否畅通，各种阀门是否按要求开、关，动力用压缩空气的压力是否符合要求，料箱是否有料，并仔细检查打壳下料效果。

现代电解槽较普遍采用了自适应下料控制程序，利用电解质电阻随氧化铝含量变化的关系，由槽电阻的变化间接判断氧化铝的含量，从而自动调节加料间隔，基本实现了加料管理的自动化。

B 槽电压的管理

a 电解槽生产的不同电压及其关系

电解槽工作电压 $V_{工作}$，又称为槽电压（槽电压表读数）。它是并联在电解槽上的电压表直接测量出来的（电压表一端接在阳极母线立柱的底部，另一端接在阴极母线末端）。

效应分摊电压 $V_{效应}$，是分摊到每台槽上的效应电压，通过对效应系数和效应时间的长短来进行控制。

黑电压 $V_{黑}$（系列线路电压降的分摊值），是指槽上电压表测量范围以外的系列线路电压降的分摊值。如槽与槽之间的线路电压降等。此值取决于线路材料，一旦安装完毕，其本身压降即确定。

系列电压 $V_{系}$，电解车间中，由于电解槽与槽之间是串联在一起的，并与整流器串联起来构成一个直流回路，这一连串的电解槽组成一个系列，整流器对这一系列电解槽供电的总电压称为系列电压，系列电压就是电流沿母线通过一个个电解槽时各个槽子及连接母线电压的总和。

槽平均电压 $V_{平均}$ 是指系列中每个电解槽所分摊的系列电压的数值，即：

$$V_{平均} = V_{系} \div N$$

$$V_{平均} = V_{工作} + V_{效应} + V_{黑}$$

$$V_{工作} = E_{极化} + V_{阳极} + V_{电解质} + V_{阴极} + V_{母线}$$

式中 N——系列中工作的总槽数。

系统报表中多采用平均电压。

生产中的计算机报表常涉及以下四种电压：

（1）目标电压。其是由管理者计划要达到的目标值。每月末由管理者根据槽子运行及操作情况而确定，是争取通过努力可望达到的目标值。

（2）工作电压（或称净电压）。其是指电解槽的进电端与出电端之间的电压降，也是槽控机实际控制的槽电压，它由反电动势（包括理论分解电压和阴、阳极过电位）、电解质电压降、阳极电压降、阴极电压降（炉底电压降）、槽母线电压降几个部分构成。它不包括效应电压分摊值。

（3）全电压。其是工作电压与效应分摊电压之和。

（4）设定电压。其是管理者给每台电解槽的槽控机设定的工作电压控制目标，换言之，槽控机（计算机）以设定电压为目标来控制工作电压。工作电压与设定电压的差值反映了现场是否存在异常电压，差值在 $0 \sim 0.03\text{V}$ 内说明电压控制良好。

b 槽电压的管理

电解槽正常生产期的管理主要集中在能量平衡和物质平衡的管理上。在电流恒定的条件下，电压是调节电解槽能量平衡最重要、最直接、最易实现的因素之一，故电压管理是电解槽能量平衡管理的主要途径。

现场电压管理主要着眼于槽电压组成的可控部分，使阳极电压降、阴极电压降、电解质电压降及效应分摊电压四部分尽量靠拢设计值。

阳极电压降主要包括阳极自身各部分联接点的压降和阳极导杆与水平母线之间的接触压降。阳极自身的压降已经确定，我们可以控制的只有阳极导杆与水平母线之间的接触压降，也就是通常所说的卡具压降。在生产中，卡具压降属于无作用压降，所以希望它越小越好。控制卡具压降的重点在于保持水平母线和阳极导杆这两个接触面的清洁和平整，还有卡具一定要紧固压实。

阴极电压降就是通常所说的炉底电压降，它包括铝液层电压降、铝液与炉底炭块的接触电压降、炭块电压降、铁－炭接触电压降、钢棒电压降和铝－钢爆炸焊片电压降。其中我们可以控制的部分为铝液与炉底炭块的接触电压降，减小这部分的压降主要看炉底的洁净程度，尽量减少炉底结壳和沉淀的生成。这就需要加强电解槽各项技术条件的管理，提高职工日常操作的精细程度。

电解质电压降主要靠电解质的成分和极距来调整。日常生产中，要求电解质流动性要好，清洁。大幅度改变电解质电压降主要还是通过改变极距来调整的。大型预焙阳极电解槽的极距一般是 $4 \sim 5cm$。提高极距，则电解质电压降增大，槽电压升高，一般而言，每提高极距 $1cm$，大约升高电压 $300 \sim 400mV$。缩短极距可降低槽电压并节省电能。但过度的缩短极距又会使电流效率降低。

效应分摊电压部分的控制，主要依靠保证电解槽正常的效应系数以及适当缩短效应持续时间来完成。

电解槽的设定电压并不是固定不变的，随着电解槽的生产状态的变化，需要对它做出一定的调整。在下列情况下需要适当提高设定电压：

（1）电解槽热量不足，效应多发或早发；

（2）电解质水平连续下降，需投入大量氟化盐来提高电解质水平而补充热量；

（3）炉帮变厚，炉底出现沉淀；

（4）槽电压的波动超过正常的波动范围，而出现电压摆动（又称针振）；

（5）铝水平超过基准值 $1cm$ 以上；

（6）在 $8h$ 内更换两块阳极；

（7）槽系列较长时间停电，恢复送电后；

（8）出现病槽。

在下列情况下需要降低设定电压：

（1）电解槽热量过剩，效应迟发；

（2）电解质水平连续在基准上限之上；

（3）投入的物料已熔化，无须再补充热量；

（4）电压摆动消失后；

（5）炉底沉淀消除后；

（6）病槽好转。

设定电压的调整不宜忽高忽低，要求尽量平稳，要遵循"提电压要快、降电压要慢"的基本原则。调整幅度有一定限制，每次调整幅度参考如下标准：

（1）$4.20V$ 以上时，每次调整 $0.10V$；

（2）4.10～4.20V 时，每次调整 0.05V；

（3）4.00～4.10V 时，每次调整 0.03V；

（4）4.00V 以下时，每次调整 0.02V。

对于病槽处理或大量投入冰晶石提高电解质水平的情况，每次更改幅度可在 0.20～0.50V 范围内。在处理病槽的过程中，应根据实际情况随时变更调整方向和幅度，并配合其他调整热平衡的措施，如调整出铝量和极上保温料等。

"平稳"是电解槽正常生产期管理的核心，电压变更的频度不宜过大，以 3～5 天的数据为依据，在调整影响热平衡的其他因素（如调整出铝量和极上保温料）不起作用或效果不明显时才变更设定电压。在电解槽基本正常的情况下，严禁在无干扰因素的情况下轻易调整各项技术指标。遇到意外干扰（如阳极脱落、提电解质水平等）因素时，可随时变更，数小时后视干扰因素排除情况及时降回。

C　极距的管理

极距是指阳极底掌到阴极铝液镜面之间的距离。它既是电解过程中的电化反应区域，又是维持电解温度的热源中心，对电流效率和电解温度有着直接影响。引起极距变化的主要因素有以下几方面：

（1）电解槽走向热行程时，造成伸腿熔化，炉膛变化，使铝液镜面扩大，铝水平降低，从而使极距升高；

（2）电解槽走向冷行程时，由于炉底结壳、伸腿肥大，造成炉膛缩小，铝液水平升高，使极距降低；

（3）槽底产生大量沉淀时，使铝水平升高造成极距减小；

（4）由于槽电压保持过高或过低，造成极距的升高或降低；

（5）出铝后造成铝水平下降，极距升高。

提高极距，电解质的搅拌强度减弱，使铝的损失减少，电流效率提高。但极距的增加超过一定的限度后，电流效率的提高并不多，反而使槽电压升高，电耗增加，导致电解质的热收入增多，槽温度升高，电耗加大，这又对电流效率产生不利的影响。

缩短极距，可降低槽电压，节省电能，但过多降低极距使铝的损失增加，电流效率降低。在保持稳定的热平衡制度的前提下，在不影响电流效率的情况下，保持尽可能低的极距，以获得良好的技术经济指标。

预焙槽由于由多组阳极炭块组成，数目众多，虽然很难使每块阳极都严格地保持在同一水平距离。但也不应有极距太低的炭块，否则易造成电流分布不均，造成局部过热和出现槽电压摆动。

D　电解温度的管理

铝电解槽的电解温度是指电解质的温度，一般取 950～970℃，大约高出电解质的初晶温度 15～20℃。它是生产中极为重要的技术参数。通过研究，铝的二次损失随电解温度的升高而增加，温度每升高 10℃，则电流效率降低约 1%。因此，在生产中力求降低电解温度，尽可能地在电解温度较低的条件下进行生产。

铝的熔点是 660℃。如果为了制取液态铝，电解温度只需高出铝的熔点 100～150℃即可。但是由于电解质的初晶温度要远远高于铝的熔点温度，所以电解温度的高低实质上取决于电解质的初晶温度，因为只有在电解温度比其初晶温度高 15~20℃ 的情况下才能进行生产。如果在生产中某电解质成分已定，其熔点较高，单纯为取得低电解温度而降低其温度，不但达不到目的，而且还往往导致相反的结果。这是因为电解温度过低造成电解质收缩，黏度增大，密度增加，电导率下降，氧化铝的溶解度降低。轻者使槽内产生大量沉淀，并很快转化为热槽。严重时还会出现铝液和电解质的熔体混淆，铝液上漂，生产恶化，使各项生产指标下降。因此，要想保持较低的电解温度，必须从调整电解质成分，降低其初晶温度开始。向电解槽中添加氟化镁、氟化钙或氟化锂，以及降低摩尔比，都可以达到降低电解温度的目的。

正常电解温度的保持，要与其他技术参数相配合，各项技术参数的改变都能引起电解温度的变化，电流强度和槽电压的变化会影响电解质的热量收入变化，铝液和电解质的水平高低将影响电解质的热量支出和热传导性的好坏。因此，在生产中要调整各项技术参数的合理性，使电解稳定在规定范围内，其温度范围视电解槽的类型、操作工艺制度和电解质成分而定。大型中间下料预焙槽采取定时频繁打壳下料制度，引起温度波动不大，这对电解槽长时间的恒定于低温电解极为有利。现在大型预焙槽多采用较低电解温度下的操作制度。

E　电解质成分的管理

在铝电解生产过程中，电解质成分的调整最常见的是对电解质摩尔比的调整。摩尔比不应过高或过低，过高时，造成槽温高、效率低；过低时，造成槽温低、氧化铝溶解度降低、容易产生沉淀、炉底长结壳、炉膛收缩、电压波动、生产不稳定。正常生产中电解质摩尔比通常控制在 2.1~2.5。

正常生产中多采用酸性电解质（含有游离氟化铝的电解质）的原因为：

（1）它可降低电解质的初晶温度，进而降低电解温度；

（2）减少钠离子的放电；

（3）降低电解质的密度和黏度，有利于金属铝从电解质中分离；

（4）有利于炭粒从电解质中分离，减少铝在电解质中的溶解度；

（5）电解质结壳疏松好打。

在实际生产中，摩尔比总是在变化，对此，要根据电解质成分分析报告，依照规定的保持范围，按不同情况进行调整。当摩尔比低于规定范围时，如果相差的幅度小，可以停止添加 1~2 次氟化铝，通过氟化铝的慢慢损失使摩尔比自然上升。若摩尔比过低，可以向槽内加工业碳酸钠，碳酸钠可以直接加在电解质的表面上。当电解质摩尔比高于规定范围时，应向槽内添加计算好的氟化铝量，其添加方法为：在加工后电解质壳面上，先加一层氧化铝，然后将氟化铝与氧化铝混合后均匀撒在薄壳上，其上再加保温氧化铝。下次加工前不扒料，氟化铝随面壳一起打入槽内。添加氟化铝时应注意以下几个方面：

（1）氟化铝不能加在电解质液面上，也不要加在火眼和阳极附近；

（2）出铝前的加工不宜加氟化铝；

（3）为了减少氟化铝损失，可将氟化铝与冰晶石混合使用，氟化铝在电解槽出铝后的首次加工时添加，效果最好，平时可在电解槽小面加工时添加。

调整摩尔比时要充分考虑其滞后性。除调整摩尔比外，有时也需添加 CaF_2、MgF_2 等添加剂。这些添加剂要在扎大面时添加，不要加在阳极附近，要分成少量多次且沿炉帮均匀添加。添加量以保持其在电解质内的含量在 4% ~ 7% 为宜。

调整摩尔比的计算过程举例如下：

已知电解质质量为 6t，摩尔比为 2.8，Al_2O_3 的含量 3%，MgF_2 含量 5%，现将调整摩尔比为 2.3，求所需添加的氟化铝量。

设 K 为冰晶石摩尔比；W 为冰晶石质量；X 为 NaF 质量；Y 为 AlF_3 的质量。

电解质中的冰晶石质量为：

$$W = 6000 \times (1 - 0.08) = 5520(kg)$$

$$X + Y = W$$

$$2 \times X/Y = K$$

将原电解质的摩尔比 2.8 及冰晶石的质量 5520 kg 代入上式，得到原电解质的：

$$X = 3220(kg) \quad Y = 2300(kg)$$

则当摩尔比为 2.3 时，该电解质中 AlF_3 质量为 2800kg。需添加 AlF_3 为：

$$2800 - 2300 = 500 \ (kg)$$

这里所求出的 AlF_3 添加量为理论值，由于添加时的挥发损失，实际添加量要大于该值，一般为理论量的 130% 左右。

F　电解质水平和铝液水平的管理

电解槽中的电解质和铝液依密度的不同而分层。保持合适的电解质和铝液水平，对电解槽平稳而有效地进行生产有重要的作用。

不同的槽型及同一槽型的每台电解槽，都有它自己最合适的电解质水平和铝液水平，这也与其他技术参数和操作制度密切有关。

a　电解质水平管理

电解质熔液起着溶解 Al_2O_3 的作用，工业电解槽内电解质水平通常为 18 ~ 23cm。电解质水平高，电解槽具有较大的热稳定性，电解温度波动小，有利于氧化铝的溶解，同时增大了阳极和电解质的接触面积，使槽电压减小。但电解质水平过高，则使阳极浸入电解质过多，阳极气体不易排除，造成电流效率下降，阳极底掌消耗不均或长包。电解质水平低，电解槽的热稳定性差，氧化铝的溶解性差，易产生槽底沉淀，效应增加。电解质水平过低，易出现电解质表面过热或病槽。

在铝电解生产过程中，由于技术条件和外界因素的影响，电解质水平会经常发生变化，需要及时进行调整，使其长期保持在要求的范围内。对电解质水平偏低进行调整有三种方法：

(1) 用液体电解质进行调整；

(2) 用固体电解质块进行调整；

(3) 用冰晶石调整。

用冰晶石调整电解质水平，需注意不要把大量的冰晶石加在氧化铝壳面上造成塌壳，使槽内生成大量沉淀。

对电解质水平偏高进行以下调整：当电解质水平高出控制要求上限 1 ~ 2cm 以内时，

可以依靠电解槽自调节能力进行调整。这种现象一般是由于槽况变化所引起的，随着槽况的好转电解质会逐渐萎缩而恢复正常。当电解质水平高出控制范围 2cm 以上时，一般要将多余的电解质取出来。

b　铝液水平管理

采用炭阴极的电解槽，炉膛底部需积存一定数量的铝液，其作用一是保护炭阴极，防止铝直接在炭阴极表面析出而腐蚀阴极；二是传导阳极中心热量，使电解槽各处温度均匀；三是削弱电磁场的影响，稳定铝液。

铝水高度是影响电解槽热平衡的重要因素，影响结果反映在炉膛形状与炉底洁净情况上。铝水偏高时，传导槽内热量多，会使炉温下降；铝水平偏低时，发热区接近炉底，铝液传导热量减少，炉底温度高，虽然炉底洁净，但炉膛过大，铝液表面大，过低时，甚至滚铝，演变成大病槽。此外，铝水平低时，阳极下面电解质温度高，铝的二次反应严重，使电流效率下降，同时聚集在阳极下面的炭渣被烧结成饼，引起阳极长包。

由上可见，电解槽的铝水高度管理十分重要。管理的重点是保持确定的铝水高度，防止偏高偏低。在 200kA 电解槽的设计中炉内保持 12t 铝液，在确定的炉膛内为 18 ～ 20cm。

为了保持稳定合理的铝水高度，首要条件是采用正确的测量方法，取得准确的铝水高度数据，测量方法采用两点测量，即出铝口和换极处。每天坚持再综合其他条件的变化，才会使管理更趋完善。测量时若发现炉底有沉淀，必须采用相应方法处理。

G　阳极效应管理

阳极效应是熔盐电解过程中发生在阳极上的特殊现象，无论哪种解释机理都有氧化铝浓度降低的原因。效应管理的关键是如何选取效应系数和控制效应的持续时间。

阳极效应系数就是每日分摊到每槽上的阳极效应次数。通过阳极效应可以判断电解槽所处的生产状态，正常的阳极效应电压在 20 ～ 35V 之间，若效应电压过高，表示电解槽的电解质处于过冷状态；若效应电压过低，表示电解质处于过热状态；若效应电压摆动，表示电解槽内存在局部短路现象。同时，利用阳极效应来消除炉底沉淀并清洁电解质，掌握和调整氧化铝的添加量。

阳极效应系数的确定，应根据槽的类型和生产实际具体制定，主要依据槽内月 Al_2O_3 投入量的偏差情况来选定。如果 Al_2O_3 的投入量偏差很小，电解槽运行良好，效应系数可以选小一点。在定时下料槽上，依据加料间隔的长短，效应系数一般在 0.3 ～ 1.0 次/日之间。

阳极效应发生时，耗费大量的电能，并随电解槽容量的扩大而增大。以 160kA 和 320kA 为例，如正常槽工作电压为 4.0V，效应持续时间为 3min，效应电压为 35V，则每次效应多耗电能为：

$$W = UIt = \frac{160000 \times (35 - 4.0) \times 3}{1000 \times 60} = 248(\mathrm{kW \cdot h})$$

相应的，320kA 槽为 248 × 2 = 496 kW·h。

因此，应控制好效应熄灭的时间。效应持续时间目前一般规定为 5min 左右，不超过 8min。持续时间的控制主要取决于正确的熄灭效应操作。

为避免在发生阳极效应时放出大量破损臭氧层的温室气体 CF_4、C_3F_6 及节省电耗，国外先进技术如法国彼施涅的大型点式下料预焙槽采用计算机控制，基本实现无效应操作，约 10 天发生一次效应，效应系数为 0.1 次/（台·日）。

H　原铝质量管理

铝的质量通常按铝中含杂质的多少来评定，铝中含有的金属杂质有二十多种，其中最主要的是铁、硅、铜，此外还含有多种非金属杂质如氢、氧、碳等，非金属多与铝或其他金属形成化合物存在于铝中。

铝中杂质含量越高，其质量品级越低，相应销售价格也越低。因此，铝的质量直接影响到企业的经济效益。但要提高成品铝的质量，必须有高质量的原铝（即铝液）。因此，电解出高质量的原铝来，便成为提高成品铝质量的关键。

a　原铝中杂质的主要来源

（1）从原料如氧化铝、炭阳极、氟化盐中带入；

（2）操作用的铁制工具在高温下熔化而进入铝液中；

（3）操作管理不当，引起阳极钢爪或导电钢棒熔化而使铁进入铝液中；

（4）炉底破损引起阴极导电钢棒熔化和筑炉材料（耐火砖等）中的铁硅氧化物被铝还原而使杂质进入铝液中。

b　提高原铝质量的措施

（1）把好原料质量关，坚持使用符合国家标准和行业标准的原材料；

（2）严格操作管理，避免铁、硅等杂质因操作失误而进入槽中；

（3）在阳极更换和处理电解槽异常情况时，铁制工具如大钩大耙等不得在液体电解质或铝液中浸泡太久，发红变软后即应更换，以免铁制工具熔化而污染原铝；

（4）提高阳极更换质量，准确设置阳极位置，尽量避免因设置不准而出现电流过载熔化钢爪引起阳极脱落，并随时检查阳极行程情况，防止因阳极掉块、脱落、裂纹而熔化钢爪；

（5）掌握好电解槽各项技术条件，尤其是电解质高度，防止因电解质水平过高而浸泡即将更换的低阳极钢爪，引起熔化；

（6）防止下料器的打壳锤头因长期磨损而脱落掉入槽中，因此必须随时观察运动部件的磨损情况，及时更换，掉入槽内的必须及时捞出。

综上所述，铝电解工艺的技术参数从不同方面对电解过程产生影响，它们之间既密切相连又互相制约。因此各项参数的选择和平时调整应权衡利弊，综合考虑，使各项参数在保证电解温度的前提下发挥其综合作用，只有这样电解槽的生产才能平稳，才能取得较好的技术指标。

单元三　正常生产技术条件的保持

电解生产中，因槽型不同，电流强度不同，所要求的技术条件亦不同。为保证取得最好的技术经济指标，每个电解厂都要求保持一定的技术条件，而技术条件的设置一定要结合生产实际，即不能过高，也不能过低，要尽可能以好的技术条件保持电解槽具有较好的技术指标和平稳地生产。表 5 - 10 为常见的大型预焙槽的正常技术条件。

表 5 - 10　大型预焙槽正常生产技术条件

电流强度/kA	320	300	200	160
槽工作电压/V	4.15	4.15 ~ 4.18	4.15 ~ 4.2	4.15 ~ 4.2
电解温度/℃	945 ~ 985	940 ~ 960	945 ~ 965	940 ~ 960
摩尔比	2.1 ~ 2.3	2.3 ~ 2.5	2.1 ~ 2.3	2.3 ~ 2.4
电解质水平/cm	20 ~ 22	21 ~ 23	20 ~ 22	18 ~ 22
铝水平/cm	18 ~ 20	17 ~ 19	18 ~ 20	18 ~ 20
极距/cm	4 ~ 4.2	4 ~ 4.5	4 ~ 4.5	4.0
效应系数/次·日$^{-1}$	0.3	0.3	0.3	0.4
氧化铝浓度/%	2.3	2 ~ 3	2 ~ 3	2 ~ 3
氟化钙/%	4	2 ~ 4	4 ~ 6	5 ~ 7

任务七　铝电解槽的主要操作

学习目标

 1. 掌握电解槽工艺操作的原则和方法；

 2. 掌握电解槽工艺操作的质量控制点；

 3. 能正确进行电解槽工艺操作。

工作任务

 1. 更换阳极、抬母线、熄灭阳极效应、出铝、捞炭渣、测量电解技术参数；

 2. 分析处理电解作业过程中的异常情况。

  铝电解槽作为炼铝的主要设备，运行过程中需要人工结合设备进行操作。预焙阳极电解槽的主要操作有定时加料、阳极更换、熄灭阳极效应、出铝、母线提升、捞炭渣、电解技术参数的测量及停槽作业等。定时加料和工作电压调整由计算机自动完成，而其他操作要依赖人工完成或人工配合多功能天车来完成。

  铝电解生产主要操作技术是一个完整的体系，进行其中任何一项操作时，既要考虑到生产技术参数的变化又要考虑到对其他操作的影响。无论何类操作都应讲究质量，使该类操作对铝电解过程的干扰减到最低程度，使系统内外的不平衡因素通过后一类操作得到调整。

单元一　定时加料（NB）

  铝电解槽在生产过程中，一方面氧化铝连续分解被消耗，需要按时向电解槽中添加新的氧化铝；另一方面炉膛和技术条件也经常发生变化，需要借加料操作来调整与生产不相适应的炉膛和技术条件，消除和防止对生产不利的因素。同时，还要对电解槽进行常规的维护，这些工作通常称为电解槽的加工操作。

目前，预焙阳极电解槽的加料都是由计算机控制完成的半连续下料，是通过安装在电解槽纵向中央部位的自动打击锤头完成的，操作人员不参与。这种加料方式通常能够使电解质中的氧化铝浓度保持在3%左右。

正常加料时，根据事先设定好的加料时间和加料量程序，槽控机控制加料设备定时定量地往槽内加入氧化铝。由于是自动化操作，可以在一个加料周期内分成数次下料，一般根据打壳锤头数目定，有几个锤头就下几次料，全部打完一遍为一个下料周期，然后重新开始新一轮下料周期。例如有四个打击锤头，则下四次料，每次下料的间隔为5min，一个周期约为20min。但是每次下料量不多，只有一个加料周期内下料量的1/4，从而做到了减少电解质中氧化铝浓度波动的要求，避免了由于下料过多或下料过少所导致的对电解生产不利的现象。另外，加料是在密闭的槽罩内进行，避免了加料粉尘和挥发气体直接排放到车间空间的现象，改善了操作环境。

如果采用先进的流态化氧化铝输送系统，则在下料后计算机会自动检测槽上料仓中的氧化铝料面，如果低于所要控制的料面高度，就开始自动充料操作，直接将氧化铝送至槽上的氧化铝料箱。

单元二　阳极更换（AC）

预焙阳极电解槽是多阳极电解槽，所用的阳极块是在炭素厂按规定尺寸成型、焙烧、组装后，送到电解槽使用的，阳极块组不能连续使用，须定期更换。每块阳极使用一定天数（一般为20~28天）后，换出残极，重新装上新极，并覆盖一定厚度的保温料，此过程即为阳极更换。

阳极更换操作程序如下：

（1）确定阳极更换周期；

（2）确定阳极更换顺序，确定要更换的阳极号；

（3）吊出残极，安装上新阳极，调整新极安装精度；

（4）进行收边和极上保温料的覆盖。

A　确定阳极更换周期

阳极更换周期由阳极高度与阳极消耗速度所决定。阳极消耗速度与阳极电流密度、电流效率、阳极假密度有关，可由下述经验公式计算：

$$h_c = \frac{8.054 d_{阳} \eta W_c}{d_c} \times 10^{-3}$$

式中　h_c——阳极消耗速度，cm/d；

$d_{阳}$——阳极电流密度，A/cm^2；

η——电流效率，%；

W_c——阳极消耗量，kg/t（Al）；

d_c——阳极假密度，g/cm^3，一般取1.6g/cm^3。

以某铝业公司 200kA 中间下料大型预焙槽为例，$d_阳 = 0.73 \mathrm{A/cm^2}$，$\eta = 91\%$，$W_c = 425 \mathrm{kg/t}$ 铝，$d_c \geqslant 1.55 \mathrm{g/cm^3}$，计算得：$h_c = 1.467 \mathrm{cm/d}$。

设阳极高度 570mm，由于在炭块和钢爪处加有两个高度为 60mm 左右的半轴瓦形炭环，可使残极高度降为 140mm 左右，则每块阳极的使用周期为：

$$(570 - 140)/14.67 = 29.31 \approx 29 (天)$$

在实际利用中，该公式所计算出的阳极消耗值只是一个基准值，并不能以此确定阳极更换周期。这是因为在生产中预焙阳极会有阳极掉粒和阳极氧化的现象，所以在确定阳极更换周期时，在这个基准值上还要考虑到阳极掉粒和阳极氧化的消耗。通常实际中的阳极消耗速度为 1.5 ~ 1.6cm/d。

B　确定阳极更换顺序

预焙槽上有阳极炭块组数十组，每一组炭块组又由 1 ~ 3 块炭块组成。为了保证电解槽生产稳定，必须按照一定顺序更换。因此，当阳极更换周期和阳极安装组数确定后，阳极更换顺序就确定了。确定阳极更换顺序要依据以下的原则进行：

（1）相邻阳极组要错开更换，并尽可能把时间隔开的更远些；

（2）电解槽两面的新旧炭块应均匀分布，使阳极导电均匀，两根大母线承担的阳极重量均匀；

（3）若按电解槽纵向划成几个相等的小区，每个小区承担的电流和阳极重量也应大致相等，为此，阳极更换必须交叉进行。

为了便于记录和管理阳极更换，生产现场对电解槽的阳极进行编号，所有的阳极分为 A、B 两侧，其中 A 侧：指进电端的那一侧阳极；B 侧：指非进电端的那一侧阳极；阳极号以出铝端的第一块阳极作为 1 号阳极，按数字顺序排列到烟道端，例如，对于每侧有 20 根阳极的预焙槽，阳极标号依次为 1 ~ 20；阳极的位置以阳极所在的侧和阳极编号来确定，例如 A16 代表 A 侧从出铝端往烟道端数第 16 根阳极。

我国大型槽阳极更换周期一般为 25 ~ 27 天。有些大型槽设计为双阳极，即两块相邻的阳极构成一组，每次更换一组。对于以组为单位更换阳极的生产系列，除了需要对电解槽上每块阳极的位置进行编号外，还需要对每组进行编号（即有极号与组号之分）。例如，对于全槽有 40 块阳极（20 组）的预焙槽，阳极号和阳极组的关系如表 5 - 11 所示。

表 5 - 11　阳极号与阳极组号对应关系

阳极组	A1		A2		A3		A4		A5		A6		A7		A8		A9		A10	
阳极号	A1	A2	A3	A4	A5	A6	A7	A8	A9	A10	A11	A12	A13	A14	A15	A16	A17	A18	A19	A20
阳极号	B1	B2	B3	B4	B5	B6	B7	B8	B9	B10	B11	B12	B13	B14	B15	B16	B17	B18	B19	B20
阳极组	B1		B2		B3		B4		B5		B6		B7		B8		B9		B10	

给定了每台电解槽的阳极数量和阳极更换周期，便可以按照上述交叉更换的原则制定出阳极更换顺序表。

以某厂 200kA 预焙槽为例，全槽有 28 块阳极，每块阳极以 26 天为更换周期，更换顺序表如表 5 - 12 所示。

表 5 – 12　某厂 200kA 预焙槽阳极更换顺序

侧别＼极号	1	2	3	4	5	6	7	8	9	10	11	12	13	14
A	1	5	9	13	17	21	25	25	3	7	11	15	19	23
B	10	14	18	22	26	4	8	8	12	16	20	24	2	6

按此顺序，A、B 两侧的阳极能交叉进行更换，每天更换一块阳极，除了 A7 与 A8、B7 与 B8 阳极是同一天更换外，其他相邻阳极更换日期相差 4 天。

C　阳极更换操作

进行阳极更换操作时，需要多功能吊车与电解工配合进行。多功能吊车具有开闭卡具、吊出残极、挂上新阳极等功能。在换极开始前，需要与计算机联系，使计算机进入换极程序，不进行槽电压自动控制的运行。更换阳极后，计算机判断阳极更换完毕，恢复正常控制。在进行阳极更换操作时，应特别注意新极安装精度和收边工作。

a　新极安装精度

新极安装精度是指安装的新极与残极底掌相平。新极安装精度不高，会使阳极电流分布不均，引起电流偏流，对电解槽造成影响。为了确保新极安装精度，生产上有两种做法：用阳极定位装置和自制卡尺定位。

如果多功能吊车装有阳极定位装置，则吊车工按步骤操作，准确地定出残极在槽上的空间高度，并将此高度转换到新极上，定出新极的安装位置。

在多功能吊车无阳极定位装置的情况下，可采用自制卡尺定位。该方法的实质是用卡尺将残极的空间安装高度传给新极，使新阳极安装后，其底掌在电解质中的位置能够根据残极底掌原来的位置来设定。定位过程（见图 5 – 30）如下：

（1）以阳极大母线下沿为基准，在残极导杆上画线；

（2）用卡尺量出残极底掌面到画线处的高度；

（3）在新极导杆上比残极低 1.5 ~ 2.0cm 高度画线；

（4）以此线位置与大母线下沿齐平。

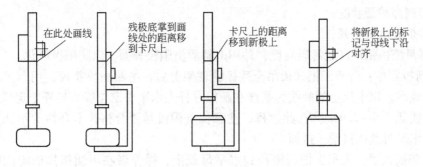

图 5 – 30　自制卡尺定位法

　　b　更换阳极的操作规程

（1）作业准备。

1）确认当班要换阳极的槽号、极号，准备好工器具（大钩、大耙、扁铲、打锤、漏铲、小铁钩、扒锹、刷子、镦子、铁锹、小推车、扫帚、手锤、风刷、垫板、直角钎子、六棱钎子、卡具扳手、兜尺、丁字尺、阳极夹钳等）。

2）备块：准备好碎壳块与新阳极炭块。

（2）作业步骤。

1）揭开槽罩：以所换极为中心，视极数揭开 3~4 块槽罩。

2）扒料：用铁耙将应换极上的氧化铝和边部可扒出的壳面块扒到槽台上，尽可能减少落入槽内的料量。

3）联系计算机：按槽控箱上的"更换阳极"键。

4）开缝：指挥天车工下降多功能机组打壳装置，在距阳极 10cm 处打开所换残极及其左右两块阳极大面的结壳；然后打相邻阳极之间的极缝。特别注意打壳机头不能打到阳极上，以免掉块增加劳动强度，给生产带来不利影响。

5）松卸卡具：以换极导杆为中心，盖好两块槽罩板，一人上去，指挥天车工下降多功能机组挂钩，吊稳拟换阳极，用扳手旋松卡具，卸掉卡具，放置在母线上平面。下面一人配合抵住槽罩板，以保证人员安全（也可采用多功能机组的自动松卸机构，不需要人员上去拆卸卡具）。

6）吊出阳极：指挥天车工下降多功能机组，提升阳极至一定高度，将极上易掉壳面块勾到槽缘板上，然后平稳地将阳极拔出，并吊离电解槽至通道位置，下降至距地面 10cm 左右，用毛刷刷净与残极导杆相贴的水平母线压接面。

7）画线：用卡尺底部水平贴紧残极底掌，把水平母线上的下画线与卡尺对齐并在卡尺上画，并检查残极是否有长包、掉块、氧化、化爪等异常现象并作记录，然后指挥天车把残极吊至残极清理架放好。

8）捞块：捞取落入槽中的电解质块，测两水平并进行"三摸一推"工作。

① 用大钩等工具或用多功能机组抓斗把落入槽内的电解质块捞出来；

② 摸炉底情况，查看炉底是否有沉淀、结壳块、阴极破损等，进行处理并记录清楚；

③ 摸邻近残极的情况。检查邻极是否有裂纹、长包、化爪等异常，若有裂纹、化爪就要提前换极，如出现长包则提极清理，并记录清楚；

④ 摸侧部炉帮状况；

⑤ 将炉底沉淀推开；

⑥ 测量槽内铝液和电解质高度，并用电解质浇阳极表面，以防阳极氧化。

9）新极定位：天车工把残极吊至残极清理架上后，吊回一块新极，用卡尺底部水平贴紧新极底掌，以卡尺上的画线为基准在新极导杆上水平画定位线，导杆上定位线应比卡尺上定位线低 1.5~2.0cm。在此过程，注意检查阳极是否合格，不合格的不能用，清刷铝导杆与水平母线压接的压接面。

10）新极设置：天车工把新极挂到水平母线上，操作者在下面指挥确定阳极安装位置，使定位线与水平母线下缘平齐。盖好两块槽罩板，两人配合用阳极扳手旋紧卡具，进行三次紧松动作，保证阳极导杆紧贴水平母线不下滑。

11）收边整形和添加保温料：人工将扒到槽边部的结壳碎块（粒度在 50mm 以下）覆盖边部端头，同时将料铲到新极上，并做好整形，使其保持自然斜度；新极装好后覆盖一定厚度（140～180mm）的氧化铝，一是防止阳极氧化，二是加强电解槽上部保温，三是迅速提高钢－炭接触处温度，减少接触电压降。保温料覆盖情况见图 5 - 31。

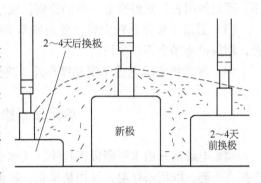

12）收尾：工作面清扫干净后，盖上槽盖。在导杆上用粉笔记录极号、换极日期。

图 5 - 31　极上氧化铝覆盖示意图

c　阳极更换作业的质量控制点

换极过程中，与计算机联系（通报槽控机）、捞电解质块、新极安装精度（阳极定位）是重点工序，应作为全过程的质量控制环节。

换极前通报槽控机，槽控机便转入阳极更换的监控程序，不作电压调整，监视该槽的电压变化；待新极安装完毕后，再与计算机联系，通报换极完毕（即消除阳极更换通报），使槽控机退出阳极更换的监控状态。

提残极时会掉入部分大结壳块于槽内，此结壳块会影响新极安装精度（大结壳块顶住阳极而不能安装到位），之后在新极下形成炉底沉淀，影响电解槽正常运行，因此，残极提出后必须把掉入槽内的结壳块打捞干净。

新极安装精度关系到阳极电流均匀分布。因此应细心进行阳极定位操作，确保安装精度。新极在换入后 16h，需进行导电量的检查，即测等距离新极导杆的电压降（16h 电流分布）。若 16h 电流分布是正常的 50%～80%，角极达到 30%～50%，视为安装合格，否则，进行调整。

d　安全注意事项

（1）工器具必须经预热后才能上槽使用，工器具在使用中要防止因磁场作用使工器具把握不牢，造成槽与槽、槽与母线之间的短路或伤人；特别是发热的工器具，尤其要小心。工器具在进出电解槽大面时，应保持直立，以削弱磁场的影响；暂不使用或已使用完毕的工器具应及时摆放在工具小车上，不许随意丢放。

（2）用卡尺画线时，要事先检查阳极卡具是否会掉落，确认安全后方可作业，但严禁迎面站在卡具的下方，严禁将脚伸入阳极底掌下面，以免烫伤、砸伤。

（3）任何情况下，禁止任何人员脚踩在壳面上作业。

（4）换极过程中，天车的移动方向上严禁站人。

D　异常换极

凡是断层、裂纹、脱落、长包、钢爪熔化的阳极都需要处理或更换。

（1）对断层、裂纹、脱落、钢爪熔化的阳极，根据使用天数，确定用残极还是新极。原则是已超过 1/2 周期的可换上高位残极，否则必须换上新极，以保证换极顺序正常运行。

（2）长包的阳极，吊出槽外检查，确认打掉包后能继续使用者，可以打包后继续使用。不能使用者，则根据上一条的原则换极。

（3）脱落阳极体积较大者，要用脱落夹钳或大钩、大耙等铁工具取出脱落极，碎裂者，用漏铲捞净全部碎炭块。

（4）异常换极除上述原则和操作外，其他操作程序同正常换极相同。

单元三　抬母线（RR）

预焙电解槽采用水平阳极铝母线，又称平衡母线、大母线。它和阳极炭块通过铝导杆连接在一起，既用来导电，又用来承重。随着阳极不断消耗，由于要保持一定的极距，故母线的位置也在不断下移，当母线接近上部结构中的底部罩板时，必须进行抬母线作业。

A　抬母线周期的估算

两次作业之间的时间称为抬母线周期，周期长短与阳极消耗速度和母线有效行程有以下关系：

$$T = \frac{S_{效}}{h_c}$$

式中　T——抬母线周期，d；

　　　$S_{效}$——母线有效行程，mm；

　　　h_c——阳极消耗速度，mm/d。

例如，某厂 200kA 预焙槽母线总行程为 400mm（一般用回转计读数表示，1 个计数代表 1mm），考虑上、下安全行程量（上 50mm、下 320mm），有效行程为 270mm，阳极消耗速度为 14.4mm/d，按上式计算抬母线周期为 18 天。

大型预焙槽一般抬母线周期为 15~20 天。可根据此周期，按系列生产槽数，安排每天工作量。

B　抬母线操作

一般情况下，阳极母线并不是下降到极限才提升，同样提升时也不能达到上限位。要给调整阳极留有余地。抬母线使用专门的母线提升机，由多功能天车（PTM）配合作业。母线提升机为一框架结构，上面装有与电解槽阳极数目相对应的夹具，按槽上阳极位置排成两行。每边安装一个滑动扳手，每个夹具上装有一隔膜气缸，隔膜气缸和滑动扳手与框架上的高压总气管相通，以天车空压机输出的高压风作为动力驱动隔膜气缸动作，带动夹具锁紧阳极导杆，使阳极重量改由夹具－框架－横架支撑并固定位置，操纵提升机上的滑动扳手，松开阳极卡具，借助母线与导杆之间的摩擦导电，按下槽控机的阳极提升按钮，母线上升，阳极不动。当母线上升到要求位置时（回转计读数为 50）停止，将阳极卡具拧紧，松开提升机夹具，由天车吊出框架，完成一台槽抬母线作业，每台约耗时 20~30min。操作步骤如下：

（1）确认槽号。每天抄回转计读数，回转计读数大于 320 以上的，即确定为需抬母线槽；检查使用的设备（PTM、母线框架）与工具（手动扳手、粉笔、直尺）；备 2~3 根阳极效应木棒到抬阳极母线的槽前；用风管吹除平衡母线上以及导杆与母线接触面上的灰尘。

（2）吊运母线框架。天车工在母线工的配合下，吊起母线框架，保持框架两端水平，上升到上限位；操作 PTM，把母线框架移至将要抬母线槽的正上方。

（3）向槽控机通报抬母线。使相应的指示灯亮（槽控机启用抬母线监控程序）。

（4）安放母线框架。操作 PTM 运行，使母线框架的 4 个支撑脚对准电解槽阳极母线 A 端或 B 端上部的 4 个支撑；慢慢下降母线框架使 A 端或 B 端的每一根阳极导杆都被夹住；稍微放松 PTM 的 2 个副钩，整个框架的重量由电解槽上部机构支撑住。

（5）母线框架夹住阳极导杆。确认母线框架各个夹紧臂都正对位，没有错位现象；操作母线框架控制盒，打开夹紧气阀；确认每个夹紧臂都紧紧夹住阳极导杆。

（6）松开小盒卡具。用扳手沿对角线逐个松开卡具（两人同时操作），避免母线框架偏斜，保证所抬槽的所有卡具必须松开。

（7）提升阳极母线。记录下抬母线前的回转计读数；按住槽控机上的"抬母线"键，使阳极母线不断上升；提升母线过程中，注意观察槽电压是否有明显的变化（若槽电压上升超过 300mV，则停止抬母线，检查原因并处理），观察回转计读数是否有相应的变化。

（8）拧紧小盒卡具。当提升阳极母线时，回转计读数显示为 50 时，停止上抬母线；记下停止提升阳极母线时的回转计读数；操作母线框架的摇臂使扳手下降，卡住小盒卡具的螺杆头，拧紧每一个小盒卡具。

（9）定位画线。用粉笔沿阳极母线下沿对应的铝导杆上画出定位线，以便确认抬母线后阳极是否有下滑现象。

（10）将槽电压调整至正常范围，切换槽控机开关到自动状态。

（11）放回母线框架。确认所有该抬的槽子都抬完；将提升机放回原位，并对框架进行简单维护，以备下次使用。

（12）最后要对当天所有抬母线槽进行电流分布和卡具压降测定，并把卡具压降大的处理到要求范围。对于导电过大的，要进行相应处理。

C 抬母线的质量控制点

抬母线的质量控制点是抬完母线后旋紧阳极卡具，若卡具未旋紧，则会出现阳极下滑，灾难性地恶化槽况。因此，要经常检测风动扳手的扭紧力，为了能及时检查出阳极下滑，抬前须在阳极导杆沿卡具下侧用有色粉笔画线，抬后擦去先画的线而重新在卡具下侧画线，抬中或抬后出现下滑，可按此线调整阳极。

D 注意事项

（1）抬母线应通报槽控机，作业完后通报前后回转计读数。

（2）正在发生阳极效应，或正在更换阳极，或正在出铝作业中的电解槽不抬母线。抬前必须查看报表或与计算机联系，不能在效应等待期间进行作业。抬母线过程中如果发生效应必须立即停止抬母线，并拧紧卡具，将吊具提升离开导杆，立即进行手动下料尽快熄灭效应，防止设备损坏。

（3）提升时注意母线与导杆接触面间是否打火花，严重时要暂停提升母线，提升母线时槽电压不得超过 4.5V。

（4）母线提升过程中，注意监视标尺，绝对不许超过上限位开关，离上限位开关 10mm 时，采用点动处理。

单元四　熄灭阳极效应（AEB）

电解槽上设有阳极效应报警装置（一般采用铃、语音、指示灯等多种声光报警），采用计算机控制的槽子，程序中设有阳极效应监视，自动效应加料，部分系统还设有自动熄灭功能。但自动熄灭程序中采用的下降阳极自动熄灭效应方法，成功率不高（60% ~ 80%）。同时，下降阳极时常出现电解质从火眼喷出烧坏槽罩和压出电解质现象，因此我国未使用自动熄灭效应功能，仍然采用人工熄灭效应。

熄灭阳极效应的操作主要是由计算机自动加料，人工插入木棒辅助实施构成。实质是木棒插入高温电解质中产生气泡，赶走阳极底面上的滞气层，使阳极重新净化恢复正常工作，前提是电解质中氧化铝浓度应先提高到正常范围内。

A　熄灭阳极效应的操作步骤

（1）发生效应后，迅速取 1~2 根效应木棒到槽前。

（2）先到槽控机处确认是否处于自动效应加料状态（效应处理指示灯亮），电压高低、是否稳定。

（3）打开槽两端盖板，观察四点打壳、下料是否都正常。如果有不正常的，立即处理，当时处理不了的，可等效应熄灭后再处理。

（4）打开出铝口，直径不小于 30cm。如果效应电压较稳定，可在计时到 300s 时从出铝口插入木棒。

（5）当观察到电解质重新沸腾，电压恢复正常时，拔出木棒。

（6）炭渣较多的趁此时机捞出来。

（7）盖好壳面冒火。

（8）现场清理干净，盖好罩板。

（9）再次回到槽控机前，确认电压是否正常，电压偏低的抬到正常值，对于高异常电压，此时不要人为下降，过一段时间后，如果电压仍然很高再手动恢复到正常值。

B　熄灭阳极效应作业的质量控制点

熄灭阳极效应的操作控制点是效应电压是否稳定和阳极效应持续时间。

从效应发生到熄灭的时间称为阳极效应持续时间，它等于计算机检出时间、效应加工时间和熄灭操作最少时间之和。计算机检出和加料程序上一般为 2~3min，加上熄灭效应操作时间，效应持续时间在 5min 左右，力争不超过 8min，超过则视为阳极效应时间过长。

应有效控制效应持续时间，注重操作方法。主要从两方面入手：一是插木棒前的准备要充分；二是插木棒时刻和方法得当。准备工作指及时取来木棒，认真检查槽控机是否自动，各种阀是否打开，若发现位置不对则应立即恢复正常，保证效应加料按时顺利完成。

插木棒时刻应在效应加工完时，待电解质中的氧化铝浓度恢复到正常范围插入木棒，否则易造成不灭效应。木棒应直接插入阳极底掌下，插入别的地方会搅混电解质，阳极效应难以熄灭或产生异常电压。如效应电压不稳定时，不能马上熄灭，否则易造成难灭效应，待稳定后再熄。

　　C　注意事项

　　电解槽的正常效应是指槽温正常，铝水、电解质水平适当，由于缺少氧化铝而在规定的时间范围内发生的阳极效应。正常效应发生时，槽电压比较稳定，比较容易熄灭。但在生产中常见以下几种不正常阳极效应，要区别对待和处理。

　　（1）暗淡效应。暗淡效应发生时电压较低（约 10~20V），一般电解槽电解质温度较高而且不干净，极距过低。处理这种效应不要急于熄灭，可适当抬高阳极，待炭渣分离出来，捞出炭渣后再熄灭效应。

　　（2）闪烁效应。这种效应电压较高而且摆动。其主要是由于槽内铝液在磁场变化的影响下发生波动，并与阳极底掌瞬间短路所造成。一般在电解槽的炉膛不规整，阳极底掌有凸起部分，电解质温度低，电解质量少，极距也低等情况下最易发生闪烁效应。处理时可提高阳极，待温度升高，电压稳定后，再熄灭。

　　（3）瞬时效应。有些电解槽效应一来即自动熄灭，有时还会反复出现几次，这种情况称为瞬时效应。它多发生在电解质水平低、温度低和沉淀多的槽子上。其主要原因是发生效应时，由于瞬时加热及铝液的波动搅起部分沉淀溶于电解质中，同时又因铝液波动与阳极底掌瞬时短路，使效应形成又自熄。如果反复出现时，应提高阳极，待槽电压稳定，温度适当即可熄灭。

　　（4）提前或滞后效应。提前效应多发生在冷槽上，应提高电解质温度和水平，改善操作，防止效应提前发生。滞后效应多发生在热槽上，应找出温度升高的原因，及时调整处理，使电解质温度转入正常生产状态。

　　另外，系列降电流或停电后恢复供电的情况下容易大面积发生效应。此时应立即熄灭，不能等待。否则，同时效应过多，造成系列电压过高，无法恢复全电流，对生产危害更大。对于因停风等原因造成电解槽无法下料时，应在槽前准备好袋装的氧化铝，利用人工往下料口适量添加，或用机组下料，防止因长时间缺料发生效应。

　　重要的安全注意事项有：熄灭效应时，不允许赤手触摸电解槽体任何部位；插效应棒时，要防止电解液喷溅烫伤。

单元五　出铝（TAP）

　　电解产出的铝液积存于炉膛底部，需定期抽取出来，送往铸造车间生产成产品，同时维持电解生产正常的热量平衡和物料平衡。国内中、小型电解槽一般 2~3 天出一次铝，大型预焙槽实行一日一次出铝制度。为了稳定生产方便生产管理，在 160~320kA 电解槽，出铝周期与更换阳极周期相同，如 160kA 槽，每台槽有 24 组 1400×660×540 的阳极块，每天换一块阳极，则每天出铝一次。法国 AP30 电解槽，电流强度 310~320kA，每台槽每 32h 更换 1 组阳极（双块），则每 32h 出铝一次。

每台槽吸出的铝液量原则上应等于在周期内（两次出铝间的时间）所产出的铝液量，具体由区长下达（按每天一点测量决定），或由计算机给出指示量（三点测量平均值加以修正计算后给出）。吸出工根据指示量，使用喷射式真空抬包（见图 5 – 32），在多功能天车配合下吸出电解槽的铝液（根据槽容量不同，每包可一次吸出 2 ~ 4 台槽的铝液），然后由专用运输车送往铸造车间。

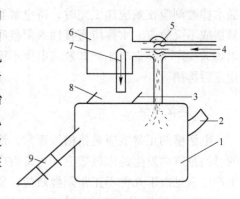

图 5 – 32　喷射式抬包示意图

1—包体；2—出渣口；3—清仓口；
4—高压风入口；5—喷嘴；6—气体缓冲箱；
7—废气出口；8—铝液虹吸口；9—吸出管

A　出铝的基本操作步骤

（1）准备抬包、出铝用的工具、联系多功能机组；

（2）根据出铝任务单，确定出铝槽号；

（3）揭开出铝端的槽罩，打开出铝口，用炭渣瓢捞干净掉进电解质的结壳块、炭渣和炉底沉淀物，露出电解质液面；

（4）指挥天车将抬包吊到槽前，接好风管，打开风阀确定风压是否符合要求；

（5）联系计算机（按亮出铝指示灯）；

（6）将抬包吸出管从出铝口插入槽内，使吸管端头距槽底大约 5cm，防止抽上沉淀或电解质（注意吸出管不能接触阳极和炉底）；

（7）看空包重量；

（8）垫上石棉绳、石棉绒，盖好包盖，打开风阀开始真空抽铝；观察吊车电子秤数字的变化情况，达到指示量时，立即关闭真空，停止出铝；

（9）吊出抬包到下一槽；

（10）清理出铝洞口，盖上端盖。

B　出铝过程异常情况的处理

（1）出铝过程中发生阳极效应。立即关闭出铝的压缩空气阀；停止出铝工作；必须将出铝管从槽内取出。

（2）铝水吸不进抬包。检查压缩空气喷嘴、吸出管是否堵塞，如果有堵塞，要清除干净；检查包盖的密封性，发现密封性不好的要进行调整或更换石棉绳重新封包；检查压缩空气是否达到要求；检查完上述几点还是没有吸出铝水时，要向相关人员报告再决定处理的方法。

C　出铝作业的质量控制点

出铝作业的重点是准备好抬包，工作质量控制点是吸出精度和上电解质的量。

抬包准备如何，影响到工作效率。如果抬包准备充分（各处密封好，不漏风），吸出铝液速度快；否则，上铝慢，甚至不上铝。

吸出精度要求在 +50 ~ –10kg（实出量与指示量之差），上电解质的量每台槽不大于

5kg。保证精度的措施，首先为天车液压秤（或电子秤）必须准确指示，要求经常检查校对；其次是吸出工准确把握液压秤的指示。

D　注意事项

（1）出铝前应与微机联系，计算机便转入吸出程序控制，出铝后自动下降阳极，恢复槽电压到正常后，再自动转入正常控制，若出铝中途失败，出铝工应将电压手动调至正常。出铝后也要通知微机，以便按要求控制电压。

（2）出铝速度要与降阳极的速度密切配合好，防止出铝过快，而使阳极与电解质脱离，造成断路事故，以确保安全正常生产。

（3）出铝前必须仔细检查槽子的结壳、伸腿与沉淀，防止压槽。

（4）出铝后应趁热粗清抬包（电解质热态下易于清出），以保证规定的使用天数。清出的电解质应及时加入槽内。

单元六　捞炭渣

在采用优质阳极的情况下，阳极的抗氧化性较好，脱落度和掉渣率较低。这时电解质表面只浮动着一层薄薄的炭渣。炭渣一方面产生，一方面通过与空气的氧化反应和燃烧在消耗。当产生量和消耗量达到平衡时，槽内炭渣量并不增加，对电解行程也无影响。但由于预焙阳极质量不稳定，故工作现场仍需要该项作业。

炭渣在槽内聚集的部位很有规律。由于阳极气体的排出，引起电解质沸腾，并由阳极底掌向外、向上做流体运动，同时将炭渣赶到中缝和四角处。特别是四个角部，是捞取炭渣的重点。

过量的炭渣在槽内会对生产造成以下危害：

（1）中缝处的炭渣过厚会隔绝进入槽内的氧化铝，使之不能进入电解质而引起突发效应；

（2）聚集在侧部加工面的炭渣会使部分电流旁路，使电流效率下降；

（3）电解质表面炭渣积累过多，阳极底掌下的炭渣排出变得困难，如果遇到槽温升高，炭渣就会在两极间短路，将出现效应电压低，电压持续摆动，局部过热的病症。继续恶化则形成疏松的炭渣饼类型的包，致使槽子发病，严重降低电流效率。

捞炭渣的最好时机是效应后。利用阳极效应从电解质中分离出炭渣，用漏铲从出铝口处捞出倒入炭渣箱中。另外，换角部极时，也是捞炭渣的好机会。平时对于槽内炭渣量过大的电解槽，可以把四个角部大面结壳打开，将结壳扒出后，从此处捞炭渣，捞完后再把壳面盖好。

捞炭渣过程中的注意事项：穿戴好面罩等劳保用品；对新使用的工具做好预热；打击壳面时防止电解质喷出；钩捞炭渣时用力均匀防止电解质溅起。

单元七　电解技术参数的测量

在电解铝生产的日常管理中，为了掌握电解槽生产状态，并及时调整改善技术参数及操作方法，取得电解生产的平稳性，必须经常对其相关的技术参数进行测量。

A 电解温度的测量

测量电解质温度的方法有两种：光学高温计测温法和热电偶测温法。

光学高温计测温法仅能测到电解质的表面温度，而电解质内部温度，尤其阳极下面电解质温度都比表面温度高，所以误差较大。为精确地测得电解温度，应采用热电偶法测量，如图 5 - 33 所示。

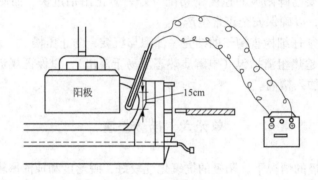

图 5 - 33　电解质温度测量示意图

a 操作步骤

（1）准备好工器具，检查热电偶、测温仪是否完好，将热电偶的正负极插头分别与数字式测温仪的正负极插口连接。

（2）操作出铝端打壳阀手柄打开测量洞。

（3）外移出铝端的一块端罩，使两块端罩间缝隙为 20 ~ 30cm。

（4）将热电偶约呈 60°角插入电解质中，深度约为 10 ~ 15cm。

（5）待测温仪显示数据在某一数字稳定时，进行读数，并记录电流强度、槽号、槽温。

（6）取出热电偶，盖好端罩，移到下一台槽进行测温。

b 注意事项

（1）在测温作业中，若该槽发生阳极效应时，须暂停测定，转入下一台槽测定，半小时后再测该槽电解质温度。

（2）在测温作业中发生过阳极效应的槽必须在记录上注明。

（3）测温中，温度低于 920℃ 或高于 980℃，要作重复测量，确认无误后，如实记录，并通知工区长。

（4）遇到料多的槽，及时通知当班人员进行处理，再对该槽进行测温。

B 铝液和电解质水平的测量

铝液、电解质水平的测量是电解槽管理的重要手段，也是决定出铝量及是否添加冰晶石的依据。每天都要由测量班进行测量。通常有一点测量法和三点测量法。一点测量法是在出铝口，或在阳极更换时测定，通常采用 135°测定棒、把槽端盖移开一定宽度，便于测定棒顺利伸入槽内。三点测量是在槽上选取三个有代表性的点进行测量，以真正反映铝液、电解质水平。测量方法如图5-34所示。

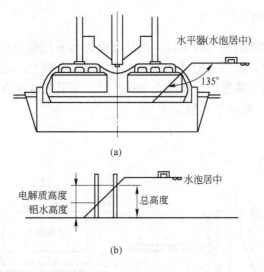

图5-34 铝液一点或三点测量方法

一点测量与三点测量操作步骤类似，具体操作如下：

（1）操作出铝打击头，打开出铝洞口壳面，露出电解质，或用天车在选取约三个靠大面的阳极端头打洞。

（2）将135°测定棒插入出铝口，上面放置水平仪，保证测定棒呈水平状态放置10s左右。

（3）快速取出测定棒，水平放置于地面，依据分界线，垂直放置钢尺，测出两水平，并做好记录。

（4）打掉测定棒上的黏附层，将洞口封堵，盖好槽罩，进行下一台槽的测定。

（5）异常处理：如测定槽发生阳极效应，对地电压异常，换极作业或槽电压异常时应暂停测量。

C 极距的测量

通过对极距的测量，可以了解电解槽运行情况。测量采用的工具为刻度尺、极距测量钩等。测量方法如图5-35所示。

极距测量步骤如下：

（1）确认测量槽号，打开槽罩盖板，在电解槽A侧或B侧对应阳极各取3个测量点，各打开直径约15cm的洞。

（2）将测量钩迅速插入洞内，测量钩杆身对地保持垂直，钩住阳极底掌，保持3~5s后取出。

（3）看清测量钩上电解质与铝液的分界线，用刻度尺量取分界线至横杆处距离H，此数值即为该块阳极下的极距。

（4）每块阳极测量两次，如两次数据误差超过1cm以上则要重新测量。

（5）每个洞口测量两块阳极。

（6）将测得数据做好记录处理，计算平均值即为阳极的极距。

D　炉底电压降的测量

测量炉底电压降的方法为：测量时，把带有保护套管的铁钎子伸入槽内的铝液层中，但不能接触沉淀或结壳，然后再把另一根铜钎插到阴极钢棒上，这时毫伏表的表针指示的数值即为该槽的炉底电压降数值，如图 5-36 所示。为了测量准确，可在电解槽前后大面上取 2~4 点进行测量，取其平均值。

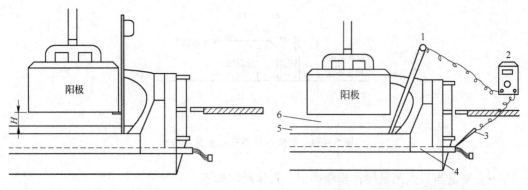

图 5-35　极距测量示意图　　　　　　图 5-36　炉底电压降测量示意图
　　　　　　　　　　　　　　　　　　1—正极棒；2—电压表；3—负极棒；
　　　　　　　　　　　　　　　　　　4—阴极钢棒；5—铝水；6—电解质

E　槽内铝液的盘存

a　简易盘存法

简易盘存法根据槽型的不同分为一点测定法和多点测定法。

中间下料预焙阳极电解槽采用一点测定法。测出铝液高度后，根据炉膛的长宽值求出槽中铝液的体积，然后与铝液密度相乘即可求出槽内铝量（kg）：

$$槽内铝量 = 2.3ab(c-d) \times 10^{-3}$$

式中　2.3——铝液密度，g/cm^3；

　　a，b，c——分别为铝液平均长度、宽度、高度，cm；

　　　　d——沉淀和结壳的平均高度，一般取 3~5cm。

b　加铜盘存法

加铜盘存法测量槽中铝量，是通过向电解槽铝液内加入指示剂以后，根据指示剂被铝液稀释的程度来确定的。指示剂有惰性指示剂（Cu）和放射性指示剂（Co60、Au198 等）。该法经常使用惰性指示剂 Cu。

加铜盘存法的计算公式如下：

$$M_c = \frac{1 - a_c}{a_c - a_0} \times C$$

式中　M_c——加铜后取样分析时槽中铝量，kg；

　　a_0，a_c——分别为加铜前、后铝液中铜的质量分数，%；

　　　　C——加入铝液中的铜的质量，kg。

生产中上述两种方法常常会同时使用，并加以对比来准确测定铝水平及电流效率，从而指导出铝量。

每台槽的出铝量应等于出铝周期内所产的铝量。目的是保持槽内有稳定的铝水平，以使槽的热平衡不致被破坏。

单元八　停　槽

因计划停槽或电解槽出现病槽等原因，无法维持正常生产的槽，需要平稳地停止生产，使其脱离系列槽。正常停槽作业一般要停电操作，也有工厂采用降负荷而不停电解槽的。

A　停槽准备

（1）通知供电车间与铸造、维修、微机工段停槽的槽号、日期、时间；

（2）准备好停槽所需的工具；

（3）确认停槽降电压时阳极母线有足够的行程，若不够应加以调整；

（4）停槽前两天，停止交换阳极；

（5）停槽前 8h 停止自动加工，人工将残极上的氧化铝扒到槽中；

（6）停槽前取铝试样分析成分。

B　停槽作业

（1）测量电解质水平和铝水平；

（2）停槽前先尽量多吸出槽内的电解质，吸出时下降阳极与铝液面接触；

（3）与供电车间联系停电；

（4）确认电流降为 0 后，人工用大扳手松开所有短路口螺栓，抽出绝缘板，然后用高压风吹净短路母线与立柱母线接触面间的灰尘，拧紧螺栓螺母；

（5）确认无异常后与供电车间联系送电；

（6）将阳极提高脱离液面；

（7）停槽后立即吸出铝水，剩余铝水人工用大勺取出；

（8）第二天取出全部残极；

（9）将槽号、日期、时间、出铝量（包括人工取出）、电解质吸出量记入停槽作业日志；

（10）停槽后要定期测量短路口压降，短路口压降不得大于 30mV，全槽母线压降不得超过 200mV；

（11）槽盖板及阳极卡具要妥善保管。

任务八　电解槽的病槽及常见事故处理

学习目标

  1. 了解病槽和事故发生的危害;

  2. 掌握病槽及常见事故的表现特征;

  3. 能正确进行病槽及常见事故原因分析及处理。

工作任务

  分析处理电解槽的病槽及常见生产事故。

  在铝电解生产过程中,由于外界条件的影响、技术参数的变化、操作者操作失误和某些设备故障等原因,使电解槽正常生产的技术条件和热平衡遭到破坏,从而导致冷槽、热槽、电压摆、长包、掉块、漏槽、停电、阳极升降失控等非正常情况的产生,给生产带来较大的损失,使电流效率和原铝质量下降,电能消耗和原材料消耗增高,劳动强度增加,并影响电解槽的寿命。

  因此,在生产中要加强管理,精心操作,正确地制定符合生产实际的技术条件和操作规程,维护好电解槽的热平衡,注意技术参数的变化,发现不正常的因素要及时排查和清除,尽量避免非正常情况的产生。一旦发生,要及时正确地进行处理,使其尽快转入正常生产。

单元一　常见电解槽的病槽及处理

  在铝电解生产中,电解槽并不是一直处于正常运行状态。由于运行过程受到各种因素的影响,干扰了电解槽的热平衡和物料平衡。而且,如果排除不及时或不适当,就会发生病槽。病槽一旦出现,应该根据具体情况,查找原因,施以正确的处理方法,使电解槽尽快恢复正常运行。病槽的形成及常见电解槽异常处理方法如下所述。

A　冷槽

  当电解槽热收入小于热支出时,电解槽走向冷行程,生产中称为冷槽。

a　冷槽产生的原因

  (1) 系列电解槽出现冷槽的原因。系列电解槽普遍出现冷槽时,与系列电流过小有关。因为电解槽是在原额定电流下建立起来的技术参数和热平衡,当系列供给电流由于压负荷或效应频繁而重叠引起供给电流大幅降低或临时停电时间较长,次数较多,必将使电解槽热收入减少而造成冷槽。另外还有可能是生产转季,由暖变冷而技术调整不及时所造成。

  (2) 单槽出现冷槽的原因。单槽出现冷槽时,与该槽的技术条件和操作与正常的电流制度不相适应有关。如电解槽内铝液高度过高,铝量过大,摩尔比过低,槽电压(极距）过低，操作时槽面敞开时间过长，下料量过多等都会引起冷槽的产生。

b 冷槽表现特征

（1）电解槽温度明显低于正常槽，电解质颜色发红发暗，黏度增大，流动性差，火苗呈淡蓝紫色，软弱无力。

（2）阳极效应提前发生，次数频繁，效应电压高达 30~50V。时常出现闪烁效应和效应熄灭不良。

（3）槽底有大量的沉淀，伸腿大而发滑，槽膛不规整。槽底结壳多而厚，由于槽膛缩小，不规整，铝液水平上升，极距缩小，槽电压有自动下降现象，且易电压摆。

（4）上口槽帮变厚且硬，边部不容易打开。

c 冷槽的处理

根据冷槽产生的原因，其处理方法要有区别，对于一般情况，可采取以下措施进行综合处理：

（1）加强保温，多加氧化铝保温料，减少热量散发。

（2）若铝液过多，水平较高，可适当降低铝液水平，减少传导散热损失，即加大出铝量。但是也不要一次出铝量太大防止压槽，铝水平不得低于技术条件所规定的下限。

（3）适当提高槽电压，增加热量收入，也可以适当灌入温度较高的电解质液体，提高槽温与热稳定性。

（4）调整工作制度和延长加工间隔时间尽量减少槽热损失，以利于槽内沉淀或结壳熔化。

（5）对电解温度过低的电解槽，在供电制度允许的情况下，可利用效应，适当延长效应时间来增加槽热收入。但炉膛不规整，沉淀过多的电解槽最好不用此法，以免出现滚铝事故。

（6）对摩尔比过低造成的冷槽，可以适当添加 Na_2CO_3，提高电解质摩尔比，提高电解质温度。

（7）对于电流过低造成的冷槽，可以适当增加电流，保持供电平稳。如供电部门不能增加电流，就要调整技术条件。

在处理炉底沉淀期间，还可利用换阳极打开炉面之机用大钩勾拉炉底沉淀，一方面可使沉淀疏松，容易熔化；另一方面在沉淀区拉勾后，铝水顺沟浸入炉底，可改善沉淀区域的导电性能，使阴极导电均匀。同时，利用来效应、换阳极时多捞炭渣，使电解质洁净，改善其物理性质。要勤测阳极电流分布，保证其分配均匀和阳极工作正常；利用计算机报表提供的信息和数据，正确分析判断，准确把握变化趋势，及时调整技术条件，这样，可使电解槽在一星期左右转入正常运行。

B 热槽

如果电解槽热收入大于热支出时，电解槽就走向热行程，生产中称之为热槽。

a 热槽产生的原因

（1）电解质水平过低或冷槽得不到及时处理会很快转化成热槽。这是由于电解质水平过低或电解槽冷行程时会造成大量沉淀，增大炉底压降，使槽底过热，尤其在低极距的情况下，进一步加速铝的二次反应放热而使槽温显著升高。

（2）极距过高或过低都能引起热槽。极距过高，两极间的电压降增大，槽内热收入过量，使电解温度升高；极距过低，虽然两极间的发热量减少，但铝的二次反应增加，也易形成热槽。

（3）槽内铝量少，铝液水平低。由于铝量少，水平低，则其热传导能力相对减少，热散失量减少，使电解槽收入热量过剩，从而导致热槽。

（4）阳极电流分布不均。例如，阳极底掌不在同一水平上，阳极长包，阳极质量不好等，都能使相应部位的极距缩小，电流集中引起局部过热，然后蔓延到全槽。

（5）电解质含炭或生成碳化铝，是由热槽引起的，但电解质含炭或有碳化铝的生成，会使热槽变得更加严重。

（6）阳极效应过长或对效应处理不当，长时间不能熄灭也能引起热槽。

（7）电流强度与电解槽结构和技术参数不相适应也易产生热槽，特别是在不适当提高电流强度的情况下易发生。

b　热槽的表现特征

（1）火苗黄而无力，电解质颜色呈黄色且发亮，挥发厉害，流动性极好，阳极周围电解质沸腾激烈，炭渣与电解质分离不清。

（2）阳极着火，氧化严重，伸腿变小。

（3）壳面上电解质结壳变薄，下料口结不上壳，多处穿孔冒火，且冒"白烟"。

（4）炉膛遭到破坏，部分被熔化，电解质温度升高，电解质水平上涨，铝水平下降，电解质摩尔比升高。用铁钎子插到槽内数秒后拿出，铁钎尖端烧成白热，甚至冒烟，铝液和电解质的界限分不清。

（5）槽电压常有自动增高现象，效应滞后，效应电压低（10~20V），甚至不产生效应。

（6）严重热槽时，电解质温度很高，整个槽无槽帮和表面不结壳，白烟升腾，红光耀眼；电解质黏度很大，流动性极差，阳极基本处于停止工作状态，电解质不沸腾，只出现微微蠕动，生产中称"开锅"现象。

c　热槽的处理

热槽发生后，必须正确判断产生原因，对症处理，否则不但热槽不能恢复正常生产，还有可能引起更严重的后果，对一般热槽的处理方法有：

（1）电解槽处于热行程初期，还算不上是病槽，处理方法很简单，只要将槽工作电压适当降低，减少其热收入，即转入正常。

（2）当槽内铝量少水平低时，可减少出铝量，如果槽沉淀多、结壳大，也可灌入适量铝液。

（3）由冷槽转化而来的热槽，要适当提高极距，以减弱二次反应。沉淀多应采取控制下料量的方法，将槽控机置于手动或半自动的"下料手动，阳调自动"位置，使电解槽逐渐消耗沉淀；电解质不足的及时提起来。经过一段时间后，会自行恢复正常。

（4）电解质过热时，可向槽内添加冰晶石或大块电解质块。因冰晶石或电解质块的熔化而吸收热量，能使槽温降低。也可将电解质块加到上口炉帮空的地方，这样既防止炉帮熔化又可降低电解质温度。若电解质仍过热，水平过高，可采取倒换电解质的办法降低槽温。

（5）由于电流分布不均而产生的热槽，可使用等距压降叉测出导电过大的阳极，然后适当提起导电过大的阳极，使其导电（等距压降值）降到正常。阳极长包引起的热槽，如果包不大，可适当提升该组阳极，使凸出部分脱离铝液，因其导电较大而加速消耗，使包逐渐消失；或者将该组阳极拔出，人为将包打掉后再放入槽中；如果包很大，不易打掉，则可以将该处换新极。在这些因素消除后再采取降温措施，降低电解温度。

（6）热槽应该避免长时间效应。在正常生产中要尽量控制长时间效应的发生。如果槽底的沉淀较多，可采取手控的方法减少电解槽的下料量，使电解槽逐渐消耗掉沉淀，从而降低炉底压降，消除炉底返热。

热槽好转的标志是阳极工作有力，电解质沸腾均匀，表面结壳完整，炭渣分离良好，之后再逐渐降低槽工作电压，并配合添加极上保温料，根据具体情况，缓缓撤出铝水，消除炉底沉淀，使电解槽稳步恢复正常运行。

热槽好转后，常常会出现炉底沉淀较多的情况，尤其是严重热槽，沉淀层厚度大，这种沉淀与冷行程的沉淀不同，它因炉底温度高，沉淀疏松不硬，易熔化。在恢复阶段，只要注意电压下降程度，控制好出铝量，适当提高效应系数，电解槽就可转入正常，但若控制不好，也很容易出现反复。因此，恢复阶段必须十分注意槽状况变化，精心做好各项技术条件的调整，使之平稳转入正常运行。

C　压槽

因极距保持过低，导致电解质不沸腾，或者因炉膛不规整而导致阳极接触炉底沉淀或侧部炉帮的现象，称为压槽。压槽如果不及时发现和处理，很容易引起阳极长包、不灭效应和热槽等。

a　压槽产生的原因

压槽的产生，不单纯是铝水平低或与电压低有关，更主要的是取决于电解槽的炉膛内型、电解槽内沉淀的分布、电解槽的结壳等，有时个别槽即使保持较高的工作电压也可能出现压槽现象。因此，对于炉膛不规整、伸腿长、沉淀多、结壳厚的电解槽，在出铝过程中必须时刻注意压槽问题。

b　压槽的表现特征

（1）火苗黄而软弱无力，时冒时回，电压摆动，有时会自动上升。

（2）阳极周围的电解质局部沸腾、沸腾微弱或不沸腾。

（3）电解质的温度高而发黏，炭渣分离不清，向外冒白条状物，阳极气体排出困难。

c　压槽处理

（1）如果是由于压低极距造成的压槽，可抬高阳极，使电解质均匀沸腾，如果槽温过高，可按一般热槽处理。

（2）如果阳极与结壳和沉淀接触造成的压槽，必须先抬升阳极，使之与结壳和沉淀脱离接触，清理干净阳极底掌的黏附物，如电解质液低时可向槽内灌入电解质，如铝液滚动可灌入铝液，待电压稳定时再处理沉淀，规整炉膛后按一般热槽处理。

（3）如果由于槽膛内型不规整，出铝时发生的压槽，应停止出铝，抬起阳极，使之脱离沉淀和结壳，如果电压摆动较大，发生效应时伴有滚铝现象，可将铝水倒回一部分并抬高阳极，使电压稳定后再检查处理。

（4）为防止出现压槽，可在出铝前扒沉淀，用钎子捅结壳等。压槽一般都出现在出铝后或出铝时，此时要特别注意。

D　电压摆

在大型预焙槽铝电解生产中，观察电压情况时，有时会发现在电流不变时槽电压在一定范围内上下起伏，幅度高者，电压波动甚至超过 1V，频率有时很快，有时很慢，这种现象叫做针振，俗称电压摆。发生电压摆时不但降低电流效率，增大能耗，而且严重时很容易导致阳极掉块、滚铝等事故发生，严重影响生产，增加劳动强度。

a　电压摆产生的原因

产生电压摆的根本原因，主要是因为水平电流的产生和铝液在电解槽中的水平方向流动受到阻碍所致。当产生水平电流时，就会产生垂直方向的磁场，铝液在磁场的影响下，上下波动，导致铝液镜面起伏，极距发生变化，从而电压上下波动；正常情况下，铝液在槽内沿水平方向循环流动，当这种流动受到阻碍时，铝液将上下波动而导致电压摆。

从生产实际情况看主要有以下几个方面的原因：

（1）槽膛内型不规整，局部沉淀多，结壳大或局部炉帮过空，铝液高度过低。

（2）阳极导电不均匀产生电压摆。

（3）阳极掉块、炭渣多、阳极长包引起电压摆。

（4）低摩尔比、低槽温是造成电压摆的主要原因。

电压摆通常是从小摆过渡到大摆的，小摆是大摆的前兆，因此，实际生产过程中应该"重视小摆，预防大摆"。

b　电压摆的处理

电压摆是大型预焙阳极电解槽最常见的异常情况，也是影响电解槽长期稳定生产的最重要因素之一，由于影响因素多，处理方法也不一样：

（1）对于轻微电压摆，可以通过人工效应来处理。

（2）由于炉帮过空引发的电压摆，应及时进行扎边部作业，规整炉帮。

（3）测量阳极电流分布，判断阳极是否设置不良，测量前必须上抬电压 0.3V 以上，并及时调整电流偏流的阳极，但每班调整阳极不得超过两块。

（4）如果是因为铝水平低、铝量少而引发的电压摆，应向槽膛内灌入一定的液体铝，根据条件也可加固体铝锭。

（5）由于换极和炭渣过多引发的电压摆，应提高换极操作质量，勤捞炭渣。

（6）如果是因阳极长包、掉块而引发的电压摆，将其按长包、掉块相应处理，注意观察，控制槽电压即可。

（7）如果是因槽温过低而引发的电压摆，可想法调整热平衡，增加热收入，提高电解质温度和高度，电压摆就会消除。

处理电解槽电压摆，除了要有正确的方法外，还有许多处理技巧。处理电解电压摆时，抬电压要快，降电压要慢。抬电压的幅度要看针振幅度而定，电压摆幅度越大，电压抬高幅度就越高。抬电压过慢，延长了电压摆时间，给生产造成的影响就更大。降电压过快，会诱发电压摆再次发生，增加处理难度。电压在高位稳定时可快一点，降到计算机可控范围内以后，最好由计算机自动控制。

E 阳极长包

阳极底掌由于某种原因消耗不良,在底掌形成包状或锥形凸起,称为阳极长包。发生阳极长包的电解槽,由于长包处离铝液镜面很近,甚至伸入其中,大量电流由此直接进入铝液,导致电流效率大幅降低。如果发现不及时,就会引发热槽,或者是掉块,不但增加了劳动强度,而且导致电耗上升,原材料浪费。因此,在生产中要加强管理,防止阳极长包。

a 阳极长包的原因

(1) 炭素阳极质量不好,成分不均,导致消耗速率不均而形成长包。

(2) 槽内沉淀,结壳过多过大。操作中,如果阳极压到沉淀结壳上,或者是粘上沉淀,就会造成该处不消耗而形成包。

(3) 换极时捞块不净,未捞净的氧化铝块浮在电解质表面而粘在阳极底掌上,造成长包。

(4) 电解槽炭渣过多,如果电解质性质变差而使炭渣黏附在阳极底掌上,从而长包。

b 阳极长包的特征

阳极长包后,槽温很高,常常长包阳极处冒白烟;电解槽不来效应,即使来也是效应电压很低,而且电压不稳定。长包开始时电解槽会有明显的电压摆动,一旦包进入铝液,槽电压反而变得稳定,炉底沉淀迅速增加,电解槽逐渐返热,阳极工作无力。

长包的阳极导电偏大。用压降叉测量发现阳极导电大,就很有可能长包。

c 阳极长包的处理方法

处理阳极长包的方法比较单一,目前在预焙槽上以打包为主。

(1) 如果长包和铝液接触时,先将阳极提出来离开铝液,用大耙将突出部分的外皮层刮掉,使其表面导电,再放回槽内继续通电使用,使其将包自动消耗。

(2) 包太大时,用铁钻子或钢钎把突出部分尽可能打来,再放回槽内继续使用,实在打不下来的使用高残极进行更换。处理完后要及时测定阳极电流分布,调整好阳极设置高度,使电流分布均匀,并用冰晶石–氟化铝混合料覆盖阳极周围,一方面降低槽温,一方面促使炭渣分离。防止处理不彻底出现循环长包,而转化成其他形式的病槽。

F 阳极脱落

在预焙槽上,由于阳极质量或操作质量问题,出现个别阳极脱落、掉块(部分脱落),严重时一个槽在短时间内(几小时之内)出现多组脱落(三组以上),对电解槽的运行产生极大的破坏,甚至被迫停槽。

阳极多组脱落一般来势凶猛,有些可在1h内脱落达几组乃至十几组,实际中曾遇到一台槽一次脱落阳极15组,几乎占整个阳极的2/3。

引起阳极多组脱落的原因主要是阳极电流分布不均而引发的严重偏流。

当强大的电流集中在某一部分阳极上,短时间内使炭块与钢爪连接处浇注的磷生铁或铝–钢爆炸焊熔化,阳极与钢爪或铝导杆分开,掉入槽内,随后电流又流向别的阳极,造成电流恶性传递,从而引发阳极严重偏流。

　　a　造成阳极偏流的主要原因

　　（1）液体电解质太低（15cm以下），浸没阳极部分太浅，阳极底掌稍有不平，就使阳极电流分布不均匀，出现局部集中，形成偏流。

　　（2）当炉底沉淀较多，厚薄不一时，使阴极电流集中，而引起阳极电流集中，形成偏流。

　　（3）抬母线时阳极卡具紧固得不一致，或有阳极下滑情况时，未及时调整，也会引起阳极电流偏流，最终造成阳极多组脱落。

　　b　处理阳极多组脱落的方法

　　（1）先测阳极电流分布，调整未脱落阳极，使之导电尽量均匀，控制住继续脱落现象发生。

　　（2）尽快捞出脱落块，装上高残极重新导电，切不可装新阳极。因为新阳极导电性能不良，不能改善电流分布不均的问题，残极则可以在较短时间内承担全部电流，最好是从邻槽拔来的红热残极，这样装上就可以承载全电流。

　　（3）处理过程中出现电解质干枯，脱落块沉于炉底，铝水上涨，电压自动下降时，要及时处理脱落块，然后再从其他槽内抽取电解质灌入，边灌边抬电压，决不可硬抬电压。随后测量阳极电流分布，调整好各组极距，使电流分布均匀，阳极处于工作状态。

　　G　滚铝

　　滚铝是电解槽可怕的恶性病状。在电解铝生产中，有时铝液以一股液流从槽底泛上来，然后沿四周或一定方向沉下去，形成巨大的旋涡，严重时铝液上下翻腾，产生强烈冲击，甚至铝液连同电解质一起被掀到槽外，这种现象被称为"滚铝"。

　　热槽和冷槽都可能引起滚铝，但滚铝发生的根本原因是由于电解槽电流分布状态遭到破坏形成不平衡的磁场，产生不平衡的磁场力作用于导电铝液上，推动铝液旋转、翻滚，从而发生滚铝现象。

　　a　电解槽发生滚铝的特征及原因

　　（1）电解槽出现电压摆，火苗时冒时回，铝水会泛上槽壁。

　　（2）槽膛畸形，槽底沉淀多而且分布不均匀，使铝液运动局部受阻，形成强烈偏流。

　　（3）槽内铝液浅（特别在出铝后易产生滚铝），铝液中水平电流密度大。

　　（4）阳极、阴极电流分布不均匀，尤其是阳极电流分布变化无常，阳极停止工作。

　　（5）技术条件不合理，主要指两水平保持不合理。

　　要消除电解槽滚铝，必须减少铝液层中的水平电流，使阴阳极电流分布均匀，磁场分布平衡，以减少作用于导电铝液上的不平衡磁场力。

　　b　处理滚铝的方法

　　处理滚铝槽，通常采用适当提高槽电压（提高极距），并勤调整阳极电流分布（通过测全电流分布后调整阳极设置高度）的处理方法，迫使阴、阳极电流分布均匀而恢复磁场平衡，从而大幅减轻滚铝程度，然后通过热平衡和物料平衡的有效控制使槽膛逐渐恢复正常，沉淀逐渐消除，各项技术条件逐步转入正常而最终消除滚铝。对于严重的滚铝，也可能需要采用一些极端的措施，如采用扎边部来强行规整槽膛；采用灌铝来提高铝液高度，降低铝液中水平电流密度；采用扒沉淀处理槽底局部的大量沉淀。但不到迫不得已，应避免采用这些极端措施。发生滚铝时要避免添加粉状氧化铝、冰晶石，以防被铝液卷入槽底形成沉淀。

单元二　常见的生产事故及处理

A　漏炉

在铝电解生产过程中，由于槽底或侧部炭素材料受到破坏，铝液或电解质从槽壳侧部或炉底漏出来，称为漏槽，也称漏炉。因此，电解槽漏炉分两种情况：一种是侧部漏炉，另一种是底部漏炉。

侧部漏炉是生产过程中管理不当造成炉帮破坏，或由于侧部炭块砌筑和炭糊扎固质量差而引起电解质（有时夹带铝液）从侧部炭块缝流出，烧穿槽壳的侧壁而造成的漏炉。

炉底漏炉是炉底阴极炭块遭到严重破坏，铝液使阴极钢棒熔化从钢棒窗口流出，或者是铝液侵蚀阴极炭块下的槽内衬使铝液向下流到炉底烧穿炉底钢板而漏炉。

电解槽漏炉的危害极大，它会造成设备的损坏，如烧穿电解槽壳，严重时还会烧断母线使整个系列的生产受到影响。处理漏炉会造成原材料浪费，增加劳动强度，因此，在生产中要加强管理，准确掌握电解槽的破损程度，防止漏炉的发生。一旦发生漏炉，要积极迅速正确处理，以免造成更大损失。

a　漏炉的预防与处理准备

（1）加强生产管理，对电解槽的上口要勤检查。

（2）出现原铝中的铁、硅含量持续上升，要立即查明原因，并检查该电解槽是否破损，当含铁量上升到0.5%以上并检查出有破损时，报告上级部门，并做好随时停槽准备。

（3）破损槽要勤检查，加强管理，对破损部位采取修补措施。

（4）可能发生漏槽的部位揭开地沟盖板，用厚5mm左右的合适铁板挂在或靠在阴极母线上，以防漏槽时的铝液熔断阴极母线。

（5）破损槽附近准备一些电解质块或氧化铝块、袋装的氟化钙等原材料，以备漏炉时堵塞漏洞用。

（6）保护好短路口，保证在必要停电时能顺利操作，清理好短路口处的灰尘。

b　漏炉事故的处理

当漏炉事故发生时应该立即组织抢救，迅速根据漏液的部位判断出是底部漏炉还是侧部漏炉。

（1）侧部漏炉的处理。

1）立即组织人员用机组打壳机构或人工将漏槽的上口结壳打开，并用碎电解质块和氧化铝块、氟化钙等物料沿槽边砸入，砸好，砸到边，捣固扎实。如果仍漏，就要向左右延伸砸好边部直至不漏为止。

2）用风管吹渗漏处周围的钢板，风冷降温，以便快速形成炉帮。

3）派专人看好电压，当电压升高时，要注意下降阳极，防止两极断路。电压不应超过5V，但也不能低于正常电压。

4）侧漏一般都能堵住，在不停电的情况下，都能处理好。除非在漏量大、阳极无法下降的情况下才允许停电。

5）漏槽堵住后，根据槽内电解质高度，向槽内调入适量的电解质。

6）堵住后要加强管理，防止再漏。

（2）底部漏炉的处理。

1）发现底漏时，如果流出的铝少而缓，可先不停电，用铁工具将准备好的物料推到破损处填补，以尽量争取不停电处理。如果情况紧急，应立即通知整流所进行系列停电，以防突然断路损坏供电设备，并组织操炉工人边扎边投入电解质块、袋装氟化钙或氟化镁等原料，强行筑起边部槽帮，以堵住漏洞。

2）在未停电前指定专人下降阳极。由于铝液流出，极距增大而引起电压迅速上升。阳极下降的速度要跟上电压的变化。不要使阳极与液面脱离而造成断路，电压不应超过 5V。

3）集中力量保护阴极母线不被冲坏。

4）立即通知出铝工、机组人员等立即尽量抽出槽内的铝液和电解质，以减少损失。

5）立即通知维修部门，在停电后立即进行短路口操作。

6）处理时要迅速，争取尽快送电，减少对正常生产槽的影响。

B　难灭效应

当电解槽出现异常时，会发生难灭效应，即效应发生后数小时不能熄灭，效应延续时间很长的效应。

难灭效应发生的原因有两种：一是电解质含炭；二是电解质中含有悬浮的氧化铝。无论哪种原因实质上是电解质不清洁、温度高，使电解质性质发生变化，对阳极的湿润性严重恶化所致。生产实践表明，电解质含炭所引起的难灭效应多在开动初期发生，而在正常生产情况下发生的难灭效应绝大部分是因为电解质中氧化铝过饱和，并含有悬浮氧化铝所造成。当这种槽来效应时，如果熄灭效应时机把握得不好，液体电解质中氧化铝浓度还未达到熄灭效应最低值，过早插入木棒，将炉底沉淀大量搅起进入电解质中，立即使电解质发黏，固体悬浮物增多，使得投入的氧化铝难以熔化，悬浮于电解质中，使得电解质性质恶化，对阳极的润湿性不能恢复，电阻增大，产生高热量，很快使电解质温度升高而含炭，效应难以熄灭。

a　难灭效应的处理方法

（1）出铝后铝水平低发生的难灭效应，必须首先抬高阳极，向槽中灌入铝液或往沉淀少的地方加铝锭，将炉底沉淀和结壳盖住，然后加入电解质或冰晶石，以熔解电解质中的过饱和氧化铝和降低温度，待电压稳定、温度适当后即可熄灭。

（2）当电解槽来效应时，在某一部位进行效应熄灭无效时，变成了难灭效应，应重新选择突破口，新的位置一般选在两大面低阳极处，打开壳面，将木棒紧贴阳极底掌插入，对于严重者可多选一处，同时熄灭。

（3）因炉膛不规整，炉底沉淀多引发的难灭效应，应抬高阳极，局部炉帮空可用电解质块补炉帮，待电压稳定后即可将效应熄灭。

（4）因电解质含炭引起的难灭效应，可向槽中添加铝锭和冰晶石，以冷却电解质，当炭渣分离后，立即熄灭效应。

（5）因压槽滚铝而发生的难灭效应，必须将阳极抬高离开沉淀为止。滚铝时不能加冰晶石，等电压稳定后，可熔化一些冰晶石以降低电解温度，提高电解质水平。

b　处理难灭效应的注意事项

（1）物料不要添加过多，尤其是由于电解质中含大量悬浮氧化铝引起的难灭效应不能通过添加氧化铝来处理。

（2）时间较长的难灭效应要注意防止发生跑电解质和漏炉事件。

（3）难灭效应熄灭后，会出现 5～6V 的异常电压，此时只能让电压自动恢复而不能急于降低阳极来恢复电压，否则易造成压槽。一般 1～2h 内电解质会逐渐澄清，电压自动下降。为了加快恢复速度，可打开大面结壳，在电解质表面添撒冰晶石粉，一方面降低槽温，促使炭渣分离，同时增加液体电解质，加速溶解悬浮物，加快槽状态恢复。

C　阳极升降失控

在铝电解生产过程中，会出现阳极升降装置的电动机意外自动转动的失控现象，使阳极自动上升或下降。

阳极升降失控可分为向上跑和向下跑两种。向下跑容易把电解质和铝液挤出，甚至冲坏母线。向上跑容易使阳极与电解质液面脱离，导致产生弧光放电现象，能听到产生的巨响声，俗称"放炮"，甚至突然断路损坏供电设备。向上、向下跑还容易使阳极升降装置损坏，电动机烧毁等，给生产造成严重影响。

a　向上跑的处理方法

（1）立即把槽控机内的三相开关拉下，切断电动机电源，使电动机停止转动。

（2）立即通知维修、微机电工，检查维修电气设备排除故障。

（3）如果阳极已抬到相当的高度，使阳极底掌脱离电解质液面而发生"放炮"时，要立即用木棒插入槽内，与维修人员配合马上下降阳极，然后查清原因尽快检修。若发生严重故障，不能立即下降阳极时，可以先通知整流所，进行单槽停电。等修好后，下降阳极。再给槽子通电，同时注意电解槽的维护，加强管理。

b　向下跑的处理方法

（1）立即切断电动机的电源，使电动机停止转动。

（2）立即通知维修、微机电工，采取临时措施，尽快把电压提起来，检查维修电气设备排除故障。

（3）如果因阳极下降而压出槽内的电解质和铝液，要立即组织人员清理现场，收拾压出物料，要防止压出的电解质和铝液冲坏阴极母线。

（4）当修好以后，将电压调整好，灌入液体电解质以调整电解质高度，使之恢复正常。如果槽内的电解质过少，在抬阳极时要慢些抬，边灌电解质边抬阳极，以免出现效应或断路。

D　操作严重过失

最有危险的操作过失有两种：一种是出铝过失，另一种是新槽启动抬电压过失。

出铝过失可能的情况有全部吸出电解质、出铝实际量大大超过指示量、认错槽号重复吸出等。这些都严重破坏电解槽的正常运行。当出现吸出的是电解质而不是铝水时，应立即倒回槽去，同时适当提高槽工作电压，以增补所损失的热量；出铝时实出量超过指示量太多时（如超过200kg），应将多出的量倒回原槽；若出现重复吸出，必须从其他槽抽取相当的量灌入，以保证铝液高度稳定，防止引起病槽。

新槽启动进行人工效应时，应随电解质灌入慢慢抬高电压，当电压达到40V时，应立即下降阳极，否则电压过高，易击穿短路绝缘板，出现强烈电弧光起火烧毁绝缘板和其他设备，造成短路，严重烧坏短路口，后果不堪设想。新槽启动时，若出现短路口打弧光，应立即降低电压，使效应熄灭；若出现起火，应用冰晶石粉扑灭火焰，并松开短路口螺栓增加一层绝缘板。如果绝缘板被严重破坏，应紧急停电，更换绝缘板，处理好后方可继续开动，严防烧坏短路口。

E　停电事故

在电解生产中，有时会因为意外的原因，如整流所出现故障，电解厂房发生意外事故等，出现较长时间的系列停电，给生产带来很大的影响。它使槽温大幅度下降，电解质明显萎缩，通电后阳极效应大幅度增多，整个系列的电解槽处于冷行程；甚至会出现由于阳极效应过多，总电压高而导致系列电流长时间过低的现象。发生意外停电时，只要及时妥善地处理，是可以把对生产造成的不利影响减小到最低限度的。

a　发生意外停电事故的处理方法

（1）立即向有关部门反映并查询停电的原因及所需要的时间，如果时间长，要进一步采取相应措施。

（2）加强保温减少槽热散失。用冰晶石等物料把下料口、出铝口堵严，防止大量散失热量，并在阳极覆盖面上多加保温料。

（3）关闭好厂房的大门和侧窗，保持好环境温度，密闭电解槽。

（4）不要升降阳极，将槽控机上的开关扳到"手动"位置。

（5）停止打壳下料，停止对电解槽的换极、边加工等操作。

b　系列送电后注意事项

（1）保持好平稳的槽工作电压，尽量不要升降阳极。把槽控机的控制开关置于"阳调手动，下料自动"位置。

（2）恢复送电后，如果停电时间长，极易发生阳极效应。有时因恢复供电后，几个槽同时发生阳极效应，导致系列电压过高，电流降低；有时效应此起彼伏，导致电流长时间恢复不到额定电流。在这种情况下，发生的效应要立即用木棒熄灭。

（3）送电初期应尽量避免换极、加工等操作，尽量减少热损失，避免使冷的物料进入槽内，导致槽温降低。

（4）停电时间过长，因槽温度降低而使电解质萎缩时要向槽内添加冰晶石，增加电解质。

（5）要及时与整流所联系，当系列电流、电压正常时，可以适当抬高槽电压。发生阳极效应时，可正常处理。

发生系列停电后，只要积极采取适当措施，即使停电2～3h，也可以较快地恢复正常生产。

任务九　铝电解槽的破损与维护

学习目标

　　1. 了解电解槽破损的形式及危害；

　　2. 理解破损的原因；

　　3. 能正确进行破损槽的确认、修补与维护。

工作任务

　　1. 确认电解槽破损的程度；

　　2. 对破损槽进行修补与维护。

　　铝电解槽是铝电解生产的主要设备，由于它在强磁场和高温熔盐状态下工作，虽然铝电解过程本身不消耗阴极，但是在强腐蚀性电解质浸蚀和各种应力的长期作用下，将引起槽体的变形和电解槽内衬的破损，影响到电解槽的使用寿命。当前，电解槽的使用寿命一般为 3～5 年，先进的电解槽能达 8～10 年，大型槽的使用周期较短，中型槽较长。

　　铝电解槽内衬因破损严重而停槽大修时，全部内衬材料被拆除并作为固体废弃物被抛弃，槽壳经校正修复后重新使用。这不仅花费众多的人力，消耗大量内衬材料；同时大修期间电解槽停产，经济损失巨大；另外，废旧内衬目前还无法有效回收利用，存在环境污染隐患。因此，明确电解槽破损的方式与原因，掌握电解槽内衬维护方法，从结构设计、材料选择、砌筑工艺和操作管理等方面采取措施，尽可能延长阴极内衬的使用寿命，是铝电解工作者需要研究解决的重要课题之一。

单元一　铝电解槽的破损

　　铝电解槽的破损程度是指其阴极槽体破坏和损失程度。

A　电解槽阴极内衬破损的形式

常见的电解槽阴极内衬破损形式有下述几种：

　　(1) 阴极炭块膨胀隆起。炉底炭块在生产一段时间后，上抬隆起，形成中间高、四周低的状况，致使阴极棒弯曲变形，如图 5-37 所示。其形成的主要原因是由于热膨胀和钠对炭阴极的渗透引起的体积膨胀。

　　炉底隆起后槽内铝液各处深浅不均，导致阴极导电不均匀，引起滚铝等恶性病槽。同时，炉底电压降增大，生产能耗增高。隆起到一定程度，还易使槽底中央纵缝劈裂，铝液向下渗入形成漏槽，导致停槽大修。

　　(2) 阴极炭块断裂。阴极炭块横向断裂，在炉底表面沿长度方向形成一条或几条大裂缝，靠边部还产生许多小裂纹，如图 5-38 所示。

阴极炭块断裂后，铝水漏入炭块底层，使阴极钢棒熔化，并进一步穿透耐火砖层，直到炉底钢壳，引起炉底钢壳大面积发红。当钢棒熔化到槽壳窗口时，沿窗口渗出而发生底部漏炉事故。严重时电解槽将被迫停槽大修。

（3）阴极炭块形成冲蚀坑。由于铝液的冲刷作用，在槽底形成冲蚀坑穴，冲蚀坑穴大部分出现在侧部和底部炭缝处，表面被磨得很光滑，并覆盖着一层白色氧化铝固体，如图5－39所示。当坑穴逐渐向下穿透炭块时，铝水便漏入熔化阴极钢棒，最终造成漏炉而停槽。

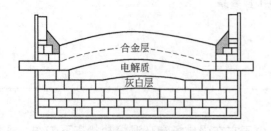

图5－37　电解槽槽底隆起断面结构示意图

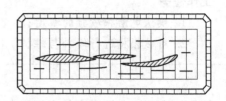

图5－38　铝电解槽阴极炭块断裂示意图

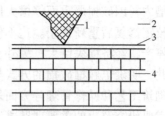

图5－39　槽底冲蚀坑照片与结构示意图

1—冲蚀坑；2—阴极炭块；3—阴极钢棒；4—耐火层

（4）阴极炭块层状剥离。阴极炭块从上表面向下呈鱼鳞状一层层剥离脱落，然后漂浮到电解质上层随同炭渣被捞出。此种情况大多出现在新槽开动初期，结果导致早期停槽。

（5）阴极扎固炭缝起层裂开受侵蚀。电解槽炭块相邻的间缝（称中缝），槽周边与底部炭块相邻处间缝（称边缝），这些大、小缝都是用炭糊扎固而成的。生产中这些扎糊也可能出现起层剥离、穿孔、纵向断裂，铝水和电解质顺缝隙浸入其中，引起扎固区局部穿孔漏炉，造成停槽。

（6）侧部炭块破损。电解槽运行过程中，其侧部炭块也会遭到破损，形式有断裂、化学侵蚀、剥落和空气氧化。

侧部炭块沿人造伸腿上部横向断裂，致使上部无侧部炭块，或在液体电解质浸没部位，受化学侵蚀和剥落侵蚀使侧部炭块逐渐损耗，最终导致侧部漏炉。

空气氧化发生在暴露于空气中的侧部炭块表面上，此种类型的侧壁破损大多是生产操作造成的，即对侧部覆盖和保护措施不够。此外，从阴极钢棒窗口透进的空气也使侧部炭块背面受到氧化。

B　电解槽阴极内衬破损的原因

促使电解槽阴极内衬破损的原因，归结起来有以下几个方面：

(1) 阴极材料的膨胀与收缩。在阴极内衬中，各种材料的膨胀或收缩，都会影响电解槽内衬的寿命和槽壳的变形，尤其是上部的炭素材料及阴极钢棒影响最大。

(2) 钠离子向阴极内衬的侵入。在电解槽启动初期，由于电解质的摩尔比较高，槽温也较高，此间钠的析出较多，析出的钠一部分蒸发出来，另一部分侵入阴极炭块中与碳反应，生成嵌入式层状化合物。由此引起炭素内衬体积膨胀，强度降低，甚至由表向里逐渐疏松，引起炭块发生层状剥离，遇夹带氧化铝沉淀的铝水环流冲刷时，使底部形成冲蚀坑穴；炭块强度降低后，遇下部上抬力作用时便使阴极炭块断裂。

(3) 电解质和铝水向炉底渗透。由于阴极材料都有16%~20%的孔隙度，通电后电解质便沿着孔隙向内衬中渗入。渗入炭块中的电解质，一部分沉积在炭块的孔洞中，一部分沉淀在炭块－钢棒交界面上，而且大部分会继续渗下去，浸入耐火砖和保温砖层中与其发生化学反应，成为灰白层。

这些物质的渗入导致炭块体积增大，产生膨胀。当阴极炭块被破坏不很严重时，保温层中产生的膨胀应力使炭块隆起，若炭块强度被破坏严重时，炭块便从中间断裂，形成大裂缝，从而电解质、铝液大量漏入，严重时造成炉底发红或从阴极钢棒窗口漏炉。

(4) 电化学或化学腐蚀。阴极炭素体在电流作用下，与液体电解质接触而发生电化学腐蚀或化学腐蚀，使阴极内衬遭破坏。由化学反应和电化学反应生成的碳化铝均可溶解于铝液之中，使阴极炭块遭受腐蚀，尤其当阴极炭块出现小裂纹时，在裂纹处强烈腐蚀，使裂纹变成宽、深的缝隙。

(5) 空气氧化。空气氧化主要发生在侧部炭块的背面和上部。上部氧化是由于受热炭块未被电解质结壳保护好，暴露于空气中而被氧化；背面氧化是由于阴极钢棒窗口未密封好，被进入的空气所氧化而造成的，此外，空气还沿钢棒进入槽底，与渗入的电解质、钠等反应，从而破坏阴极内衬。

(6) 内衬材料的质量。阴极炭块质量低劣，包括粒度配方不合理，引起热膨胀率高，原料挥发分含量高，使其高温焙烧后炭块孔隙度大，成型压力不足，使其结构松散等，耐火保温材料质量低劣，不能有效地抵御电解质等的腐蚀。

(7) 内衬砌筑质量。电解槽砌筑质量低劣，是引起电解槽破损的又一主要原因。若电解槽底部砖层砌筑不平，会使阴极炭块安放不平，中间悬空或翘起，当电解槽启动后受强烈热冲击和膨胀应力作用时，很容易出现劈断、开裂。

各缝隙捣固扎固不均、不实，焙烧后不能焦化联成一体，受电解质等浸泡后，松散分离，脱落或起层，启动后不久就会出现侧部严重破损。

阴极钢棒与炭块组装不好，会使钢棒变形加剧，使炭块隆起或断裂，加速内衬破损。

(8) 预热焙烧和启动操作管理。预热焙烧过程中炉底温度异常不均，出现局部温度过高或过低，都会使内衬受热膨胀且极不均匀，引起开裂、劈断。

启动初期，技术条件不到位，使得槽内衬不能良好地融为一体，造成破损。

单元二　破损槽的确认与维护

电解槽在破损初期，若能及时找出破损部位，施以正确的修补，并适当调整技术条件，加强维护，可以有效地减缓其破损速度，延长使用寿命。

A　破损槽的确认

电解生产中，当发现电解槽有长时间的电压摆动、炉底温度过高、铝水平突然下降等异常现象时，电解槽就有可能发生破损，必须进行细致全面的检查，找出破损部位，确认破损程度。检查方法如下：

（1）密切关注原铝质量分析报告。正常电解槽铁含量一般小于0.10%，硅含量不超过0.06%。在排除没有阳极钢爪熔化或槽外铁工具掉入槽内的情况下，原铝中铁含量连续超过1%，硅含量连续超过0.2%，说明电解槽阴极内衬发生了严重破损和熔化阴极钢棒的现象。

（2）用探棒检查槽底。将铁钩伸入阳极下面，钩尖向下，擦着炉底拖动、勾探，当探查到有坑或有缝的地方时，用铁钩探摸炉底坑缝的长度、宽度和深度，并记录好大概位置。

（3）测量阴极电流分布。因阴极小母线等距压降的变化与通过的电流成正比，故可通过测定阴极小母线等距压降来判断阴极电流的变化。当出现破损槽时，由于炉底已形成铝液的通道，使该处局部电阻减少，通过的电流增大，导致阴极小母线的等距压降提高。

（4）测量炉底槽壳温度。测量炉底槽壳温度则应先将槽壳分成若干小方块，并照此画在记录纸上，然后在每一个小方格内选择1~2点测量，相应填在记录纸格内，正常槽炉底表面温度和阴极钢棒温度均不超过100℃，若电解槽发生破损，则该处的炉底钢壳表面温度一定会升高。

（5）测量阴极钢棒温度。阴极钢棒温度可直接测量钢棒端头表面温度，并按钢棒排列顺序依次记录。由于电解槽炉底结构基本是一致的，因此阴极棒头的散热面积和散热形式基本相同，阴极棒头之间的表面温度应相差不大，一般在15~25℃之间。如果某一阴极钢棒周围出现破损，就会形成铝液通道，一方面使炉底与阴极棒之间的热量传递速度加快，另一方面使破损部位电流集中，导致阴极钢棒电流密度升高，使棒头产生的焦耳热明显增多，使破损处的阴极棒温度升高。由此可确定该处有破损迹象。

B　破损槽的修补

电解槽破损部位确定之后，应及时进行修补，其方法是：

（1）首先确定破损面积的大小深浅。

（2）用镁砂、镁砖、氟化钙等材料经预热后，在更换阳极或取掉阳极时，找准位置将其填充坑缝进行修补。

（3）修补后要加强取样分析，观察铝液含铁量的高低。

原则上这些材料中的金属元素电位顺序均在铝之前，即使熔入电解质中也不能在阴极上析出，不会影响正常生产和原铝质量。这些材料的密度比电解质大，易沉在炉底以熔化或半熔化的黏稠状填充于破损的洞穴和坑缝中，可以阻止铝液进一步渗漏，抑制电解槽继续破损，延长使用寿命。

C　破损槽修补后的维护

破损槽修理好后，必须加强维护。为此，必须做好以下几方面的工作：

（1）调整技术条件，保持较低的电解温度。对破损槽可适当提高铝液水平，使炉底温度稍微低些，避免填补材料熔化、流失。

（2）严格控制阳极效应系数和效应持续时间，合理调整下料间隔，因为效应产生的大量热量，会使填补材料熔化，使修补失效。

（3）严禁使用铁钩等勾耙炉底沉淀，以防碰损填补处。

（4）严格出铝制度保持铝水平稳定，防止产生病槽，一旦发生不正常情况，应及时设法消除，保持电解槽槽况稳定。

（5）密切监测原铝中铁含量的变化，每日测定槽温变化。

（6）提高阳极工作质量，杜绝异常电压的发生，发现炭渣及时捞出，保证电解质清洁。

生产实践证明，初期破损槽修补好后，只要进行妥善管理，加强维护，仍可使电解槽达到较长生产时间，并生产出较高质量的原铝来。

D　延长阴极内衬使用寿命的措施

（1）设计受力合理的槽壳结构。电解槽槽壳钢结构，不仅是整个电解槽重量的承受体，也是电解槽内应力的缓冲体。刚柔适度的槽壳、受力点分布合理的支撑钢架，可以有效地缓冲内衬膨胀时产生的强大应力，消除或减轻电解槽炉底隆起和槽壳向外膨胀的现象。

（2）使用高质量的内衬材料。采用机械强度与孔隙度适中、热膨胀率较低、抗钠侵蚀能力强的阴极炭素材料，能够非常有效地延长内衬使用寿命。目前能够较好满足上述质量要求的阴极炭块主要有半石墨炭块和石墨化炭块。

采用碳化硅块作侧部内衬，它具有较高的抗熔体侵蚀性、抗氧化和抗磨损性。

（3）保证内衬砌筑质量。电解槽的砌筑，必须严格按工序的施工规范和质量标准进行。例如阴极槽壳的密封性很重要，特别在阴极钢棒窗口，空气的漏入将使空气进入内衬，在内衬中产生有害的反应。又如阴极炭块摆放必须整齐、平实，缝隙均匀，炭糊扎固前，必须清扫干净，严禁残留杂物和粉尘。所有扎固缝都必须充分预热，扎固时保证炭糊具有一定温度和压力，扎固中按要求分层扎固。

（4）采用合理的焙烧启动方法。焙烧要做到平稳、均衡加热，温度分布均匀，即各部位的温度梯度不大，启动前，槽底温度应达到900℃左右。要有充分的焙烧时间，以使炭块底部温度比较高，要特别注意降低焙烧启动时的热冲击程度。

电解槽启动应尽量采取灌液体电解质的湿法启动，启动期间液体电解质量大，槽内温度均匀，电解质清洁，炉底沉淀极少，不容易出现炉底局部过热而破坏内衬。注意启动过程中不能向槽内添加氟化钠或碳酸钠，以免在启动高温期间大量析出钠而强烈侵蚀炭素内衬。

（5）保证电解槽长期稳定生产。生产实践证明，各种病槽都不同程度地要损害阴极内衬，因此保证电解槽长期稳定运行，可以有效地延长电解槽内衬使用寿命。生产中首先应保证各项技术条件控制在要求范围内，保持稳定的热平衡和槽膛内型，提高各项作业质量，及时消除可能引起病槽的潜在因素，使电解槽长期平稳运行。

（6）保证稳定的电力供应。系列电流供应不稳、过流或欠流，都会严重影响槽内衬寿命。特别是电力短缺被迫停槽后再进行二次启动，更会促使内衬破损，加速槽壳变形，大大缩短电解槽的使用期限。因此，系列电力供应必须稳定，特别不允许任意降低电流或停电。

任务十　铝电解槽的计算机控制

学习目标

1. 了解计算机控制系统的配置及智能槽控机基本功能；
2. 正确进行计算机控制操作。

工作任务

1. 观察计算机系统的配置及槽控机控制面板功能按钮；
2. 进行铝电解槽计算机控制操作。

铝电解槽采用计算机控制不仅提高了生产率，减轻了劳动强度，带动了机械化自动化进程，而且使电解槽运行更加平稳，生产技术指标大大提高；使原本处于粗放管理的电解铝生产迈入了精细化管理，使电解铝生产有了巨大的进步。

单元一　计算机系统的控制形式

电解铝生产中的计算机系统控制形式分为集中式、分布式、集中－分布式3种。

A　集中式

集中式计算机控制系统是由主机和槽控机组成，见图5-40。

其中，主机负责系列槽的数据采集、数据解析、命令的发布和信息存储与处理，槽控机负责对主机发出的命令完成相应的动作。该控制系统的特点是所有的信息都返回主机集中处理，槽控机仅仅是主机命令的执行者，本身不处理任何信息。

我国最早投入的贵州160kA预焙槽系列采用的即是集中式计算机控制系统。在实际运行中，发现该系统存在从采样到处理之间间隔相对较长，实时性较差，并且在主机或接口机发生故障后，容易发生大面积电解槽失控等缺点。

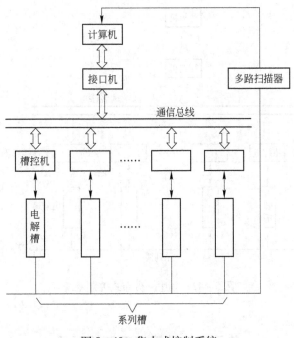

图 5 – 40　集中式控制系统

B　分布式

分布式计算机控制系统是由每台槽的槽控机独立完成控制的，见图 5 – 41。该控制系统的特点是槽控机的微机档次高，有足够的能力完成数据采集、数据解析、命令的动作执行和信息存储与处理。但其缺点是整体上不容易掌握槽的受控情况，编制报表极不方便，并且需要改变软件参数时，要逐台进行，比较麻烦。

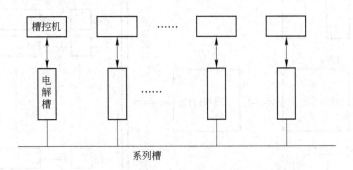

图 5 – 41　分布式控制系统

C　集中 – 分布式

集中 – 分布式计算机控制系统是由主机和槽控机组成，见图 5 – 42。

其中，主机负责监视、协调、信息存储和设定参数的修改等，槽控机负责对槽运行数据的采集、数据的解析和动作过程的控制。

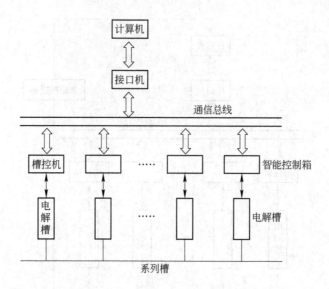

图 5 – 42　集中 – 分布式控制系统

单元二　计算机系统的配置

尽管各电解铝厂计算机控制系统选用的主机、槽控机的型号，或者信息传输方式不同，但它的组成方式基本是一样的。均由计算机、工业接口机、槽控机三部分组成，见图 5 – 43。

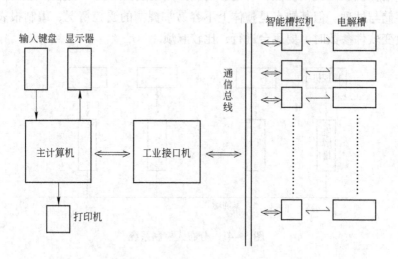

图 5 – 43　计算机控制系统配置图

A　计算机

该部分称为中央控制机，由工业控制机或高容量微机、键盘输入设备、显示设备与打印机组成。它的作用主要是对槽控机的工作状态进行监视、协调、信息存储和电解槽运行的设定参数做统一或个别修改等,对槽控机的各控制软开关进行开闭并制作各类管理报表。

B 工业接口机

工业接口机的作用是将主机对槽控机的各种命令传递给槽控机,同时将槽控机采集到的槽运行数据、槽控机解析的结果及命令执行的情况等收集起来,再传送给主机,以便主机进行信息存储和报表制作。其实际上就是主机和槽控机之间进行上传下达的信息中转站。另外,在主机发生故障时,其还可短时间内承担主机的部分工作。

C 槽控机

在集中式计算机控制系统中,槽控机的作用仅是执行主机的动作命令,而在分布式和集中 - 分布式计算机控制系统中,槽控机要独立完成数据采集、解析、命令发布、命令执行、执行情况向主机汇报、各种信息向主机发送的完整控制功能。因此,现代控制系统的槽控箱的作用越来越重要。智能槽控机主要由动力箱和逻辑箱两部分组成,如图 5 - 44 所示。

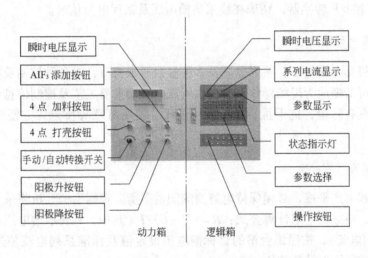

图 5 - 44 SY - CKJ300A 智能槽控机外形图

a 动力箱

(1)槽电压表:实时显示本槽当前电压值;

(2)手动/自动转换开关:进行手动/自动转换;

(3)阳极升/降按钮:在手动方式下,按下相应按钮可进行阳极升/降;

(4)打壳、加料按钮:在手动方式下,按下相应按钮可进行打壳、加料操作;

(5)氟化盐加料按钮:在手动方式下,按下相应按钮可进行一次氟化盐加料。

b 逻辑箱

逻辑箱前面板由 LED 显示窗口、状态指示灯、参数选择指示灯及轻触按键组成。

(1)槽电压显示窗口:实时显示本槽当前电压值,单位为 V;

（2）系列电流显示窗口：实时显示当前系列电流值，单位为 kA；

（3）参数显示窗口：显示所选择的参数内容；

（4）各种状态指示灯：实时显示本电解槽工作状态；

（5）参数选择指示灯：指示所需查看的参数内容；

（6）操作按键：按下相应按键，可完成相应操作。

单元三　智能槽控机基本功能

智能槽控机控制电解槽的基本依据是槽电压和系列电流信号，并根据设定的各种工艺参数进行解析运算，在自动状态下完成阳极极距调整、打壳、下料、效应处理、辅助加工和出铝、换极、边加后过程控制及故障自诊断等功能；也可在手动状态下由人工操作，完成相应控制功能。槽控机通过 CANBUS 总线完成与中央控制室的接口计算机通信，实现电解槽实时数据的传送和来自上位机指令的接收。具体说明如下所述。

A　数据采集

通过 V/F 和 I/F 转换器，精确在线采集槽电压及系列电流信号。

B　数据显示及操作

智能槽控机具有槽电压、系列电流及多种参数显示窗口，对各种控制及操作状态配有指示灯显示，可清晰地为现场操作人员提供所需电解槽重要工艺及控制信息；同时采用薄膜轻触按键，具有防尘、抗干扰、操作反应灵敏、使用可靠等特点，方便现场操作人员使用。

C　电阻控制（RC）

为使铝电解生产平稳，必须保持电解槽的能量平衡。智能型槽控机将采集的槽电压和系列电流信号，根据槽电阻计算公式：$R = (V - E)/I$（其中，V 表示槽电压；E 表示反电势；I 表示系列电流），按照每台槽的目标槽电压设定值及标准系列电流值进行解析平滑计算，自动调整阳极保持最佳极距。

D　加料控制（NB & AEB）

为使铝电解生产平稳，还必须保持电解槽的物料平衡。

因槽电阻与电解槽中的氧化铝浓度在一定范围内具有相似性，故槽电阻的变化即反映了电解槽中的浓度变化。智能槽控机根据所设定的加料间隔自动加料（NB），即两点交叉下料，每次 3.6kg，并自动追踪槽电阻斜率变化，实时调整加料速率（即氧化铝加料量或加料间隔），使电解槽始终处在较低浓度的可控范围内，保持其物料平衡。

效应发生时，氧化铝浓度达到最低，智能槽控机可根据槽况及时快速补充电解槽中氧化铝量，自动进行效应处理加料方式（AEB），即 4 点同时下料，每次 7.2kg，提高效应处理效率，节省电耗。

E 氟化盐加料控制

对配有氟化盐自动加料装置的电解槽，智能槽控机将根据上位机（中央控制室内）人工给出的或专家诊断系统自动给出的氟化盐添加量及添加速率，实现氟化盐的自动加料。

F 特殊操作过程控制

电解槽在出铝、换极后及边加后需附加一定的电压值，并保持一段时间，以保证电解槽的稳定。特殊操作过程控制包括出铝后过程控制、换极后过程控制、边加后过程控制。

G 波动自动处理

当电解槽由于某种原因发生波动时，智能槽控机可自动诊断出该槽波动的原因，给出波动特征值，并据此进行波动自动处理，若波动自动处理未能消除波动，将会给出波动报警指示或广播提示。

H CANBUS 通信

智能槽控机与中央控制室内计算机间的通信，采用 CANBUS 工业控制总线，通信速率最高可达到 1Mbaund，传输距离可达 1km（速率与距离长短有关），通信介质为双绞电缆，通信稳定可靠。

I 故障自诊断

智能槽控机具有对自身硬件设备故障的诊断功能，可有效避免由于自身故障所带来的误操作，并采取相应保护措施。

单元四 智能槽控机按键操作

A 动力箱

（1）手动/自动。当动力箱"手动/自动"转换开关置在"手动"位置时，表示智能槽控机不进行自动控制，完全由人工控制，动力箱上按钮有效，称"手动方式"。

（2）阳极升/降。当智能槽控机在"手动方式"下，按下相应键即可使阳极升或降，此时升降操作无硬件/软件限时保护，当升或降动作超了时，不能自动切断升降电源。请谨慎使用！

若在停止阳极升降操作时，发现阳极电动机仍在动作，请迅速拉断阳极电动机刀闸开关。

（3）打壳。当智能槽控机在"手动方式"下，按下"打壳"键，即可做一次 4 点同时打壳动作。

（4）加料。当智能槽控机在"手动方式"下，按下"加料"键，即可做一次 4 点同

时 Al_2O_3 加料操作。

B　逻辑箱

当动力箱"手动/自动"转换开关置在"自动"位置时，逻辑箱上相关按键有效。

（1）手动/自动键。按下逻辑箱"手动/自动"键，"手动"灯闪烁，表示智能槽控机为"半自动方式"；再次按下该键，"手动"灯灭，表示智能槽控机为"全自动方式"。

"半自动方式"时，逻辑箱上"NB 处理"、"AE 处理"、"阳极升"和"阳极降"及"氟盐加料"按键有效。

（2）阳极升/降键。当智能槽控机在"半自动方式"下，按下"阳极升"或"阳极降"键，即可使阳极升或降，对应指示灯亮。注：此时进行阳极升或降时，受智能槽控机升降超时自动保护限制，即当升或降超时，可自动切断阳极电动机电源，不会无限制升或降。推荐使用。

（3）正常加工键。当智能槽控机处于"半自动方式"时，按下"NB 处理"键，"正常处理"灯闪烁，表示已将此功能置位，智能槽控机按设定的加料间隔定时加料，若取消此功能应再次同时按下"NB 处理"键，"正常处理"灯灭。注："自动方式"下，此键无效。

（4）效应处理键。当智能槽控机处于"半自动方式"时，按下"AEB 处理"键，则做一次效应处理，即 4 点连续 3 次加料（加料次数可由接口机修改）。注："自动方式"下，此键无效。

（5）氟盐加料键。当智能槽控机处于"半自动方式"下，按下"氟盐加料"键，则做一次氟化盐加料操作。注："自动方式"下，此键无效。

（6）换极控键。当智能槽控机处于"自动方式"下，按下"换极"键，对应指示灯亮，即进入"换极后过程控制"；再次按下"换极"键，"换极"灯灭，则取消此操作。注："自动方式"下，此键有效。

（7）出铝控键。当智能槽控机处于"自动方式"下，按下"出铝"键，对应指示灯亮，即进入"出铝后过程控制"；再次按下"出铝"键，"出铝"灯灭，即取消此操作。注："自动方式"下，此键有效。

（8）边加控键。当智能槽控机处于"自动方式"下，按下"边加"键，对应指示灯亮，即进入"边加后过程控制"；再次按下"边加"键，"边加"灯灭，即取消此操作。注："自动方式"下，此键有效。

注：1）在"半自动方式"或"手动方式"下，按"换极"、"出铝"和"边加"键不能进入换极、出铝和边加后过程的自动控制。

2）不要重复按"换极"、"出铝"和"边加"键，避免反复停加料，造成突发效应等。

（9）自检键。按下"自检"键，槽控机自动检测其内部硬件设备，若有故障将显示相应故障代码，为槽控机维修人员提供。注："手动方式"下，此键无效。

（10）参数左移/右移。按下此键可移动参数指示灯位置，选择所需查看的参数内容。此键在"自动方式"、"半自动方式"及"手动方式"下均可操作。

C　智能槽控机使用注意事项

a　槽压信号异常判断

（1）逻辑箱上的槽压显示有时会出现 7~9V 的电压值，而此时动力箱上槽压表仍为 4V 左右的正常值，这是智能型槽控机在对内部设备进行自诊断，不会影响电解槽控制及数据采集。

（2）当动力箱槽压显示与逻辑箱槽压显示值相差大于 30mV，应通知智能槽控机维修人员对槽压信号进行校对，以保证控制的准确。

b　安全操作注意事项

（1）维修人员在检修或关闭智能型槽控机时，若检修时间过长，电解操作人员应该手动加料。必须严格按照操作要求操作槽控机。

（2）正常情况下，班手动时间应控制在 30min 以内，给计算机更多的时间自动控制电解槽，增加控制精度和稳定性（槽异常时除外）。

（3）尽量应用半自动、点动来升、降阳极（换阳极和抬母线除外），不要长时间按住升降按钮不放。

（4）操作升、降、边部加工、出铝、换阳极、打壳、下料等按钮时，用一根手指操作，以免误碰其他按钮。

（5）经常与微机运行、维修人员联系，保证出现故障后早发现、早排除。

（6）发现压槽或者连续提升阳极等严重故障后，要立即切断三相电源，通知维修人员处理。

（7）发现槽控箱面板数据不变或者无显示等"死机"现象，及时通知维修人员处理。

（8）禁止往槽控机内、槽控机上下放水杯、饭菜、抹布、棉袄、衣服等任何杂物，防止触电及火灾等事故的发生。

任务十一　铝电解生产主要经济技术指标分析

学习目标

 1. 会计算铝电解的电流效率和电能效率；

 2. 掌握提高电流效率和电能效率的措施。

工作任务

 1. 分析影响电流效率和电能效率的主要原因，探讨提高电流效率和电能效
　　率的措施；

 2. 计算和分析铝电解生产的主要经济技术指标。

单元一　铝产量与电流效率

A　铝产量

按照铝电解车间的生产流程划分，铝的产量可分为原铝产量和商品铝产量两种。

（1）原铝产量。原铝产量是指铝电解生产单位或生产电解槽新产出的铝液数量，是铝电解企业的中间产品，也是铝电解生产单位计算电流效率和各项单耗指标的基础，原铝产量等于一定时间内的出铝量的总和。计算方法是把一定时间内的出铝量相加到一起。

（2）商品铝产量。商品铝产量是指原铝铸造单位的最终产品数量，是经过检验部门检验合格，包装入库或正办理入库手续产品的总和。

B　计算铝产量的理论基础——法拉第定律

法拉第定律的数学形式为：

$$M = \kappa I t$$

式中　　M——析出物质的理论质量，g；

　　　　κ——该物质的电化当量，g/（A·h）；

　　　　I——通过的电流强度，A；

　　　　t——通电的时间，h。

铝的电化当量为 0.3356g/（A·h）。

在铝电解生产中，对于有 n 台电解槽的电解系列用法拉第定律计算理论产量时，其公式如下：

$$M_{理} = 0.3356 \times n \times I \times t$$

式中，n 为电解槽台数。

例如：一系列有 200 台电解槽的 200kA 大型铝电解预焙槽系列，一年（365 天）的理论产量有多少吨？

$$M = 0.3356 \times 200 \times 200 \times 10^3 \times 24 \times 365 \div 10^6 = 117594.2（t）$$

事实上，铝电解生产中实际产量总是低于理论产量，因此产生了一个重要经济技术参数——电流效率。

C　电流效率概念

电解铝的电流效率（η）即电流的有效利用率，是指在电解槽通过一定电量（一定电流与一定时间）时，阴极实际析出的金属铝量与按法拉第定律计算的理论产出量的百分比。其是电解铝生产重要的技术经济指标之一。

$$电流效率（\eta） = \frac{实际产量（M_{实}）}{理论产量（M_{理}）} \times 100\%$$

在实际生产中，常按出铝量计算"出铝电流效率"即"铝液电流效率"，但此值不是真实的电流效率，二者之差为周期始末槽中铝量差。如果该值要达到 ±1% 的精确度，必须要有半年以上的时间才能达到，所以短时间内的出铝电流效率只能是一个参考值。

生产中电解槽电流效率的测定方法有简易盘存法、加铜稀释法、示踪元素法、阳极气体分析法。

D 电流效率降低的原因

目前自焙铝电解槽的电流效率，大多在85%~90%之间，预焙电解槽可达到92%以上。这就是说，仍有10%的电流没有得到充分利用。

造成电流效率大幅度降低的原因，根据到目前为止的研究，可以归于以下四个方面。

a 铝的溶解和再氧化损失

已电解出来的铝又溶解或由机械混入到电解质中，并被循环着的电解质带到阳极空间或电解质表面为阳极气体中的 CO_2 或空气中的氧所氧化，正是这些反应，导致了铝的严重损失，这是铝电解电流效率降低的最主要原因。

b 其他离子的放电造成电流损失

这里主要是钠，钠离子在阴极上析出，消耗了为铝离子析出而提供的电子，自然减少了铝离子析出的数量，因而引起铝电解过程中的电流效率降低。

放电后生成的金属钠在电解质中的溶解度很小，并且它本身的沸点又低（880℃），因此，大部分将以气体状态蒸发，小部分则随电解质一起转入阳极空间被 CO_2 或 O_2 所氧化：

$$6Na + 3CO_2 \Longrightarrow 3Na_2O + 3CO$$

c 电流空耗

电流空耗目前认为有两种形式，即电化学空耗和物理空耗。

（1）电化学空耗。在铝电解过程中存在着铝的电化学氧化过程，造成电流空耗，由此造成的电流效率损失达4%~5%。研究者在实验室电解过程中发现，在电解（反应）开始进行之前，已有一个稳定的电流存在，认为这是循环在阴、阳两极之间某种电解产物的电解所致，并将此电流称为"极限电流"。循环在两极之间的质点，被认为是一种低价铝离子（ Al^+ ），这种低价铝离子是由高价铝离子（ Al^{3+} ）在阴极上不完全放电产生的，即：

$$Al^{3+} + 2e \Longrightarrow Al^+$$

这一反应，在阴极电流密度较低时，占有显著地位。因为在电流密度较低时，阴极表面的电子密度较小，不足以满足大量铝离子正常放电析出的需求，而在电流密度较高时，此过程将大为削弱。在阴极生成的低价离子（或其相应的化合物）被循环着的电解质转移到阳极空间后，又会再被氧化为高价离子：

$$Al^+ - 2e \Longrightarrow Al^{3+}$$

上述这个过程不断循环，就会造成电流的无谓损失。

（2）物理空耗。在铝电解的过程中，也存在着物理上的空耗，漏电就是其中的一种。漏电通常是在槽帮结壳熔化，并且电解质液面上有大量炭渣时发生。在这种情况下，电流有可能通过炭渣由侧部漏出。但在一般情况下，侧部漏电的可能性很小。

d 机械及其他损失

机械损失是指铝电解过程的抛撒损失。其他损失包括出铝和运输过程中被空气氧化等的损失、生成碳化铝的损失，这些损失在电流效率中所占的比例较小。

E　电解参数对电流效率的影响

在设计定型的铝电解槽上，电解的各种技术条件中，对电流效率影响最大的是电解温度、电解质成分、铝水平和电解质水平。

a　电解温度

温度对电流效率的影响是：升高温度则电流效率降低。这主要是因为金属在熔盐中的溶解度随温度升高而增大。

根据对铝电解槽的测量表明，温度每升高 10℃，电流效率大约降低 1%～2%。

表 5－13 列出了电解温度对技术经济指标的影响。从表中可见，温度除对电流效率有明显影响外，还对原材料的消耗有显著影响，温度下降能使物料消耗降低。但从表中也可看出，电耗会随着电解温度的下降略有升高。适宜的电解温度通常是在电解质熔点以上 10～20℃处。降低电解质温度的有效方法是降低电解质的初晶温度，初晶温度的降低可以采用弱酸性电解质和适当添加氟化钙、氟化镁、氟化锂等添加剂来实现。

表 5－13　电解温度对技术及经济指标的影响

温度/℃	电流效率/%	各种单耗			
		电耗/kW·h·t^{-1}	阳极/kg·t^{-1}	氟化盐/kg·t^{-1}	劳动生产率/h·t^{-1}
963	90.3	14100	501	51	6.0
957	92.6	14300	491	48	3.0

b　极距

随着极距的增大，电解质的搅拌强度减弱，因为相同的气体量所搅拌的两极间的液体量增加。搅拌减弱，电解质循环强度和速度降低，则使扩散层厚度增加，使铝损失减少，电流效率增加。

极距对电流效率的影响，见图 5－45。

极距也不能随意增加，因为极距过分增大，会使电解质电压降增加，因而使槽电压增加，造成电能消耗增大。同时，在极距过大时还会造成电解槽热平衡遭到破坏，热收入过大，使电解质过热，反而会使铝的溶解增加，电流效率降低。

在生产中通过添加剂调整电解质成分，使电解质的电阻降低，则可以在不增加热收入的情况下，增大极距以增大电流效率。因此，必须从电流效率和电能效率的综合结果来选择极距大小。

c　电解质成分

电解质的成分对电流效率的影响非常大，电解质的成分对电流效率的影响主要有以下几个方面：

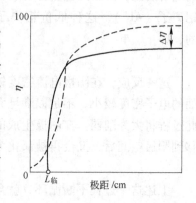

图 5－45　极距对电流效率的影响

（1）铝电解质摩尔比的影响。电解质摩尔比大于 3 时，一方面由于加强了铝自氟化钠中取代钠的反应，另一方面氟化钠过剩又大大增加了钠离子放电的可能性，再者电解质初晶温度高，因此，电流效率降低。摩尔比小于 3 时，电解质的初晶温度低，可降低电解温度；钠离子在阴极上放电的可能性小；增加铝液同电解质界面的表面张力，减少铝在电解质中的溶解度，对提高电流效率有利。电解质中含有大量过剩的氟化铝时，可能增加铝的损失，降低电流效率。另一方面低摩尔比容易产生沉淀，低摩尔比电解质的挥发厉害，增大氟化盐的消耗。目前，我国铝电解生产多采用弱酸性电解质，摩尔比为2.2~2.4。

（2）电解质中的氧化铝浓度。在冰晶石-氧化铝熔体中，如果Al_2O_3含量在5%（质量分数）时，电流效率为最低，Al_2O_3含量大于或小于此值，电流效率均会升高，见图5-46。这种现象对采用连续下料的预焙槽非常重要，连续下料时应设法避开电流效率最低值所对应的氧化铝浓度，而采用其两侧的某一相应值。

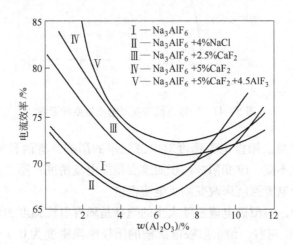

图5-46　电流效率随氧化铝含量变化的关系

目前，国内外中间下料大型预焙铝电解槽都把Al_2O_3的质量分数控制在1.5%~3.5%范围进行电解。此时Al_2O_3能很快溶解，熔体中无悬浮的Al_2O_3颗粒，导电率较高，不易产生沉淀、不易发生阳极效应；便于实现氧化铝自适应加料控制，有利于稳定生产，提高电流效率。

（3）添加剂。目前可供选择的添加剂有氟化镁、氟化钙、氟化锂等，这些添加剂都具有降低电解质初晶温度的作用，有利于实现低温操作，因此都具有提高电流效率的作用。其中氟化锂价格高，限制了它的使用。氟化镁比氟化钙具有更大的优点。

d　阴、阳两极的电流密度

（1）阴极电流密度。图5-47表示了阴极电流密度对电流效率的影响。图中有3个特点：

1）在阴极电流密度降到零以前，电流效率已经为零；

2）在其他条件相同时，电流效率随阴极电流密度的增大而提高，在较低的电流密度下提高较快，但在较高的电流密度下提高幅度减小；

3）当阴极电流密度增加到一定值时，电流效率开始降低。

实践证明，维护好炉帮结壳，保持规整炉膛，缩小阴极铝液镜面，保持较高的阴极电流密度，使槽底电流分配趋于均匀，减小水平电流密度，能够减弱磁场的不良影响，得到较高的电流效率。

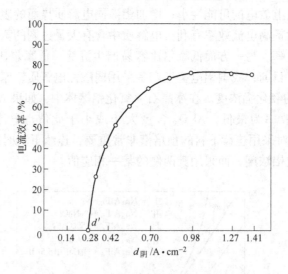

图 5-47　阴极电流密度对电流效率的影响

（2）阳极电流密度。阳极电流密度对电流效率的影响，有两种情况：第一种是电流强度与阴极电流密度不变，改变阳极面积而改变阳极电流密度；第二种是阴极电流密度与阳极面积不变，改变电流强度来改变阳极电流密度。

在电解铝生产中，对阳极电流密度大小的选择是随着电流强度的增加而减小的。自焙电解槽一般为 $1A/cm^2$ 左右，预焙阳极电解槽的阳极电流密度为 $0.7A/cm^2$ 左右，国外先进的大型预焙槽则达到 $0.85A/cm^2$。

e　铝液水平与电解质水平

由于铝的导热性好，因此保持较高的铝液水平，可以使阳极底部热量散发出来，有利于降低槽温，又能使周围形成坚实的炉膛，收缩铝液镜面，提高阴极电流密度，这两者都有利于提高电流效率，但保持过高的铝液水平，不仅操作困难，而且热散失过多会造成槽底结壳增厚，炉底电压降升高，因此，必须保持适当的铝液水平。

电解质水平是槽内电解质量多少的标志，电解质水平高，则电解质量大，热稳定性好，氧化铝溶解多，但电解质水平过高不仅使阳极埋入电解质过深，同时又易熔化侧部炉帮，不利于提高电流效率，而电解质水平过低时，则热稳定性差，氧化铝溶解少，不易操作，易产生大量沉淀。因此，要根据生产实际保持适当的电解质水平与铝水平。

此外，炉膛内型、槽龄、加工方法等均与电流效率有关。

F　提高电流效率的措施

通过对电流效率与各相关因素的分析可以知道，电解铝生产提高电流效率的原则是：

（1）尽可能保持液层平稳，要创造条件少捞炭渣少扒沉淀，以免电解质和铝液波动加大而使溶解铝损失加剧（二次反应）。

（2）尽可能降低电解温度，以降低铝溶解损失的速度。

（3）保持规整的炉膛内型，使电流尽可能均匀垂直地通过两个液层。

（4）自焙槽采用"勤加工、少加料"的制度，保持电解质中氧化铝浓度稳定在 3% ~6% 的范围内，每次加料不要过多，防止槽内产生沉淀；预焙槽氧化铝浓度保持在 1.5% ~3.5% 的范围，调整好加料间隔。总之要尽可能保持电解槽的稳定运行。

（5）根据槽型保持适当的电解质摩尔比。

目前，大型预焙槽由于其槽型大，并且是在计算机控制下均匀下料，所以其工艺控制遵循低摩尔比、低槽温、低氧化铝浓度、低效应系数、高极距即"四低一高"的原则进行参数选择，在这种参数条件下，电解铝生产能够取得较好的电流效率。

单元二　电　能　效　率

A　电能效率的概念

电能效率即电解槽电能利用的效率，是指在电解槽生产一定量的铝时，理论上应耗电能（$W_{理}$）与实际消耗电能（$W_{实}$）之比，以百分数表示。

$$\eta_{电能} = \frac{W_{理}}{W_{实}} \times 100\%$$

但工业上一般不采用这种方法来表示电能效率，而用"吨铝直流电能消耗"（简称"吨铝直流电耗"）表示电能效率，即每 1t 铝的实际消耗电能（ω）来表示，单位为 kW·h/t。

$$\omega = \frac{IV_{平均}\tau \times 10^{-3}}{0.3356I\eta\tau \times 10^{-6}} = 2980\frac{V_{平均}}{\eta}$$

式中　I——电解槽的电流强度，A；

　　$V_{平均}$——电解槽的实际电压即平均电压，V；

　　　τ——电解时间，h；

　0.3356——铝的电化当量，g/(A·h)；

　　　η——电解槽的电流效率。

例如，当 $\eta = 0.92$，$V_{平均} = 4.3V$ 时，直流电耗为 13928.26kW·h/t。

B　提高电能效率的意义

根据热力学计算，电解槽每生产 1t 铝，理论上大约需要 6500kW·h 电能，但实际生产消耗却远远高于此数，目前，工业电解槽的实际电耗率比较先进的指标为 13000kW·h/t。一般铝电解槽的电能效率只有 40% ~50%，其余 50% ~60% 的电能则损失掉。因此，节省电能、提高电能效率是电解铝企业降低生产成本的重要环节。

从吨铝直流电耗的公式可知，直流电耗与槽平均电压成正比，与电流效率成反比。从理论上讲，电能消耗只取决于槽平均电压和电流效率。因此降低槽平均电压，提高电流效率均能降低电耗。

例如：当电流效率为 92% 时，槽平均电压每降低 0.1V，则生产 1t 金属铝将节省电能：

$$\Delta\omega = 2980 \times \frac{0.1}{0.92} = 324(kW·h)$$

如果年产铝量为 10 万吨，电价为 0.45 元/(kW·h)，则企业全年将因此节约生产成本：

$$100000 \times 324 \times 0.45 = 14580000(元) = 1458(万元)$$

又例如：当槽平均电压为 4.2V，电流效率由 92% 提高到 93% 时，则生产 1t 金属铝将节省电能：

$$\Delta\omega = 2980 \times \frac{4.2}{0.92} - 2980 \times \frac{4.2}{0.93} = 146(kW \cdot h)$$

如果年产铝量为 10 万吨，电价为 0.45 元/(kW·h)，则企业全年将因此节约生产成本：

$$100000 \times 146 \times 0.45 = 6570000(元) = 657(万元)$$

C　降低槽平均电压的途径

槽平均电压是由槽工作电压、效应分摊电压和系列线路电压的分摊值（俗称黑电压）组成：

$$V_{平均} = V_{工作} + V_{效应} + V_{黑}$$

其中：

（1）槽工作电压（$V_{工作}$）按下式计算：

$$V_{工作} = E_{极化} + V_{阳极} + V_{电解质} + V_{阴极} + V_{母线}$$

式中　$E_{极化}$——分解与极化压降，V；

　　　$V_{阳极}$——阳极压降，V；

　　　$V_{电解质}$——电解质压降（极距之间），V；

　　　$V_{阴极}$——阴极压降，V；

　　　$V_{母线}$——电解槽内母线压降（阴、阳两极母线），V。

（2）效应分摊电压（$V_{效应}$）按下式计算：

$$V_{效应} = \frac{k(V_{效应} - V_{工作})\tau}{1440}$$

式中　k——效应系数，次/(槽·日)；

　　　$V_{效应}$——效应时电压值，V；

　　　$V_{工作}$——槽工作电压，V；

　　　τ——效应持续时间，min；

　1440——1 昼夜的分钟数，min。

（3）槽外系列母线电压降的分摊值（$V_{黑}$）按下式计算：

$$V_{黑} = \frac{总电压 - 槽工作电压总和 - 效应分摊电压总和}{生产槽台数}$$

表 5-14 给出了侧插槽和预焙槽的平均电压各部分电压平衡值。从槽平均电压的构成上可见，减少阳极效应次数并缩短效应时间能够节省电能。为此，电解生产采取连续或半连续下料或"勤加工、少下料"的操作方法，可使电解质内经常保持一定浓度的氧化铝，这对于减少阳极效应次数是很有效的。但在生产正常情况下，效应系数作为工艺技术指标一般是不变的。

表 5 - 14　侧插槽和预焙槽的平均电压各部分电压平衡值　　　　（V）

项　目	侧插槽	预焙槽（不连续）
母线压降和线路分摊压降	0.25	0.17
极化压降	1.7	1.7
电解质压降	1.55	1.42
阳极压降	0.45	0.25
阴极压降	0.35	0.37
效应分摊压降	0.1	0.11
槽平均电压	4.4	4.02

黑电压的降低则可以从改善导体的接触点和电解槽的绝缘性能，增加导电母线的截面积着手，但要增加对设备的投入资金，所以在电解槽已建成时潜力不大。

因此，在生产中降低槽平均电压的可能途径只能是从降低槽工作电压入手。

（1）设计合理的保温结构，减少电解槽热损失。在保证铝电解过程最适宜的温度条件的前提下，要尽量降低能耗就必须加强电解槽保温，减少其热量散失。但不同类型的电解槽，各部分保温要求有所不同。

所有的电解槽底部都要求保温良好以减少炉底的散热损失。为此，设计中应选用传热系数低的保温材料作为底部内衬。采用干式防渗料代替耐火砖层是近年来槽底内衬材料的改进之一。

边部加工的小型预焙槽要求侧部保温良好以减少侧部散热。但中间下料的大型预焙槽边部不加工，炉膛靠电解质自身凝固形成，因此要求侧部适度散热。近年来采用 SiC 或 SiC 结合 SiN 的侧部内衬材料的目的正在于此。它的高导热性和强抗氧化性不仅保证了自身不易破损，且能促使形成牢固稳定的槽帮结壳和规整的炉膛内型，间接加强了侧部保温，减少侧部热量散失。

（2）选用导电良好的阴极炭块，降低阴极电压降。选用半石墨化或石墨化阴极炭块比普通阴极炭块的电导率提高20%以上，可以有效地降低阴极电压降。TiB_2 – 石墨的复合阴极炭块因改善了铝液对阴极表面的湿润性，使阴极电压降进一步降低，而且这种复合阴极能有效防止铝液和电解质渗漏，避免槽底早期破损，保持槽底保温性能不受破坏，较大程度地减缓槽底压降随生产延续过程而升高。

（3）设计适当低的阳极电流密度，选择电导率高的阳极材料和先进的阳极制作工艺，采用结构合理的阳极钢爪，降低阳极电压降。

从提高电流效率、降低阳极压降和节约投资费用三方面来看，应设计适当偏低的阳极电流密度，目前预焙槽阳极电流密度都在 $0.6 \sim 0.8 A/cm^2$ 之间。

目前阳极炭块电阻率一般在 $50 \times 10^{-4} \sim 60 \times 10^{-4} \Omega \cdot cm$，其压降约占整个阳极压降的 60% ~ 65%，应该选择电导率高的阳极材料和先进的阳极制作工艺生产电阻率较低的阳极炭块组。

阳极钢爪采用铸钢爪，其电压降与焊接钢爪的电压降相比，大大降低。选用流动性好、电导率高的磷生铁作为浇注料；采用斜齿形或梅花形炭碗，增大铁 – 炭接触面积，都可以有效降低阳极电压降。

（4）选择经济的母线电流密度、合理的母线配置以降低母线电压降。目前均采用导电性能良好的铸造铝母线，母线电流密度在 $0.2 \sim 0.3 A/cm^2$ 之间。

（5）提高电解槽和母线的安装质量。除先进的设计外，高质量的安装也很重要，它是落实设计思想、实现各项设计参数的保障。

（6）加强管理，提高操作质量，保障电解槽的稳定运行。电解槽长期稳定运行不仅电流效率高，槽电压也相对较低。槽子运行不稳定、经常出现病槽会使槽电压比正常槽高出 $0.2 \sim 0.5V$，吨铝电耗增加几百千瓦时乃至上千千瓦时。

单元三　原材料消耗

铝电解生产中消耗的原材料有氧化铝、氟化盐（包括冰晶石、氟化铝等）、预焙块。其中氧化铝用量最大，每吨铝消耗 $1910 \sim 1950kg$，其次是炭素阳极材料，每吨消耗 $500 \sim 600kg$，氟化盐仅为 $20 \sim 40kg$。

A　氧化铝单耗

氧化铝单耗的计算公式：

$$氧化铝单耗 = \frac{氧化铝消耗总量}{铝产量}$$

按理论计算每吨铝消耗氧化铝，按下列反应式计算：

$$2Al_2O_3 = 4Al + 3O_2$$

每产 1t 铝理论应消耗 1889kg 氧化铝，而实际大于此数。其原因是机械损失，包括在包装、运输和加料时各个环节出现的飞扬损失。在加料时，氧化铝有一部分很容易随烟气飞扬。为了减少氧化铝消耗，应在每个环节减少机械损失。对铝电解生产中要减少加料时的飞扬损失，净化载氟料要返回利用。

B　炭素阳极消耗

炭素单耗计算公式为：

$$炭素单耗 = \frac{炭素材料消耗总量}{铝产量}$$

减少炭素阳极消耗的途径：

（1）延长阳极周期；
（2）提高炭素阳极机械强度，减少脱落；
（3）防止阳极过热，保护好阳极表面，防止氧化；
（4）减少掉块等事故。

C　氟化盐消耗

计算氟化盐单耗的公式：

$$氟化盐单耗 = \frac{氟化盐消耗总量}{铝产量}$$

氟化盐是铝电解生产中的添加剂，按理论来说是不参与反应的，也是不消耗的。但是在生产实际中，由于高温蒸发以及原料中带入水分造成分解等原因，生产 1t 铝消耗 20 ~ 40kg 氟化盐，其中主要是氟化铝（约占 70% ~ 80%）。由于氟化铝在高温下挥发升华较快，因此损耗较多。为了使电解质保持酸性，就必须添加氟化铝调整摩尔比。在添加时，要按照有关操作规程来操作，尽量减少损失。

习题及思考题

5-1 现代铝电解生产工艺采用怎样的基本流程，生产过程中需消耗哪些原材料？
5-2 电解铝生产对原料氧化铝有哪些要求，为什么？
5-3 电解质的初晶温度会受到哪些因素的影响？
5-4 写出铝电解电极反应方程式。
5-5 简述阳极效应发生时的主要特征。
5-6 生产中如何形成炉帮与伸腿？
5-7 简述炉帮的作用。
5-8 铝电解槽按阳极结构分为哪几种类型？
5-9 铝电解槽由哪几部分构成？
5-10 铝电解槽阴极结构的构成有哪些？
5-11 大型预焙电解槽有何特点。
5-12 电解槽的母线配置一般有几种方式？
5-13 系列电流是怎样流经电解槽的？
5-14 铝电解槽通常在哪些部位设置绝缘？
5-15 焙烧的目的是什么？
5-16 电解槽焙烧的方法有几种，各有什么优缺点？
5-17 简述装炉操作步骤。
5-18 在焙烧启动过程中有可能出现哪些异常情况，应如何处理？
5-19 什么是铝电解槽的干法启动和湿法启动？
5-20 简述铝电解槽启动后期的技术条件控制与操作。
5-21 "五高一低"的工艺技术是指什么？
5-22 电解槽进入正常生产阶段的重要标志是什么？
5-23 什么是炉膛内型，常见的有哪些类型？
5-24 电解槽正常生产的特征有哪些？
5-25 电解生产中主要技术参数有哪些？
5-26 槽工作电压包括哪几部分？
5-27 什么是极距，有什么作用？
5-28 什么叫做电解质摩尔比，电解生产中为什么常采用酸性电解质？
5-29 如何调整摩尔比？试述正确添加 AlF_3 的方法。
5-30 什么叫做阳极效应系数？
5-31 如何提高原铝的质量？

5 – 32　电解质水平高低对电解生产过程有什么影响?

5 – 33　炉膛底部积存一定数量的铝液有什么作用?

5 – 34　铝电解生产中"四低一高"是指什么?

5 – 35　阳极更换的原则是什么?

5 – 36　阳极更换过程中的质量控制点是什么?

5 – 37　简述熄灭阳极效应的操作步骤。

5 – 38　不正常的阳极效应主要有哪几种,如何处理?

5 – 39　出铝过程中的质量控制点是什么?

5 – 40　电解过程中积累过多炭渣对生产有哪些危害?

5 – 41　铝水平、电解质水平如何测量?

5 – 42　热槽、冷槽的表现特征有哪些?

5 – 43　电压摆产生的原因可能有哪些?

5 – 44　发生滚铝的电解槽有什么特征?

5 – 45　难灭效应产生的原因及处理方法?

5 – 46　预焙槽阳极脱落的原因是什么?

5 – 47　侧部漏炉如何处理?

5 – 48　电解槽阴极内衬破损的形式有哪些?

5 – 49　如何对破损槽进行修补?

5 – 50　如何及时发现电解槽出现破损?

5 – 51　电解槽修补后应做好哪些工作?

5 – 52　计算机控制系统有哪几种,各有哪些特点?

5 – 53　智能槽控机的基本功能主要有哪些?

5 – 54　槽控机的安全操作注意事项有哪些?

5 – 55　什么叫做铝电解的电流效率,它的计算公式是什么?

5 – 56　某电流强度为 200kA 的生产大组,共有 16 台电解槽,其中一台槽子某月(30 天)仅生产 10 天,
　　　　这个大组该月的实际产铝量为 697.08t,该大组的电流效率是多少?

5 – 57　生产中如何提高电流效率?

5 – 58　电解铝生产的电能效率概念是什么,生产上常用什么指标来表示电能效率?

5 – 59　电解槽平均电压由哪几部分构成?

5 – 60　某台电解槽平均电压为 4.18V,当电流效率由 91% 提高到 92% 时直流电耗降低多少?

5 – 61　生产上提高电能效率的途径有哪些?

模块六　铝电解烟气净化及原料输送

任务一　铝电解烟气干法净化

学习目标

1. 了解电解烟气的危害；
2. 理解干法净化和湿法净化的原理；
3. 掌握干法净化的工艺过程；
4. 正确进行烟气干法净化作业。

工作任务

1. 分析电解铝烟气中的污染物及其危害；
2. 观察预焙槽烟气干法净化的工艺设备配置；
3. 进行烟气干法净化操作及控制；
4. 分析处理净化过程常见故障。

单元一　电解铝烟气中的污染物及其危害

A　电解铝烟气中的污染物

铝电解过程中，伴随着电化学反应的进行，产生大量的烟气，其中除含有大量的 CO_2、CO 气体外，还含有 HF、CF_4、SiF_4 及各种粉尘等，这些均属有害物质。如果这些物质直接排放，就会污染铝厂周围环境，威胁操作人员的健康，所以，必须对电解铝厂的烟气进行净化处理，使之达到规定的排放标准。

铝电解烟气中的污染物有气态污染物和固态污染物两种。

a　气态污染物

气态物质包括阳极过程中产生的 CO_2、CO 气体，阳极效应时产生的 CF_4，氟化盐水解产生的 HF 气体以及原料中的杂质 SiO_2 与冰晶石反应生成的 SiF_4 等。污染物主要是 HF 等含氟气体。

b　固态污染物

固态物质是由原材料挥发和飞扬损失产生的，包括随阳极气体排出时带出的细粒氧化铝和随之带出经冷凝后变为固体粉尘的电解质，以及阳极掉下的细粒炭粉等固体粉尘。其主要污染物为冰晶石和吸附着 HF 的氧化铝粉尘。

因槽型不同，氟化物在烟气和固态中的分配比例各不相同。不同槽型烟气的组成如表 6 - 1 所示。自焙侧插槽的气态氟化物约占 60% ~ 70%；预焙槽的气态氟化物约占 50% 左右。

表 6 - 1　不同槽型烟气的组成　　　　　　　　　　（kg/t）

槽　型	固体氟	氟化氢	二氧化硫	一氧化碳	烟尘	碳氢化合物
预焙槽	8	8	15	200	30 ~ 100	无
自焙侧插槽	2	18	15	200	20 ~ 40	6 ~ 10

B　电解铝烟气的危害

氟是人体正常组成的微量元素之一，一般正常平均含氟量大约为百万分之七十左右，每人每天摄取大约 25mg 的氟，其来源主要是饮水和食物。如果人生活或工作在氟的污染区，摄入过量的氟，氟就在人体中富集，从而造成对人体健康的严重危害。如患骨硬化、骨质增生、斑状齿（氟牙）、气管炎、支气管炎等疾病。

动植物摄入过量的氟，引起生长发育缓慢甚至大批死亡。

单元二　烟气干法净化

A　烟气净化的方法

铝电解烟气净化，目前所使用的方法可分为湿法和干法两种。

a　湿法净化

湿法净化有碱法、酸法和氨法等，其中碱法设备简单，维护方便，设备腐蚀低、净化效果好。

碱法通常是用 5% 的苏打（Na_2CO_3）水溶液去洗涤含氟烟气。其原理为 Na_2CO_3 与气体中的 HF 起反应，生成碳酸氢钠（$NaHCO_3$）和氟化钠，反应式为：

$$Na_2CO_3 + HF \rule[0.5ex]{2em}{0.4pt} NaF + NaHCO_3$$

同时，烟气中的 CO_2、SO_2 等成分也分别与碱液发生反应，得以净化，反应式为：

$$Na_2CO_3 + H_2O + CO_2 \rule[0.5ex]{2em}{0.4pt} 2NaHCO_3$$

$$Na_2CO_3 + SO_2 \rule[0.5ex]{2em}{0.4pt} Na_2SO_3 + CO_2$$

$$Na_2SO_3 + 0.5O_2 \rule[0.5ex]{2em}{0.4pt} Na_2SO_4$$

洗涤后的洁净烟气通过除雾后排空，洗液中含有氟化钠和碳酸氢钠、硫酸钠，若直接排放仍造成污染，而且这些物质又是合成冰晶石的主要原料，所以，通常将洗液反复使用，直到氟化钠含量达到 25 ~ 30g/L 为止。将洗液送至冰晶石合成槽内与铝酸钠溶液反应，合成冰晶石，返回电解槽使用。

b　干法净化

铝电解烟气干法净化是近年来所发展和完善起来的新技术，目前已广泛用于预焙电解槽，并取得了较好的效果。

干法烟气净化就是用电解生产的原料氧化铝作吸附剂，去吸附烟气中的氟化氢，并通过布袋收尘器截留烟气中的粉尘，达到烟气净化的目的，吸附了氟化氢的氧化铝仍可返回电解槽中作原料。

（1）干法烟气净化的特点。

1）干法的优点：

① 流程简单，运行可靠，设备少，净化效率高（可达98% ~99%）。

② 干法净化不需要各种洗液及其他原料，所用吸附剂为铝电解原料，吸附后的氧化铝直接用于电解生产，不需要再处理，因此，不存在废水、废渣及二次污染，设备也不需要特殊防腐。

③ 干法净化可用于各种气候条件下，特别是缺水和冰冻地区。

④ 基建和运行费用低，较为经济。

2）干法净化的缺点是：对 CO_2 和 SO_2 净化效果差；吸氟后的氧化铝飞扬损失较大；原料氧化铝在净化过程中，因多次循环易带进杂质，影响原铝的质量。

（2）干法净化的基本原理。其是利用氧化铝对气态氟化氢具有较强的吸附能力这一特性，让电解烟气与氧化铝充分接触，将烟气中的氟化氢气体吸附在氧化铝表面，然后进行气 - 固分离，使氟化氢得以净化。与此同时，烟气中的粉尘也被高效回收，其反应为：

$$Al_2O_3 + 6HF \Longrightarrow 2AlF_3 + 3H_2O$$

氧化铝对 HF 的吸附主要是化学吸附。要提高吸附效率，应具备以下几点：

1）氧化铝具有较强的吸附力。砂状氧化铝的颗粒较粗而结构疏松，比表面积较大，载氟能力较强，所以，干法净化都使用砂状氧化铝作为吸附剂，并要求比表面积大于 $35 m^2/g$。

2）氧化铝与烟气必须充分接触。为改善气 - 固相的接触状况，通常在反应器中，氧化铝以流态化存在于烟气之中。

3）烟气中氟化氢浓度越高，越有利于吸附过程。因此，应提高电解槽的密闭程度，减少空气漏入集气装置内。

（3）干法净化的工艺流程。干法净化工艺流程如图 6 - 1 所示。

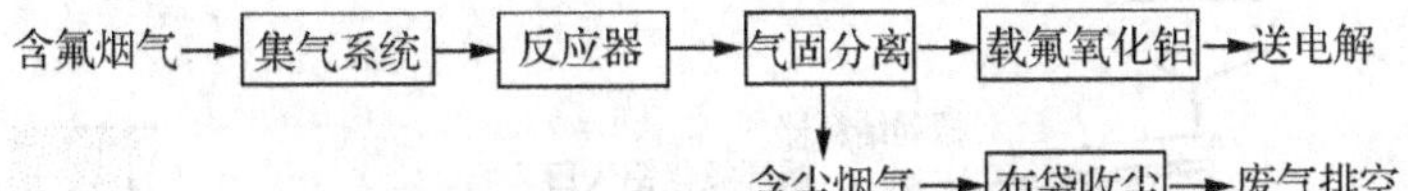

含氟烟气 → 集气系统 → 反应器 → 气固分离 → 载氟氧化铝 → 送电解

含尘烟气 → 布袋收尘 → 废气排空

图 6 - 1 预焙槽干法净化工艺流程图

铝电解槽的电解烟气由集气罩捕集，经过烟气管道引入吸附反应器，同时，向反应器中加入一定数量的氧化铝作吸附剂，使氧化铝与烟气接触并混合，氧化铝从料仓经加料管连续加入，加料管上设有控制闸阀，控制调整氧化铝的加入量。烟气在喉管处快速流动，氧化铝在反应器中呈悬浮状态，高度分散于气流中，然后进入旋风器进行第一次分离，分离下来的含氟氧化铝进入料仓，经下料管实现反复循环吸附，亦可排出送电解使用。旋风分离器排出的含尘烟气进入布袋除尘器中进行最终分离，分离净化后的清洁废气，经由排烟机排入大气。布袋除尘器过滤下来的含氟氧化铝，通过风动输送返回电解生产使用。其净化效率为：气态氟达95%以上；固态氟达85%以上；全氟达90%以上；除尘总效率达

99%以上。

B　烟气干法净化工艺设备配置

干法净化可以作为独立的系统安装在两列电解厂房中的空间。烟气干法净化的设备配置如图6-2所示。其主要设备包括如下部分：

（1）烟气捕集管道。从槽上集气罩算起，到新鲜氧化铝入口处属于烟气捕集部分。电解产生的含氟烟气，被可移动的铝合金槽罩密闭在槽腔内，通过每台电解槽的排烟支管导入主烟道。每个排烟支管上都装有电动或手动蝶阀，因电解槽距袋式除尘器的距离不同，所以可调整此阀的开度使分配在各电解槽上的负压保持基本一致，保证每台槽的集气效率，使电解车间内的烟气排放达标。主烟管由一定厚度的钢板焊接成圆筒形，烟道直径由电解槽产生的烟气量而定。从首端到末端，随着烟气量的增加，烟道直径增大。如200kA预焙槽，通常情况每台电解槽产生的烟气量为108m³/min，每52台电解槽共用一根主烟道，烟道的外径始端为606mm，末端为2341mm。只要电解槽能够盖好槽罩，按每次作业只打开3~4块槽罩并将其风量调节阀开到最大位置，可保证烟气捕集率在98%以上，使厂房工作面不受污染。

（2）烟气净化与分离设备。从新鲜氧化铝投入口到烟囱，属烟气净化和分离部分。电解槽含氟烟气通过新鲜氧化铝投入口时，便与氧化铝成沸腾状混合，进行烟气净化。为了使吸附反应能够完全充分，反应段长度一般应达20m左右，保证反应时间在1s左右。

此外，为了获得最佳吸附效果，气体中必须保持有一定的固含才能使气-固接触机会最大。实践表明，在烟气流速为18~20m/s时，固含在50~60g/m³吸附效果最佳。但保持这种固含，而全部使用新鲜氧化铝，所产生的载氟氧化铝量将是电解槽使用量的几倍，为了使系统内物料平衡而满足固含要求，通常新鲜氧化铝投入量与电解槽消耗量大体相当，其余部分采取系统内循环的方式，因为氧化铝一次使用所吸附的氟化氢远未达到饱和，进行3~4次循环，仍可保证净化效率达98%~99%。循环氧化铝投入口设在新鲜氧

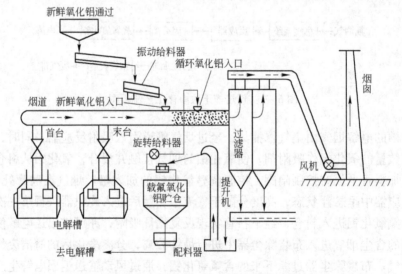

图6-2　预焙槽干法净化设备配置图

化铝投入口下方。

气固分离在过滤室内进行，过滤室内装有若干条聚酯毛毡过滤袋，用快速弹簧卡紧固在花板上，含有固体的气体从下部入口进入过滤室内，由排风机的负压，将气体从滤袋外抽入滤袋内，从上部出口进入排烟道，由烟囱排入大气中。固体被滞留在滤袋壁上，从而使气–固分离。分离后的固体（载氟氧化铝）大部分自动掉入过滤器的底部，颗粒较细的受负压作用而附着在滤袋上，若不清除，将会造成堵塞，影响分离和净化效果，为此，每个滤袋上方装有反吹管，反吹管通过隔膜阀与干燥压缩空气总管相通，用电磁阀和脉冲器控制隔膜阀定时对各个滤袋轮流反吹，将附着的粉尘吹掉。

（3）新鲜氧化铝供给设备。从新鲜氧化铝高位仓到新鲜氧化铝入口属新鲜氧化铝供给部分。高位仓设在新鲜氧化铝入口上方。利用自然落差将新鲜氧化铝通过空气斜槽或管道送入电磁振荡给料器内，电磁振荡给料器连续、均匀地将物料投入烟道，可通过调整振荡器的振幅或振频来调整物料流量。

（4）载氟氧化铝回收设备。从过滤器下部回料溜槽到载氟氧化铝仓（包括循环料入口）属载氟氧化铝回收部分。载氟氧化铝被分离后，经过回料溜槽到提升机内，被提升到溢流槽，一部分进入回收氧化铝仓（其量与新鲜氧化铝投入量相当），大部分通过溢流槽进入旋转给料机，投入主烟道内循环使用。

回收氧化铝仓内的载氟氧化铝被送去配料器与其他原料配料后，再送去电解槽使用。

C 电解铝烟气净化系统的正常操作

烟气净化系统是利用过滤布袋对烟气中的粉尘进行过滤、收集，以达到除尘的目的，同时在烟气中与氧化铝均匀混合从而达到除氟的目的。

电解铝生产工艺中，烟气净化系统是预焙槽电解铝生产工艺中不可缺少的工艺环节，是实现电解铝洁净生产的关键环节。为了使烟气净化系统在良好状态下有效运行，要求操作者必须按照操作规程对设备进行操作，确保设备可靠运行。下面以200kA预焙槽为例介绍烟气干法净化的操作规程。

a 系统的启动

（1）系统启动前的检查与准备。

1）系统启动前应认真检查主排烟风机、流化罗茨风机、气力罗茨风机的润滑油，冷却及电动机状况，确保设备都处于正常状态；

2）认真检查系统各阀门状态，除尘器进出口阀、溜槽供风阀及排气管阀门应打开，沸腾床低位泄料阀门应关闭，高位排料阀门应开启，循环氧化铝阀门及新鲜氧化铝阀门应开启，VRI反应器（垂直径向喷射反应器）供风阀门应打开，为除尘器启动运行做好准备。

（2）系统的启动步骤。

1）打开反吹清灰系统压缩空气供风阀，打开新鲜氧化铝供料阀门；

2）启动气力提升机、罗茨风机；

3）气力提升机风机运行平稳后，启动主排烟风机；

4）打开主排烟风机进口阀，严密监视主排烟风机电动机电流变化，如有异常应马上停机检查，排除异常，确认无误后，方可再次启动风机；

5）主排烟风机启动应有人值守，直至风机进口阀门全部打开，风机电动机电流达到额定值并稳定，运行平稳后操作人员方可离开；

6）启动流化风机，监视风机电动机启动电流，如有异常应马上停机检查，排除异常，确认无误后，方可再次启动风机；

7）启动反吹风机，运行反吹清灰系统。

b　除尘器的运行

（1）设定反吹清灰系统工作方式。反吹清灰系统工作方式分为两种：

1）定时反吹清灰模式。在这种工作模式下主要有 3 个参数：周期间隔、反吹时间与反吹间隔。

周期间隔：指对整套 7 台除尘器进行反吹每个周期之间的间隔时间，即上一个反吹周期运行开始至下一个反吹周期开始运行的时间。

反吹时间：指反吹清灰系统对每过滤单元进行反吹清灰的时间。

反吹间隔：指一个过滤单元反吹清灰完毕至下一个过滤单元反吹清灰开始间隔的时间。

这三个参数的设定应根据除尘器的使用情况设定，一般周期间隔应在 0 ~ 20min，反吹间隔应在 10 ~ 15s，反吹时间为 3 ~ 5s。

2）压差反吹清灰模式。系统自动检测除尘器进、出口之间压力差值，动态计算反吹清灰参数。

（2）给定新鲜氧化铝流量。每台除尘器的新鲜氧化铝流量应控制在 0.8 ~ 1.2t/h 左右。

（3）主排烟风机应每半小时做一次巡检，检查风机电动机电流、主轴瓦温度、润滑及冷却、风机振动等，并作详细记录。

（4）除尘器及其他设备应每一小时巡检一次，主要检查流化风机及气力提升机风机的运行电流、主轴温度、润滑及冷却、输出压力等参数和反吹清灰系统的工作情况，检查其是否按指定的程序工作，检查新鲜氧化铝、返回氧化铝、循环氧化铝流量是否均匀稳定，除尘器新鲜氧化铝溜槽是否断流，气力提升机工作是否正常，各阀门是否处于正常位置，详细记录有关参数及设备状态情况。

（5）如果有单台除尘器需要不停机检修，则把此台除尘器的工作状态设定为"检修"状态，那么在定时清灰模式时可自动跳过此台除尘器，而不影响其他除尘器的正常工作。

c　系统的停车

系统的停车步骤如下：

（1）关闭新鲜氧化铝供料阀；

（2）关闭反吹清灰系统压缩空气供风阀门；

（3）关闭反吹风机，关闭各风机出口阀门；

（4）关闭流化风机，关闭各风机出口阀门；

（5）关闭主排烟风机进口阀门后，关闭主排烟风机；

（6）关闭气力提升机风机，关闭各风机出口阀门；

（7）关闭除尘器进、出口阀门。

D　烟气净化的自动控制

烟气干法净化配备有先进的计算机控制系统。自动控制画面如图 6 - 3 和图 6 - 4 所示。

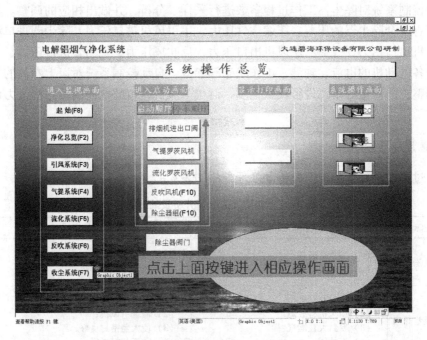

图6-3　烟气净化系统操作界面

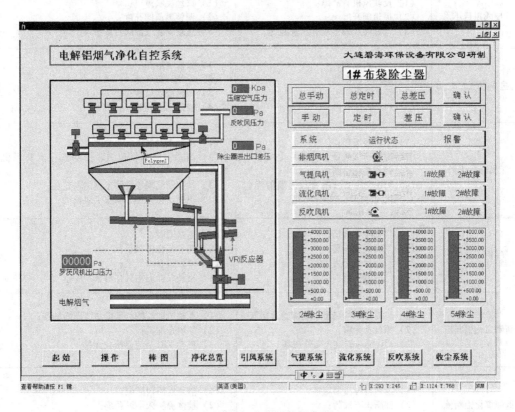

图6-4　烟气净化系统操作界面

自动控制系统对除尘器工作过程参数进行采样、分析，并做出相应的调整。其中过程参数主要有单台除尘器的压差、压缩空气压力、主引风机进口压力、除尘器进口温度、流化罗茨风机出口压力、气提罗茨风机出口压力、反吹风压力、主烟管进口压力、主烟管进口温度及各电动机的电流、轴温、工作状态等参数，自动控制系统对以上参数的变化做出相应的调整，并对过滤单元进行反吹控制，对主引风机进口的电动阀及一些电力设备进行控制。

E　常见故障分析与处理

净化过程中常见故障原因分析及处理方法如表 6 – 2 所示。

表 6 – 2　常见故障原因分析及处理方法

常见故障	故 障 原 因	处 理 方 法
粉尘排放超标	(1) 滤袋有破损； (2) 掉袋或箱体破损	(1) 修补或更换滤袋； (2) 更换布袋或补焊
进出口压差低	(1) 出口阀开度小； (2) 引风机有故障； (3) 密封大盖漏气； (4) 有掉袋	(1) 调整出口阀开度； (2) 修理引风机； (3) 使大盖密封良好； (4) 重新装好滤袋
反吹风量小	(1) 反吹风机有故障； (2) 风道阀开度小； (3) 气缸阀片掉落或有严重漏气	(1) 修理反吹风机； (2) 调整风道阀开度； (3) 重新安装气缸阀片或修理
进出口压差高	(1) 气缸阀故障； (2) 高压气源断流； (3) 反吹风量小； (4) PLC 程序有误	(1) 检修气缸阀； (2) 检修高压气源； (3) 调整反吹风量； (4) 修改 PLC 程序
无循环氧化铝	(1) 下料器堵塞； (2) 沸腾床供风量小或不供风； (3) 新鲜氧化铝断流； (4) VRI 反应器（垂直径向喷射反应器）流化元件损坏或供风不足	(1) 清理下料器； (2) 调整沸腾床供风量、排除流化罗茨风机故障； (3) 排除断流现象使除尘器供料充足； (4) 更换流化元件、调整供风量
气提不提料	(1) 气提喷嘴磨损； (2) 气提供风不足； (3) 料仓排气阻力太大； (4) 气提内物料太少	(1) 更换喷嘴； (2) 调整气提供风量； (3) 增加料仓排气量； (4) 增加气提内物料存料量
新鲜氧化铝断流	(1) 风动溜槽给风量小或筛滤器堵塞； (2) 原料仓无料； (3) VRI 反应器流化元件损坏	(1) 调整风动溜槽给风量、清理筛滤器； (2) 原料仓加料； (3) 更换 VRI 反应器流化元件
返回氧化铝断流	(1) 返回料溢流口堵塞； (2) 沸腾床不沸腾； (3) 气提不提料	(1) 清理返回料溢流口； (2) 检修沸腾床供风系统； (3) 检修气提

任务二　氧化铝输送

学习目标

1. 了解氧化铝各种输送方式的基本原理；
2. 掌握电解铝厂氧化铝输送系统的设备配置；
3. 能正确进行超浓相输送作业。

工作任务

1. 根据氧化铝各种输送方式的基本原理分析其特点；
2. 观察电解铝厂氧化铝输送系统的设备配置，按工艺流程进行超浓相输送操作与控制；
3. 分析处理原料输送过程的常见故障。

单元一　氧化铝输送方法

氧化铝是铝电解中贮存输送量最大的一种原料，以前，电解铝厂都是采用皮带输送、小车供料、天车供料及人工料箱加料等落后的、劳动强度大、操作环境差的输送方式。随着铝工业的发展，各铝厂对氧化铝输送技术要求越来越高：一是要求输送设备运行可靠、造价低廉、维护费用低；二是自动化程度高；三是能耗低；四是密闭性好，无泄漏。先进的气力输送技术具有配置灵活、密闭性好、输送效率高、运行及维护费用低、不干扰其他工艺作业等优点，正好能满足这些要求。

氧化铝的气力输送包括稀相输送、浓相输送、风动溜槽输送（也称斜槽输送）和超浓相输送技术。

A　稀相输送

稀相输送技术属气力输送中的动压输送技术，是通过压缩空气直接作用于原料单一颗粒上的动压力驱动物料，物料在高压气流中呈沸腾状态，所以固气比较低，一般为 5 ~ 10（质量比），同时物料在输送管道中流速很快，一般达 30m/s 左右，使得对管道的磨损严重，物料破损率高等。因此，稀相输送已逐渐被浓相输送和超浓相输送所取代。

B　浓相输送

浓相输送技术属气力输送中的静压输送技术，使用高压空气通过气孔进入输料管，将料柱分成了气-料间隔的气栓和料栓，料栓受气栓的压力作用而流动，达到输送物料的目的，如图 6-5 所示。物料是以非悬浮态栓状流动，因此要求的风速低，不存在能量传递和颗粒间的摩擦损失，因此能耗、管壁磨损和氧化铝破损均比稀相输送低。另外，浓相输送还具有配置灵活、占地面积小和自动化程度高等优点。但该项技术一次性投资高，维修量大。

C　风动溜槽输送

风动溜槽输送技术属气力输送中的流态化输送技术，风动溜槽输送的主体设备是斜槽，又叫做斜槽输送，如图 6-6 所示。斜槽分为上室和下室，上室输送物料，为料室。下室接气源，为气室。上室与下室之间为透气板所隔，透气板的作用一是承托输送的物料，二是使气室的空气均匀透过，进入料层，使物料充气及流态化。透气板一般是陶瓷多孔板或棉织纱白帆布多层缝成。

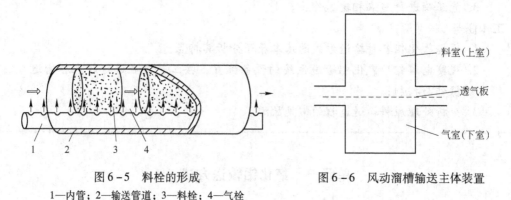

图 6-5　料栓的形成　　　　　　　　　图 6-6　风动溜槽输送主体装置
1—内管；2—输送管道；3—料栓；4—气栓

在斜槽输送过程中，首先让低压风通过透气板使槽内物料流态化，使其具有流体的性质。如果流态化以后的物料所受到的下滑分力大于或等于物料流动摩擦阻力，则物料开始向前流动。在斜槽输送中低压风只起到使物料流态化的作用，而不负责推动物料流动，因此需要的风压、风速都很低。另外物料间及物料与槽壁间不发生强烈的摩擦，所以在能耗、颗粒破损、对槽壁的磨损上都比稀相和浓相低，但是占地面积大。

D　超浓相输送

超浓相输送技术属于气力输送中的流态化输送技术，也是低压输送的一种。该技术是由于在输送过程中物料的浓度（固气比）比现行浓相输送的浓度更高而得名，简称 HPS 法（hyperdense phase system）。其是在风动溜槽输送技术基础上发展起来的粉料、细颗粒料远距离输送新技术。具有工艺先进、设备简单、能耗低、输送效率高、维修操作简单、安全可靠等优点。

超浓相输送装置可长距离水平布置，能大量节省安装空间，方便设计安装施工，并可以大量节省土建投资。低的物料流速（<0.5m/s），可极大地延长设备的使用寿命和减少氧化铝的破损，有利于氧化铝在电解质中的溶解和扩散，减少沉淀的发生，较高的物料浓度（>0.8t/m³），虽流速小，输送能力亦很大。

系统排风自成体系，配有独立高效的排风过滤装置，不需另设除尘装置，物料全封闭输送，无粉尘飞扬，劳动条件好，亦可避免渗入各种杂质，提高铝品位。使用离心风机供风，运行费用要比压缩空气低得多。

整个系统无机械运动部件（除风机、调压阀、配料计量系统、回转收料机外），因此维修量小，减轻了工人的劳动强度。

总之,超浓相输送系统是现代大型预焙阳极电解槽生产车间的一个重要组成部分,可在高温、多尘、强磁场的条件下工作。

a 超浓相输送的基本原理

超浓相输送基本原理如图6-7和图6-8所示。

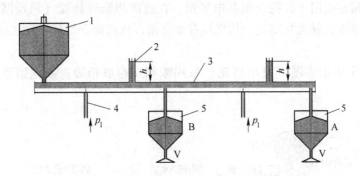

图6-7 超浓相输送基本原理(料斗阀门开启前)
1—料仓;2—平衡管;3—风动溜槽;4—进气管;5—料斗

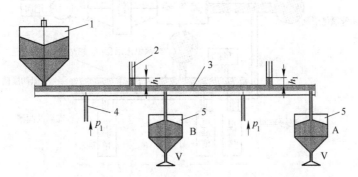

图6-8 超浓相输送基本原理(料斗阀门开启后)
1—料仓;2—平衡管;3—风动溜槽;4—进气管;5—料斗

风动溜槽将贮仓和料斗A、B连为一个系统,风动溜槽分为上、下两部分,下部为空气槽,上部为料槽,风动溜槽上安有压力平衡柱。在图6-7和图6-8中,将料斗阀门V打开,料斗中物料水平下降,周围的压力发生了变化,压力平衡被破坏。为了使压力达到平衡,平衡柱中的物料降到h_1,物料开始不断进入料斗中,这种过程会不断传递,一直到贮仓。一旦阀门关死,压力逐渐达到平衡,平衡柱的料位又恢复到原位。

超浓相输送即是利用氧化铝具有较好的充气性和流动性的特点,采用适当压力的空气将料室中物料悬浮松动,溜槽以一定的斜角(不大于2°)安装,当低端卸料阀开启时,悬浮疏松的物料在压差和物料重力作用下自动卸出。此种输送方式不需要压缩空气作为输送动力,只需较低压力的空气活动物料,故又称为空气活动重力输送。输送过程中固-气比极高(据称为500:1),空气压力只需10kPa左右,所以采用一般风机即可。

b 氧化铝输送方式的选择

现代大型电解铝厂一般采用大容量的预焙槽,且均为横向配置。通过比较各种输送方式的优缺点，可以认为：现代大型铝电解厂氧化铝输送方式采用如下模式是一种投资省、自动化程度高、维修量少的最佳方式，即从贮仓或仓库至日耗仓采用管道式浓相输送，从日耗仓至电解槽采用风动溜槽超浓相输送方式。这种组合输送方式，充分利用了这两种输送方式的优点，从贮仓或仓库至日耗仓一般距离较远，而且一般都要跨越道路和建筑物；风动溜槽超浓相输送用于日耗仓至各电解槽，在超浓相输送装置（风动溜槽）上无任何阀门。因此，输送装置大为简化，几乎没有维修量，从而保证物料在输送过程中几乎不发生故障。

图6-9（平面示意图）是电解铝厂采用浓相加超浓相输送氧化铝系统的典型应用示例。

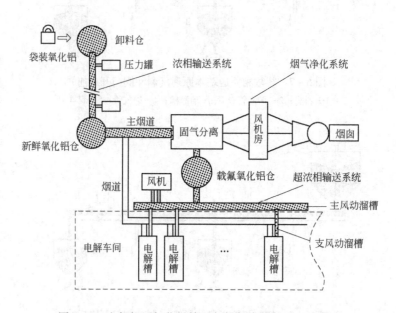

图6-9　电解铝厂氧化铝输送与烟气净化的平面示意图

这种系统与氧化铝干法净化系统是连接在一起的。物料从远离电解厂房的卸料站或仓库（或大型贮槽），通过浓相输送到电解厂房净化系统的日用氧化铝贮槽（日用氧化铝贮槽有两种：一种为双层贮槽，即贮槽上下分两层，一层为贮存新鲜氧化铝，二层为贮存载氟氧化铝；另一种为分开的分别设立同等贮量的氧化铝贮槽和载氟氧化铝贮槽），因距离远，一般要跨越道路和建筑物，而浓相管道非常灵活、投资省。从净化系统的含氟氧化铝仓到电解车间的电解槽，采用了超浓相输送，这正是利用了其配置紧凑、物料不易破碎、本身自动化程度高、维修量小、易于管理操作等优点，使其更好地为电解生产服务。

单元二　氧化铝超浓相输送系统的正常操作及故障处理

超浓相输送系统的任务是将载氟氧化铝贮槽中的载氟氧化铝（或新鲜氧化铝）和氟化铝分别计量，按比例掺配后送入每台电解槽上料箱中。

A 系统的组成

超浓相输送系统由载氟氧化铝贮槽出口起至电解槽料箱进口止之间的全部溜槽、垂直下料管、排气收尘器（平衡料柱）、供风系统、各种阀门、配料计量装置、收料装置（仓顶收尘器）、电解槽加料系统、天车加料系统等设备组成，并且包括新鲜氧化铝贮槽底部风动溜槽。

超浓相输送系统的主要部件包括溜槽、风管、双向自动调节阀、高压离心风机、排气收尘器（平衡料柱）、仓顶收尘装置、配料计量系统、回转式收料机等。

溜槽是超浓相输送系统的主要部件，每节溜槽由料室、风室、透气板、密封垫、连接法兰及紧固螺栓组成。透气板把气室和料室分隔开，由气室进入的气体经透气板均匀地进入料室把物料流态化后，即可进行物料的输送。

风管是给溜槽供风的管路。由 3～4mm 厚的铁板卷成，直径 300～400mm。

双向自动调节阀可自动调节进入溜槽气室内的风量，保证溜槽供风风压的恒定。

排气收尘器是溜槽料室排风的通道，只让空气通过而物料不能通过。

高压离心风机是系统供风的风源。

仓顶收尘装置保证料仓具有良好的排气状态，不致使仓内的压力过高而导致送料困难，并且收集料仓内产生的粉尘。

回转式收料机作用同仓顶收料装置，只是回转收料机是用于电解质仓的排气收尘装置。

为了使超浓相输送系统高效、可靠地运行，为其配备了先进的计算机控制系统，电解铝厂氧化铝超浓相输送全自动控制画面如图 6-10 和图 6-11 所示。

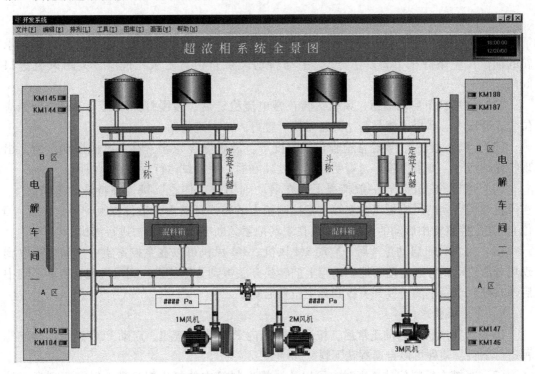

图 6-10 超浓相输送系统全景图

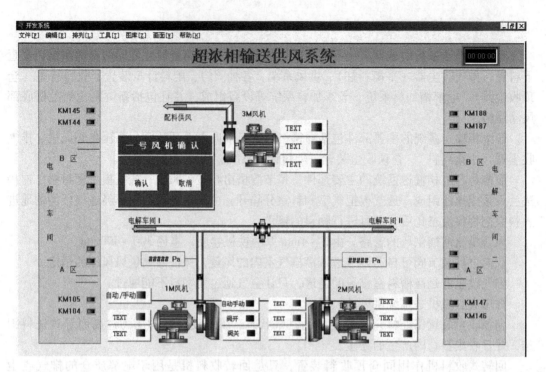

图 6 - 11　超浓相输送供风系统图

B　氧化铝超浓相输送的主要操作

a　打料离心风机的操作

（1）向电解厂房送料时首先启动打料风机。在打料风机启动前，必须检查风机轴承箱的油位（应保持在 1/2 以上处），手动转动风机自由，无卡死现象，关闭风机进口阀门。

（2）现场按下启动按钮，风机运转正常电流稳定后，慢慢打开风机入口阀门到相应位置，看压力、风机电流是否达到正常值，锁好入口阀定位销。

（3）运转过程中，要经常检查轴承温度等，发现温度急剧升高，风机振动严重，出现特殊响声时，要紧急停车，查明原因，处理好后，重新试运行后再投入使用。

（4）风机的停止运行一般情况下是在启动现场按"停止"键，在特殊紧急情况下，在风机现场启动的风机可以在主控室把控制箱上的转换开关由分散位置扳到停止位置（0位），在主控室集中启动的风机也可以在现场把紧急断电按钮按下去进行停机。

（5）打料风机启动正常后，启动 3M 风机。3M 风机可以在主控室集中启动也可以到现场分散启动，分散启动时把启动箱上的转换开关扳到分散位置，到风机现场启动。集中启动时把启动箱上的转换开关扳到集中位置启动。

b　自动操作送料

（1）这些风机都启动正常后，按动主控室内 PLC 启动按钮，启动 PLC 系统，操作斗秤进行下料，斗秤可以自动翻转下料。

（2）当槽末端料位计灯亮时，可以认为槽上料箱内的氧化铝打满，但需要到现场抽查。在确认料满后，停止 PLC 系统并停止风机。风机的停止运行，一般情况下是在启动现场按"停止"按钮。

（3）在送料过程中如出现在估计时间内送料料位计灯不亮的情况，应立刻到超浓相主溜槽平台上巡视处理，以保证电解槽的正常供料。

（4）超浓相输送的粉状物料有时有杂物，在输送过程中，溜槽内有堵塞现象。有时透气板上面有厚的沙石影响物料输送。因此，在使用过程中应定期清理溜槽里的沉淀物。

C　超浓相系统常见故障分析及处理

超浓相系统常见故障分析及处理如表 6 - 3 所示。

表 6 - 3　超浓相系统常见故障分析及处理方法

常见故障	原 因 分 析	处 理 方 法
溜槽堵料	（1）风量调节阀损坏； （2）排气箱排气布袋破损； （3）透气布破损	（1）更换调整风量调节阀； （2）更换排气布袋； （3）更换透气布
无风压	（1）风机出口阀门损坏； （2）风机进口阀门损坏； （3）风机故障	（1）更换风机出口阀门； （2）更换风机进口阀门； （3）更换维修风机

习题及思考题

6 - 1　电解烟气的污染物主要有哪些？

6 - 2　电解铝生产的烟气净化方法有哪些，干法净化的原理是什么？

6 - 3　简述烟气干法净化工艺过程。

6 - 4　要提高氧化铝对氟化氢的吸附效率，必须具备哪些条件？

6 - 5　电解铝生产中氧化铝输送的方式有几种？

6 - 6　超浓相输送的原理及特点是什么？

6 - 7　超浓相输送系统由哪些设备组成？

6 - 8　试分析溜槽堵料的原因。

模块七　铝锭铸造

任务一　原铝的配料与净化

单元一　重熔用铝锭铸造生产工艺流程

从电解槽内吸出的原铝液，通过拖车运输、过秤后，送到铸造车间进行捞渣、配料、澄清净化，再调配成适合于各种化学成分产品的铝液或熔炼成合金液，然后铸造成为各种成品铝锭。

铝锭按成分不同分重熔用铝锭、高纯铝锭和铝合金锭三种，按形状和尺寸又可分为条锭、圆锭、板锭、T形锭等。工业用铝锭为中间产品，不能直接应用，只能作为工业原料，客户需要重新熔化。因此，国家标准（GB/T 1196—93）称工业用商品铝锭为"重熔用铝锭"，而铝锭只是习惯叫法。重熔用铝锭铸造的工艺流程如图7－1所示。

单元二　原铝的配料

配料是铝锭铸造生产过程中的一个最重要的环节。因每个电解槽的操作、技术条件不同，运行状态有所差别，所生产的原铝液含杂质（主要是 Fe 和 Si）量也有相当大的差别。为了适应各类产品的质量要求和提高原铝品位，生产出更多的优质产品，铸造车间在铸锭生产中，要根据生产计划配制相应品级的铝液，这就需要经过计算，将从各台电解槽取出来的不同品位的铝液，根据重熔用铝锭国家标准或用户的要求，适当地进行质量调配，使所生产的铝锭符合产品标准要求。原铝配料通常在混合炉或敞口抬包中进行。

配料分两步完成：第一步是排包，通过排包把不同品位的几台电解槽（一般是两台或三台）合理搭配，控制单包的 Fe 含量；第二步是炉内配料，是把不同品位的几包混合

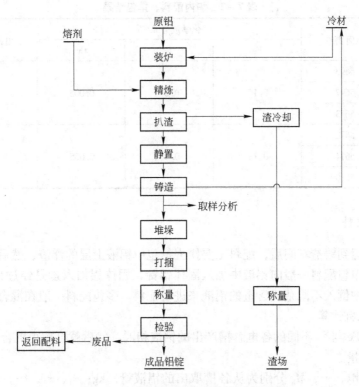

图7-1　重熔用铝锭铸造生产工艺流程

在一起，达到预期的 Fe 含量。

A　预排包

配料工根据车间生产计划，电解车间的出铝任务单及出铝槽的原铝预分析杂质含量对出铝槽进行出铝顺序编排，不可漏编或重编，并把槽号、出铝量、品级按顺序写在纸条上，供出铝工、过秤工、配料工在工作中使用。例如，有一批出铝电解槽，铝液预分析化学成分如表7-1所示。

表7-1　铝液预分析的化学成分

电解槽号	化学成分 w/%			出铝量/kg·包$^{-1}$
	Fe	Si	Cu	
5693	0.17	0.08	0.005	1500
5697	0.16	0.06	0.005	1550
5670	0.08	0.07	0.005	1500
5672	0.26	0.07	0.005	1550
5673	0.12	0.06	0.005	1550
5674	0.09	0.09	0.005	1450

通过排包要将表7-1中的原铝液配制成含铁量比较接近的两包铝，以便于炉内配料，排包结果如表7-2所示。

表 7 - 2 炉内配料、排包结果

序号	电解槽号	化学成分 w/%			出铝量/kg·包⁻¹
		Fe	Si	Cu	
1	5693	0.15	0.07	0.005	4600
	5697				
	5673				
2	5672	0.15	0.08	0.005	4500
	5674				
	5670				

B 炉内配料

当原铝液运到铸造车间后，配料工要捞去抬包中铝液上层的浮渣，然后进行单包配料或多包配料。单包配料一般向铝液中加入固体铝锭，固体铝加入量是经过计算后确定的，也可以向铝液中倒入不同杂质含量的铝液来进行配料。多包配料一般在混合炉内进行。

a 液体配料计算

如果把含 Fe 与 Si 不同的各电解槽产出的铝液相混，然后就可求得混合后的铝液中 Fe 与 Si 的平均含量。

设：M_1，M_2，…，M_n 分别为从各槽取出的铝液量，kg；x_1，x_2，…，x_n 分别为各槽铝液的 Si 含量，%；y_1，y_2，…，y_n 分别为各槽铝液的 Fe 含量，%；X 为混合后的铝液中的平均含 Si 量，%；Y 为混合后的铝液中的平均含 Fe 量，%。

则

$$X = \frac{x_1 M_1 + x_2 M_2 + x_3 M_3 + \cdots + x_n M_n}{M_1 + M_2 + M_3 + \cdots + M_n}$$

$$Y = \frac{y_1 M_1 + y_2 M_2 + y_3 M_3 + \cdots + y_n M_n}{M_1 + M_2 + M_3 + \cdots + M_n}$$

为提高原铝的品位，在质量调配时，可用高品级的铝来提高低品级铝的品位。另外，我国氧化铝含硅较高，因此，由电解槽吸出的原铝中硅量常高于铁量，这种铝不符合线锭的要求，故需配入高铁含量的铝液进行调整。

现有平均含 Fe 量为 y_1 的铝液 M_1（t），要求调配到含 Fe 量为 Y，则需要加入的高含 Fe 量为 y_2 的铝液量 M_2（t）可由下式算出：

$$y_1 M_1 + y_2 M_2 = (M_1 + M_2) Y$$
$$M_2 = (Y - y_1)/(y_2 - Y) M_1$$

包含 Fe 量在内的所有杂质均可按此式计算，该公式也适用于固体配料计算。

例如，现有铝液 2000kg，其铁含量为 0.15%，另有一包铝液含铁量为 0.30%，试计算如何调配才能使铝液中铁含量达到 0.2%。

由此条件得：

$$M_2 = (0.2 - 0.15)/(0.3 - 0.2) \times 2000 = 1000 (kg)$$

因此，需要将后者 1000kg 与前者混合后，就能达到含 Fe 0.2% 的要求。

b 固体配料计算

重熔用铝锭常用液体铝调配，而在铝线锭或铝合金锭生产中，经常需要用固体铝

（中间合金锭）来配料。铝线锭要求铁含量比硅含量高（$w(\mathrm{Fe})/w(\mathrm{Si})>1$），而原铝中铁含量却比硅含量低，这就要求在原铝中增加铁的含量。一般是先做成铝－铁中间合金，加入铝液中提高铁的含量。铝铁中间合金的含铁量大致在5%左右。固体配料计算举例如下：

已知：原铝液中杂质含量分别为：Fe 0.10%，Si 0.09%，其他杂质合格，重量为5000kg；铝－铁中间合金Fe含量为2.5%，Si含量为0.15%；

试计算把上述原铝液配制为含Fe 0.15%的铝液需要加入多少千克铝－铁中间合金？

根据公式计算：

$$M_2 = (0.15 - 0.10)/(2.5 - 0.15) \times 5000 = 106.38(\mathrm{kg})$$

由计算可知，要配制含Fe 0.15%的铝液，要加入106.38kg的铝－铁中间合金。

C　配料的主要操作

a　配料

配料的作用在于确定炉料的化学组成及其配比，以保证操作人员准确地控制冶炼成分，合理利用废料、返回料，节约合金元素，降低生产成本，减少金属和原材料消耗，缩短冶炼时间。配料操作要点如下：

（1）配料时只考虑杂质的含量不考虑原铝的含量。

（2）计算所配成铝液杂质含量时，为防止熔炼过程中有所上升，所以要低于标准0.01%~0.02%，留有余地使配料保持准确性。

（3）固体配料时要兼顾浇铸温度，不能因为过分追求降低生产成本，加入过多的废料、返回料，致使生产环节控制困难延长熔炼周期，为后续生产带来不便。

（4）配料时要兼顾电解厂房的生产，以便为电解的生产组织及时有效地提供铝液。电解配铝时，两个槽子不能离得太远，根据每个槽子铝成分预分析结果进行分区分段配料。

（5）配料时要兼顾异常槽化学成分的变化。电解槽在取样分析之后至出铝的一段时间内，原铝杂质处于上升或下降的趋势。通过前几天槽子化学成分预分析报告，分析槽子化学成分变化与变化趋势，若向不好的趋势发展，配料时要留有余地，避免成分超出标准，造成配料失败。配铝紧张时，某些槽子可不按出铝任务，少出一点。

b　灌炉

电解铝液装入混合炉主要操作包括倒包操作、加冷料操作、捞滤渣操作等，每一项操作直接影响到铝的损耗、铝的质量，例如：若倒包操作慢，则铝氧化损失严重；温度下降过快，能量浪费严重，技术条件难控制，影响工作效率等。操作前应检查所用工具、设备是否完好无损及运行正常，捞渣、搅拌等工具需要干燥。

（1）倒铝操作。

1）按要求与配料员配合了解掌握当天出铝情况。

2）电解铝液经过磅后，配合天车将铝液倒入混合炉中。

3）在天车吊起开口包时，要用长钩控制包体以免抬包转动造成事故。

4）抬包吊至指定位置后，观察窥视孔，检查包内铝液是否太满，及时采取措施反转包轮。小心登上倒铝平台，用扳手打开包盖，放下包梁卡子。

5）调整好包嘴位置，使之正对倒铝溜槽，缓慢转动包轮，左手缓慢转动轮筋，右手扶住包轮边缘，控制包轮以免转得过快造成洒铝，还可防止包体转动，使包嘴跑位，要使铝液落在中央位置。倒铝要稳不洒铝，倒包时包内的铝液不能倒得太急，以免包嘴或溜槽流不及造成洒铝；但流量也不能过小，倒得太慢，铝液氧化严重，温度降得过快，达不到技术要求条件，影响后续工作；倒铝时，铝液落差不宜太大，以免铝液氧化和飞溅。

6）溅出的铝要定期清理，放入溜槽冲入混合炉中，减少损耗。

7）倒包结束后，反转包轮使之摆正，打上包梁卡子，每包铝必须倒净，以免影响下一包质量。

8）配合天车，将包吊至抬包车上。

9）倒铝时，周围5m范围内不准站人，以免烧伤。

（2）加铝锭降温。电解铝液进入铸造车间时，温度达850℃，一般高于生产各环节温度控制要求，需加冷料降温处理。

1）加铝锭降温前，检查铝锭是否干燥，防止因含水分倒入铝液中发生爆炸，若加入冷料潮湿，要在上一包倒完后马上加入空包中，利用包内余热进行预热。

2）准确掌握加入冷料量及冷料的化学成分，以免技术要求超出预定范围，造成批量废锭。

3）若加入冷料会引起原铝化学成分变化，一定要经过配料计算方可加入，不可估量加入，加入的冷料要做记录，必要时进行预分析，及时做好成分调整。

4）加冷料时要注意安全，加入冷料要顺包沿，或混合炉斜坡顺下去，不可直接投入防止铝液溅出伤人或损坏内衬材料，以延长抬包及混合炉的寿命。

5）加料时，穿戴好面罩等劳保用品，不允许他人站在抬包附近(2m范围内不得站人)。

（3）捞渣。

1）开口包的铝液应低于包口15cm。

2）向包内铝液表面撒些清渣剂，加入冷料融化后，搅拌均匀，使包内气体逸出，杂质升至表面，反应充分后进行捞渣。

3）先将渣聚集在包的一侧，准备好渣箱、漏勺，且保持干燥。

4）由远向近捞渣，捞出的渣及时摊开，以免渣子燃烧。

5）捞渣后带出的铝及时挑出回熔。

6）开口包捞完渣后按倒铝操作要求进行灌炉。

7）捞渣操作要做到：铝液表面的浮渣要捞净；渣中尽量不带铝；在开口包中加固体铝降温时保证有合适的浇铸温度，不偏高，不过低；正确进行降温除气法与搅拌除气除渣法操作，最大限度地除去原铝中的非金属杂质。

单元三　原铝的净化

A　铝的纯度

a　原铝

原铝即工业纯铝，通常指用冰晶石－氧化铝熔盐电解法（或氯化铝电解法）在工业电解槽内制取的铝，其纯度一般为 99.5% ~ 99.85%。

　　b　精铝

　　精铝一般来自三层液精炼电解槽，三层液精炼电解槽结构如图 7 - 2 所示。在精炼电解槽内，原铝和铜配制成的合金作阳极（30% Cu，70% Al），冰晶石 - 氯化钡熔液作电解质，析出在阴极上的精铝纯度通常在 99.99% ~ 99.999%。

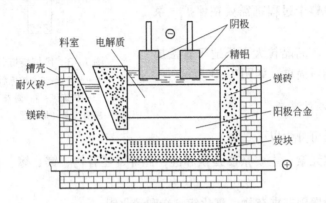

图 7 - 2　三层液精炼电解槽结构示意图

　　三层液电解精炼的原理在于利用电解质中金属不同的电极电位来制取高纯铝，即比铝正电性的杂质，如 Si、Fe、Cu 等不发生阳极溶解，而残留在阳极合金中；比铝负电性的杂质，如 Na、Ca、Mg 等不会在阴极上析出，而残留在电解质中。其主要反应为：

阳极反应为：
$$Al - 3e \Longrightarrow Al^{3+}$$
阴极反应为：
$$Al^{3+} + 3e \Longrightarrow Al$$

此法主要存在能耗高、自动化程度低、劳动生产率低、成本高等缺点，但工艺相对成熟，工业应用广。

　　c　高纯铝

　　高纯铝主要采取区域熔炼法制取。选用适当的精炼原料和操作技术，其杂质含量不超过 10^{-6}。也可用有机铝化合物电解与区域熔炼相结合制取高纯铝，其纯度可高达 99.99995%。

　　用区域熔炼法制取高纯铝的原理是：在铝的凝固过程中，杂质在固相中的溶解度小于在熔融金属中的溶解度，因此，当金属在熔融状态下凝固时，大部分杂质将汇集在熔区内。如果逐渐移动熔区，则杂质会跟着转移，最后富集在试样的尾部。

　　在区域熔炼法中，分离杂质元素的效果主要取决于各元素的分配系数（K）。所谓分配系数，是指杂质元素在固相中和在液相中的浓度分配比率。$K < 1$ 的杂质元素，在区域熔炼中富集在试样的尾部；$K > 1$ 的杂质元素则富集在试样的头部；而 $K \approx 1$ 的杂质元素难于分离。

　　区域熔炼的基本操作过程是：加热器（高频感应线圈）沿着被处理的固体长条铝锭缓慢移动；在加热器所在位置造成一个熔融区，金属铝中 $K < 1$ 的杂质大部分将富集在熔融金属液中；随着熔区的移动，杂质也随着移动，当达到端头时，$K < 1$ 的杂质就凝固下来，切去端头后所得金属铝就是提纯了的金属铝；当杂质的 $K > 1$ 时，情况与上述相反，即杂质集中在始端；将杂质富集的两端切去，中间部分就是精炼获得的金属铝。对获得的精炼过的金属铝多次重复上述过程，即可得到纯度很高的铝。重复次数越多，所获得的铝的纯度越高。需要特别指出的是，由于金属铝的化学性质非常活泼，整个过程都需要在保护气氛中进行。

该法效率低，产品晶粒大而不适于直接加工，但设备装置相对简单，如图 7-3 所示。

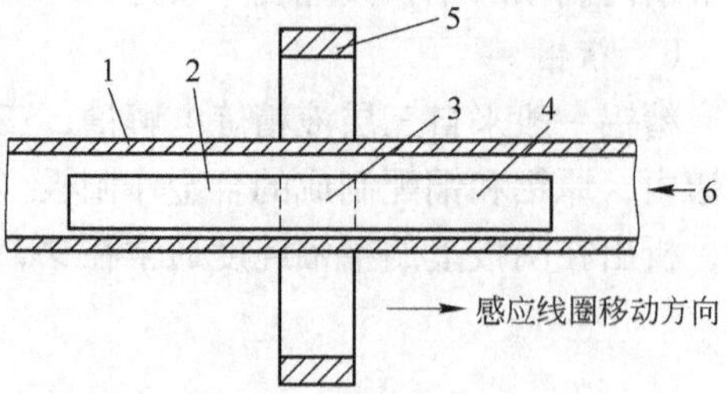

→ 感应线圈移动方向

图 7-3　区域熔炼装置示意图

1—石英管；2—熔炼后凝固的铝；
3—熔炼区；4—尚未熔炼的铝；
5—感应线圈（加热器）；6—保护性气体

B　原铝中杂质的构成

原铝中的杂质可分为以下 3 类：

第一类是金属元素：主要杂质是铁和硅，此外，还有钙、镁、镓、钛、钒、铜、钠、锰、镍、锌等；

第二类是非金属固态夹杂物：氧化铝、炭和碳化铝；

第三类是气体：H_2、CO_2、CO、CH_4、N_2，其中最主要的是 H_2。在 660℃下，100g 铝液中大约溶解 $0.2cm^3$ 的 H_2。气体在铝液中的溶解度随温度升高而增加。

非金属杂质及气体杂质的存在将会对铝的加工质量及产品性能有较大影响，如溶解的氢会在铸锭时造成气孔、夹渣等铸锭缺陷。因此，铝液在铸造之前需要净化除杂，才能得到符合标准的铝锭。原铝的国家质量标准如表 7-3 所示。

表 7-3　重熔用铝锭（GB/T 1196—2002）

牌　号	化学成分（质量分数）/%								
	Al（不小于）	杂质（不大于）							
		Fe	Si	Cu	Ga	Mg	Zn	其他	总和
Al99.90	99.90	0.07	0.05	0.005	0.020	0.01	0.025	0.010	0.10
Al99.85	99.85	0.12	0.08	0.01	0.030	0.02	0.030	0.015	0.15
Al99.70A	99.70	0.20	0.10	0.01	0.03	0.02	0.03	0.03	0.30
Al99.70	99.70	0.20	0.12	0.01	0.03	0.03	0.03	0.03	0.30
Al99.60	99.60	0.25	0.16	0.01	0.03	0.03	0.03	0.03	0.40
Al99.50	99.50	0.30	0.22	0.02	0.03	0.05	0.05	0.03	0.50
Al99.00	99.00	0.50	0.42	0.02	0.05	0.05	0.05	0.05	1.00

C　原铝的净化方法

无论是电解原铝液还是重熔后的铝液，它们都含氧化铝和氢气，这两种非金属杂质是影响铝的工艺性能、物理性能和力学性能的主要杂质。因此，净化主要是清除这两种杂质。

铝液净化的方法主要有静置法、气体净化法、熔剂净化法及连续净化法。

　　a　静置法

　　铝液可在开口包内或倒入混合炉内进行适当时间的静置，利用铝液与夹杂物之间的密度差，使铝液中夹杂的氟化盐和炭渣以及气体等一些杂质有机会升到铝液表面，氧化铝颗粒沉降下来而得到澄清净化。一般来说除细微的悬浮颗粒外，大部分非金属夹杂物会得到去除。静置时间根据铝、铝合金、制品的不同有所区别，一般为 20～45min。

　　b　气体净化法

　　气体净化法主要有氮气法、氯气法、氯－氮混合气体法。

　　(1) 氮气法。氮气法又称为无烟连续净化法。这种方法是用氧化铝球 (418mm) 作过滤介质，氮气直接通入铝液中，铝液连续送入净化炉内，通过氧化铝球过滤层并受到氮气的冲洗，细微的氮气泡均匀分布在铝液中，溶解在铝液中的氢则向氮扩散、渗透，并随氮一起排出，气泡在上浮过程中也吸附悬浮在铝液中的非金属夹杂物，在铝液表面气泡消失，夹杂物成渣而被捞出。氮气对大气无污染，且净化处理量大，每分钟可处理 200～600kg 铝液，净化过程铝的损失较少，故应用广泛。

　　(2) 氯气法。其原理是把氯气通入铝液中，使生成的 $AlCl_3$ 微细气泡均匀分布在铝液中，溶解在铝液中的氢，以及悬浮的非金属夹杂物，如 Al_2O_3、炭粒等便吸附在 $AlCl_3$ 气泡上一起上升，气泡在铝液表面破裂，分离出这些夹杂物，如图 7－4 所示。铝液中比铝更加负电性的金属杂质如钠、钙、镁等与氯生成相应氯化物随同非金属夹杂物上浮到铝液表面，或沉到抬包底部，得以与铝液分离。氯还能起催化作用，促进氯化氢的生成，故氯气的作用比氮气好。但氯气有剧毒而且价格昂贵，故该法在现代铝工业中已经逐渐被氮气－氯气法所代替。

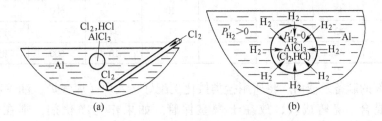

图 7－4　氯气除气过程示意图

(a) 吹入氯气时形成的气泡；(b) 氯气除气过程

　　(3) 氯－氮混合气体法。采用氯－氮混合气体的组成是 Cl_2 20%，N_2 80% (体积)；或者 Cl_2 10%，N_2 90%，这种混合气体兼有氮气和氯气净化铝液的优点，不腐蚀设备，又能减轻氯气的有害作用，而且含有少量氯气，除气、除渣效果较好，能弥补氮气除气效果差的不足。但同样的通气量，混合气体的精炼效果只是纯氯气的三分之一，必须采取延长通气时间的办法来弥补。

　　(4) 氯－氮－一氧化碳混合气体法。为改进氯－氮二元混合气体净化法，采用氯－氮－一氧化碳三元混合气体净化法除气除渣效果更好。三元气体的组成平均为 Cl_2 15%、N_2 74% 和 CO 11%。混合气体中一氧化碳的作用在于夺取混合气体中的氧成为二氧化碳，使混合气体对铝呈惰性；氮的作用是稀释氯，改善劳动条件。其化学反应式如下：

$$Al_2O_3 + 3CO + 3Cl_2 \xrightarrow{\quad\quad} 2AlCl_3 + 3CO_2 \uparrow$$

三元混合气体净化的时间比用纯氯净化的时间要短，同时散发出来的反应生成物如氯气、氯化氢、粉尘等也要少得多，可减轻环境污染，净化效果较好。

c　熔剂净化法

熔剂净化法是利用加入铝液中的熔剂形成大量的细微液滴，使铝液中的氧化物被这些液滴湿润吸附和溶解，组成新的液滴升到表面，冷却后形成浮渣除去。

（1）熔剂的分类及组成。熔剂可分为精炼剂和覆盖剂两大类：用于净化除气渣的熔剂统称为精炼剂，用于防止熔体氧化烧损及吸气的熔剂称为覆盖剂。

净化用的熔剂应具有熔点低（精炼剂 600～660℃，覆盖剂熔点 720～740℃）、密度小、表面张力小、活性大等特性。铝及铝合金通常利用碱金属的氯及氟化物的混合熔盐作为精炼剂或覆盖剂。依靠这种熔盐使铝中的氧化铝溶于其中，或吸附在它的表面，从而使氧化铝与铝液分离，达到除渣的目的。由于氢气往往吸附于渣表面，因此，在除渣的同时，也能减少氢的含量。所用熔剂对铝液中渣的湿润性越好，就越能吸附渣。氯化钾和氯化钠等氯盐及它们的混合物，对氧化铝的湿润性很好，因此吸附能力强，常被用来作为净化铝及铝合金液的典型氯化盐。表7-4 为几种净化剂的成分和用途。表中所配氟化盐的作用是为了调节黏度与溶解度。熔剂的用量为铝及铝合金量的 0.3%～0.6%。

表7-4　几种净化剂的成分（$w/\%$）和用途

序号	NaCl	KCl	Na_3AlF_6	Na_2CO_3	NaF	$MgCl_2$	熔点/℃	用途
1	75		25				725	覆盖
2	60	25	15				660	净化
3	35		50	15			743	净化
4	45	45			10		600	净化
5	33	33				34		铝镁合金净化
6	40	40	10			10	600	铝镁合金净化

（2）熔剂的制备及使用。将所用盐类按比例配好，入炉（煤气炉、油炉和坩埚炉等）熔化，均匀混合，浇铸成块，放在干燥室保管。如果作为净化剂，则在使用前打碎至 20～50mm 大小，在 200℃的干燥炉内预热 2h，使用时，将熔剂块放入铁笼中插入混合炉底部来回搅动，至熔剂完全熔化后取出铁笼，让铝液静置 5～10min 捞出表面浮渣即可浇铸。

如果是作为覆盖剂，则在使用前碾磨成小于 1.5mm 的粒度，根据需要将熔剂撒在表面上起覆盖作用。

d　过滤与吹气联合净化法

在炉内利用气体或熔剂净化铝液，在生产实践中存在着以下几方面的问题：一是在炉内通气因面积大，气泡上升太快，气体分配很难均匀；二是大量应用熔剂后造成劳动条件恶化和环境污染；三是净化后的铝液在转铸过程中，由于急速的铝液流不断被冲破而形成氧化膜，使铸锭增加了夹渣的可能性。炉外过滤-吹气联合净化法则可改善这种炉内净化的缺陷。

过滤-吹气联合净化法主要有以下几种方法：

（1）用氩气冲洗，并在刚玉层中过滤；

（2）用氩气－氯气冲洗，并在刚玉球和碎片中过滤；

（3）用氮气－氯气冲洗，并在石墨层中过滤；

（4）用氮气冲洗，并在炭层中过滤；

（5）在熔剂覆盖下，用氮气冲洗，并在刚玉球中过滤。

图7-5所示为一种以刚玉球作为过滤层的铝液连续净化装置。

D　原铝净化的主要操作与技术控制

a　净化温度的控制

铝液温度是铸造工艺参数中的重要参数之一。金属熔体黏度越高，除气除渣就越困难，而其黏度则取决于金属熔体的温度及化学成分。铝液净化时，提高温度可使其黏度降低，但同时熔体的吸气量随温度的升高而增加。因此，要获得较好的净化效果，净化温度不宜太高。对于重熔用

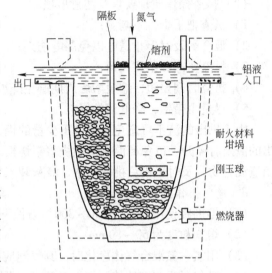

图7-5　铝液连续净化装置示意图

铝锭铸造生产来说，铝液温度一般指混合炉内的铝液温度，通常控制在700～750℃。

b　熔剂用量和吹气量

熔剂用量一般3～5kg/t铝。

用氯-氮混合气体净化时，一般每吨金属用量不少于0.75m³。

熔剂用量及气体用量应根据具体条件有所变化，如在潮湿地区和潮湿季节，则用量要大一些。

c　扒渣操作

金属熔化后和炉内精炼之后，熔池表面漂浮着大量氧化渣，这些渣子必须扒出，以免重新进入熔体带进铸锭内。扒渣操作是繁重的，但也是十分重要的。

（1）扒渣。扒渣前需先向浮渣中加入铝水量0.1%～0.3%的除渣剂（由于配方不同，除渣剂用量按照说明书加入），并进行搅拌，使除渣剂与浮渣良好接触反应后，炉渣变得相当干燥松散，极少有铝混在渣中，从而减少铝的损失，提高铝液纯净度，此外，清渣剂具有良好的覆盖保护作用，可代替覆盖剂。

使用方法：精炼后，将清渣剂均匀撒在铝熔体表面，撒入前先将熔渣聚集于某个炉门口，及时搅拌熔渣，这时由于清渣剂的反应，放出大量热，使熔渣迅速升温发红，待熔渣粉碎后，清除渣粉。

为使清渣剂与熔渣良好反应，应控制好铝液炉内温度，温度过高，烧损比较严重，但有利于反应充分进行，渣铝分离良好；温度过低，烧损较轻，但渣铝分离效果较差，需要加大清渣剂用量来降低铝的损失。为了减少铝的烧损，降低铝的损失，需选择合理的扒渣温度，一般熔炼完毕后，继续升温至650～710℃，然后扒渣进入下一道工序的生产。

清渣剂加入到熔渣表面后，用扒渣耙或扒渣车充分搅拌约5min，静置30min。进行扒渣时，先将渣聚集在炉门口，然后先将正对的渣扒出，然后从左往右或从右往左逐渐将渣

扒出以缩短扒渣时间。扒的时候，渣子在炉门口稍高于铝液上表面处稍做停顿，以防渣中带铝过多，然后将渣扒出。

（2）扒渣操作质量要求及注意事项。

1）扒渣耙干燥，不潮湿；

2）混合炉及时停止送电以免漏电伤人；

3）扒渣要净，不留死角；

4）扒渣时间要短，缩短熔炼周期避免降温过多；

5）尽量少带铝，降低铝的损耗。

由于扒出的渣不可避免还要带出少量的铝，所以为了降低损耗，提高铝的回收率，扒出的渣及时摊开，以免高温铝渣燃烧将铝烧损。待铝渣降温过筛后剩下含铝量较高的铝豆铝渣混合物，及时将铝豆挑出回熔，渣灰装入专门的袋子妥善保管。

d　净化操作注意事项

（1）熔剂在使用前应在 250～300℃ 条件下进行干燥，干燥时间不少于 4h；

（2）熔剂粒度为 50～80mm；

（3）用氯 - 氮混合气体净化时，其气泡应当细小，熔体翻腾不应过大；

（4）净化过程应在熔体下层开始进行，同时不应存在死角，以保证熔剂（或净化气体）与被净化的熔体充分接触。

任务二　铝锭铸造

学习目标

1. 了解铸造机的结构及工作原理；

2. 正确进行重熔用铝锭铸造作业及处理常见故障；

3. 能正确进行重熔用铝锭质量控制。

工作任务

1. 观察原铝铸造的主要设备结构；

2. 进行铝锭浇铸操作及铝锭质量控制；

3. 分析处理铸造过程常见故障。

单元一　混合炉浇铸

铸造生产按其主要特征可分为填充铸造和连续铸造两大类。填充铸造是将液体金属浇满铸模，铸锭的形状和尺寸完全由铸模决定。连续铸造是将液体金属不断地浇入铸模中，在其凝固的过程中将锭由模子的另一端连续地拉出，因此可以得到任意长度的铸锭。铝锭铸造过程是一个由液体铝冷却、结晶成为固体铝锭的物理过程。

连续浇铸可分为混合炉浇铸和外铸两种方式，均使用连续铸造机。混合炉浇铸是将品位相同的铝液装入混合炉里，或经配料以后能得到一定品位的其他铝液倒入炉里混合进行浇铸，主要用于生产重熔用铝锭和铸造合金。外铸是由抬包直接向铸造机浇铸，主要是在铸造设备不能满足生产，或来料质量太差不能直接入炉的情况下使用。由于没有外加热源，所以要求抬包具有一定的温度，一般夏季在 690~740℃，冬季在 720~760℃。

铝线锭、板锭以及供加工型材用的变形合金，通常采用竖式半连续铸造的方法进行生产。

A 浇铸铝锭

混合炉的炉眼，在加铝液前要堵塞好。混合炉的炉眼打开后，铝液经铝水溜槽进入铸造机的铸模称为浇铸。在拔炉眼过程中，炉眼工要站在炉眼侧面，防止铝水溅出造成烫伤事故。拔开炉眼后要迅速使用新的塞子套将炉眼堵好然后调整好铝液流速。在换塞子套时，速度要快，防止铝水流量太大对炉眼造成损伤。调整好流速后，要及时进行测温，保持好浇铸温度（一般浇铸温度控制在 710~750℃之间），温度过低时要及时通知炉前工为混合炉送电加温或联系电解车间倒铝来提温，严禁在温度过低时进行浇铸作业，防止造成凝铝事故；温度过高时，及时通知炉前工加冷料进行降温，防止温度过高铝液无法正常凝固造成事故。

铝水经过溜道、溜子、分配器后进入铸模，在铝水流入铸模后，调整好浇铸速度，进行浇铸作业。待第一块铸模内充满铝液后，要抬起溜槽的尾端，待断流后将溜槽转入下一块铸模进行浇铸，并用捞渣铲轻轻捞去前一块铸模中铝液表层浮渣。当铝水经过所有铸模后，要打开冷却水阀门进行冷却，开冷却水阀门时，动作要缓慢，防止水流过大溅湿铸模，造成爆炸事故。浇铸工作是连续进行的，直到将炉内铝液铸完为止。

不可将铸模浇铸过满或不足，过满时容易洒铝，不足时夹渣不易捞出，与铝液接触的工具使用前要预热干燥，铸锭内外质量均匀，不应有气孔、夹渣、偏析和裂纹等缺陷。铸锭的形状和尺寸符合技术要求，边部无毛边，重量均匀。

B 打印

铸造机的前半端都安装有打印机。打印机利用铸模链轮的向前运行规律而周期性起落，完成打印工作。将镶有字头的钢印排入印锤槽内并锁定，放进打印机的锤头内，在铝锭通过锤头时，锤头下落，就完成了自动打印工作。一盘铝锭有规定的块数，打印满一盘时，要及时更换熔炼号，以进行下一盘的打印。

铝锭的打印内容为：（1）生产顺序号；（2）炉号；（3）质检号；（4）年月日号。

C 堆垛

将同一批号的铝锭码堆成一垛，也称一盘铝锭。码垛有人工码垛和机械码垛。码垛要整齐，不歪斜，每批为 54 块，便于打捆包装。

D 成品检验

铸造好的铝锭的检验应采用工人自检和专责检验员相结合的方法。每一炉铝液都要取样化验，合格的成品铝锭要有成分分析报告，确立品位后标上色号，打捆包装。

在生产中，为了使铝锭的不同级别易于分辨，铝锭的品位按如下标识：

Al – 99. 95 铝锭	三道红色横线
Al – 99. 85 铝锭	二道红色横线
Al – 99. 70A 铝锭	一道红色横线
Al – 99. 70 铝锭	一道红色竖线
Al – 99. 60 铝锭	二道红色竖线
Al – 99. 50 铝锭	三道红色竖线
Al – 99. 00 铝锭	四道红色竖线

E　重熔用铝锭质量控制

a　生产中对重熔用铝锭的技术要求

（1）铸造合格率在98%以上；铸造损耗为3% ~5%。

（2）铝锭应呈银白色，锭重 15 ~20kg。

（3）铝锭表面不得有严重的飞边、毛刺、气孔。

（4）铝锭表面允许有轻微的马蜂窝和轻微的冷缩裂缝。

（5）铝锭的几何尺寸符合一定的要求，并标明产品商标、熔炼号和检验印。

b　重熔用铝锭宏观质量控制

（1）铝锭成分前后不均匀。同一熔炼号的铝锭成分前后不均匀，这主要是由于配料时没有充分搅拌铝液而引起的，尤其是当配入含铁量高的铝锭时更容易发生。因为固体铝的密度大，容易沉入炉底，如搅拌不充分，含铁高的铝液先流出来，后流出的铝液含铁量就低。因此，为避免这种现象的发生，必须充分搅拌铝液。

铝锭成分的变化会引起铸锭表面及收缩孔的变化，所以如果在现场发现铸锭表面及收缩孔有所变化时，要及时调整，如向炉内倒入铝液。

（2）表面严重积渣。由于大量的氧化膜渣随铝液流进入铸模内，未及时扒除，凝固后就造成积渣。产生大量氧化膜的主要原因有：

1）炉子铝液流出孔过小，使高压铝液流速增大，冲破包裹液流的氧化膜所致；

2）铝液温度过低，使铝液和渣分离不清；

3）炉子流出口不规则或周围有结渣造成铝液分成小股冲出，使铝液表面积增大；

4）铝液流落差过大，氧化膜经常被冲破。

为减少渣子的产生，要根据具体情况进行处理。在上述第一种情况下，要把流出孔通透扩大孔径，以便铝液流出；在第二种情况下，要升高铝液温度，或是向炉内倒进高温铝液或是升高炉温；在第三种情况下，要转动一下塞子或换一个好塞子，使多股铝流变成一股；在第四种情况下，要适当提高溜子，缩短铝液流落差，或者使溜道的斜坡放大一点，以减少落差。

除了上述处理办法外，还可以在流出口加些熔剂，同时在溜子的溜道上插上一块石棉挡板，使氧化膜渣少产生，或有渣后不直接流入铸模，而被挡板挡住。另外，要根据情况随时清除溜子中的渣子。

（3）铝锭表面严重波纹。由于连续铸造机不停地转动及铸锭脱模时的撞击，使铸造机产生一定程度的震动，从而在凝固的铝锭表面上出现一圈轻微波纹，这是不可避免的现象。对铸锭质量并不影响，是允许的。

但是如果由于铸造机发生机械故障，或轨道上有凝铝，或有铝锭卡住就会引起铸造机的剧烈震动，使未凝好的铝锭表面生成严重波纹，对铝锭质量产生严重影响。出现严重波纹时，要检修铸造机或清除轨道。

（4）铝锭四周有飞边。这主要是由于放出铝液时冲击过猛，使铝液冲出锭模凝固而成，或扒渣时铲子的速度太快，将铝液带出锭模凝固而成。

处理办法除了放稳液流，同时要在铝液未凝固以前，用渣铲除掉锭模外的铝液。

c　铸锭微观质量控制

（1）铸锭的结晶过程。

物质处于固体状态时有两种不同的原子排列结构，一种是原子排列有序的，叫做晶体，如金属；一种是原子排列无序的，叫做非金属，如玻璃。

液体金属开始凝固时，总是靠近温度最低的地方如边角开始凝固，如果液体金属中有细微颗粒的杂质存在，也会在这些颗粒周围开始凝结。液体金属凝固的过程，就是金属结晶的过程。

1）重熔用铝锭的结晶过程。重熔用铝锭属于平模浇铸，当铝液注入铸模后，由于模底和模壁的温度较低，因此靠近这些地方的铝液先凝固，凝固（结晶）的方向由模子的底和壁处向中心和上面发展，最后凝固的地方在铸锭的上表面中心处，如图7－6所示。铝从液体变为固体，体积收缩，因此铝锭最后凝固的地方会出现收缩孔。铝液凝固的收缩率大致占体积的6.5％。铝锭收缩孔应平坦、规则，但如果铝液内含有大量氢气，在凝固时逸出会在铝锭表面形成气孔。

2）半连续铸锭的结晶过程。竖式半连续铸造是顺序结晶法，铝液进入铸孔后，开始在底盘上及结晶器内表面上凝固，由于中心与边部冷却条件不同，结晶是以中间低四周高的形式进行。底盘以不变速度下降，同时上部不断注入铝液，这样在固体铝与液体铝中间有一个半凝固的过渡层。由于铝液在冷凝时要收缩，加上结晶器内壁有一层润滑油，随着底盘下降，凝固的铝退出结晶器，在结晶器的下部还有一圈冷却水眼，冷却水可以喷到已脱出的铝锭表面，这时固体铝部分本身就成为传递铝液热量的导热体，液体金属结晶的方向由于受到周围冷却水与铸锭本身冷却的结果，是斜向往上往中心发展，最后凝固的地方处于铸锭轴向中心线上。由于凝固时铝液不断补充，所以铸锭无收缩孔。但是在中心附近，热的传导差，结晶的方向性降低，成为粗大晶粒，使组织疏松。在半连续铸造中，浇口始终保持一个液穴，如图7－7所示。液穴的深度随铸造技术条件的改变而改变。

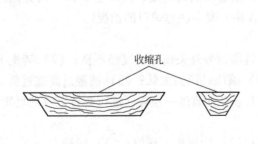

图7－6　铝锭凝固示意图

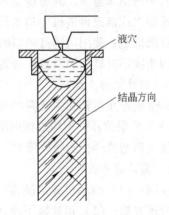

图7－7　半连续铸锭的结晶过程

（2）影响铸锭结晶的因素及铸锭微观质量控制。

1）金属或合金性质。由于不同金属或合金的比热容、熔解热及凝固温度不同，必然会影响其结晶组织的形态，其中凝固温度范围大小是影响结晶组织的主要因素。

正常情况下，纯金属因其组成不因温度的变化而变化，当结晶一旦从模壁开始，即逐渐向内部生长，液体金属的补充无大的阻碍，易得到致密的柱状结晶组织；而合金都有一定的结晶温度范围，因此易形成树枝等轴状结晶组织。

2）外来杂质。铝冶炼和铸造生产过程中，不可避免地要混入一些外来杂质，这对金属及合金的结晶有极大的影响。特别是可作为晶核的杂质对结晶的影响更大。生产中通常利用这一点对金属或合金进行变质处理（凡液态金属中加入其他微量元素而使结晶组织变细小，称为变质处理）。如向铝合金中加入少量的钛（0.04% ~ 0.06%），可使晶粒变细小，在电工用铝中加入硼，可使其结晶组织细密。

3）冷却速度。冷却速度对铸锭结晶组织起决定性的影响。铸锭冷却速度缓慢，易得粗大的球状晶粒；冷却速度越快，晶粒就越细小，可获得细密的柱状组织和小等轴晶体组织。但是冷却速度有一个极限，到了一定限度，即使冷却水量再增加，冷却速度也不能再提高。

4）浇铸温度与速度。浇铸温度对铸锭的质量影响非常大。较低的浇铸温度，易获得细小的晶粒组织，而过高的浇铸温度，易获得粗大的晶粒组织。但是浇铸温度过低使金属液的流动性不好，而且浮渣不易分离，并使操作困难。

浇铸速度就是铸锭退出结晶器的快慢程度。浇铸速度慢，液穴平坦，铸锭自下而上冷却的方向性也强，易获得细密的结晶组织。浇铸速度过快，由于铸锭的热传导有一个极限，会使中心部分温度升高而使晶粒变得粗大。

F　铸造过程中常见故障及处理

a　混合炉出铝口破损跑铝

原因：最主要的原因是炉口砖被风镐所破坏，其次是炉口砖的质量差，在使用较长时间后，自身损耗较多，炉眼变大。

危害：一旦发生炉口砖破损事故，此时炉口无法封堵，铝水会顺着溜槽流入到渣箱中，若炉内铝水量少，只需将流入渣箱的铝再回炉即可，若炉内铝水过多，溢出渣箱后，流到地面上或流进铸造机冷却水的回水槽，则会发生爆炸，造成严重的人身伤害。

预防措施：使用风镐打炉口时，一定要注意风镐的角度，要顺着炉口砖的方向进行；防止因角度不对破坏炉口砖；浇铸打渣过程中，要多注意炉口的情况。

b　铸造机停止运转

铸造机停止运转的主要原因有：（1）打印信号开关损坏或接触不良；（2）铸机卡锭；（3）冷运机限位开关损坏或接触不良；（4）液压站压力太低；（5）油温过高或过低。

发生铸造机停止运转故障时，应对以上五个方面逐一检查，进行有针对性的处理。

c　翻转器卡锭

原因：（1）冷运机处铝锭排放不整齐；（2）冷运机不到位；（3）铝锭大小不一致。

处理方法：（1）迅速抛下冷运机上铝锭3~4块；（2）将自动开关打为手动，关闭压缩空气阀门并放出剩余空气；（3）取出翻转器内铝锭；（4）调整层数与块数，使其与成品机和排锭台一致；（5）将手动改为自动。

单元二 原铝铸造机械设备

原铝铸造机械设备主要包括铝液混合炉和合金熔炼炉、重熔用铝锭铸造机、竖式半连续铸造机和连铸连轧生产线等。

A 原铝混合炉

混合炉在铸造生产中主要作用是贮存铝液、保温、原铝配料以及铝液净化等。

混合炉构造如图7-8所示。

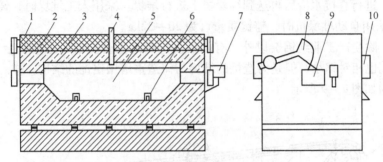

图7-8 混合炉结构

1—钢板外壳；2—保温砖；3—耐火砖；4—热电偶；5—炉膛；6—铝液流出孔；
7—加铝液溜槽；8—炉门平衡锤；9—炉门；10—电阻丝保护罩

混合炉的加热方式有燃油式、燃气式和电阻式。混合炉的加热方式无论是燃料加热还是电加热，都能使炉温达1000℃（该温度可以熔炼大多数合金），常被作为铝合金熔炼炉。

生产中采用的混合炉通常是一种电阻加热反射炉。原铝经净化精炼之后，再在电炉内进行混合与澄清。混合的目的是把质量不同的几批铝液在电炉内混合配成所需要牌号的铝，并使铝在电炉内澄清，经过多次扒渣处理，使悬浮在铝液内的杂质上浮或下沉，与铝彻底分离。铝厂根据产能而采用15~40t的混合炉。

混合炉由炉壳、炉顶、炉门和炉体几部分组成。混合炉的炉顶有异型耐火砖，供加热元件导入。加热元件一般为镍-铬电阻线圈或扁带，也有用硅碳棒作电阻元件的。炉顶中部留有一个小孔，用以插入热电偶来控制炉膛温度，炉子端部各有一个炉门和加铝液的溜槽口。铝液用抬包经过溜槽倒入炉内。混合炉靠近铸造机的一个侧面有两个铝液流出孔，作为浇铸时的流出孔和清炉时放干净铝液。混合炉的铝液流出孔一侧靠近铸造机。铸造重熔用铝锭的流出孔炉壳上，装有手动螺杆调流器，以控制铝液流量。

B 重熔用铝锭铸造机

连续铸造机为链板式铸造机，其组成大致可分为铸模、运输、冷却、打印、脱模等几个部分。

铸模是一个接受铝液并使其冷却凝固的容器，一般有数十个到一百多个，由链板穿成环状，装在倾斜或水平的支架上，由传动装置控制使其作回转运动，运动速度可调。上、下两行铸模之间有冷却水喷射以间接冷却铸锭和铸模，或铸模在冷却水槽中行走间接加以冷却。铸模上方机架的适当地方装备一台自动打印锤，向处于高温并已凝固的铝锭表面打上表示产品熔炼号和生产日期的数码，一次可打出 7 个数码，每过一个铝锭，打印一次。打印锤由打印头、转臂和气缸三部分组成。脱模装置由气缸驱动抬起或下落脱模装置的锤击臂，从而带动锤头锤击铸模背后，使铝锭脱离，脱锭效果好坏与锤击的力量、锭块在模内的结晶状态和冷却程度有关，每过一个铸模锤击一次。

铸造机浇铸铝锭时，铝液在铸造机的一端注入移动的模子内。凝固的铝锭由铸造机另一端脱模后直接掉落在地上由人力堆垛，或通过接收装置被放到冷却运输机的链条上，被输送进水槽，进行直接水冷后再送到堆垛机上进行堆垛。采用人工堆垛时，铸锭一般不超过 15kg。而采用自动堆垛机时，铸锭质量可为 20 ~ 22kg。

电解铝厂除生产工业纯铝锭以外，有的也生产铸造铝合金锭，这种合金锭质量为 10 kg，因此铸模也相对缩小，但是铸造机的结构与铸造重熔用铝锭的结构一样。倾斜式连续铸造机的结构如图 7 - 9 所示。

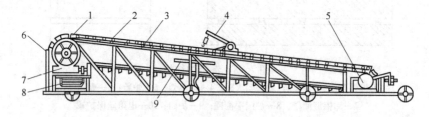

图 7 - 9　倾斜式连续铸造机
1—铸模；2—链板；3—轨道；4—打印锤；5—重锤；6—打杠；7—减速机；8—电动机；9—冷却水管

新的和久不使用的铸造机开始浇铸时，需要预热铸模，新换的模子也应预热。加热的方法是用煤气火焰喷射铸模，一边使模子行走，一边加热，使铸模在温度 100 ~ 150℃ 下保持 1h。如果不充分预热，一旦铸模砂眼里含有水分，注入铝液后会引起铝液飞溅，伤及人身。遇到雨天，即使隔一个班（8h）的冷铸模，使用时也应预热。因此，要尽量不使铸模隔班使用。

铸造机在使用前，用机油把链板和辊轮作一次润滑，并要试车看铸模行走是否平稳，发现问题，应及时处理。

C　立式半连续铸造机

立式半连续铸造机作为铸造铝线锭（又称拉丝铝锭）的设备曾被广泛使用，但是目前，横向铸造机、连铸轧机已取代它成为铸造铝线锭的主要设备。立式半连续铸造机仅用于变形铝合金锭的生产。

立式半连续铸造机的工作原理是铝液注入铸模后，经过间接水冷和直接水冷形成铸锭，并以一定速度退出铸锭。铸锭至一定长度（一般为 6m）不能再继续进行浇铸时，重新进行另一次浇铸。一次铸锭的数量有单根或数根，甚至达几十根。

立式半连续铸造机本身由四部分组成：结晶器、水套、底座及底座升降机构，另外地面还有竖井。其结构见图 7-10。

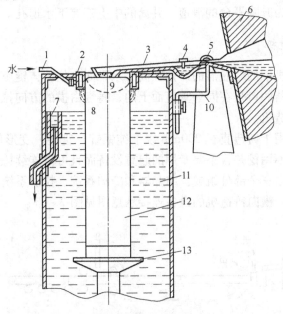

图 7-10　竖式半连续铸造机

1—结晶器供水管；2—结晶器；3—溜槽；4—挡渣板；5—溜口；6—铸造电炉；7—水溢流管；
8—冷凝金属铝；9—铝液；10—溜槽支座；11—水；12—线锭；13—底座

（1）结晶器。结晶器即铸模，是铸造机的关键部分，变换结晶器的尺寸和形状可以铸出各种不同形状的铸锭。铸锭可以有方、圆、管和板等形状。结晶器是一个由铝合金或纯铜制成的具有上述形状且套有水套的无底铸模，安装在能上下往复振动的摇臂上，以减轻拉丝阻力，避免凝壳与结晶器粘结。浇铸时底座进入结晶器内，然后放上已经预热过的分配盘。分配盘上的溜口数目与结晶器数目相一致。分配盘上的溜眼，由一个用浮标控制的塞子启闭。浮标放在结晶器中的铝液表面上。然后在结晶器器壁上涂上润滑油后装上分配盘，然后打开水阀供冷却水，打开混合炉眼，使铝液流入分配盘内。当达到 10mm 左右时，暂时把溜眼堵住使结晶器内铝液凝固，使其冷凝成一个凹形壳作假底，以避免底座下降时因铝液来不及凝固而脱落。然后重新打开分配盘上堵住的塞子。待铝液上升接触浮标后，便可进行自动控制的连续浇铸。在连续不断的浇铸过程中，要经常向铝液与结晶器壁之间加入润滑油，以保持所铸铝锭表面光滑。同时经常清除分配盘内和结晶器内铝液上面的浮渣，同时保证铝液在分配盘内水平面的稳定，以避免线锭表面产生打皱及内部混合夹渣。随着底座的下降，凝固的铝锭被带出结晶器从而得到一整条的线锭，其线锭的长度约 6m，一次可浇铸 8~12 根。浇完一次后，即用电葫芦将铝锭吊出再送到自动圆锯床切割，然后到自动堆垛机进行堆垛。堆垛时每层 10 根，堆 12 层，120 根线锭为一垛，堆垛整个过程是半自动化的。

（2）升降机构和底座。结晶器是无底铸模，浇铸之前，把底座从下口插入结晶器内作为模底。底座由纯铝或铝合金制成，周围形状和尺寸与铸锭横断面一样，高度比结晶器的高度稍高一点，插入结晶器的一端面带着一个凹穴或小孔，以便托住铸锭或拉住铸锭，在底座的另一端与升降机的重锤平台相连接，靠升降机构底座在结晶器下方作上升或下降运动。

（3）竖井。竖井为混凝土制成的井筒，深度按实际需要而定，一般在 9m 左右。井筒壁上装有四根滑杆作为升降平台的滑道。井筒的中上部有下水道孔。

D　横向连续铸造机

立式半连续铸造机中的结晶器的口是在同一水平面上的，铸锭由垂直方向拉出，而横向连续铸造机的结晶器的口是在同一垂直面上的，铸锭由横的方向拉出，因此有时称它为卧式铸造机或水平铸造机。

横向连续铸造机用于铸造直径 200mm 以下纯铝锭、管锭、变形软铝合金锭以及导电用母线等，这种设备不用挖井，不要专用的起重设备而且可以连续铸造，设备比较简单。

横向连续铸造机由三个部分组成：结晶器和冷却系统、拉引系统和同步圆锯。每次可铸造一根或数根铸锭。横向铸造机的设备连接示意图见图 7 - 11。

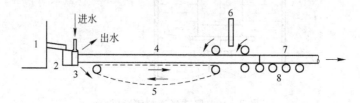

图 7 - 11　横向铸造机的设备连接示意图

1—静置炉；2—铝液槽；3—结晶器；4　铸锭；5—引链；6—同步锯；7—引锭；8—导轮

E　连铸连轧生产线

坯料浇铸与坯料轧制连续进行的铸造加工过程称为连铸连轧，连铸连轧生产装备叫做连铸连轧生产线。它由三大部分组成：铝熔炉、连铸机和轧机。

连铸连轧生产线具有工序简便、能耗低、铝的损耗低、机械化水平高的特点，一般采用连铸连轧生产线生产线材。其工艺流程见图 7 - 12。

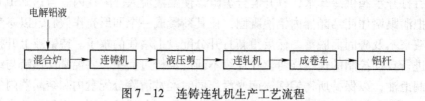

图 7 - 12　连铸连轧机生产工艺流程

习题及思考题

7 - 1　画出重熔用铝锭铸造生产工艺流程。

7 - 2　原铝的净化方法有哪些？

7 - 3　如何进行原铝质量的调整配料？

7-4　净化温度通常控制在哪个范围？

7-5　生产中对重熔用铝锭有哪些技术要求？

7-6　影响铸锭结晶的主要因素有哪些？

7-7　如何对重熔用铝锭进行宏观质量控制？

7-8　原铝铸造主要设备有哪些？

参 考 文 献

[1] 杨重愚. 氧化铝生产工艺学（修订版）[M]. 北京：冶金工业出版社, 1993.

[2] 邱竹贤. 铝电解 [M]. 2 版. 北京：冶金工业出版社, 1995.

[3] 邱竹贤. 铝电解原理与应用 [M]. 徐州：中国矿业大学出版社, 1998.

[4] 殷恩生. 160kA 中心下料预焙铝电解槽生产工艺及管理 [M]. 长沙：中南大学出版社, 2003.

[5] 李清. 大型预焙槽炼铝生产工艺与操作实践 [M]. 长沙：中南大学出版社, 2005.

[6] 陈聪. 氧化铝生产设备 [M]. 北京：冶金工业出版社, 2006.

[7] 毕诗文. 氧化铝生产工艺 [M]. 北京：化学工业出版社, 2006.

[8] 戴小平. 200kA 预焙铝电解槽生产技术与实践 [M]. 长沙：中南大学出版社, 2006.

[9] 马万里. 氧化铝制取工（上、下册）[M]. 太原：山西人民出版社, 2006.

[10] 付高峰. 氧化铝生产知识问答 [M]. 北京：冶金工业出版社, 2007.

[11] 王捷. 氧化铝生产工艺 [M]. 北京：冶金工业出版社, 2008.

[12] 王捷. 电解铝生产工艺与设备 [M]. 北京：冶金工业出版社, 2008.

[13] 刘业翔, 李劼. 现代铝电解 [M]. 北京：冶金工业出版社, 2008.

[14] 杨昇. 铝电解技术问答 [M]. 北京：冶金工业出版社, 2009.

[15] 李旺兴. 氧化铝生产理论与工艺 [M]. 长沙：中南大学出版社, 2010.

[16] 李正东. 管式降膜蒸发技术在氧化铝生产中的应用 [D]. 长沙：中南大学, 2005.

[17] 穆念孔. 氧化铝生产中蒸发工序的技术改造 [D]. 长沙：中南大学, 2006.

[18] 杜善国. 拜耳法种分生产粗粒氢氧化铝 [D]. 沈阳：东北大学, 2003.

[19] 唐海红, 等. 高纯超细氧化铝的制备 [J]. 有色金属冶炼部分, 2003 (3).

[20] 马科友, 等. 硅渣常压脱硅效果研究 [J]. 有色金属冶炼部分, 2012 (9).

[21] 徐传恒. 氧化铝管道化溶出熔盐炉仿真系统研究 [D]. 长沙：中南大学, 2010.

冶金工业出版社部分图书推荐

书　名	作　者	定价(元)
物理化学(第 4 版)(国规教材)	王淑兰	45.00
钢铁冶金学(炼铁部分)(第 4 版)(本科教材)	吴胜利	65.00
现代冶金工艺学——钢铁冶金卷(第 2 版)(国规教材)	朱苗勇	75.00
冶金物理化学研究方法(第 4 版)(本科教材)	王常珍	69.00
冶金与材料热力学(本科教材)	李文超	65.00
热工测量仪表(第 2 版)(国规教材)	张　华	46.00
金属材料学(第 3 版)(国规教材)	强文江	66.00
钢铁冶金原理(第 4 版)(本科教材)	黄希祜	82.00
冶金物理化学(本科教材)	张家芸	39.00
金属学原理(第 3 版)(上册)(本科教材)	余永宁	78.00
金属学原理(第 3 版)(中册)(本科教材)	余永宁	64.00
金属学原理(第 3 版)(下册)(本科教材)	余永宁	55.00
冶金设备基础(本科教材)	朱　云	55.00
连续铸钢(第 3 版)(本科教材)	贺道中	49.00
冶金原理(第 2 版)(本科教材)	张生芹	49.00
贵金属选冶理论与技术(本科教材)	周世杰	35.00
冶金学实验教程(本科教材)	张荣良	32.00
相图分析及应用(本科教材)	陈树江	20.00
传输原理(第 2 版)(本科教材)	朱光俊	55.00
冶金传输原理习题集(本科教材)	刘忠锁	10.00
钢冶金学(本科教材)	高泽平	49.00
耐火材料(第 2 版)(本科教材)	薛群虎	35.00
钢铁冶金原燃料及辅助材料(本科教材)	储满生	59.00
炼铁工艺学(本科教材)	那树人	45.00
炼铁学(本科教材)	梁中渝	45.00
热工实验原理和技术(本科教材)	邢桂菊	25.00
复合矿与二次资源综合利用(本科教材)	孟繁明	36.00
冶金与材料近代物理化学研究方法(上册)	李　钒	56.00
硬质合金生产原理和质量控制	周书助	39.00
金属压力加工概论(第 3 版)	李生智	32.00
物理化学(第 2 版)(高职高专国规教材)	邓基芹	36.00
冶金原理(第 2 版)(高职高专国规教材)	卢宇飞	45.00
冶金技术概论(高职高专教材)	王庆义	28.00
炼铁技术(高职高专教材)	卢宇飞	29.00
高炉冶炼操作与控制(高职高专教材)	侯向东	49.00
转炉炼钢操作与控制(高职高专教材)	李　荣	39.00
连续铸钢操作与控制(高职高专教材)	冯　捷	39.00
铁合金生产工艺与设备(第 2 版)(高职高专国规教材)	刘　卫	45.00
矿热炉控制与操作(第 2 版)(高职高专国规教材)	石　富	39.00